方大千　朱丽宁　等编著

DIANZI
ZHIZUO
128LI

# 电子制作

# 128例

U0194346

化学工业出版社

·北京·

**图书在版编目（CIP）数据**

电子制作128例/方大千等编著. —北京：化学工业
出版社，2016.2（2023.7重印）
ISBN 978-7-122-25676-8

Ⅰ.①电… Ⅱ.①方… Ⅲ.①电子器件-制作
Ⅳ.①TN

中国版本图书馆CIP数据核字（2015）第272282号

责任编辑：高墨荣　　　　　　　　文字编辑：徐卿华
责任校对：吴　静　　　　　　　　装帧设计：刘丽华

出版发行：化学工业出版社（北京市东城区青年湖南街13号　邮政编码100011）
印　　装：涿州市般润文化传播有限公司
850mm×1168mm　1/32　印张15¼　字数393千字
2023年7月北京第1版第8次印刷

购书咨询：010-64518888　　售后服务：010-64518899
网　　址：http://www.cip.com.cn
凡购买本书，如有缺损质量问题，本社销售中心负责调换。

定　　价：49.00元　　　　　　　　　版权所有　违者必究

电子爱好者、电工及电子新产品开发者，经常要亲自动手制作电子控制装置。制作电子控制装置的过程，是一个不断学习和提高电子理论知识、掌握电子技术的过程。如果要快速掌握电子技术，学会调试与检修电子设备，不曾亲自动手制作电子控制装置是不可思议的。

笔者长期从事电气、自动化工作，所开发的 KZD-T型直流电动机调速装置，DZZT-Ⅰ型电弧炉电极自动调节装置，TWL-Ⅱ型、JZLF-11F 及 31F 系列高压、低压发电机励磁装置，BKSF（W）、BKSF（H）、BKSF（WA）、BKSF（HA）（带电脑）等系列发电机三合一控制屏和集控台等产品在全国各地推广使用。笔者深切地感到亲自动手制作、调试电子控制装置，对巩固电子理论知识、提高检修及处理设备故障能力和开发新产品具有重要意义。

为了让读者掌握基本的电子制作技术，本书较详细地介绍了电子元件的选用与测试及老化处理、印制电路板的设计与制作、焊接技术、电子控制装置的装配与调试，以及抗干扰措施。

笔者认为，吃透电子电路的工作原理，不仅为电子控制装置的设计、调试打下良好的基础，还能大大提高对电子控制装置的故障处理能力。为此，作者在分析电路工作原理时采用了三步分析法：首先明确该电子电路的控制对象、控制目的和控制方法，以及保护元件等；然后将电路分成几大部分（一个完整的电路往往由几个相对独立的分电路组成），这几大部分一般包括主电路、控制电路、检测元件及执行元件、直流工作电源和信号及保护电路等，搞清各分电路的作用及工作原理；最后全面分析整个电路的工作原理。通过三步分析法，读者能快速掌握分析电子电路工作原理的技巧。

鉴于许多初学者对亲自动手制作电子控制装置尚有一定困难的实际情况，书中详细而具体地介绍了每个电子控制装置制作和调试方法、注意事项、元件的选择及主要元件的计算，手把手教读者学做电子控制装置。每个电路元件参数、型号、规格都很具体。另外，为了让读者对电子控制装置产品的制作、生产有个初步的了解，本书的末例，详细介绍了笔者所开发的 TW2-Ⅱ型无刷励磁调节装置的设计、安装、调试、产品使用说明，以及工艺流程。

本书由方大千、朱丽宁等编著。参加和协助编写工作的还有方亚敏、方成、方亚平、朱征涛、方欣、张正昌、方立、张荣亮、许纪秋、那宝奎、方亚云、卢静、孙文燕和费珊珊。全书由方大中、郑鹏审校。

由于编著者水平有限，不妥之处在所难免，敬请广大读者批评指正。

编著者

# 目录

## 第1章

**常用电气图形符号和文字符号**

## 1.1 常用电气图形符号和文字符号对照表

常用电气图形符号和文字符号对照表见表 1-1。

**表 1-1 常用电气图形符号和文字符号对照表**

| 名　称 | 图形符号 | 文字符号 |
|---|---|---|
| 导线交叉连接 | | |
| 导线跨越不连接 | | |
| 插座 | —————( 优选形<br>—————< 其他形 | XS |
| 插头 | ■■■—— 优选形<br>◄—— 其他形 | XP |
| 插头插入插座 | —(■ —— 优选形<br>◄ < —— 其他形 | |
| 接通的连接片 | —○——○— | XB |
| 断开的连接片 | ○○  ○ | XB |
| 电阻器 | —□— | R |
| 可变电阻器 | | RH |
| 压敏电阻器 | $U$ | RV |
| 热敏电阻器 | $\theta$ | RT(Rt) |
| 熔断电阻器 | —□— | FR |
| 电位器 | | RP |

| 名　称 | 图形符号 | 文字符号 |
|---|---|---|
| 分流器 | | RS |
| 扬声器 | | B(BL) |
| 电扬声器 | | HA |
| 电铃 | | HA |
| 蜂鸣器 | | HA |
| 电警笛 | | HA |
| 电容器 | | C |
| 电解电容器 | | C |
| 可变电容器单联 | | C |
| 双联可变电容 | | C |
| 微调电容器 | | C |
| 电感器、线圈、绕组、扼流圈 | | L |
| 带铁芯的电感器 | | L |
| 有两个抽头的电感器 | | L |
| 永久磁铁 | | |
| 压电晶体蜂鸣器 | | HA |
| 有3个电极的压电晶体 | | HA |
| 半导体二极管 | | VD |
| 发光二极管 | | VL |

续表

| 名　　称 | 图 形 符 号 | 文字符号 |
|---|---|---|
| 双基极二极管(单结晶体管) | | VT(V) |
| 稳压管 | | VS(VZ) |
| 双向二极管 | | VD |
| PNP 型晶体管 | | VT |
| NPN 型晶体管 | | VT |
| 光敏电阻器 | | RL |
| 光电二极管 | | LD |
| 光电池 | | B(BP) |
| PNP 型和 NPN 型光敏晶体管 | 和 | VTL(VT) |
| 光耦合器 | | B |
| 单向晶闸管 | | V |
| 双向晶闸管 | | V |
| 光控晶闸管 | | V |
| 运算放大器 | | A(IC、N) |
| 或门 | ≥1 | H(IC) |
| 与门 | & | Y(IC) |
| 非门 | 1 | F(IC) |

续表

| 名　称 | 图形符号 | 文字符号 |
|---|---|---|
| 直流发电机 | (G) | G |
| 直流电动机 | (M) | M |
| 交流发电机 | (G~) | G |
| 交流电动机 | (M~) | M |
| 单相笼型异步电动机 | (M 1~) | M |
| 三相笼型异步电动机 | (M 3~) | M |
| 三相绕线转子异步电动机 | (M 3~) | M |
| 双绕组变压器 | 形式一<br>形式二 | T(TM) |
| 三绕组变压器 | 形式一<br>形式二 | T(TM) |
| 电抗器扼流圈 | 形式一　形式二 | L |
| 电流互感器,脉冲变压器 | 形式一　形式二 | TA |

| 名　称 | 图形符号 | 文字符号 |
|---|---|---|
| 绕组间有屏蔽层的双绕组单相变压器 | | T(TM) |
| 在一个绕组上有中心点抽头的变压器 | | T(TM) |
| 星形-三角形连接的三相变压器 | 形式一　形式二 | T |
| 星形-星形连接的具有4个抽头(不含主抽头)的三相变压器 | 形式一　形式二 | T |
| 星形连接的三相自耦变压器 | 形式一　形式二 | T(TC) |
| 可调压的单相自耦变压器 | 形式一　形式二 | T(TC) |
| 电压互感器 | 形式一　形式二 | TV |

续表

| 名　　称 | 图 形 符 号 | 文字符号 |
|---|---|---|
| 自耦变压器 | 形式一　形式二 | T(TC) |
| 桥式全波整流器方框符号 | | UC(VC) |
| 电池、蓄电池 | | GB |
| 加热元件 | | EH |
| 开关、继电器动合触点 | 形式一　形式二 | 开关:S |
| | | 继电器:K |
| 开关、继电器动断触点 | | 开关:S |
| | | 继电器:K |
| 先断后合的转换触点 | | 开关:S |
| | | 继电器:K |
| 中间断开的双向触点 | | 开关:S |
| | | 继电器:K |
| 先合后断的转换触点 | 形式一　形式二 | 开关:S |
| | | 继电器:K |
| 延时断电器延时闭合的动合触点(时间继电器常开延时闭合触点) | | KT |
| 延时继电器延时断开的动合触点(时间继电器常开延时断开触点) | | KT |

续表

| 名　　称 | 图 形 符 号 | 文字符号 |
|---|---|---|
| 延时继电器延时闭合的动断触点（时间继电器常闭延时闭合触点） | | KT |
| 延时继电器延时断开的动断触点（时间继电器常闭延时断开触点） | | KT |
| 延时继电器延时闭合和延时断开的动合触点 | | KT |
| 接触器动合触点 | | KM |
| 接触器动断触点 | | KM |
| 手动开关 | | S(SA) |
| 按钮（动合） | | SB |
| 启动按钮 | | ST |
| 按钮（动断） | | SB |
| 停止按钮 | | SP |
| 拉拔开关 | | S(SA) |
| 旋钮开关旋转开关（闭锁） | | S(SA) |
| 液位开关 | | SA |

续表

| 名　称 | 图形符号 | 文字符号 |
|---|---|---|
| 位置开关、行程开关动合触点 | | S(SQ) |
| 位置开关、行程开关动断触点 | | S(SQ) |
| 热继电器动断触点 | | FR(KR) |
| 荧光灯启动器 | | S |
| 单极四位开关 | 形式一<br>形式二 | SA |
| 开关一般符号 | 形式一　形式二 | S |
| 三极开关(单线表示) | | S |
| 三极开关(多线表示) | | S |
| 断路器 | | QF |

续表

| 名　　称 | 图形符号 | 文字符号 |
|---|---|---|
| 三极断路器 | | QF |
| 隔离开关 | | QS |
| 三极隔离开关 | | QS |
| 熔断器式开关 | | FU |
| 火花间隙 | | F |
| 避雷器 | | F |
| 操作器件、吸合线圈 | 形式一　形式二 | K(KM、KA) |
| 双绕组操作器、双吸合线圈 | 形式一　　形式二 | K(KA) |
| 缓放继电器线圈(时间继电器断电延时线圈) | | KT |
| 缓吸继电器线圈(时间继电器通电延时线圈) | | KT |
| 热继电器的驱动器件 | | FR(KR) |

| 名　　称 | 图形符号 | 文字符号 |
|---|---|---|
| 过电流继电器线圈 | $\boxed{I>}$ | KA(KI) |
| 欠电压继电器线圈 | $\boxed{U<}$ | KA(KV) |
| 接近开关动合触点 | | S |
| 熔断器 | | FU |
| 电流表 | Ⓐ | PA |
| 电压表 | Ⓥ | PV |
| 检流计 | | PA |
| 电度表 | $\boxed{Wh}$ | PJ |
| 热电偶 | | S(ST) |
| 照明灯 | ⊗ | EL |
| 信号灯 | | H(HL) |

## 1.2　常用电气设备种类的单字母符号表

常用电气设备种类的单字母符号表见表 1-2。

表 1-2　常用电气设备种类的单字母符号表

| 字母符号 | 项目种类 | 举　　例 |
|---|---|---|
| A | 组件部件 | 分立元件放大器、运算放大器、集成电路、磁放大器、激光器、微波激射器、印制电路板,本表其他地方未提及的组件、部件 |
| B | 变换器(从非电量到电量或相反) | 热电传感器、热电池、光电池、测功计、晶体换能器、送话器、拾音器、扬声器、自整角机、旋转变压器 |

续表

| 字母符号 | 项目种类 | 举例 |
|---|---|---|
| C | 电容器 | |
| D | 二进制单元延迟器件存储器件 | 数字集成电路和器件、延迟线、双稳态元件、单稳态文件、磁芯存储器、寄存器带记录机、盘式记录机 |
| E | 杂项 | 光器件、热器件、本表其他地方未提及的元件 |
| F | 保护器件 | 熔断器、过电压放电器件、避雷器 |
| G | 发电机电源 | 旋转发电机、旋转变频机、电池、振荡器、石英晶体振荡器 |
| H | 信号器件 | 光指示器、声指示器 |
| J | 用于软件 | 程序单元、程序、模块 |
| K | 继电器 | 继电器、接触器、时间继电器 |
| L | 电感器电抗器 | 感应线圈、线路陷波器<br>电抗器(并联和串联) |
| M | 电动机 | |
| N | 模拟集成电路 | |
| P | 测量设备 | 测量设备、指示器件、记录器件 |
| Q | 电力电路的开关 | 断路器、隔离开关 |
| R | 电阻器 | 可变电阻器、电位器、变阻器、分流器、热敏电阻器 |
| S | 控制电路的开关选择器 | 控制开关、按钮、限制开关、选择开关 |
| T | 变压器 | 变压器、电压互感器、电流互感器 |
| U | 调制器变换器 | 鉴频器、解调器、变频器、编码器、逆变器、整流器、电报译码器、无功补偿器 |
| V | 电真空器件半导体器件 | 电子管、晶闸管、二极管、晶体管、半导体器件 |
| W | 传输通道波导、天线 | 导线、电缆、母线、波导、波导定向耦合器、偶极天线、抛物面天线 |
| X | 端子插头插座 | 插头和插座、测试塞孔、端子板、焊接端子片、连接片、电缆封端和接头 |
| Y | 电气操作的机械装置 | 制动器、离合器、气阀、操作线圈 |
| Z | 终端设备<br>混合变压器<br>滤波器、均衡器<br>限幅器 | 电缆平衡网络<br>压缩扩展器<br>晶体滤波器<br>衰减器、阻波器 |

## 2.1　电阻和电位器的选用与测试

**（1）电阻和电位器的符号和外形**

电阻的符号和外形如图 2-1 所示。

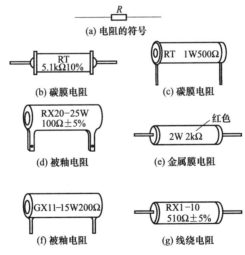

图 2-1　电阻的符号和外形

电位器的符号和外形如图 2-2 所示。

**（2）电阻的标志符号**

电阻的标志符号见表 2-1。

**（3）电阻阻值单位文字符号**

电阻阻值单位文字符号见表 2-2。

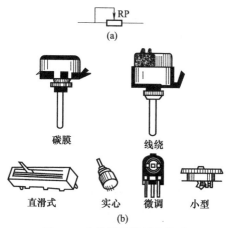

图 2-2　电位器的符号和外形

表 2-1　电阻的标志符号

| 代号 | 种　类 | 代号 | 种　类 |
|---|---|---|---|
| RT | 碳膜电阻 | RHZ | 高阻合成膜电阻 |
| RH | 合成碳膜电阻 | RHY | 高压合成膜电阻 |
| RJ | 金属膜电阻 | RHZZ | 真空兆欧合成膜电阻 |
| RY | 氧化膜电阻 | RJJ | 精密合成膜电阻 |
| RC | 沉积膜电阻 | RXY | 被釉线绕电阻 |
| RX | 线绕电阻 | RXQ | 酚醛涂层线绕电阻 |
| RS | 有机实心电阻 | RXYC | 耐潮被釉线绕电阻 |
| RN | 无机实心电阻 | RXJ | 精密线绕电阻 |
| RI | 玻璃釉膜电阻 | RR | 热敏电阻 |
| RTX | 小型碳膜电阻 | RM | 压敏电阻 |
| RTL | 测量用碳膜电阻 | RG | 光敏电阻 |
| RTCP | 超高频碳膜电阻 | | |

表 2-2　电阻阻值单位文字符号

| 符号 | 阻值单位 | 符号 | 阻值单位 | 符号 | 阻值单位 |
|---|---|---|---|---|---|
| $\Omega$ | 欧 | $M\Omega$ | 兆欧 | $T\Omega$ | 太[拉]欧 |
| $k\Omega$ | 千欧 | $G\Omega$ | 吉[咖]欧 | | |

## (4) 电阻最高工作温度

电阻最高工作温度见表 2-3。

表2-3　电阻最高工作温度　　　　　　单位：℃

| 类型 | 最高工作温度 | 最高环境温度<br>（允许负载为额定功率） |
|---|---|---|
| 碳膜电阻 | 100 | 40 |
| 金属膜电阻 | 125 | 70 |
| 氧化膜电阻 | 125 | 70 |
| 沉积膜电阻 | 100 | 70 |
| 合成膜电阻 | 70～85 | 40 |
| 线绕电阻 | 70～100 | 40 |

## （5）电阻的额定功率

电阻额定功率（W）系列见表2-4。

表2-4　电阻额定功率（W）系列

| 0.025 | 0.05 | 0.125 | 0.25 | 0.5 | 1 | 2 | 5 | 10 | 25 | 50 | 100 | 250 |
|---|---|---|---|---|---|---|---|---|---|---|---|---|

## （6）电阻标称阻值

电阻标称阻值见表2-5。

表2-5　电阻标称阻值系列（或表中所列数值

乘以 $10^n$，$n$ 为正整数或负整数）

| 允许误差 | | | 允许误差 | | |
|---|---|---|---|---|---|
| ±5%<br>（E24 系列） | ±10%<br>（E12 系列） | ±20%<br>（E6 系列） | ±5%<br>（E24 系列） | ±10%<br>（E12 系列） | ±20%<br>（E6 系列） |
| 1 | 1 | 1 | 3.3 | 3.3 | 3.3 |
| 1.1 | | | 3.6 | | |
| 1.2 | 1.2 | | 3.9 | 3.9 | |
| 1.3 | | | 4.3 | | |
| 1.5 | 1.5 | 1.5 | 4.7 | 4.7 | 4.7 |
| 1.6 | | | 5.1 | | |
| 1.8 | 1.8 | | 5.6 | | |
| 2 | | | 6.2 | | |
| 2.2 | 2.2 | 2.2 | 6.8 | 6.8 | 6.8 |
| 2.4 | | | 7.5 | | |
| 2.7 | 2.7 | | 8.2 | 8.2 | |
| 3 | | | 9.1 | | |

## （7）三种最常用电阻的特点

① 碳膜电阻　碳膜电阻的电阻体是在高温下将有机化合物热

分解产生的碳淀积在陶瓷基体表面而制得。它具有阻值范围宽、阻值稳定性好、受电压和频率的影响小、脉冲负载稳定、电阻温度系数不大并且是负值、价格便宜等优点，因而使用最广。阻值范围在几欧至几十兆欧。在 -55~+40℃ 的环境温度中，可按 100% 的额定功率使用。

② 金属膜电阻 金属膜电阻的电阻体是通过真空蒸发或阴极溅射，沉积在陶瓷基体表面上的一层很薄的金属或合金膜。它具有较碳膜电阻阻值精度高、稳定性好、噪声小、温度系数小、工作环境温度范围宽、耐高温、体积小等优点。但它的脉冲负载能力差。阻值范围在 1Ω~200MΩ。在 -55~+70℃ 的环境温度中，可按 100% 的额定功率使用。

③ 线绕电阻 线绕电阻是用高电阻率的合金线绕在绝缘骨架上而制成。它具有较低的温度系数、阻值精度高、稳定性好、抗氧化、耐热耐腐蚀、有较高的强度和耐磨性、电阻功率可以很大等优点。但其绕线具有分布电感和分布电容，故它的高频性能差、时间常数大，限制了它的高频使用，也不宜用于晶闸管换相保护。另外，它的体积也大。阻值范围在 0.1Ω~5MΩ。工作温度可达 315℃。

**(8) 电阻的测量**

电阻的阻值可用万用表电阻挡进行测量，精密的电阻或阻值极小的电阻，可以用电桥测量。测量时应注意以下事项。

① 测量前，先调整机械调零，使指针指在电阻无穷大（"∞"）的位置上，然后将测试表笔短接，调节零点调整电位器，使指针偏转到零。如果无法调节指针到零点，说明表内电池不足或内部接触不良。

② 测量时两手手指不可同时触及两表笔的金属部分，也不可同时触及被测电阻的引线上，否则人体电阻并联在被测电阻上，将造成测量结果错误。

③ 测试前需先清洁电阻的引线，除去上面的油污或氧化层。测试时表笔要紧靠引线，使两者接触良好。否则会因接触电阻原因

影响测量结果。

④ 如果电阻是焊在电路板上，测试前需看清有无其他元件与它构成回路。若有，应将电阻的一个引线从电路板上焊下来再测量。

⑤ 对于允许偏差要求小于±5%的电阻，应使用电桥来测量。所选用电桥的准确度要求比被测电阻的允许偏差高3～5倍。如QJ23、QJ24型直流单臂电桥，准确度较低，在±0.1%～±1%之内，适合测量准确度要求不高的中值电阻；QJ19、QJ36型直流单双臂电桥，准确度在±0.05%以上，适合测量高准确度的及阻值较低的电阻；QJ27型是直流高阻电桥，专门用于测量高阻值、高准确度的电阻。

例如标称阻值500Ω的RJ精密金属膜电阻，其允许偏差为±1%，选用QJ23型单臂电桥，在100～9999Ω，范围内其测量准确度为±0.2%，可满足要求。

**(9) 选用电阻的注意事项**

① 电阻的额定功率必须大于电阻阻值与回路电流的平方之乘积，为了防止过热老化，一般应大于2～3倍；如果是配换电阻，其额定功率必须不小于原电阻的额定功率，以防烧坏。

② 配换电阻的标称阻值应尽量与原电阻的阻值相同或接近。在电子电路中，有的电阻阻值取得并不十分严格，代换时也可不必苛求。这需要修理者能分析该电阻在电路中起什么作用，一般规律是阻值越大的电阻越可以不必精确。如果没有把握，还是选阻值相等或接近的为好。

③ 配换直接影响仪器仪表测量准确度的电阻时，应特别仔细，不仅阻值偏差应在允许偏差范围内，而且电阻的类型也宜相同。配换电阻的准确度和稳定性指标应偏高而不应降低。

**(10) 电位器的标志符号**

电位器的标志符号见表2-6。

表2-6 电位器的标志符号

| 代号 | 类型 | 代号 | 类型 | 代号 | 类型 |
|------|------|------|------|------|------|
| WT | 碳膜电位器 | WH | 合成碳膜电位器 | WS | 有机实心电位器 |
| WN | 无机实心电位器 | WX | 线绕电位器 | WI | 玻璃釉电位器 |

① 碳膜电位器　它具有结构简单、阻值范围宽、寿命长、价格低等优点，但功率不高，一般小于2W。

② 合成碳膜电位器　它具有阻值范围宽、分辨率较好、容易获得直线式或函数式输出特性、价格低等优点，但它的电流噪声和非线性较大，耐潮性及阻值稳定性差。

③ 线绕电位器　它具有接触电阻小、精度高、温度系数小、功率可以很大等优点，但它的分辨率低，阻值偏低，且有分布电感和分布电容，限制了它的高频使用。

④ 玻璃釉电位器　它具有耐温性好（满负荷温度可达+85℃）、耐潮性好、分布电感和分布电容小、寿命长、阻值范围广（47Ω～47MΩ）等优点，但它的接触电阻变化大，电噪声大。

除了单圈式电位器外，还有多圈式（如10圈式等）电位器；有单联式、双联式电位器；有锁紧型电位器（防止调好的电阻值变化）；有带电源开关电位器；有可直接安装在印制电路板上的电位器，以及直滑式电位器等。

**(11) 电位器的测量**

① 先测量总电阻是否与标定值相符，是否有开路现象。

② 再测试其滑动臂工作情况，看滑动触头接触是否良好，阻值变化是否连续而均匀，阻值能否调到零。如果旋转电位器转轴，万用表指示的电阻值有跌落现象，说明滑动触头接触不良。

**(12) 选用电位器的注意事项**

① 正确选择电位器的式样和结构。如直接安装在印制电路板上，应选择微调电位器、带插脚的实心电位器等；如要求调好后防止阻值变化的，应选用带锁扣（锁紧型）电位器；如要求使用时电阻值变化很小的，可选用多圈电位器；如要求使用带旋盘的，则应选用长轴柄电位器等。

② 电位器的额定功率可按电阻的功率选取，但电流应取电位器阻值为零时流过电位器回路的电流。

③ 根据调节对象的要求，可选择阻值变化特性为直线式、对数式、反对数式。它们分别用X、Z、D表示。直线式电位器多用

于分压电路中；对数式电位器多用于音量控制电路中；反对数式电位器多用于音调控制电路中。

④ 对于用于电视机、CD 唱机等家用电器及其他对电噪声要求小的电子设备，应选用动噪声小的电位器。

⑤ 电位器不能在高温及潮湿环境下使用。

## 2.2  热敏电阻的选用与测试

热敏电阻（即半导体热敏电阻）的电阻阻值对温度很敏感，其电阻温度系数大约是金属的 10 倍。热敏电阻温度系数与金属不同，可以是正的，也可以是负的，阻值能随温度升高而变大的称为正温度系数的热敏电阻（如 PTC 型），阻值能随温度升高而变小的称为负温度系数的热敏电阻（如 NTC 型）。此外，还有临界热敏电阻（CTR 型）和线性热敏电阻（LPTC 型）等。较为常用的是前两种。

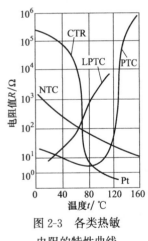

图 2-3  各类热敏
电阻的特性曲线

PTC、NTC、CTR 和 LPTC 四类热敏电阻的特性曲线如图 2-3 所示。PTC 热敏电阻，当温度超过规定值（通称参考温度或动作温度），其电阻值急剧上升。PTC 的冷态电阻值不大，一般只有几十欧，当温度增加到动作温度时，其阻值剧增到 $20k\Omega$ 左右。

各类热敏电阻的性能比较见表 2-7。

表 2-7  各类热敏电阻的性能比较

| 类型 | 使用温度范围/℃ | 优点 | 缺点 | 材料成分 |
|---|---|---|---|---|
| NTC | $-252\sim900$ | 负电阻温度系数大 | 工作温区窄 | Co、Mn、Ni、Fe 等过渡金属氧化物 |
| PTC | $-55\sim200$ | 正电阻温度系数大 | 工作温区窄 | $BaTiO_3$ 掺杂稀土元素 |
| CTR | $55\sim62$ | 临界温度点变化大 | 精度差 | $VO_2$ 掺杂 |
| LPTC | $-20\sim120$ | 线性变化 | 工作温区窄 | Si 单晶掺杂 |

## (1) 热敏电阻的符号和外形

热敏电阻的符号和外形如图 2-4 所示。

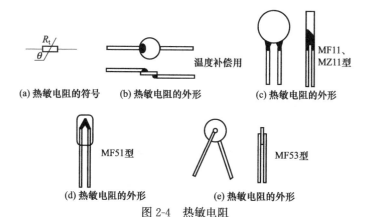

(a) 热敏电阻的符号　(b) 热敏电阻的外形　(c) 热敏电阻的外形

(d) 热敏电阻的外形　(e) 热敏电阻的外形

图 2-4　热敏电阻

## (2) 热敏电阻的阻值参数

几种 PTC 和 NTC 热敏电阻的阻值参数见表 2-8～表 2-10。

表 2-8　正温度系数热敏电阻的参数

| 参数名称 | 单位 | RZK-95℃ | RRZW0-78℃ | RZK-80℃ | RZK-2-80℃ |
|---|---|---|---|---|---|
| 25℃阻值 | Ω | 18～220 | ≤240 | 50～80 | ≤360 |
| Tr—20℃阻值 | Ω | ≤250 | ≤260 | ≤120 | ≤620 |
| Tr—5℃阻值 | Ω | ≤450 | ≤380 | ≤500 | — |
| Tr+5℃阻值 | Ω | ≥1000 | ≥600 | ≥1100 | ≥1.9kΩ |
| Tr 阻值 | Ω | ≥550 | ≥400 | ≥500 | ≥4kΩ |

表 2-9　负温度系数热敏电阻的参数

| 名称 | 电阻值 (25℃)/kΩ | B 常数 | 使用温度 范围/℃ | D. C. /(kW/℃) | T. C. /s |
|---|---|---|---|---|---|
| 片状热敏电阻 | 0.5～500±1, ±3% | 3450～4100±1, ±3% | −40～125 | 1～2 | 3～5 |
| 玻封热敏电阻 | 2～1000±3, ±5% | 3450～4400±1, ±3% | −50～300 | 1～2 | 5～15 |
| 超小型 热敏电阻 | 1～300±3, ±5% | 3450～3950± 1% | −30～100 | 0.1～0.4 | 0.1～0.2 (水中) |
| 超高精度 热敏电阻 | 30～100 | 3950 | −30～100 | 1～2 | 3～5 |

| 名称 | 电阻值 (25℃)/kΩ | B 常数 | 使用温度 范围/℃ | D. C. /(kW/℃) | T. C. /s |
|---|---|---|---|---|---|
| 体温计、室温计 专用热敏电阻 | 50～300±1, ±3% | 3400～4100±5, ±1% | -40～125 | 1～2 | 3～5 |
| 盘型热敏电阻 | 2～100±3, ±5% | 3950～4400± 2% | -30～120 | 5 | 15 |

注：B 常数在 25℃，50℃算出；D. C. 为热耗散常数；T. C. 为热时间常数。

根据国际电工委员会（IEC）的要求，PTC 热敏电阻的温度-电阻特性允许值如下：当温度低于动作温度 20℃ 时，PTC 的电阻值应小于 250Ω；高于动作温度 15℃ 时，电阻值应大于 4kΩ。

表 2-10　普通型 NTC 热敏电阻的主要参数

| 型号 | 标称电阻值范围 | 额定功率/W | 最高工作温度/℃ | 热时间常数/s | 用　途 |
|---|---|---|---|---|---|
| MF11 | 10～100Ω/110Ω～ 4.7kΩ/5.1Ω～15kΩ | 0.25 | 85 | ≤60 | 温度补偿、温度检测、温度控制 |
| MF12-1 | 1Ω～430kΩ/ 470kΩ～1MΩ | 1 | 125 | ≤60 | |
| MF12-2 | 1Ω～100kΩ/ 110kΩ～1MΩ | 0.5 | 125 | ≤60 | |
| MF12-3 | 56～510Ω/ 560Ω～5.6kΩ | 0.25 | 125 | ≤60 | |
| MF13 | 0.82Ω～10kΩ/ 11Ω～300kΩ | 0.25 | 125 | ≤30 | 温度控制、温度补偿 |
| MF14 | 0.82Ω～10kΩ/ 11Ω～300kΩ | 0.5 | 125 | ≤60 | |
| MF15 | 100Ω～47kΩ/ 51Ω～100kΩ | 0.5 | 155 | ≤30 | |
| MF16 | 10Ω～47kΩ/ 51Ω～100kΩ | 0.5 | 125 | ≤60 | |
| MF17 | 6.8kΩ～1MΩ | 0.25 | 155 | ≤20 | |

**(3) 热敏电阻的测试及估算**

1) 热敏电阻的测量　测量热敏电阻时应注意以下事项。

① 先在室温下测量热敏电阻的阻值。当阻值与标定值基本相符后，再测量其热态阻值。

② 测量热敏电阻阻值时，可用手捏住热敏电阻，使其温度升高，也可用灯泡或电烙铁等热源靠近热敏电阻进行测量。对于正温度系数的热敏电阻，当温度升高时，阻值增大；对于负温度系数的热敏电阻，当温度升高时，阻值减小。

多数热敏电阻是负温度系数型，阻值随温度上升而减小的速度约为阻值的（2%～5%）/℃。一般室温（25℃左右）下测得的阻值，可用手指捏住电阻观察其阻值是否下降了20%～50%。

2）热敏电阻在某一温度时阻值的估算　热敏电阻的标称电阻值 $R_{25}$，是指在基准温度为25℃时的电阻值。以常用的具有负温度系数的热敏电阻为例，其随温度变化的阻值，可按温度每升高1℃，其阻值减少4%估算，即可按下式估算：

$$R_t = R_{25} \times 0.96^{(t-25)}$$

式中　　$t$——电阻的温度。

例如，某热敏电阻在25℃时的阻值为300Ω，则在30℃时的阻值为

$$R_{30} = 300 \times 0.96^{(30-25)} = 244.6(\Omega)$$

## 2.3　湿敏电阻的选用与测试

湿敏电阻是一种对湿度敏感的元件，其阻值随着环境的相对湿度变化而变化。湿敏电阻广泛应用于洗衣机、空调器、微波炉等家用电器及工农业等方面作湿度检测、湿度控制用。

**（1）湿敏电阻的符号和外形**

湿敏电阻的符号和外形如图2-5所示。

**（2）湿敏电阻的参数**

湿敏电阻根据感湿层使用的材料和配方不同，分为正电阻湿度特性（即湿度增大，阻值增大）和负电阻湿度特性（即湿度增大，阻值减小）。

常见的湿敏电阻有 ZHC 型、MS01 型、MS04 型、SM-1 型、MSC3 型、YSH 型等。如 MS01 型湿敏电阻，由硅粉渗入少量碱金

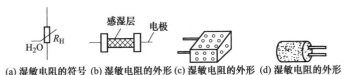

(a) 湿敏电阻的符号 (b) 湿敏电阻的外形 (c) 湿敏电阻的外形 (d) 湿敏电阻的外形

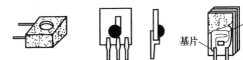

(e) 湿敏电阻的外形　(f) 湿敏电阻的外形　(g) 湿敏电阻的外形

图 2-5　湿敏电阻的符号和外形

属氧化物烧结而成，其电阻值随周围大气相对湿度的增加而减小，是属于负特性的湿敏电阻。常用湿敏电阻的参数见表 2-11。

表 2-11　常用湿敏电阻的参数

| 型号 | 测湿范围/% | 20℃时标称阻值/kΩ | | | 工作环境温度/℃ | 湿度温度系数/（%/℃） | 响应时间/s | 工作电压/V |
| --- | --- | --- | --- | --- | --- | --- | --- | --- |
| | | 50%RH[①] | 70%RH | 90%RH | | | | |
| ZHC-1 ZHC-2 | 5～99 | 650 | 170 | 44 | −10～90 | −0.1 | ＜5 | 1～6 |
| MS01-A | 20～98 | 340 | 40 | 5.1 | 0～40 | −0.1 | ＜5 | 4～12 |
| MS01-B1 | 20～98 | 200 | 25 | 3 | 0～40 | −0.1 | ＜5 | 4～12 |
| MS01-B2 | 20～98 | 300 | 35 | 4.4 | 0～40 | −0.1 | ＜5 | 4～12 |
| MS01-B3 | 20～98 | 400 | 50 | 6 | 0～40 | −0.1 | ＜5 | 4～12 |
| MS04 | 30～90 | ≤200 | — | ＜10 | 0～50 | — | — | 5～10 |
| YSH | 5～100 | ＜1000 | — | ＜2 | −30～80 | 0.5 | — | — |

① 表示相对湿度。

MS01 型湿敏电阻具有以下特点。

① 体积小、重量轻、寿命长、价廉，且具有优良的机械强度。

② 抗水性好。可在湿度很大和很小（100%～0%RH）的环境中重复使用。在 100%的水蒸气里可以照常工作，甚至短时间浸入水中也不致完全失效。

③ 响应时间短。如 20℃ 时，把电阻从 30%RH 环境移入 90%RH 环境中，当电阻值改变全量程的 63%时不大于 5s。

④ 抗污染能力强。在微量的碱、酸、盐及灰尘空气中可以照

常工作，不会失效。

⑤ 阻值变化范围大（见图 2-6）。20℃ 时，相对湿度在 30%～90% 变化时，电阻值在 $10^6$～$10^3$ 数量级变化，常用阻值位于一个容易测量的范围内（70%RH 时电阻约 40kΩ）。因此用于检测空气相对湿度或用在粮仓内布点遥测粮堆湿度较为合适。

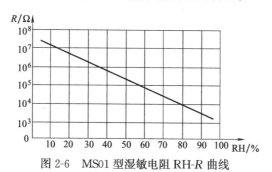

图 2-6  MS01 型湿敏电阻 RH-R 曲线

这种湿敏电阻器在工作时，必须用交流供电。它的湿敏电阻值就是在频率低于 10Hz 的条件下测得的。用它来作测湿仪器的探头，如果相距较远，为避免长导线电抗带来的影响，电源频率还需降低，可用 1～2Hz。

**(3) 湿敏电阻的测试**

测试主要测量不同湿度下的湿敏电阻阻值。需配全湿度计，将湿敏电阻置于不同湿度环境下测出 50%RH、70%RH 和 90%RH 时的阻值，并与标称电阻值作比较。简单的判断，可测量其干燥时和受水湿时的阻值变化，良好的湿敏电阻其阻值变化十分明显。

# 2.4  压敏电阻的选用与测试

压敏电阻是一种对电压敏感的非线性过电压保护半导体元件。当压敏电阻两端所加电压低于标称额定电压值时，其阻值接近无穷大；当压敏电阻两端电压略高于标称额定电压时，压敏电阻即迅速击穿导通，工作电流急剧增大。当其两端电压低于标称额定电压时，压敏电阻又恢复为高阻状态。当压敏电阻两端电压超过其最大限制电压时，压敏电阻将完全击穿损坏，无法再自行恢复。

压敏电阻具有体积小、损耗少、耐冲击、能量（浪涌电流）大、快速响应性好等优点。缺点是平均持续功率较小（仅数瓦），如外加电压超过它的标称电压，就会使内部过热而爆裂，造成电源或线路短路。因此，压敏电阻接入电路时，应串接熔断器，熔体电流为5～20A。

压敏电阻广泛用于家用电器及其他电子产品作过电压保护、防雷、抑制浪涌电流、限幅等。

### （1）压敏电阻的符号和外形

压敏电阻的符号和外形如图2-7所示。

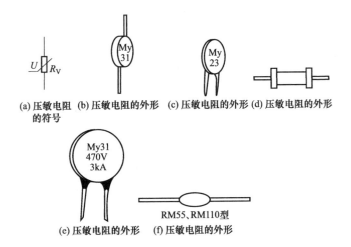

(a) 压敏电阻 (b) 压敏电阻的外形 (c) 压敏电阻的外形 (d) 压敏电阻的外形
的符号

(e) 压敏电阻的外形 (f) 压敏电阻的外形

图 2-7 压敏电阻的符号和外形

### （2）压敏电阻的参数

常用的压敏电阻有 MYD、MYJ、MYG20、MYH、MY31 系列等。MYD 系列压敏电阻参数见表 2-12。MY31 系列压敏电阻参数见表 2-13。

表 2-12　MYD 系列压敏电阻参数

| 型号 | 标称电压/V | 最大连续工作电压/V | | 最大限制电压/V | 通流容量/kA | 静态电容量/μF | 最大静态功率/W |
|---|---|---|---|---|---|---|---|
| | | AC | DC | | | | |
| MYD05K271 | 270 | 175 | 225 | 475(5) | 0.2 | 65 | 0.1 |
| MYD07K271 | 270 | 175 | 225 | 455(10) | 0.6 | 170 | 0.25 |
| MYD10K271 | 270 | 175 | 225 | 455(25) | 1.25 | 350 | 0.4 |
| MYD14K271 | 270 | 175 | 225 | 455(50) | 2.5 | 750 | 0.6 |
| MYD05K361 | 360 | 230 | 300 | 595(5) | 0.2 | 50 | 0.1 |
| MYD07K361 | 360 | 230 | 300 | 595(10) | 0.6 | 130 | 0.25 |
| MYD10K361 | 360 | 230 | 300 | 595(25) | 1.25 | 300 | 0.4 |
| MYD14K361 | 360 | 230 | 300 | 595(50) | 2.5 | 550 | 0.6 |
| MYD05K431 | 430 | 275 | 385 | 745(5) | 0.25 | 40 | 0.1 |
| MYD07K431 | 430 | 275 | 385 | 710(10) | 0.6 | 100 | 0.25 |
| MYD10K431 | 430 | 275 | 385 | 710(25) | 1.25 | 230 | 0.4 |
| MYD14K431 | 430 | 275 | 385 | 710(50) | 2.5 | 440 | 0.6 |

表 2-13　MY31 系列压敏电阻参数

| 型号规格 | 标称电压 $U_{1mA}$/V | 允许偏差 | 通流容量 (8/20μs) /kA | 残压比 | | 漏电流 /μA |
|---|---|---|---|---|---|---|
| | | | | $\dfrac{U_{100A}}{U_{1mA}}$ | $\dfrac{U_{3kA}}{U_{1mA}}$ | |
| MY31-160/1 | 160 | +15% | 1 | ≤2 | ≤5 | ≤100 |
| MY31-160/2 | | | 2 | | | |
| MY31-160/3 | | | 3 | | | |
| MY31-160/5 | | | 5 | | | |
| MY31-220/1 | 220 | +10% | 1 | ≤1.8 | ≤4 | ≤100 |
| MY31-220/2 | | | 2 | | | |
| MY31-220/3 | | | 3 | | | |
| MY31-220/5 | | | 5 | | | |
| MY31-220/10 | | | 10 | | | |
| MY31-330/1 | 330 | +10% | 1 | ≤1.8 | ≤4 | ≤100 |
| MY31-330/2 | | | 2 | | | |
| MY31-330/3 | | | 3 | | | |
| MY31-330/5 | | | 5 | | | |
| MY31-330/10 | | | 10 | | | |
| MY31-440/1 | 440 | +10% | 1 | ≤1.8 | ≤3 | ≤100 |
| MY31-440/3 | | | 3 | | | |
| MY31-440/5 | | | 5 | | | |
| MY31-440/10 | | | 10 | | | |

续表

| 型号规格 | 标称电压 $U_{1mA}/V$ | 允许偏差 | 通流容量 $(8/20\mu s)$ /kA | 残压比 | | 漏电流 /$\mu A$ |
|---|---|---|---|---|---|---|
| | | | | $\dfrac{U_{100A}}{U_{1mA}}$ | $\dfrac{U_{3kA}}{U_{1mA}}$ | |
| MY31-470/1<br>MY31-470/3<br>MY31-470/5<br>MY31-470/10 | 470 | +10% | 1<br>3<br>5<br>10 | ≤1.8 | ≤3 | ≤100 |
| MY31-660/1<br>MY31-660/3<br>MY31-660/5<br>MY31-660/10 | 660 | +10% | 1<br>3<br>5<br>10 | ≤1.8 | ≤3 | ≤100 |

**（3）压敏电阻的测试**

业余条件下只能用万用表 $R×100k$ 挡测量其电阻值，正常时其阻值为无穷大，若测得有一定阻值或为零，说明该压敏电阻已损坏。如果压敏电阻已被雷击损坏，也有可能测得的阻值为无穷大，但一般从外观是否裂损可以判断。

**（4）压敏电阻的选用**

1）选定 $U_{1mA}$ 值　一般可按下面的经验公式选择。用于交流电路中时，有：

$$U \geqslant (2\sim 2.5)U_{AC}$$

式中　　$U_{AC}$——交流电压有效值，如接在 220V 电路中，则 $U_{AC}=220V$。

用于直流电路中时，有：

$$U \geqslant (1.8\sim 2)U_{DC}$$

式中　　$U_{DC}$——直流电路电压，V。

2）选定通流量　选择通流量要留有适当的裕量，因为在同一个电压等级下，通流量越大，可靠性越高，但体积也大一点，价格也高一些。一般作过电压保护时，可选 3～5kA；作大容量设备保护时，取 10kA；作熄灭火花时，取 3kA 以下；作防雷保护时，取 10～20kA。长时间工作时，元件的表面温度不得高于环境温度 +4℃。

## 2.5　电容器的选用与测试

### (1) 电容器的符号和外形

电容器的符号和外形如图 2-8 所示。

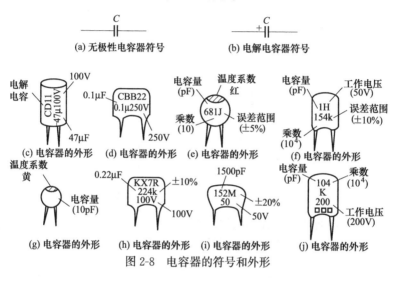

(a) 无极性电容器符号　　　　(b) 电解电容器符号

(c) 电容器的外形　(d) 电容器的外形　(e) 电容器的外形　(f) 电容器的外形

(g) 电容器的外形　(h) 电容器的外形　(i) 电容器的外形　(j) 电容器的外形

图 2-8　电容器的符号和外形

### (2) 电容器的标志符号

电容器的标志符号见表 2-14。

表 2-14　电容器的标志符号

| 电容器介质材料 | 代号 | 电容器介质材料 | 代号 |
|---|---|---|---|
| 钽 | A | 涤纶 | L② |
| 聚苯乙烯 | B① | 铌电解 | N |
| 高频瓷 | C | 玻璃膜 | O |
| 铝电解 | D | 漆膜 | Q |
| 其他材料电解 | E | 低频瓷 | T |
| 合金电解 | G | 云母纸 | V |
| 复合介质 | H | 云母 | Y |
| 玻璃釉 | I | 纸介 | Z |
| 金属化纸 | J | | |

① 除聚苯乙烯外其他非极性有机薄膜时，在 B 后加一个字母区分，如聚四氟乙烯用 BF 表示。

② 除涤纶外其他极性有机薄膜时，在 L 后加一字母区分，如聚酸酯用 LS 表示。

### (3) 电容器电容量的文字符号

电容器电容量的文字符号见表 2-15。

表 2-15　电容器电容量的文字符号

| 符号 | 电容量 | 符号 | 电容量 |
|------|--------|------|--------|
| pF | 皮法 | mF | 毫法 |
| nF | 纳法 | F | 法 |
| μF | 微法 | | |

### (4) 电容器的标称耐压值

电容器的标称耐压值见表 2-16。

表 2-16　电容器的标称耐压系列　　　　　单位：V

| 类型 | 标称耐压值 |
|------|-----------|
| 云母电容器 | 100、250、500 |
| 玻璃釉电容器 | 40、100、150、250、500 |
| 薄膜及金属化纸介电容器 | 63、160、250、400、630 |
| 电解电容器 | 低压 3、6、10、16、25、32、50<br>高压 150、300、450、500 |

### (5) 电容器最高使用频率范围

电容器最高使用频率范围见表 2-17。

表 2-17　电容器最高使用频率范围

| 类　型 | 最高使用频率/MHz |
|--------|-----------------|
| 小型云母电容器 | 150～250 |
| 圆片型瓷片电容器 | 200～300 |
| 圆管型瓷片电容器 | 150～200 |
| 圆盘型瓷片电容器 | 2000～3000 |
| 小型纸介电容器 | 50～80 |
| 中型纸介电容器 | 5～8 |

### (6) 几种最常用电容器的特点

① 金属化纸介电容器　金属化纸介电容器是用真空蒸发法在涂有漆的纸上蒸发极薄的金属膜作为电极，并用其卷成芯，套上外壳，加上引线封装而成。它具有体积小、电容量范围宽、工作电压高、价格低等优点。但其稳定性差、损耗大、绝缘电阻较低。主要用于低频电路或直流电路中，以及对稳定性要求不高的电路中。

② 塑料薄膜介质电容器　它的制造方法、结构与金属化纸介电容器相似。它以聚苯乙烯、聚四氟乙烯、聚碳酸酯等有机薄膜为介质。它具有体积小、绝缘电阻较高、漏电极小、耐压较高等优点，但其耐热性较差。广泛用于电子设备、仪器、仪表和家用电器中。

③ 瓷介电容器　瓷介电容器以陶瓷材料为介质，其电极在瓷片表面，是用烧结渗透法形成银层面构成，并焊出引线。它具有耐热性好、稳定性好、耐腐蚀性好、介质损耗小、绝缘性好、体积小等优点，但其容量较小、机械强度低。常用于高频电路中。

④ 玻璃釉电容器　玻璃釉电容器是在经烧结的玻璃釉薄片上涂敷银电极，将几片叠在一起熔烧，再在端面上涂银，并焊出引线而成。为了防潮，电容器外面涂有绝缘层。它具有耐高温、抗潮湿、损耗小等优点，可与瓷介电容器和云母电容器相比。

⑤ 云母电容器。云母电容器是以云母作为介质，在两块铝箔或钢片间夹上云母绝缘层，并从金属箔片上接出引线而成。它具有稳定性高、绝缘电阻高、电容量精密、温度特性好、频率特性好等优点。广泛用于对电容器稳定性和可靠性要求较高的场合。

⑥ 电解电容器　电解电容器的介质是一层极薄的附着在金属极板上的氧化膜，其阳极是附着有氧化膜的金属极，阴极为电解液。电解电容器按阳极材料不同可分为铝电解电容器、钽电解电容器和铌电解电容器，最常用的是铝电解电容器。它具有电容量大、质量小、介电常数比较大、价格低等优点，但其电容量误差大、稳定性差、耐压不高，主要用于低压电路中。钽电解电容器、铌电解电容器具有稳定性好、绝缘电阻高、漏电流小、寿命长、使用温度范围广等优点，但其价格高，通常用于要求高的电路中。

**(7) 电容器的测试**

① 正、负极性的判别　铝电解电容器外壳上通常标有"＋"（正极）或"－"（负极）。新购（未安装）的电解电容器，长引脚为正极，短引脚为负极。

如果电容器的标志不清，则可以根据电解电容器反向漏电流比正向漏电流大这一特性，通过用万用表 $R \times 10k$ 挡测量电容器两端的正、反向电阻值来判别。比较两次所测指针稳定后的阻值。在阻值较大的一次测量中，黑表笔所接的是电容器的正极，红表笔接的是电容器的负极。

② 电容量和漏电的测量　先用导线或表笔导体短接电容器两端进行放电。测量时，量程开关应先打到小阻值挡（如 $R \times 100$），如果指针摆幅太小（正向、反向都如此），再调整量程开关至合适的位置，如 $R \times 1k$ 挡或 $R \times 10k$ 挡。测量时，用两表笔接触电容器的两端，利用万用表内部电池给电容器进行正、反向充电，指针摆动的幅度越大，则电容量越大。如果用已知容量的电容器作比较，可大致估计出被测电容器的电容量。

若表笔接触电容器两端不动，指针摆动后会慢慢地向无穷大方向移动，直至指针停止不动，这时指针指示的阻值，即为电容器的绝缘电阻，也表示该电容器漏电的大小。阻值越大，漏电越小，电容器质量越好；反之，阻值越小，漏电越大，电容器质量越差。如果指针偏转到零欧位置之后不再返回，将两表笔反接后仍不返回，则表示电容器内部短路；相反，如果指针根本不动，则表示电容器内部开路。

③ 小容量固体电容器的测试　对于大于 $4700\mu F$ 的固体电容器，也可按上述方法检查。需要注意的是，当电容器容量小于 $1\mu F$ 时，万用表指针摆动很小；容量越小，越感觉不出充放电现象，这时不能误认为该电容器断路了。对于容量小于 $4700pF$ 的电容器，用此法测量很难观察指针摆幅，只能判断它是否短路，而不能判断其尚好还是已开路。

按上述方法测量无极性电容器时，第一次测得电容器的绝缘电阻后，应将两表笔交换反接，重复上述测量过程。理想的电容器两次最大稳定绝缘电阻值应相差不多，两者差值越大，说明该电容器的绝缘性能越差，漏电越大。

(8) **选用电容器的注意事项**

① 根据电容器在电路中的作用合理选用其型号。例如：用作

低频耦合、旁路等，可选用纸介电容器；用在高频电路和高压电路中，可选用云母电容器、瓷介电容器和塑料薄膜介质电容器；用在电源滤波或退耦电路中，应选用电解电容器；用在直流或脉动直流电路中，应选用有极性电解电容器。

② 选用电容器时应注意环境条件。例如：在湿度较大的环境中，应选用密封型电容器；在温度较高的环境中，电容器容易老化，应选用耐热性好的电容器；在寒冷地区应选用耐寒的电解电容器。

③ 电容的额定工作电压（电容器上所标的耐压值，是指最大值）必须大于加在电容上的工作电压（指有效值）的 $\sqrt{2}$ 倍。如果是配换电容，其额定工作电压必须不低于原电容的额定工作电压，以防击穿。

④ 配换电容器的标称容量应尽量与原电容器的容量相同或接近。在电子电路中，有的电容量取得并不十分严格，可以根据该电容器在电路中的作用，分析出配换电容器允许略大或略小于原电容器的标称容量。例如，作为滤波或旁路用的电容器，其容量允许略大或略小一些。

⑤ 对工作频率、绝缘电阻值要求不高的场合，可用金属化纸介电容器等代替云母电容器。

⑥ 可用同容量耐压高的电容器代替耐压低的电容器；用误差小的电容器代替误差大的电容器。

⑦ 可以用几个电容器串联或并联来代替所需容量的电容器。但串联后电容器的耐压要考虑到每个电容器上的电压降都要小于其耐压值；并联后的耐压以最小耐压电容器的耐压值为准。

串联电容器的电容量按下式计算：

$$\frac{1}{C} = \frac{1}{C_1} + \frac{1}{C_2} + \cdots + \frac{1}{C_n}$$

式中　　　　　　$C$——串联电容器的总电容量，μF；
$C_1$，$C_2$，$\cdots$，$C_n$——各电容器的电容量，μF。

并联电容器的电容量按下式计算：

$$C = C_1 + C_2 + \cdots + C_n$$

式中　$C$——并联电容器的总电容量，μF。

⑧ 配换仪表中作为测量桥臂元件或振荡回路元件的电容器，应特别仔细，不仅容量偏差应在允许偏差范围内，而且电容器的类型也宜相同或更为高档的（如稳定性等更好的），并且配换后必须对仪表测量准确度进行校验。

⑨ 配换电解电容器时必须注意正负极性不可接错。

# 2.6　半导体器件型号命名方法

中国半导体分立器件型号的命名法见表 2-18。

国际电子联合会半导体（分立）器件型号命名法见表 2-19。

**表 2-18　中国半导体分立器件型号的命名法**（GB 249—1989）

| 第一部分 | | 第二部分 | | 第三部分 | | | | 第四部分 | 第五部分 |
|---|---|---|---|---|---|---|---|---|---|
| 用数字表示器件的电极数目 | | 用汉语拼音字母表示器件的材料和极性 | | 用汉语拼音字母表示器件的类型 | | | | 用数字表示器件序号 | 用汉语拼音字母表示规格号 |
| 符号 | 意义 | 符号 | 意义 | 符号 | 意义 | 符号 | 意义 | | |
| 2 | 二极管 | A | N 型, 锗材料 | P | 普通管 | D | 低频大功率管 ($f_a<3$MHz, $P_c\geqslant1$W) | | |
| | | B | P 型, 锗材料 | V | 微波管 | | | | |
| | | C | N 型, 硅材料 | W | 稳压管 | A | 高频大功率管 ($f_a\geqslant3$MHz, $P_c\geqslant1$W) | | |
| | | D | P 型, 硅材料 | C | 参量管 | | | | |
| | | | | Z | 整流管 | | | | |
| 3 | 三极管 | A | PNP 型, 锗材料 | L | 整流堆 | T | 半导体闸流管（可控整流器） | | |
| | | B | NPN 型, 锗材料 | S | 隧道管 | Y | 体效应器件 | | |
| | | C | PNP 型, 硅材料 | N | 阻尼管 | B | 雪崩管 | | |
| | | D | NPN 型, 硅材料 | U | 光电器件 | J | 阶跃恢复管 | | |
| | | E | 化合物材料 | K | 开关管 | CS | 场效应器件 | | |
| | | | | X | 低频小功率管 ($f_a<3$MHz, $P_c<1$W) | BT | 半导体特殊器件 | | |
| | | | | | | FH | 复合管 | | |
| | | | | G | 高频小功率管 ($f_a\geqslant3$MHz, $P_c<1$W) | PIN | PIN 管 | | |
| | | | | | | JG | 激光器件 | | |

注：$f_a$ 表示截止频率；$P_c$ 表示集电极最大允许耗散功率。

**表2-19　国际电子联合会半导体（分立）器件型号命名法**

| 第一部分 | | 第二部分 | | 第三部分 | | 第四部分 | |
|---|---|---|---|---|---|---|---|
| 用字母表示使用的材料 | | 用字母表示类型及其主要特性 | | 用字母或数字表示登记号 | | 用字母对同型号者分档 | |
| 符号 | 意义 | 符号 | 意义 | 符号 | 意义 | 符号 | 意义 |
| A | 锗材料 | A | 检波、开关和混频二极管 | 3位数字 | 通用半导体器件的登记序号（同一类型器件使用同一登记号） | | 同一型号器件按某一参数进行分挡的标志 |
| | | B | 变容二极管 | | | A | |
| B | 硅材料 | C | 低频小功率三极管 | | | B | |
| | | D | 低频大功率三极管 | | | C | |
| | | E | 隧道二极管 | | | D | |
| C | 砷化镓 | F | 高频小功率三极管 | 1个字母加2位数字 | 专用半导体器件的登记序号（同一类型器件使用同一登记号） | … | |
| | | G | 复合器件及其他器件 | | | | |
| D | 锑化铟 | H | 磁敏二极管 | | | | |
| | | K | 开放磁路中的霍尔元件 | | | | |
| R | 复合材料 | L | 高频大功率三极管 | | | | |
| | | M | 封闭磁路中的霍尔元件 | | | | |
| | | P | 光敏器件 | | | | |
| | | Q | 发光器件 | | | | |
| | | R | 小功率晶闸管 | | | | |
| | | S | 小功率开关管 | | | | |
| | | T | 大功率晶闸管 | | | | |
| | | U | 大功率开关管 | | | | |
| | | X | 倍增二极管 | | | | |
| | | Y | 整流二极管 | | | | |
| | | Z | 稳压二极管即齐纳二极管 | | | | |

# 2.7 二极管的选用与测试

### (1) 二极管和整流堆的符号和外形

整流堆由二极管组成。二极管和整流堆的符号和外形如图 2-9
所示。

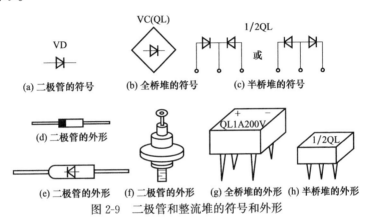

图 2-9 二极管和整流堆的符号和外形

### (2) 二极管的类别及用途

二极管的类别及用途见表 2-20。

表 2-20 一般二极管的类别及用途

| 分　类 | | 用　途 | 要　求 |
| --- | --- | --- | --- |
| 点接触型二极管 | 检波二极管 | 检波:将调制高频载波中的低频信号检出 | 工作频率高,结电容小,损耗功率小 |
| | 开关二极管 | 开关:在电路中对电流起开启和关断作用 | 工作频率高,结电容小,开关速度快,损耗功率小 |
| 面接触型二极管 | 整流二极管 | 整流:把交流市电变为脉动直流 | 电流容量大,反向击穿电压高,反向电流小,散热性能好 |
| | 整流桥 | 把二极管组成桥组作桥式整流 | 体积小,使用方便 |

根据二极管制造材料的不同,可分为硅管和锗管两大类。其性

能区别见表2-21。

表2-21 硅管和锗管的性能区别

| 二极管类型 | 硅管 | 锗管 |
|---|---|---|
| 正向压降/V | 0.5~0.8 | 0.2 |
| 反向漏电流/μA | <1 | 几百 |
| PN结可承受的温度/℃ | 200 | 100 |

### （3）二极管主要参数

① 额定正向工作电流 $I_F$：也称最大整流电流，是二极管长期连续工作时允许通过的最大正向电流。

② 最高反向工作电压 $U_{RM}$：是二极管在工作中能承受的最大反向电压，略低于二极管的反向击穿电压 $U_B$。

③ 反向电流 $I_R$：是在给定的反向偏压下，通过二极管的直流反向漏电流。此电流值越小，表明二极管的单向导电性能越好。

④ 正向电压降 $U_F$：是最大整流电流时，二极管两端的电压降。二极管的正向电压降越小越好。锗管为 0.2~0.4V，硅管为 0.6~0.8V。

⑤ 最高工作频率 $f_M$：是指二极管工作频率的最大值。

⑥ 二极管电容 $C$：是二极管加上反向电压时，引出线间的电容。

### （4）常用整流二极管的主要参数

常用硅整流二极管的主要参数见表2-22和表2-23。

表2-22 IN4001~IN4007 型硅整流二极管主要参数

| 型号 | 反向重复峰值电压 $U_{RRM}$/V | 额定正向平均电流 $I_F$/V | 正向峰值电压 $U_{FM}$/V | 反向直流电流 | | 正向浪涌电流 $I_{FM}$/A | 反向恢复时间 $t_{rr}$/μs | 最高结温 $T_{jm}$/℃ |
|---|---|---|---|---|---|---|---|---|
| | | | | $I_{R1}$/μA | $I_{R2}$/μA | | | |
| 1N4001 | 50 | | | | | | | |
| 1N4002 | 100 | | | | | | | |
| 1N4003 | 200 | | | | | | | |
| 1N4004 | 400 | 1.0 | 1.1 | 5 | 50 | 30 | 30 | 175 |
| 1N4005 | 600 | | | | | | | |
| 1N4006 | 800 | | | | | | | |
| 1N4007 | 1000 | | | | | | | |

表 2-23　IN5400～IN5408 型硅整流二极管主要参数

| 型号 | 反向重复峰值电压 $U_{RRM}/V$ | 正向平均电流 $I_F/V$ | 正向峰值电压 $U_{FM}/V$ | 反向峰值电流 | | 正向浪涌电流 $I_{FM}/A$ | 典型结电容 $C_J/pF$ | 最高结温 $T_{jm}/℃$ |
| --- | --- | --- | --- | --- | --- | --- | --- | --- |
| | | | | $I_{RM1}/\mu A$ | $I_{RM2}/\mu A$ | | | |
| 1N5400 | 50 | | | | | | | |
| 1N5401 | 100 | | | | | | | |
| 1N5402 | 200 | | | | | | | |
| 1N5403 | 300 | | | | | | | |
| 1N5404 | 400 | 3.0 | 1.2 | 10 | 150 | 200 | 28 | 170 |
| 1N5405 | 500 | | | | | | | |
| 1N5406 | 600 | | | | | | | |
| 1N5407 | 800 | | | | | | | |
| 1N5408 | 1000 | | | | | | | |

### (5) 二极管的测试

通常用万用表欧姆挡来判别二极管的极性和好坏。具体测试如下：对于最大整流电流较小（100mA 以下）的二极管，可将万用表欧姆挡打在 $R×100$ 或 $R×1k$ 位置，测量正向电阻，即黑表笔接正极，红表笔接负极，阻值在 $100Ω～1kΩ$ 左右（锗二极管）或几百欧至几千欧左右（硅二极管）属正常；若正向电阻太大，则使用时效率不高。将表笔对调后测量其反向电阻，它应比正向电阻大数百倍以上。

应特别注意：最大整流电流小于 100mA 的二极管，切不可用 $R×1$ 挡测量。因为使用 $R×1$ 挡时，通过管子的电流在 100mA 左右，很容易烧坏管子。

对于最大整流电流较大的二极管，应使用 $R×1$ 挡测量正向电阻（电源为 1.5V 的万用表），指针一般在刻度盘的中间区，属正常。反向电阻应用最高电阻挡测量，阻值约无穷大。如果所测值极小，说明管子已经击穿损坏。

另外，用万用表测量二极管正向电阻时，不同电阻挡测得的阻值是不一样的。且相差很大。如打在 $R×10$ 挡时测得的电阻为 $90Ω$，打在 $R×100$ 挡时为 $850Ω$，打在 $R×1k$ 挡时为 $4kΩ$。这是由于二极管正向（或反向）电阻是个非线性电阻造成的，即二极管的电压和电流不是成正比关系。当使用不同欧姆挡时，加在二极管上的电压值不同，通过管子的电流也不相同。如用 $R \times 1$ 挡测量时，通过管子的电流为 100mA 左右，而用 $R \times 100$ 挡测量时，通过管子的电流只有 1mA 左右，由欧姆定律 $R = U/I$ 可知，两次测得的阻值 $R$ 是不一样的。

**(6) 选用二极管的注意事项**

① 二极管种类繁多，应根据不同的使用场合选择合适的型号。例如：检波二极管适用于检波和限幅等；整流二极管适用于低频的小功率整流和大功率整流；开关二极管适用于脉冲电路和开关电路等。

② 配换二极管时切不可将极性接错。

③ 使用二极管时要求二极管所承受的反向峰值电压和正向电流均不得超过额定值。对于有电感元件的电路，反向额定峰值电压要选得比线路工作电压大 2 倍以上，以防击穿。配换二极管时，最高反向电压必须不低于原二极管的最高反向电压，最大整流电流不应低于原二极管的最大整流值。

④ 配换高频二极管时，其最高工作频率不应低于原二极管的最高工作频率。

⑤ 功率整流二极管必须装设散热片或冷却器件，以防过热烧毁。

⑥ 在实际电路中，许多二极管是可以代换的，这应根据二极管在电路中的作用而定。

⑦ 焊接小功率二极管时，焊接要迅速，一般不超过 5s。电烙铁功率一般在 35W 以下为宜，管脚引线的弯折通常需距管壳 5mm 以上。

⑧ 二极管在整流电路中的串联、并联，需采取保护措施。

# 2.8 稳压管的选用与测试

稳压管在电子电路中起稳定电压的作用。稳压管实质上也是一个晶体二极管,它是利用二极管的反向击穿特性来稳定电压的。在反向击穿区,通过管子的电流在一定范围内变化时,管子两端的电压变化甚微。由于采用了特殊的制造工艺和外电路的限流措施,使稳压管在规定的范围内,不致因击穿而损坏。

**(1) 稳压管的符号和外形**

稳压管的符号和外形如图2-10所示。

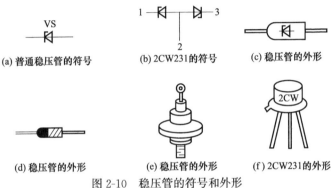

| (a) 普通稳压管的符号 | (b) 2CW231的符号 | (c) 稳压管的外形 |

(d) 稳压管的外形    (e) 稳压管的外形    (f) 2CW231的外形

图2-10  稳压管的符号和外形

**(2) 稳压管的主要参数**

① 稳定电压 $U_Z$:是指稳压二极管的稳压值,即稳压二极管的反向击穿电压。

② 稳定电流 $I_Z$:是稳压范围内稳压二极管的电流。一般为其最大稳定电流 $I_{ZM}$的1/2左右。

③ 最大稳定电流 $I_{ZM}$:是能保证稳压二极管稳定电压(并不致损坏)的电流。

④ 额定功耗 $P_Z$:是稳压二极管在正常工作时产生的耗散功率。

⑤ 动态电阻 $R_Z$:是稳定状态下,稳压二极管上的电压微变量与通过稳压二极管的电流微变量之比值。

**(3) 常用稳压管的主要参数**

2CW系列稳压管的主要参数见表2-24。

**表 2-24　2CW 系列稳压管的主要参数**

| 原型号 | 稳定电压/V | 最大稳定电流/mA | 动态电阻/Ω | 反向电流/μA | 耗散功率/W | 正向压降/V | 新型号 |
|---|---|---|---|---|---|---|---|
| 2CW1 | 7～8.5 | 23 | ≤12 | <10 | 0.28 | ≤1 | — |
| 2CW2 | 8～9.5 | 29 | ≤18 | <10 | 0.28 | ≤1 | — |
| 2CW3 | 9～10.5 | 26 | ≤25 | <10 | 0.28 | ≤1 | — |
| 2CW4 | 10～12 | 23 | ≤30 | <10 | 0.28 | ≤1 | — |
| 2CW5 | 11.5～14 | 20 | ≤35 | <10 | 0.25 | ≤1 | — |
| 2CW7 | 2.5～3.5 | 71 | ≤80 | <10 | 0.25 | ≤1 | 2CW51 |
| 2CW7A | 3.2～4.5 | 55 | ≤70 | <10 | 0.25 | ≤1 | 2CW52 |
| 2CW7B | 4～5.5 | 45 | ≤50 | <10 | 0.25 | ≤1 | 2CW53 |
| 2CW7C | 5～6.5 | 38 | ≤30 | <10 | 0.25 | ≤1 | 2CW54 |
| 2CW7D | 6～7.5 | 33 | ≤15 | <10 | 0.25 | ≤1 | 2CW55 |
| 2CW7E | 7～8.5 | 29 | ≤15 | <10 | 0.25 | ≤1 | 2CW56 |
| 2CW7F | 8～9.5 | 26 | ≤20 | <10 | 0.25 | ≤1 | 2CW57 |
| 2CW7G | 9～10.5 | 23 | ≤25 | <10 | 0.25 | ≤1 | 2CW58 |
| 2CW7H | 10～12 | 20 | ≤30 | <10 | 0.25 | ≤1 | 2CW59 |
| 2CW7I | 11.5～14 | 18 | ≤40 | <10 | 0.25 | ≤1 | 2CW60、2CW61 |
| 2CW7J | 13.5～17 | 14 | ≤50 | <10 | 0.25 | ≤1 | 2CW62 |
| 2CW7K | 16.5～20 | 12.5 | ≤60 | <10 | 0.25 | ≤1 | 2CW63 |
| 2CW7L | 19.5～23 | 10.5 | ≤70 | <10 | 0.25 | ≤1 | 2CW64 |
| 2CW7M | 22.5～26 | 9.5 | ≤85 | <10 | 0.25 | ≤1 | 2CW65 |
| 2CW7N | 25.5～30 | 8 | ≤100 | <10 | 0.25 | ≤1 | 2CW66 |
| 2CW9 | 1～2.5 | 100 | ≤30 | <10 | 0.25 | ≤1 | 2CW50 |
| 2CW10 | 2～3.5 | 70 | ≤50 | <5 | 0.25 | ≤1 | 2CW51 |
| 2CW11 | 3.2～4.5 | 55 | ≤70 | <2 | 0.25 | ≤1 | 2CW52 |
| 2CW12 | 4～5.5 | 45 | ≤50 | <1 | 0.25 | ≤1 | 2CW53 |
| 2CW13 | 5～6.5 | 38 | ≤30 | <0.5 | 0.25 | ≤1 | 2CW54 |
| 2CW14 | 6～7.5 | 33 | ≤10 | <0.5 | 0.25 | ≤1 | 2CW55 |
| 2CW15 | 7～8.5 | 29 | ≤10 | <0.5 | 0.25 | ≤1 | 2CW56 |
| 2CW16 | 8～9.5 | 26 | ≤10 | <0.5 | 0.25 | ≤1 | 2CW57 |
| 2CW17 | 9～10.5 | 23 | ≤20 | <0.5 | 0.25 | ≤1 | 2CW58 |
| 2CW18 | 10～12 | 20 | ≤25 | <0.5 | 0.25 | ≤1 | 2CW59 |
| 2CW19 | 11.5～14 | 17 | ≤35 | <0.5 | 0.25 | ≤1 | 2CW60(11.5～12.5V)、2CW61(12.2～14V) |
| 2CW20 | 13.5～17 | 14 | ≤45 | <0.5 | 0.25 | ≤1 | 2CW62 |
| 2CW20A | 16.5～20.5 | 12 | ≤50 | <0.5 | 0.25 | ≤1 | 2CW63(16～19V)、2CW64(18～21V) |

| 原型号 | 稳定电压/V | 最大稳定电流/mA | 动态电阻/Ω | 反向电流/μA | 耗散功率/W | 正向压降/V | 新型号 |
|---|---|---|---|---|---|---|---|
| 2CW20B | 20～24.5 | 10 | ≤60 | ＜0.5 | 0.25 | ≤1 | 2CW65 |
| 2CW20C | 23～28 | 9 | ≤70 | ＜1 | 0.25 | ≤1 | 2CW66(23～26V)、2CW67(25～28V) |
| 2CW20D | 27～30 | 8 | ≤80 | ＜1 | 0.25 | ≤1 | 2CW68 |
| 2CW21 | 3～4.5 | 220 | ≤40 | ＜1 | 1 | ≤1 | 2CW102 |
| 2CW21A | 4～4.5 | 180 | ≤30 | ＜1 | 1 | ≤1 | 2CW103 |
| 2CW21B | 5～6.5 | 150 | ≤15 | ＜0.5 | 1 | ≤1 | 2CW104 |
| 2CW21C | 6～7.5 | 130 | ≤7 | ＜0.5 | 1 | ≤1 | 2CW105 |
| 2CW21D | 7～8.5 | 115 | ≤5 | ＜0.5 | 1 | ≤1 | 2CW106 |
| 2CW21E | 8～9.5 | 105 | ≤7 | ＜0.5 | 1 | ≤1 | 2CW107 |
| 2CW21F | 9～10.5 | 95 | ≤9 | ＜0.5 | 1 | ≤1 | 2CW108 |
| 2CW21G | 10～12 | 80 | ≤12 | ＜0.5 | 1 | ≤1 | 2CW109 |
| 2CW21H | 11.5～14 | 70 | ≤16 | ＜0.5 | 1 | ≤1 | 2CW110 |
| 2CW21I | 13.5～17 | 55 | ≤20 | ＜0.5 | 1 | ≤1 | 2CW111 |
| 2CW21J | 16～20.5 | 45 | ≤26 | ＜0.5 | 1 | ≤1 | 2CW112 |
| 2CW21K | 19～24.5 | 40 | ≤32 | ＜0.5 | 1 | ≤1 | 2CW113 |
| 2CW21L | 23～29.5 | 34 | ≤38 | ＜0.5 | 1 | ≤1 | 2CW114 |
| 2CW21M | 27～34.5 | 29 | ≤48 | ＜0.5 | 1 | ≤1 | 2CW115 |
| 2CW21N | 32～40 | 25 | ≤60 | ＜0.5 | 1 | ≤1 | 2CW116 |
| 2CW21P | 1～2.5 | 400 | ≤15 | ＜10 | 1 | ≤1 | 2CW100 |
| 2CW21S | 2～3.5 | 280 | ≤41 | ＜10 | 1 | ≤1 | 2CW101 |
| 2CW22 | 3.2～4.5 | 660 | ≤20 | ＜1 | 3 | ≤1 | 2CW130 |
| 2CW22A | 4～5.5 | 540 | ≤15 | ＜0.5 | 3 | ≤1 | 2CW131 |
| 2CW22B | 5～6.5 | 460 | ≤12 | ＜0.5 | 3 | ≤1 | 2CW132 |
| 2CW22C | 6～7.5 | 400 | ≤6 | ＜0.5 | 3 | ≤1 | 2CW133 |
| 2CW22D | 7～8.5 | 350 | ≤4 | ＜0.5 | 3 | ≤1 | 2CW134 |
| 2CW22E | 8～9.5 | 315 | ≤5 | ＜0.5 | 3 | ≤1 | 2CW135 |
| 2CW22F | 9～10.5 | 280 | ≤7 | ＜0.5 | 3 | ≤1 | 2CW136 |
| 2CW22G | 10～12 | 250 | ≤10 | ＜0.5 | 3 | ≤1 | 2CW137 |
| 2CW22H | 11.5～14 | 210 | ≤12 | ＜0.5 | 3 | ≤1 | 2CW138 |
| 2CW22I | 13.5～17 | 175 | ≤16 | ＜0.5 | 3 | ≤1 | 2CW139 |
| 2CW22J | 16～20.5 | 145 | ≤22 | ＜0.5 | 3 | ≤1 | 2CW140 |
| 2CW22K | 19～24.5 | 120 | ≤26 | ＜0.5 | 3 | ≤1 | 2CW141 |
| 2CW22L | 23～29.5 | 100 | ≤32 | ＜0.5 | 3 | ≤1 | 2CW142 |
| 2CW22M | 27～34.5 | 86 | ≤38 | ＜0.5 | 3 | ≤1 | 2CW143 |
| 2CW22N | 32～40 | 75 | ≤48 | ＜0.5 | 3 | ≤1 | 2CW144 |

2DW230～2DW236 稳压管的主要参数见表 2-25。

**表 2-25　2DW230～2DW236 稳压管主要参数**

| 型　号 | 稳定电压<br>/V | 最大稳定电流<br>/mA | 动态电阻<br>/Ω | 反向电流<br>/μA |
|---|---|---|---|---|
| 2DW230 | 5.8～6.6 | 30 | ≤25 | |
| 2DW231 | 5.8～6.6 | 30 | ≤15 | |
| 2DW232 | 6.0～6.5 | 30 | ≤10 | |
| 2DW233 | 6.0～6.5 | 30 | ≤10 | |
| 2DW234 | 6.0～6.5 | 30 | ≤10 | |
| 2DW235 | 6.0～6.5 | 30 | ≤10 | |
| 2DW236 | 6.0～6.5 | 30 | ≤10 | |

注：2DW230～2DW236 稳压管内部具有温度补偿，电压温度系数低，可用于精密稳压电路。其管脚 1、2 为正、负极，其中靠红点标志的管脚接电源"＋"端，另一管脚接"－"端，管脚 3 是备用脚，通常情况下，管脚 3 不用。当管脚 1 或 2 损坏后，才把它作为单个稳压管的正极，此时只作一般的稳压管使用，管脚 3 应接电源"－"端。

1N 系列稳压管的主要参数见表 2-26。

**表 2-26　1N 系列稳压管的主要参数**

| 型号 | 稳定电压 $U_Z$<br>/V | 工作稳定电流 $I_Z$<br>/mA | 动态电阻 $R_Z$<br>/Ω | 额定功耗 $P_Z$<br>/W |
|---|---|---|---|---|
| IN748 | 3.8～4.0 | | 100 | |
| IN752 | 5.2～5.7 | | 35 | |
| IN753 | 5.88～6.12 | | 8 | |
| IN754 | 6.3～7.3 | 20 | 15 | |
| IN754 | 6.66～7.01 | | 15 | |
| IN755 | 7.07～7.25 | | 6 | |
| IN757 | 8.9～9.3 | | 20 | 0.5 |
| IN962 | 9.5～11.9 | | 25 | |
| IN962 | 10.9～11.4 | | 12 | |
| IN963 | 11.9～12.4 | 10 | 35 | |
| IN964 | 13.5～14.0 | | 35 | |
| IN964 | 12.4～14.1 | | 10 | |
| IN969 | 20.8～23.3 | 5.5 | 35 | |

注：工作稳定电流一般取最大稳定电流的 1/5～1/2 稳压效果较好。最大稳定电流可根据 $I_{ZM}=P_Z/U_Z$ 算出。

**(4) 稳压管的测试**

① 好坏的判别：用万用表 $R \times 100$ 或 $R \times 1k$ 挡测试，如果正向电阻小，反向电阻很大，说明稳压管好；如果正、反向电阻都很小，接近于 0Ω，则说明管子已击穿损坏；如果正、反向电阻都极大，说明内部断路。

② 测试"稳定电压"值：实际上是测定稳压管的反向击穿电压值，可用万用表高压电阻挡测试。具体方法如下。

将万用表打在高压电阻挡，调好零位，然后用红表笔接稳压管的正极，黑表笔接触负极，这时表针将偏转，根据表针的偏转百分数，按下式计算出稳压管的稳定电压值 $U_Z$：

$$U_Z = E_G(1 - \alpha\%)$$

式中　$E_G$——万用表高压电池电压，V；

　　　$\alpha\%$——表针偏转百分数。

例如，用 500 型万用表测试 2CW14 稳压管，已知表内高压电池电压为 10.5V，表针偏转百分数为 48%，则计算得稳压管的稳定值为 5.5V。

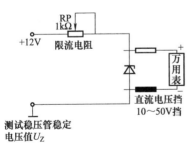

测试稳压管稳定电压值 $U_Z$

图 2-11　测试稳压管稳定电压值 $U_Z$

如果要更加准确地测定，可采用图 2-11 所示的方法。将稳压管串联一只可变电阻接到稳压电源上。稳压电源的电压值应取得比稳压管稳定电压值要高。测试时，将万用表打在直流电压挡，表笔如图搭接在稳压管两极，然后逐渐减少可变电阻值，使稳压管达到某一电压值，如果再减小可变电阻，此电压值仍然不变，则该电压值便是稳压管的稳压电压值 $U_Z$。

当然，也可设定串联电阻不变，而调节稳压电源输出电压来测试稳压管的稳定电压值。

**(5) 选用稳压管应注意事项**

① 选用稳压管时，主要是选定稳压值及考虑热稳定性。作稳

压使用时，需选温度系数小和动态电阻小的管子。

② 使用或更换稳压管时，通过稳压管的电流与功率不允许超过稳压管的极限值，以免烧坏。

③ 更换稳压管时，其稳定电压值应与原稳压管的相同，若实际电路允许，也可选相近的，而最大稳定电流要相等或更大。

④ 安装时应尽量避开发热元件。

# 2.9　三极管的选用与测试

三极管又称晶体管，是电子电路中应用最为广泛的电子器件，主要用于放大、变阻和开关电路。

### (1) 三极管的符号和外形

三极管的符号和外形如图 2-12 所示。

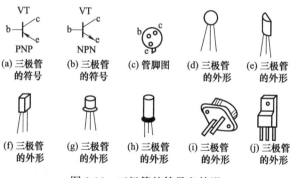

图 2-12　三极管的符号和外形

### (2) 三极管的分类

① 按导电类型分：NPN 型三极管和 PNP 型三极管。

② 按材料分：硅三极管和锗三极管。

③ 按结构分：点接触型三极管和面接触型三极管。

④ 按工作频率分：高频三极管（＞3MHz）和低频三极管(＜3MHz)。

⑤ 按功率分：大功率三极管（＞1W）、中功率三极管 (0.5～

1W) 和小功率三极管（＜0.5W）。

**(3) 三极管三种工作状态的比较**

三极管三种工作状态有如下特点。

三极管即晶体管，作为放大用应工作在其特性曲线的放大区；三极管作为开关用应工作在其特性曲线的饱和区和截止区。三极管的放大区、饱和区和截止区如图 2-13 所示。三种工作状态见表 2-27。

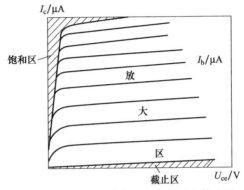

图 2-13　三极管的放大区、饱和区和截止区

**表 2-27　三极管三种工作状态**

| 工作状态 | 截止状态 | 放大状态 | 饱和状态 |
|---|---|---|---|
| PNP 型 | | | |
| NPN 型 | | | |

续表

| 工作状态 | 截止状态 | 放大状态 | 饱和状态 |
|---|---|---|---|
| 参数范围 | $I_b \leqslant 0A$，$I_b$ 为负值时，表示实际方向与图中所示相反 | $I_b > 0A$，其实际方向如图所示 | $I_b > E_c/(\beta R_c)$，为使三极管处于深度饱和工作区，$I_b = (2 \sim 3)E_c/(\beta R_c)$ |
| | 锗管 $U_{be} \approx +0.3 \sim -0.1V$ 硅管 $U_{be} \approx -0.3 \sim +0.5V$ | 锗管 $U_{be} \approx -0.1 \sim -0.2V$ 硅管 $U_{be} \approx +0.5 \sim +0.7V$ | 锗管 $U_{be} < -0.2V$ 硅管 $U_{be} > +0.7V$ |
| | $I_c \leqslant I_{ceo}$ | $I_c = \beta I_b + I_{ceo}$ | $I_c = E_c/R_c$ |
| | $U_{ce} \approx E_c$ | $U_{ce} \approx E_c - I_c R_c$ | （管子饱和压降）$U_{ce} \approx 0.2 \sim 0.3V$ |
| 工作状态的特点 | 当 $I_b \leqslant 0A$ 时，集电极电流很小，三极管相当于截止，电源电压 $E_c$ 几乎全部加在管子两端 | $I_b$ 从 0A 逐渐增大，集电极电流 $I_c$ 也按一定比例增加。很小的 $I_b$ 变化引起很大的 $I_c$ 变化，三极管起放大作用 | 三极管饱和时，管子两端压降很小，电源电压 $E_c$ 几乎全部加在集电极负载电阻 $R_c$ 两端，$\beta$ 越大，控制越灵敏 |

### (4) 三极管主要参数

① 集电极反向截止电流 $I_{cbo}$：是发射极开路时，基极和集电极之间加以规定的截止电压时的集电极电流。

② 发射极反向饱和电流 $I_{ebo}$：是集电极开路时，基极和发射极之间加以规定的反向电压时的发射极电流。

③ 集电极穿透电流 $I_{ceo}$：是基极开路时，集电极和发射极之间加以规定的反向电压时的集电极电流。

④ 共发射极电流放大系数 $h_{fe}$（$\beta$）：是在共发射极电路中，集电极电流和基极电流的变化量之比。

⑤ 共基极电流放大系数 $h_{fb}$（$\alpha$）：是在共基极电路中，集电极电流和发射极电流的变化量之比。

⑥ 共发射极截止频率 $f_\beta$：是 $\beta$ 下降到低频的 0.707 倍时所对应的频率。

⑦ 共基极截止频率 $f_\alpha$：是 $\alpha$ 下降到低频的 0.707 倍时所对应的频率。

⑧ 特征频率 $f_T$：是 $\beta$ 下降到 1 时所对应的频率。当 $f \geqslant f_T$ 时，三极管便失去电流放大能力。

⑨ 最高振荡频率 $f_M$：是给定条件下，三极管能维持振荡的最高频率。它表示三极管功率增益下降到 1 时所对应的频率。

⑩ 集电极-基极反向击穿电压 $U_{(BR)cbo}$：发射极开路时，集电结的最大允许反向电压。

⑪ 集电极-发射极反向击穿电压 $U_{(BR)ceo}$：基极开路时，集电极和发射极之间的最大允许电压。

⑫ 发射极-基极反向击穿电压 $U_{(BR)ebo}$：发射极开路时，发射结最大允许反向电压。

⑬ 基极-发射极间并联电阻时的集电极-发射极反向击穿电压 $U_{(BR)ceR}$：基极-发射极间并联电阻 $R_{be}$ 时，集电极与发射极之间最大允许电压。

⑭ 集电极最大允许电流 $I_{CM}$：三极管参数变化不超过规定允许值时，集电极的最大电流。

⑮ 集电极最大允许耗散功率 $P_{CM}$：保证三极管参数变化在规定允许范围之内的集电极最大消耗功率。

⑯ 最高允许结温 $T_{jm}$：保证三极管参数变化不超过规定允许范围的 PN 结最高温度。

**(5) 常用三极管的主要参数**

常用低频小功率锗三极管参数见表 2-28。

表 2-28　常用低频小功率锗三极管参数

| 型号 | 直流参数 | | 极限参数 | | | |
|---|---|---|---|---|---|---|
| | 集电极-基极反向截止电流 $I_{cbo}/\mu A$ | 集电极-发射极反向截止电流 $I_{ceo}/\mu A$ | 集电极-基极反向击穿电压 $U_{(BR)cbo}/V$ | 集电极-发射极反向击穿电压 $U_{(BR)ceo}/V$ | 集电极最大允许电流 $I_{CM}/mA$ | 集电极最大允许耗散功率 $P_{CM}/mW$ |
| 3AX31A | ≤20 | ≤1000 | ≥20 | ≥12 | 125 | 125 |
| 3AX31B | ≤10 | ≤750 | ≥30 | ≥18 | 125 | 125 |
| 3AX31C | ≤6 | ≤500 | ≥40 | ≥25 | 125 | 125 |
| 3AX31D | ≤12 | ≤750 | ≥30 | ≥12 | 30 | 100 |
| 3AX31E | ≤12 | ≤500 | ≥30 | ≥12 | 30 | 100 |
| 3AX81X | ≤30 | ≤1000 | 20 | 10 | 200 | 200 |
| 3AX81B | ≤15 | ≤700 | 30 | 15 | 200 | 200 |
| 3AX81C | ≤30 | ≤1000 | 20 | 10 | 200 | 200 |

常用 3DG、3CG 高频小功率三极管主要参数见表 2-29。

**表 2-29　常用 3DG、3CG 高频小功率三极管主要参数**

| 型号 | | 极限参数 | | | 直流参数 | | 交流参数 | | 类型 |
|---|---|---|---|---|---|---|---|---|---|
| | | $P_{CM}$/mW | $I_{CM}$/mA | $U_{(BR)ceo}$/V | $I_{ceo}$/μA | $h_{FE}$[①] | $f_T$/MHz | $C_{ob}$/pF | |
| 3DG100 | A | | | 20 | | | ≥150 | | |
| | B | 100 | 20 | 30 | ≤0.01 | ≥30 | | ≤4 | NPN |
| | C | | | 20 | | | ≥300 | | |
| | D | | | 30 | | | | | |
| 3DG120 | A | | | 30 | | | ≥150 | | |
| | B | 500 | 100 | 45 | ≤0.01 | ≥30 | | ≤6 | NPN |
| | C | | | 30 | | | ≥300 | | |
| | D | | | 45 | | | | | |
| 3DG130 | A | | | 30 | | | ≥150 | | |
| | B | 700 | 300 | 45 | ≤1 | ≥25 | | ≤10 | NPN |
| | C | | | 30 | | | ≥300 | | |
| | D | | | 45 | | | | | |
| 测试条件 | | | | $I_C$=0.1mA | $U_{CE}$=10V | $U_{CE}$=10V<br>$I_C$=3mV<br>$I_C$=30mV<br>$I_C$=50mV | | | |
| 3CG100 | A | | | 15 | | | | | |
| | B | 100 | 30 | 25 | ≤0.1 | ≥25 | ≥100 | ≤4.5 | PNP |
| | C | | | 40 | | | | | |
| 3CG120 | A | | | 15 | | | | | |
| | B | 500 | 100 | 30 | ≤0.2 | ≥25 | ≥200 | | PNP |
| | C | | | 45 | | | | | |
| 3CG130 | A | | | 15 | | | | | |
| | B | 700 | 300 | 30 | ≤1 | ≥25 | ≥80 | | PNP |
| | C | | | 45 | | | | | |

① $h_{FE}$分挡：橙 25～40、黄 40～55、绿 55～80、蓝 80～120、紫 120～180、灰 180～270。

通用 9011～9018、8050、8550 三极管主要参数见表 2-30。

**(6) 三极管主要参数的选择**

三极管主要参数的选择见表 2-31。

**(7) 三极管的测试**

① 管脚的判别　小功率三极管管脚的判别见表 2-32。

### 表 2-30　通用 9011～9018、8050、8550 三极管主要参数

| 型号 | 极限参数 | | | 直流参数 | | | 交流参数 | | 类型 |
|---|---|---|---|---|---|---|---|---|---|
| | $P_{CM}$ /mW | $I_{CM}$ /mA | $U_{(BR)ceo}$ /V | $I_{ceo}$ /mA | $U_{CE(sat)}$ /V | $h_{FE}$ | $f_T$ /MHz | $C_{ob}$ /pF | |
| 9011 | 300 | 100 | 18 | 0.05 | 0.3 | 28 | 150 | 3.5 | NPN |
| E | | | | | | 39 | | | |
| F | | | | | | 54 | | | |
| G | | | | | | 72 | | | |
| H | | | | | | 97 | | | |
| I | | | | | | 132 | | | |
| 9012 | 600 | 500 | 25 | 0.5 | 0.6 | 64 | 150 | | PNP |
| E | | | | | | 78 | | | |
| F | | | | | | 96 | | | |
| G | | | | | | 118 | | | |
| H | | | | | | 144 | | | |
| 9013 | 400 | 500 | 25 | 0.5 | 0.6 | 64 | 150 | | NPN |
| E | | | | | | 78 | | | |
| F | | | | | | 96 | | | |
| G | | | | | | 118 | | | |
| H | | | | | | 144 | | | |
| 9014 | 300 | 100 | 18 | 0.05 | 0.3 | 60 | 150 | | NPN |
| A | | | | | | 60 | | | |
| B | | | | | | 100 | | | |
| C | | | | | | 200 | | | |
| D | | | | | | 400 | | | |
| 9015 | 300 | 100 | 18 | 0.05 | 0.5 | 60 | 50 | 6 | PNP |
| A | | | | | | 60 | 100 | | |
| B | | | | | | 100 | | | |
| C | | | | | | 200 | | | |
| D | | | | | | 400 | | | |
| 9016 | 310 | 25 | 20 | 0.05 | 0.3 | 28～97 | 500 | 2 | NPN |
| 9017 | | 100 | 12 | | 0.5 | 28～72 | 600 | | |
| 9018 | | 100 | 12 | | 0.5 | 28～72 | 700 | | |
| 8050 | 1000 | 1500 | 25 | | | 85～300 | 100 | | NPN |
| 8550 | | | | | | | | | PNP |

注：一般在塑封管 TO-92 上标有 E、B、C 或 D、S、G。

对于大功率三极管，可用以下方法判别：先判断基极，判断方法与小功率管的相同，但万用表应打到 $R \times 1$ 或 $R \times 10$ 挡，否则测

表2-31 三极管主要参数的选择

| 参数 | $BU_{ceo}$ | $I_{CM}$ | $P_{CM}$ | $\beta$ | $f_T$ |
|---|---|---|---|---|---|
| 选择原则 | $\geqslant E_c$<br>（电源电压） | $\geqslant (2\sim3)I_C$ | $\geqslant P_0$<br>（输出功率） | $40\sim100$ | $\geqslant 3f$ |
| 说明 | $BU_{ceo}$：基极开路，集电极-发射极反向击穿电压<br>若是电感性负载：<br>$BU_{ceo}\geqslant 2E_c$ | $I_C$：管子的工作电流 | 甲类功放：<br>$P_{CM}\geqslant 3P_0$<br>甲乙类功放：<br>$P_{CM}\geqslant$<br>$\left(\dfrac{1}{5}\sim\dfrac{1}{3}\right)P_0$ | $\beta$太高容易引起自激振荡,稳定性差 | $f$：工作频率<br>$f_T$：特征频率 |

表2-32 三极管管脚的判别方法

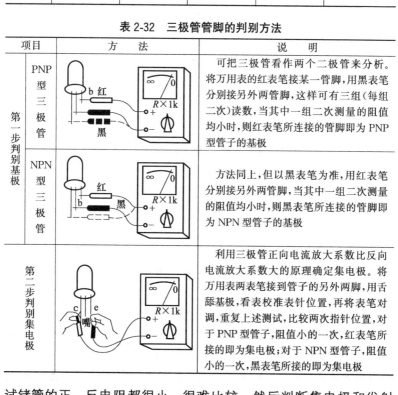

| 项目 | | 方 法 | 说 明 |
|---|---|---|---|
| 第一步判别基极 | PNP型三极管 | | 可把三极管看作两个二极管来分析。将万用表的红表笔接某一管脚,用黑表笔分别接另外两管脚,这样可有三组（每组二次）读数,当其中一组二次测量的阻值均小时,则红表笔所连接的管脚即为PNP型管子的基极 |
| | NPN型三极管 | | 方法同上,但以黑表笔为准,用红表笔分别接另外两管脚,当其中一组二次测量的阻值均小时,则黑表笔所连接的管脚即为NPN型管子的基极 |
| 第二步判别集电极 | | | 利用三极管正向电流放大系数比反向电流放大系数大的原理确定集电极。将万用表两表笔接到管子的另外两脚,用舌舔基极,看表校准表针位置,再将表笔对调,重复上述测试,比较两次指针位置,对于PNP型管子,阻值小的一次,红表笔所接的即为集电极;对于NPN型管子,阻值小的一次,黑表笔所接的即为集电极 |

试锗管的正、反电阻都很小，很难比较。然后判断集电极和发射极：管壳为集电极，另一脚为发射极。

② 三极管特性的简易测试 小功率三极管的穿透电流、电流

放大系数和热稳定性的简易测试见表 2-33。

　　大功率三极管电流放大系数的简易测试与小功率三极管测试方法相似。但测大功率管时，需要 $I_b$ 大。在测试时，用上述方法指针摆动不明显，可在 b、c 两脚间接以几百欧电阻，这样便能观察到表针偏转现象。

表 2-33　三极管特性的简易测试（PNP 型）

| 项目 | 方法 | 说　　明 |
|---|---|---|
| 穿透电流 $I_{ceo}$ | | 用 $R×1k$ 或 $R×100$ 挡测集电极-发射极反向电阻，阻值越大，说明 $I_{ceo}$ 越小，管子性能越稳定。一般硅管比锗管阻值大；高频管比低频管阻值大；小功率管比大功率管阻值大。低频小功率锗管约在几千欧以上 |
| 电流放大倍数 $\beta$ | | 在进行上述测试时，如果用手捏住集电极，又用舌舔基极，集电极-发射极的反向电阻便减小，万用表表针将向右偏转，偏转的角度越大，说明 $\beta$ 值越大 |
| 稳定性能 | | 在判别 $I_{ceo}$ 同时，用手捏住管子，受人体体温的影响，管子集电极-发射极反向电阻将有所减小。若表针变化不大，说明管子稳定性较好，若表针变化大，说明管子稳定性差 |

注：测 NPN 型管子时只要将万用表的表笔对调即可。

　　③ 低频管与高频管的判别　对于小功率三极管，先用万用表 $R×100$ 或 $R×1k$（1.5V）挡测出 be 结反向电阻，然后用 $R×10k$ 挡（表内电池 9V 以上）再测一次。如果两次测得的阻值无明显变化，则被测的是低频管；如果用 $R×10k$ 挡测时表针偏转角度明显变大，则被测的是高频管。当然个别型号高频管（如 3AG1 等合金扩散型三极管），其 be 结反向击穿电压值小于 1V，用此法测试很

难区别。

对于大功率三极管，测试方法同上，但应使用 $R \times 1$ 或 $R \times 10$ 挡。

**（8）选用三极管的注意事项**

① 三极管的型号规格非常之多，应根据其在电路中的作用并抓住电路参数的主要特点来进行选择。高频电路应选用高频管（如3DG 型或 3AG 型），选用时，放大倍数不宜很高，过高易产生自激，同时要求噪声系数小；脉冲电路应选用开关管（如 3CK 型或3DK 型）；低频及功放电路应选择低放管（如 3AX 型、3AD 型或3DD 型）。

② 配换三极管时必须注意管子的结构形式，NPN 型管子只能用 NPN 型的代换，PNP 型管子只能用 PNP 型的代换。

③ 使用或配换三极管时，三极管的极限参数 $BU_{ceo}$、$I_{CM}$ 和 $P_{CM}$ 必须满足电路要求，否则会造成管子击穿或过热损坏。一般 $BU_{ceo}$ 取电源电压的 2 倍及以上，$I_{CM}$ 取集电极电流的 2 倍及以上。

④ 配换三极管时，管子的工作特性应与原三极管尽量相近，以免影响电路的性能。

⑤ 一般三极管的穿透电流愈小愈好，这样工作稳定性好。

⑥ 安装时应尽量远离发热元件。

# 2.10 场效应管的选用与测试

场效应管由于具有输入电阻非常高（可达 $10^9 \sim 10^{15} \Omega$）、噪声低、动态变化范围大和温度系数小等优点，以及与三极管的电流控制不同，是电压控制元件，因此应用也较为广泛。

场效应管分结型和绝缘栅（即 MOS）型两大类。

**（1）场效应管的符号和外形**

场效应管的符号和外形如图 2-14 所示。

**（2）常用场效应管的特点及主要用途**

常用场效应管的特点及主要用途见表 2-34。

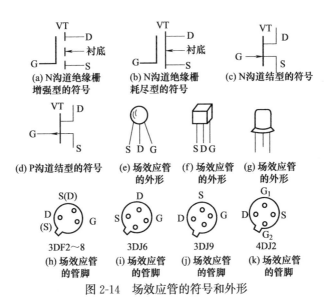

图 2-14　场效应管的符号和外形

表 2-34　常用场效应管的特点及主要用途

| 类别 | 结型管 | | | MOS管 | | 增强型 MOS 型 |
|---|---|---|---|---|---|---|
| | 3DJ2 | 3DJ6 | 3DJ7 | 3DO1 | 3DO4 | 3CO1 |
| 特点及用途 | 用于高频、线性放大和斩波电路等 | 具有低噪声、稳定性高的优点,适用于低频、低噪声线性放大器 | 具有高输入阻抗、高跨导、低噪声和稳定性高等优点 | 具有高输入阻抗、低噪声、动态范围大的特点,适用于直流放大、阻抗变换和斩波器 | 工作频率较高,大于100MHz,可作为电台、雷达中线性高频放大或混频放大 | 具有高输入阻抗,零栅压下接近截止状态,用于开关、小信号放大、工业及通信 |

### (3) 场效应管主要参数

① 夹断电压 $U_P$　也称截止栅压 $U_{GS(OFF)}$,是在耗尽型结型场效应管或耗尽型绝缘栅型场效应管源极接地的情况下,能使其漏源输出电流减小到零时所需的栅源电压 $U_{GS}$。

② 开启电压 $U_T$　是增强型绝缘栅型场效应管在漏源电压 $U_{DS}$

为一定值时，能使其漏、源极开始导通的最小栅源电压 $U_{GS}$。

③ 饱和漏电流 $I_{DSS}$　是耗尽型场效应管在零偏压（即栅源电压 $U_{GS}$ 为零）、漏源电压 $U_{DS}$ 大于夹断电压 $U_P$ 时的漏极电流。

④ 击穿电压 $BU_{DS}$ 和 $BU_{GS}$

a. 漏源击穿电压 $BU_{DS}$ 也称漏源耐压值，是当场效应管的漏源电压 $U_{DS}$ 增大到一定数值时，使漏极电流 $I_D$ 突然增大、且不受栅极电压控制时的最大漏源电压。

b. 栅源击穿电压 $BU_{GS}$ 是场效应管的栅、源极之间能承受的最大工作电压。

⑤ 耗散功率 $P_D$　也称漏极耗散功率，该值约等于漏源电压 $U_{DS}$ 与漏极电流 $I_D$ 的乘积。

⑥ 漏泄电流 $I_{GSS}$　是场效应管的栅-沟道结施加反向偏压时产生的反向电流。

⑦ 直流输入电阻 $R_{GS}$　也称栅源绝缘电阻，是场效应管栅-沟道在反偏电压作用下的电阻值，约等于栅源电压 $U_{GS}$ 与栅极电流的比值。

⑧ 漏源动态电阻 $R_{DS}$　是漏源电压 $U_{DS}$ 的变化量与漏极电流 $I_D$ 的变化量之比，一般为数千欧以上。

⑨ 低频跨导 $g_m$　也称放大特性，是栅极电压 $U_G$ 对漏极电流 $I_D$ 的控制能力，类似于三极管的电流放大倍数 $\beta$ 值。

⑩ 极间电容　是场效应管各极之间分布电容形成的杂散电容。栅源极电容（输入电容）$C_{GS}$ 和栅漏极电容 $C_{GD}$ 的电容量为1～3pF，漏源极电容 $C_{DS}$ 的电容量为 0.1～1pF。

（4）常用场效应管的主要参数

3DJ、3DO、3CO 系列场效应管主要参数见表 2-35。

（5）场效应管的测试

用万用表欧姆挡可判别结型场效应管的管脚和管子的好坏。从结型场效应管的结构可知，栅极 G 与源极 S 和漏极 D 之间呈二极管特性；源极 S 与漏极 D 之间呈电阻特性。

表 2-35　3DJ、3DO、3CO 系列场效应管主要参数

| 型号 | | 类型 | 饱和漏源电流 $I_{DSS}$/mA | 夹断电压 $U_{GS(off)}$/V | 开启电压 $U_{GS(th)}$/V | 共源低频跨导 $g_m$/mS | 栅源绝缘电阻 $R_{GS}$/Ω | 最大漏源电压 $U_{(BR)DS}$/V |
|---|---|---|---|---|---|---|---|---|
| 3DJ6 | D | 结型场效应管 | <0.35 | <1~91 | | 300 | ≥$10^8$ | >20 |
| | E | | 0.3~1.2 | | | 500 | | |
| | F | | 1~3.5 | | | | | |
| | G | | 3~6.5 | | | 1000 | | |
| | H | | 6~10 | | | | | |
| 3DO1 | D | MOS 场效应管 N 沟道耗尽型 | <0.35 | <1~41 | | >1000 | ≥$10^9$ | >20 |
| | E | | 0.3~1.2 | | | | | |
| | F | | 1~3.5 | | | | | |
| | G | | 3~6.5 | <1~91 | | | | |
| | H | | 6~10 | | | | | |
| 3DO4 | A | MOS 场效应管 N 沟道增强型 | ≤10 | | 2.5~5 | >2000 | ≥$10^9$ | >20 |
| | B | | | | <3 | | | |
| 3CO1 | A | MOS 场效应管 P 沟道增强型 | ≤15 | | −2~−4 | >500 | $10^8$~$10^{11}$ | >15 |
| | B | | | | −4~−8 | | | |

① 管脚的判别　将万用表打到 $R×100$ 挡,红、黑表笔任接管子的两脚,测得一个电阻值,然后调换表笔,又测得一个电阻值。如果两次测得的电阻值大小很接近,则可判定被测的两脚为源极 S 和漏极 D,剩下的一脚为栅极 G;如果前后两次测得的电阻值相差很大,则可判定被测的两脚分别为栅极 G 和源极 S 或栅极 G 和漏极 D。测试值为小阻值时,黑表笔(正表笔)所接的脚为栅极 G。

② 好坏的判断　分别测试栅极 G 和源极 S、栅极 G 和漏极 D。如果测得的正、反向电阻值相差很大,则管子是好的;如果正、反向电阻值均小,则管子已击穿损坏;如果正向电阻很大,则管子性能很差。另外,再测试源极 S 和漏极 D。如果阻值为零或无穷大,说明管子已坏;如果阻值为一定值,测试时可用手触摸栅极 G,此时万用表的表针应有变化,表针摆动范围越大,管子性能越好。

对于绝缘栅场效应管,只能用测试仪测试。

**(6) 使用场效应管的注意事项**

① 场效应管，尤其是绝缘栅场效应管，输入电阻非常高，不用时各电极要短接，以免栅极感应电荷而损坏管子。

② 结型场效应管的栅源电压不能接反，但可在开路状态下保存。

③ 为了保持场效应管的高输入阻抗，管子应注意防潮。

④ 带电物体（如电烙铁、测试仪表）与场效应管接触时，均需接地，以免损坏管子。特别是焊接绝缘栅场效应管时，还要按源极—漏极—栅极的先后次序焊接，最好断电后再焊接。电烙铁功率不应超过 45W，一般以 15~30W 为宜，一次焊接时间应不超过 10s。

⑤ 绝缘栅场效应管切不可用万用表测试，只能用测试仪测试，而且要在接入测试仪后，才能去掉各电极短接线。取下时，则应先短路，再取下，要避免栅极悬空。

⑥ 使用带有衬底引线的场效应管时，其衬底引线应正确连接。

⑦ 陶瓷封装的芝麻管有光敏特性，使用时注意避光。

# 2.11　单结晶体管的选用与测试

单结晶体管又称双基极二极管，主要作为振荡器而广泛应用于晶闸管整流装置的触发电路中。

常用的单结晶体管有 BT31~BT37。

**(1) 单结晶体管的符号和外形**

单结晶体管的符号和外形如图 2-15 所示。

(a) 单结晶体管的符号　　　(b) BT32、BT33、BT35型的外形　　　(c) BT31型的外形

图 2-15　单结晶体管的符号和外形

**(2) 单结晶体管的主要参数**

① 基极电阻 $R_{bb}$：是发射极开路状态下基极 1 和基极 2 之间的

电阻，一般为 2～10kΩ。基极电阻随温度的增加而增大。

② 分压比 $\eta$：是发射极和基极 1 之间的电压与基极 2 和基极 1 之间的电压之比，一般为 0.3～0.8。

③ 发射极与基极 1 间反向电压 $U_{eb1}$：是基极 2 开路时，在额定的反向电流下基极 1 与发射极之间的反向耐压。

④ 发射极与基极 2 间反向电压 $U_{eb2}$：是基极 1 开路时，在额定的反向电流下，基极 2 与发射极之间的反向耐压。

⑤ 反向电流 $I_{e0}$：是基极 1 开路时，在额定的反向电压 $U_{eb2}$ 下的反向电流。

⑥ 峰点电流 $I_P$：是发射极电压最大值时的发射极电流。该电流表示了使管子工作或使振荡电路工作时所需的最小电流。$I_P$ 与基极电压成反比，并随温度增高而减小。

⑦ 峰点电压 $U_P$：能使发射极-基极 1 迅速导通的发射极所加的电压。

⑧ 谷点电压 $U_V$：发射极-基极 1 导通后发射极上的最低电压。

⑨ 谷点电流 $I_V$：与谷点电压相对应的发射极电流。

**(3) 常用单结晶体管的主要参数**

BT31～BT37 型单结晶体管的主要参数见表 2-36。

表 2-36　BT31～BT37 型双基极二极管的参数

| 型号 | 分压比 $\eta$ | 基极电阻 $R_{bb}/k\Omega$ | 调制电流 $I_{BZ}/mA$ | 峰点电流 $I_P/mA$ | 谷点电流 $I_V/mA$ | 谷点电压 $U_V/V$ | 耗散功率 $P_{B2M}/mV$ |
|---|---|---|---|---|---|---|---|
| BT31A | 0.3～0.55 | 3～6 | 5～30 | | | | |
| BT31B | 0.3～0.55 | 5～12 | | | | | |
| BT31C | 0.45～0.75 | 3～6 | | ≤2 | ≥1.5 | ≤3.5 | 100 |
| BT31D | 0.45～0.75 | 5～12 | ≤30 | | | | |
| BT31E | 0.65～0.9 | 3～6 | | | | | |
| BT31F | 0.65～0.9 | 5～12 | | | | | |
| BT32A | 0.3～0.55 | 3～6 | 8～35 | | | | |
| BT32B | | 5～12 | | | | | |
| BT32C | 0.45～0.75 | 3～6 | | ≤2 | ≥1.5 | ≤3.5 | 250 |
| BT32D | | 5～12 | ≤35 | | | | |
| BT32E | 0.65～0.9 | 3～6 | | | | | |
| BT32F | | 5～12 | | | | | |

续表

| 型号 | 分压比 $\eta$ | 基极电阻 $R_{bb}/k\Omega$ | 调制电流 $I_{BZ}/mA$ | 峰点电流 $I_P/mA$ | 谷点电流 $I_V/mA$ | 谷点电压 $U_V/V$ | 耗散功率 $P_{B2M}/mV$ |
|---|---|---|---|---|---|---|---|
| BT33A | 0.3～0.55 | 3～6 | 8～40 | | | | |
| BT33B | | 5～12 | | | | | |
| BT33C | 0.45～0.75 | 3～6 | ≤40 | ≤2 | ≥1.5 | ≤3.5 | 400 |
| BT33D | | 5～12 | | | | | |
| BT33E | 0.65～0.9 | 3～6 | | | | | |
| BT33F | | 5～12 | | | | | |
| BT37A | 0.3～0.55 | 3～6 | 3～40 | | | | |
| BT37B | | 5～12 | | | | | |
| BT37C | 0.45～0.75 | 3～6 | ≤40 | ≤2 | ≥1.5 | ≤3.5 | 700 |
| BT37D | | 5～12 | | | | | |
| BT37E | 0.65～0.9 | 3～6 | | | | | |
| BT37F | | 5～12 | | | | | |
| 测试条件 | $U_{bb}=20V$ | $U_{bb}=20V$ $I_e=0$ | $U_{bb}=10V$ | $U_{bb}=20V$ | $U_{bb}=20V$ | $U_{bb}=20V$ | |

**(4) 单结晶体管的简易测试**

用万用表欧姆挡可判别单结晶体管的管脚和管子的好坏。从单结晶体管的结构可知，发射极 e 与第一基极 b₁ 及发射极 e 与第二基极 b₂ 之间均呈二极管特性，b₁ 与 b₂ 之间呈电阻特性。

① 管脚的判别：将万用表打到 $R \times 100$ 挡，测量 e 与 b₁ 或 b₂ 间的正、反向电阻，阻值应相差很大；而测量 b₁ 与 b₂ 间的正、反向电阻，阻值应相等（2～12kΩ）。据此可找出发射极 e。然后将黑表笔（即正表笔）接 e 极，用红表笔（即负表笔）分别去接触 b₁ 和 b₂ 极，测得的阻值稍小者，红表笔接触的是 b₂ 极。

② 管子好坏的判别：如果测得的 e 和 b₁、b₂ 间没有二极管特性，或 b₁、b₂ 之间的电阻比 2～12kΩ 大很多或小很多，则说明管子已损坏或不合格。

③ 分压比 $\eta$ 的判别：先测出 e 和 $b_1$、e 和 $b_2$ 的正向电阻，及 $b_1$ 和 $b_2$ 之间的电阻，然后按下式计算 $A$ 值：

$$A = \frac{R_{eb_1} - R_{eb_2}}{R_{b_1b_2}}$$

$A$ 值越大，说明分压比 $\eta$ 也越大。

**(5) 选用单结晶体管的注意事项**

① 选用单结晶体管时，其发射极与基极 1 间的反向电压 $U_{eb10}$ 必须大于外加电源电压（同步电压），以免击穿。

② 作为弛张振荡器使用时，必须正确选择 $R_1$、$R_2$、$R$ 和 $C$，否则不能起振（见图 2-16）。

③ 要正确选择管子的分压比 $\eta$、谷点电压 $U_V$ 和谷点电流 $I_V$。在触发电路中，希望选用 $\eta$ 稍大些，$U_V$ 低些，$I_V$ 大些的单结晶体管为好，这些会使输出脉冲幅度和相位调节范围都增大。

④ 安装时应尽量避开发热元件。

## 2.12 单结晶体管触发电路及计算

由单结晶体管等组成的触发电路，又称单结晶体管弛张振荡器。单结晶体管触发电路简单易调，脉冲前沿陡，抗干扰能力强。但由于脉冲较窄，触发功率小，移相范围也较小，所以多用于 50A 及以下晶闸管的中、小功率系统中。

单结晶体管触发电路如图 2-16 所示；其发射极特性曲线如图 2-17 所示。

工作原理：接通电源后，电源电压 $E_c$ 经电阻 $R$ 向电容 $C$ 充电，电容 $C$ 两端电压 $u_C$ 逐渐上升，当 $u_C$ 上升至单结晶体管 VT 的峰点电压 $U_P$ 时，管子 e-$b_1$ 导通，电容 $C$ 通过 e-$b_1$ 和电阻 $R_2$ 迅速放电，在 $R_1$ 上产生一脉冲输出电压。随着 $C$ 的放电，$u_C$ 迅速下降至管子谷点电压 $U_V$ 时，e-$b_1$ 重新截止，电容 $C$ 重新充电，并重复上述过程。于是在电阻 $R_1$ 上产生如图 2-16（b）所示的一串周期性的脉冲。

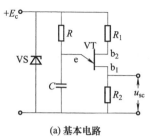
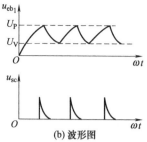

(a) 基本电路　　　　　　　　(b) 波形图

图 2-16　单结晶体管触发电路

采用稳压管 VS 是为了保证输出脉冲幅值的稳定，并可获得一定的移相范围。VS 的稳压值 $U_Z$ 会影响输出脉冲的幅值和单结晶体管正常工作。

电路各元件参数的选择如下。

① 电容 $C$ 的选择：电容 $C$ 的容量太小，储存的电能不足，放电脉冲就窄，不易触开晶闸管；$C$ 的容量太大，这将与 $R$ 的选择产生矛盾。一般

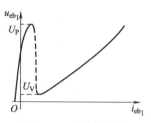

图 2-17　单结晶体管
发射极特性曲线

$C$ 的选择范围为 0.1～1μF，触发大容量的晶闸管时可选大些。

② 放电电阻 $R_2$ 的选择：$R_2$ 的阻值太小，会使放电太快，尖顶脉冲过窄，不易触发导通晶闸管；$R_2$ 的阻值太大，则漏电流（约几毫安）在 $R_2$ 上的电压降就大，致使晶闸管误触发（晶闸管的不触发电压约为 0.15～0.25V）。一般 $R_2$ 的选用范围为 50～100Ω。

③ 温度补偿电阻 $R_1$ 的选择：因为单结晶体管的峰值电压 $U_P = \eta U_{bb} + U_D$，其中，分压比 $\eta$ 几乎与温度无关，$U_P$ 的变化是由等效二极管的正向压降 $U_D$ 引起，$U_D$ 具有 -2mV/℃ 的温度系数。$U_P$ 变化会引起晶闸管的导通角改变，这是不允许的。为了稳定 $U_P$，接入电阻 $R_1$，此时基极间的电压将为

$$U_{bb} = \frac{R_{bb}}{R_1 + R_2 + R_{bb}} E$$

式中 $R_{bb}$——基极间电阻，$\Omega$。

$R_{bb}$ 具有正的温度系数，只要适当选择 $R_1$ 的数值，便可使 $\eta U_{bb}$ 随温度的变化恰好补偿 $U_D$ 的变化量。

$R_1$ 一般选为 300～400$\Omega$。

④ 充电电阻 $R$ 的选择：为了获得稳定的振荡，$R$ 的阻值应满足

$$\frac{U_{bb} - U_V}{I_V} < R < \frac{U_{bb} - U_P}{I_P}$$

式中 $U_V$，$U_P$——谷点和峰点电压，V；

$I_V$，$I_P$——谷点和峰点电流，A。

为了便于调整，$R$ 一般由一只固定电阻和一只电位器串联而成。调节电位器，即可改变移相角，移相范围为 0°～160°。

振荡器的振荡频率按下式计算：

$$f = \frac{1}{RC \ln \frac{1}{1-\eta}}$$

式中 $f$——振荡频率，Hz；

$R$——电阻，$\Omega$；

$C$——电容，F。

⑤ 分压比 $\eta$ 的选择：一般选用 $\eta$ 为 0.5～0.85 的管子。$\eta$ 太大，触发时间容易不稳定；$\eta$ 太小，脉冲幅值又不够高。

⑥ 稳压管 VS 的选择：稳压管起同步作用，并能消除电源电压波动的影响。稳压管的工作电压 $U_z$ 若选得太低，会使输出脉冲幅度减小造成不触发；选得太高（超过单结晶体管的耐压，即 30～60V，或使触发脉冲幅值超过晶闸管控制极的允许值，即 10V），会损坏单结晶体管或晶闸管。一般选为 20V 左右。

[例] 有一单结晶体管触发电路如图 2-18 所示。该电路的移相范围小于 180°，一般为 150°～160°，是 50A 及以下晶闸管常用的

一种触发电路。

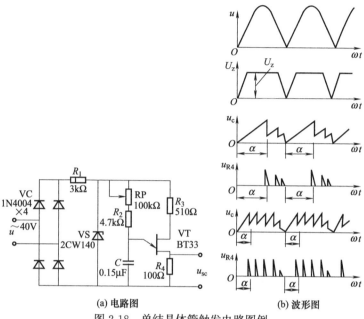

(a) 电路图  (b) 波形图

图 2-18  单结晶体管触发电路图例

## 2.13  光电元件的选用与测试

(1) 常用光电元件的特点

常用光电元件的特点见表 2-37。

(2) 光敏二极管的选用与测试

光敏二极管即光电二极管，其结构与二极管相似，装在透明的玻璃外壳中，管中的 PN 结可以接收到光照。光敏二极管在电路中是处在反向工作的，在无光照时，其反向电阻很大，可达几兆欧。有光照时，其反向电阻只有几百欧，反向电流约为几十微安。通常用于光电继电器、光电转换的自动控制设备及触发器中。

① 光敏二极管的主要参数  2CU 型硅光敏二极管的主要参数见表 2-38。

表 2-37　常用光电元件的特点

| 类型 | 光敏二极管 | 光敏三极管 | 光电池 |
|---|---|---|---|
| 符号 | | | |
| 说明与特点 | 说明:无光照时有一反向饱和电流称为暗电流。有光照时反向饱和电流增加,称为光电流。有光照时反向电阻可以降到几百欧。<br>特点:体积小,频率特性好,弱光下灵敏度低。<br>用于光电转换及光控、测光等自动控制电路中 | 说明:光照电流相当于三极管的基极电流,因此集电极电流是其 $\beta$ 倍,故光电三极管比光电二极管有更高的灵敏度。<br>特点:与光电二极管相比,其电流灵敏度大。<br>用于光学测量、光电开关控制、光电转换放大器的器件 | 说明:当 PN 结受光照时,在 PN 结两端出现电动势,P 区为正极,N 区为负极。<br>特点:体积小,不需外加电源;频率特性差,弱光下灵敏度低。<br>用于光控、光电转换的器件 |
| 类型 | 光敏电阻 | 发光二极管 | 光耦合器<br>(光电耦合器) |
| 符号 | | | |
| 说明与特点 | 说明:当光照射到光敏层时,阻值变化,光线愈强,阻值愈小。<br>特点:体积小,可工作在可见光至红外线区。弱光下工作其灵敏度比所列元件高很多,频率特性差,工作频率在 100Hz 时,衰减较大,光电特性为非线性,同时受温度影响大。<br>用于光控等自动控制电路中 | 说明:能把电能直接快速地转换成光能。在电子仪器、仪表中用作显示器件、状态信息指示、光电开关和光辐射源等 | 说明:它是利用电-光-电耦合原理来传递信号的,输入输出电路在电气上是相互隔离的,抗干扰,响应速度较快。<br>用于强电与弱电接口和微机系统的输入和输出电路中 |

表 2-38  2CU 型硅光敏二极管主要参数

| 型号 | 最高反向工作电压 $U_{RM}/V$ | 暗电流 $I_D/\mu A$ | 光电流 $I_L/\mu A$ | 峰值波长 $\lambda_p/A$ | 响应时间 $t_r/ns$ | 外形 |
|------|------|------|------|------|------|------|
| 2CU1A | 10 | | | | | |
| 2CU1B | 20 | | | | | |
| 2CU1C | 30 | ≤0.2 | ≥80 | | | |
| 2CU1D | 40 | | | | | |
| 2CU1E | 50 | | | 8800 | ≤5 | ET |
| 2CU2A | 10 | | | | | |
| 2CU2B | 20 | | | | | |
| 2CU2C | 30 | ≤0.1 | ≥30 | | | |
| 2CU2D | 40 | | | | | |
| 2CU2E | 50 | | | | | |
| 测试条件 | $I_R=I_D$ | 无光照 $U=U_{RM}$ | 照度 $H=1000lx$ $U=U_{RM}$ | | $R_L=50\Omega$ $U=10V$ $f=300Hz$ | |

② 光敏二极管的测试  光敏二极管可用万用表类似测量普通二极管一样方法测量。良好的管子应该是：无光照时，其反向电阻可达几兆欧；有光照时，其反向电阻只有几百欧。

③ 光敏二极管的选用  光敏二极管有 2CU1、2CU2 和 2DUA、2DUB 等系列，最高工作电压有 10～50V 不等，暗电流一般不大于 0.2μA 或 0.3μA（2CU1、2DUA、2DUB 系列）和不大于 0.1μA（2CU2 系列），光电流不小于 80μA（2CU1、2DUA 系列）和不小于 30μA（2CU2、2DUB 系列）。它们的响应时间约为 0.1μs。

选用光敏二极管时主要考虑暗电流、光电流和响应时间等参数。所谓响应时间，就是从光敏二极管停止光照起，到电流下降至有光照时的 63% 所需的时间。光敏二极管的响应时间越短性能越好。

**(3) 光敏三极管的选用与测试**

① 光敏三极管的符号和外形  光敏三极管的符号和外形如图 2-19 所示。

② 光敏三极管主要参数  3DU 系列光敏三极管主要参数见表 2-39。

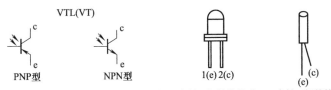

(a) 光敏三极管的符号 (b) 光敏三极管的符号 (c) 光敏三极管的外形 (d) 光敏三极管的外形
图 2-19　光敏三极管的符号和外形

达林顿型光敏三极管主要参数见表 2-40。

表 2-39　3DU 系列光敏三极管主要参数

| 型号 | 最大工作电流 $I_{CM}$/mA | 最高工作电压 $U_{(RM)CE}$/V | 暗电流 $I_D$/μA | 光电流 $I_L$/μA | 上升时间 $t_r$/μs | 峰值波长 $\lambda_0$/nm | 最大耗散功率 $P_{CM}$/mW |
|---|---|---|---|---|---|---|---|
| 3DU55 | 5 | 45 | 0.5 | 2 | 10 | 850 | 30 |
| 3DU53 | 5 | 70 | 0.2 | 0.3 | 10 | 850 | 30 |
| 3DU100 | 20 | 6 | 0.05 | 0.5 | | 850 | 50 |
| 3DU21 | | 10 | 0.3 | 1 | 2 | 920 | 100 |
| 3DU31 | 50 | 20 | 0.3 | 2 | 10 | 900 | 150 |
| 3DUB13 | 20 | 70 | 0.1 | 0.5 | 0.5 | 850 | 200 |
| 3DUB23 | 20 | 70 | 0.1 | 1 | 1 | 850 | 200 |

表 2-40　达林顿型光敏三极管主要参数

| 型号 | 击穿电压 $U_{(RM)CE}$/V | 暗电流 $I_{CEO}$/μA | 光电流 $I_L$/mA | 饱和压降 $U_{CE(sat)}$/V | 响应时间 $t_r$/μs | 响应时间 $t_f$/μs | 峰值波长 $\lambda_p$/nm | 光谱范围/μm |
|---|---|---|---|---|---|---|---|---|
| 3DU511D | ≥20 | ≤0.5 | ≥10 | ≤1.5 | ≤100 | ≤100 | 880 | 0.4～1.1 |
| 3DU512D | ≥20 | ≤0.5 | ≥15 | ≤1.5 | ≤100 | ≤100 | 880 | 0.4～1.1 |
| 3DU513D | ≥20 | ≤0.5 | ≥20 | ≤1.5 | ≤100 | ≤100 | 880 | 0.4～1.1 |

③ 光敏三极管的选用与测试　选用光敏三极管与选用光敏二极管类同，主要考虑暗电流、光电流和响应时间等参数。

判断光敏三极管的好坏，可用万用表电阻挡测量其 c、e 极之间的电阻，对于 PNP 型光敏三极管，红表笔接 c 极，黑表笔接 e 极。无光照时，其阻值可达几兆欧；有光照时，阻值只有几百欧。对于 NPN 型光敏三极管，只要把红、黑表笔对调即可。

**（4）光敏电阻的选用与测试**

光敏电阻是一种对光敏感的元件，其阻值随外界光照强弱变化而变化。

光敏电阻广泛应用于各种自动光控电路。

① 光敏电阻的符号和外形　光敏电阻的符号和外形如图 2-20 所示。

感光面

(a) 光敏电阻的符号 (b) 光敏电阻的外形 (c) 光敏电阻的外形 (d) 光敏电阻的外形

图 2-20　光敏电阻的符号和外形

② 光敏电阻的参数　常用的光敏电阻有 MG41～MG45 系列。它们的技术参数见表 2-41。

表 2-41　MG41～MG45 系列光敏电阻的主要参数

| 参数<br>型号 | 最高工作电压<br>/V | 额定功率<br>/mW | 亮电阻<br>/kΩ | 暗电阻<br>/MΩ | 时间常数<br>/s | 温度范围<br>/℃ | 直径<br>/mm | 封装形式 |
|---|---|---|---|---|---|---|---|---|
| MG41-22 | 100 | 20 | ≤2 | ≥1 | ≤20 | −40～+70 | 9.2 | |
| MG41-23 | 100 | 20 | ≤5 | ≥5 | ≤20 | −40～+70 | 9.2 | |
| MG41-24 | 100 | 20 | ≤10 | ≥10 | ≤20 | −40～+70 | 9.2 | |
| MC41-47 | 150 | 100 | ≤100 | ≥50 | ≤20 | −40～+70 | 9.2 | |
| MG41-48 | 150 | 100 | ≤200 | ≥100 | ≤20 | −40～+70 | 9.2 | |
| MG42-1 | 50 | 10 | ≤50 | ≥10 | ≤20 | −25～+55 | 7 | 金属玻璃全密封 |
| MG42-2 | 20 | 5 | ≤2 | ≥0.1 | ≤50 | −25～+55 | 7 | |
| MG42-3 | 20 | 5 | ≤5 | ≥0.5 | ≤50 | −25～+55 | 7 | |
| MG42-4 | 20 | 5 | ≤10 | ≥1 | ≤50 | −25～+55 | 7 | |
| MG42-5 | 20 | 5 | ≤20 | ≥2 | ≤50 | −25～+55 | 7 | |
| MC42-16 | 50 | 10 | ≤50 | ≥10 | ≤20 | −25～+55 | 7 | |
| MG42-17 | 50 | 10 | ≤100 | ≥20 | ≤20 | −25～+55 | 7 | |
| MG43-52 | 250 | 200 | ≤2 | ≥1 | ≤20 | −40～+70 | 20 | |
| MG43-53 | 250 | 200 | ≤5 | ≥5 | ≤20 | −40～+70 | 20 | |
| MG43-54 | 250 | 200 | ≤10 | ≥10 | ≤20 | −40～+70 | 20 | |

| 型号 参数 | 最高工作电压/V | 额定功率/mW | 亮电阻/kΩ | 暗电阻/MΩ | 时间常数/s | 温度范围/℃ | 直径/mm | 封装形式 |
|---|---|---|---|---|---|---|---|---|
| MG44-2 | 10 | 5 | ≤2 | ≥0.2 | ≤20 | −40～+70 | 4.5 | |
| MG44-3 | 20 | 5 | ≤5 | ≥1 | ≤20 | −40～+70 | 4.5 | |
| MG44-4 | 20 | 5 | ≤10 | ≥2 | ≤20 | −40～+70 | 4.5 | |
| MG44-5 | 20 | 5 | ≤20 | ≥5 | ≤20 | −40～+70 | 4.5 | |
| MG45-12 | 100 | 50 | ≤2 | ≥1 | ≤20 | −40～+70 | 5 | |
| MG45-13 | 100 | 50 | ≤5 | ≥5 | ≤20 | −40～+70 | 5 | |
| MG45-14 | 100 | 50 | ≤10 | ≥10 | ≤20 | −40～+70 | 5 | |
| MG45-22 | 125 | 75 | ≤2 | ≥1 | ≤20 | −40～+70 | 7 | 树脂封装 |
| MG45-23 | 125 | 75 | ≤5 | ≥5 | ≤20 | −40～+70 | 7 | |
| MG45-24 | 125 | 75 | ≤10 | ≥10 | ≤20 | −40～+70 | 7 | |
| MG45-32 | 150 | 100 | ≤2 | ≥1 | ≤20 | −40～+70 | 9 | |
| MG45-33 | 150 | 100 | ≤5 | ≥5 | ≤20 | −40～+70 | 9 | |
| MG45-34 | 150 | 100 | ≤10 | ≥10 | ≤20 | −40～+70 | 9 | |
| MG45-52 | 250 | 200 | ≤2 | ≥1 | ≤20 | −40～+70 | 16 | |
| MG45-53 | 250 | 200 | ≤5 | ≥5 | ≤20 | −40～+70 | 16 | |
| MG45-54 | 250 | 200 | ≤10 | ≥10 | ≤20 | −40～+70 | 16 | |

③ 光敏电阻的测试　光敏电阻的测试主要是测量亮电阻和暗电阻。当光敏电阻被遮光时，用万用表 $R×10k$ 或 $R×100k$ 挡测出暗电阻，然后与该型号的暗电阻参数作比较；当光敏电阻受亮光照射时，用万用表 $R×10$ 或 $R×100$ 挡测出亮电阻，然后与该型号的亮电阻参数作比较。这样便可知道该光敏电阻是否符合要求及阻值变化范围。如果遮光时和受光照时阻值没变化或变化很小，或严重不符合该型号的电阻参数，说明该光敏电阻已不能使用。

**(5) 发光二极管的选用与测试**

发光二极管是一种在通过正向电流时能辐射出荧光的特殊二极管。主要用作光源、指示灯和显示。

发光二极管是非线性元件，在电路中工作在反向状态。通常给出的发光二极管参数不是光阻和暗阻，而是在一定条件下的光电流和暗电流。光电流大，说明光电阻小；暗电流小，说明暗电阻大。一般的暗电流小于 $0.1\mu A$ 或几微安，光电流大约为几十微安。锗材料的暗电流大，而受温度影响较大；硅材料的暗电流小，受温度影响小。

发光二极管的特点是可在低电压（约2V）、小电流（0mA至几十毫安）下工作，损耗功率小，体积小，光输出响应速度快（达10MHz），可与三极管直接联用。

1）发光二极管的符号和外形　发光二极管的符号和外形如图2-21所示。

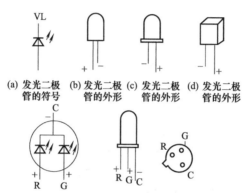

(a) 发光二极管的符号　(b) 发光二极管的外形　(c) 发光二极管的外形　(d) 发光二极管的外形

(e) 三色发光二极管的符号　(f) 三色发光二极管的外形

图 2-21　发光二极管的符号和外形

2）发光二极管的主要参数　常用 2EF 系列发光二极管主要参数见表 2-42。

表 2-42　2EF 系列发光二极管主要参数

| 型号 | 正向电压/V | 最大工作电流/mA | 反向电流/μA | 发光颜色 | 波长/nm | 封装形式与外形 |
|---|---|---|---|---|---|---|
| 2EF102 | 2 | 50 | ≤50 | 红 | 700 | 全塑，圆形 φ5mm |
| 2EF112 | 2 | 20 | ≤50 | 红 | 700 | 全塑，圆形 φ3mm |
| 2EF122 | 2 | 30 | ≤50 | 红 | 700 | 全塑，2×5×8.5(mm) |
| 2EF105 | 2.5 | 40 | ≤50 | 红 | 700 | 全塑，φ5mm |
| 2EF115 | 2.5 | 20 | ≤50 | 红 | 700 | 全塑，φ3mm |
| 2EF125 | 2.5 | 40 | ≤50 | 红 | 700 | 全塑，2×5×8.5(mm) |
| 2EF125A | 2.5 | 20 | ≤50 | 红 | 700 | 全塑，1×5×8.5(mm) |
| 2EF135 | 2.5 | 20 | ≤50 | 红 | 700 | 全塑，2-2×2(mm) |
| 2EF165 | 2.5 | 20 | ≤50 | 红 | 700 | 全塑，2.8×4.5(mm) |

续表

| 型号 | 正向电压/V | 最大工作电流/mA | 反向电流/μA | 发光颜色 | 波长/nm | 封装形式与外形 |
|---|---|---|---|---|---|---|
| 2EF171 | 2.5 | 40 | ≤50 | 红 | 700 | 全塑,φ5mm |
| 2EF185 | 2.5 | 40 | ≤50 | 红 | 700 | 全塑,方形 |
| 2EF205 | 2.5 | 40 | ≤50 | 绿 | 656 | 全塑,φ5mm |
| 2EF215 | 2.5 | 20 | ≤50 | 绿 | 656 | 全塑,φ3mm |
| 2EF225 | 2.5 | 40 | ≤50 | 绿 | 656 | 全塑,2×5×8.5(mm) |
| 2EF235 | 2.5 | 40 | ≤50 | 绿 | 656 | 全塑,2-2×2(mm) |
| 2EF265 | 2.5 | 20 | ≤50 | 绿 | 656 | 全塑,2.8×4.5(mm) |
| 2EF285 | 2.5 | 40 | ≤50 | 绿 | 656 | 全塑,2.8×4.5(mm) |
| 2EF405 | 2.5 | 40 | ≤50 | 黄 | 585 | 全塑,φ5mm |
| 2EF415 | 2.5 | 20 | ≤50 | 黄 | 585 | φ3mm |
| 2EF425 | 2.5 | 20 | ≤50 | 黄 | 585 | 2×5×8.5(mm) |

3) 发光二极管的选用与测试

① 发光二极管的选用　选用发光二极管应注意以下事项。

a. 选用时,主要考虑通过它的电流不能超过额定值。当用于长时间发光的场合,其额定电流应留有余量。通常发光二极管的电流可以由与它串联的电阻加以调节。

b. 发光二极管的最大工作电流 $I_{Fm}$ 与环境温度关系极大,如磷化镓管,温度低于25℃时,$I_{Fm}$ 为30mA,当温度高于80℃时,$I_{Fm}$ 为零。用于室温下,一般取发光二极管的工作电流 $I_F \leqslant (1/5 \sim 1/3)$ $I_{Fm}$ 为宜。

c. 发光二极管的反向耐压低,一般为6V左右。为保护管子免受击穿,可与发光二极管开联一只反向保护二极管。

② 发光二极管的测试　发光二极管可用万用表欧姆挡类似普通二极管一样测量其正、反向电阻。如果正向电阻不大于50kΩ,反向电阻大于200kΩ,则说明发光二极管是好的;如果正、反向电阻为零或无穷大,则说明发光二极管已击穿短路或开路。

极性的判断:当测得正向电阻不大于50kΩ时,其黑表笔所连接的一端为正极,红表笔所连接的一端为负极。

(6) 发光二极管回路限流电阻的计算

① 直流驱动时（见图2-22）

$$R = \frac{U - U_F}{I_F}$$

式中　$R$——限流电阻，$k\Omega$；

$\quad\quad U$——电源电压，$V$；

$\quad\quad U_F$——发光二极管正向压降（$V$），一般为 1.2V；

$\quad\quad I_F$——发光二极管工作电流，mA。

例如，已知直流电压 $U = 12V$，发光二极管采用 2EF102，正向工作电压 $U_F = 2V$，工作电流 $I_F = 8mA$，则发光二极管回路所串接的限流电阻为

$$R = \frac{U - U_F}{I_F} = \frac{12 - 2}{8} = 1.25\,(k\Omega)$$

电阻功率为

$$P = I^2R = 0.008^2 \times 1250 = 0.08\,(W)$$

可选用标称阻值为 1.2$k\Omega$、功率为 1/4W 的电阻。

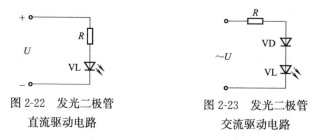

图 2-22　发光二极管
直流驱动电路

图 2-23　发光二极管
交流驱动电路

② 交流驱动时（见图2-23）

$$R = \frac{0.45U - U_F}{I_F}$$

对于上例，如果电源为交流 220V，则限流电阻为

$$R = \frac{0.45U - U_F}{I_F} = \frac{0.45 \times 220 - 2}{8} = 12.1\,(k\Omega)$$

电阻功率为

$$P = I^2R = 0.008^2 \times 12100 = 0.77\,(W)$$

可选用标称阻值为 12kΩ、功率为 2W 的电阻。

**(7) 光耦合器的选用与测试**

光耦合器内部包含发光元件和受光元件，它能将光信号转换成电信号。发光元件通常是发光二极管，受光元件有光敏二极管、光敏三极管、光敏电阻和光晶闸管。

光耦合器常用于晶闸管触发电路、电信号耦合、数字电路等，它具有较强的隔离和抗干扰能力。

1) 光耦合器的符号和外形　光耦合器的符号和外形如图 2-24 所示。

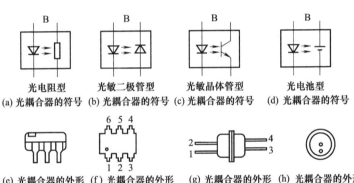

(a) 光耦合器的符号　(b) 光耦合器的符号　(c) 光耦合器的符号　(d) 光耦合器的符号

(e) 光耦合器的外形　(f) 光耦合器的外形　(g) 光耦合器的外形　(h) 光耦合器的外形

图 2-24　光耦合器的符号和外形

2) 光耦合器的特性主要有输入特性、输出特性和传输特性

① 输入特性　输入端是发光二极管，其输入特性可用发光二极管的伏安特性来表示。它与普通二极管的伏安特性基本相同，但有两点不同：一是正向死区较大，为 0.9～1.1V，外加电压大于这个数值时，二极管才发光；二是反向击穿电压很小，约为 6V，因此使用时必须注意，输入端的反向电压不能大于 6V。

② 输出特性　输出端受光元件不同，输出特性也不同，如输出端为光敏二极管，其输出特性即为光敏二极管的输出特性等。

3) 光耦合器主要参数　GD310、GD320 系列光耦合器主要参数见表 2-43。

**表 2-43　GD310、GD320 系列光耦合器部分型号及技术参数**

| 型号 | 最大工作电流 $I_{FM}$ /mA | 正向电压 $U_F$/V | 反向耐压 $U_R$ /V | 暗电流 $I_D$ /μA | 光电流 $I_L$ /μA | 最高工作电压 $U_L$ /V | 传输比 CTR/% | 隔离阻抗 $R_g$ /Ω | 极间电压 $U_g$ /V |
|---|---|---|---|---|---|---|---|---|---|
| GD311 | | | | | 1～2 | | 10～20 | | |
| GD312 | | | | | 2～4 | | 20～40 | | |
| GD313 | | | | | 4～6 | | 40～60 | | |
| GD314 | 50 | ≤1.3 | >5 | ≤0.1 | 6～8 | 25 | 60～80 | $10^{11}$ | 500 |
| GD315 | | | | | 8～10 | | 80～100 | | |
| GD316 | | | | | 10～12 | | 100～120 | | |
| GD317 | | | | | 12～15 | | 120～150 | | |
| GD318 | | | | | 15以上 | | 150以上 | | |
| GD321 | | | | | 1～2 | | 10～20 | | |
| GD322 | | | | | 2～4 | | 20～40 | | |
| GD323 | | | | | 4～6 | | 40～60 | | |
| GD324 | 50 | ≤1.3 | >5 | ≤0.1 | 6～8 | 25 | 60～80 | $10^{11}$ | 500 |
| GD325 | | | | | 8～10 | | 80～100 | | |
| GD326 | | | | | 10～12 | | 100～120 | | |
| GD327 | | | | | 12～15 | | 120～150 | | |
| GD328 | | | | | 15以上 | | 150以上 | | |

4）光耦合器的测试　光耦合器中的发光二极管的测试同普通发光二极管。发光二极管未加电压时，用万用表测量光耦合器中的光敏元件两端是不导通的（阻值无穷大）。当发光二极管两端加有几伏直流电压时（需串电阻限流，并注意电源极性），光敏元件两端将导通（阻值很小）。在光敏元件两端加有几伏直流电压时（也需串电阻限流并注意电源极性），光敏元件内将有电流通过（mA级）。

## 2.14　三端固定集成稳压器的选用与测试

三端固定集成稳压器可直接用于各种电子设备作为电压稳压器。由于芯片内部设置了过流保护、过热保护及调整管安全工作区保护电路，所以电路使用方便、安全可靠。典型的三端固定集成稳压器有7800（正稳压）和7900（负稳压）两大系列。

（1）三端固定集成稳压器的接线及外形

三端固定集成稳压器的接线及外形如图2-25所示。

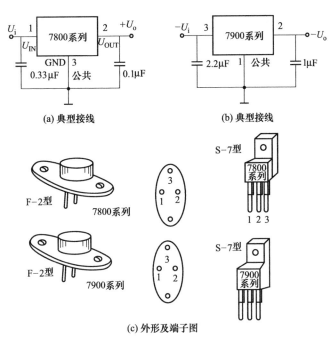

(a) 典型接线         (b) 典型接线

(c) 外形及端子图

图 2-25 三端固定稳压器接线及外形

## (2) 三端固定集成稳压器的典型电路

三端固定集成稳压器的典型电路如图 2-26 所示。

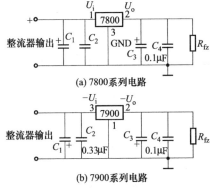

(a) 7800系列电路

(b) 7900系列电路

图 2-26 三端固定稳压器典型电路

　　整流器输出的电压经电容 $C_1$ 滤波后得到不稳定的直流电压。该电压加到三端固定集成稳压器的输入端和公共地之间，则在输出端和公共地之间可得到固定电压的稳定输出。

　　图中，电容 $C_1$ 为滤波电路，为尽可能地减小输出纹波，$C_1$ 值应取得大些，一般可按每 0.5A 电流 1000μF 容量选取；电容 $C_2$ 为输入电容，用于改善纹波特性，一般可取 0.33μF；电容 $C_4$ 为输出电容，主要作用是改善负载的瞬态响应，一般可取 0.1μF。当电路要求大电流输出时，$C_2$、$C_4$ 的容量应适当加大；电容 $C_3$ 的作用是缓冲负载突变、改善瞬态响应，可在 100～470μF 之间取；$R_{fz}$ 为稳压器内部负载，以使外部负载断开时稳压器能维持一定的电流。$R_{fz}$ 的取值范围以通过其电流是 5～10mA 为佳。

### （3）三端固定集成稳压器的参数

　　7800、7900 系列三端固定集成稳压器的性能参数见表 2-44 和表 2-45。

表 2-44　7800、7900 系列三端固定集成稳压器的输出电压

| 器件型号 | 输出电压/V | 器件型号 | 输出电压/V | 器件型号 | 输出电压/V |
|---|---|---|---|---|---|
| 7805 | 5 | 7818 | 18 | 7910 | —10 |
| 7806 | 6 | 7820 | 20 | 7912 | —12 |
| 7807 | 7 | 7824 | 24 | 7915 | —15 |
| 7808 | 8 | 7905 | —5 | 7918 | —18 |
| 7809 | 9 | 7906 | —6 | 7920 | —20 |
| 7810 | 10 | 7907 | —7 | 7924 | —24 |
| 7812 | 12 | 7908 | —8 | | |
| 7815 | 15 | 7909 | —9 | | |

表 2-45　7800、7900 系列三端固定集成稳压器的输出电流

| 器件 | 7800 7900 | 78M00 79M00 | 78L00 79L00 | 78T00 79T00 | 78H00 79H00 |
|---|---|---|---|---|---|
| 输出电流/A | 1.5 | 0.5 | 0.1 | 3 | 5 |

### （4）三端固定集成稳压器的测试

　　用万用表 $R×1k$ 挡测量集成稳压器各引脚之间的电阻值，可大致判断出稳压器的好坏。

78××系列集成稳压器的电阻值见表 2-46。79××系列集成稳压器的电阻值见表 2-47。

表 2-46　78××系列集成稳压器各引脚间电阻值

| 黑表笔所接引脚 | 红表笔所接引脚 | 正常电阻值/kΩ |
|---|---|---|
| 电压输入端($U_I$) | 电压输出端($U_O$) | 28～50 |
| 电压输出端($U_O$) | 电压输入端($U_I$) | 4.5～5.5 |
| 接地端(GND) | 电压输出端($U_O$) | 2.3～6.9 |
| 接地端(GND) | 电压输入端($U_I$) | 4～6.2 |
| 电压输出端($U_O$) | 接地端(GND) | 2.5～15 |
| 电压输入端($U_I$) | 接地端(GND) | 23～46 |

表 2-47　79××系列集成稳压器各引脚间电阻值

| 黑表笔所接引脚 | 红表笔所接引脚 | 正常电阻值/kΩ |
|---|---|---|
| 电压输入端($U_I$) | 电压输出端($U_O$) | 4～5.5 |
| 电压输出端($U_O$) | 电压输入端($U_I$) | 17～23 |
| 接地端(GND) | 电压输出端($U_O$) | 2.5～4 |
| 接地端(GND) | 电压输入端($U_I$) | 14～16.5 |
| 电压输出端($U_O$) | 接地端(GND) | 2.5～4 |
| 电压输入端($U_I$) | 接地端(GND) | 4～5.5 |

## 2.15　运算放大器的选用

集成运算放大器简称为运算放大器，是具有高放大倍数和深度负反馈的直流放大器，可用来实现信号的组合和运算。它的输出-输入关系仅简单地决定于反馈电路和输入电路的参数，与放大器本身的参数没有很大关系。

运算放大器通过外接电阻、电容的不同接线，能对输入信号进行加、减、乘、除、微分、积分、比例及对数等运算。

运算放大器的种类很多：有通用型、特殊功能型（高输入阻抗、宽带、高压、低功耗等）等；有圆形封装型、双列直插型等。

**表2-48　常用通用型运算放大器的主要参数及主要特点**

| 型号 ＼ 参数名称 | μA741 (单运放) | MC1458 (双运放) | LM324 (四运放) | LF351 (单运放) BJT-FET | TL082 (双运放) BJT-FET | TL084 (四运放) BJT-FET | CA3140 (单运放) BJT-MOS |
|---|---|---|---|---|---|---|---|
| 输入失调电压/mV | 2 | 2 | 2 | 13(max) | 5(max) | 5(max) | 2 |
| 输入失调电流/nA | 30 | 20 | 5 | 4(max) | 2(max) | 3(max) | $0.5\times10^{-3}$ |
| 输入偏流/nA | 200 | 80 | 45 | 8(max) | 7(max) | 7(max) | $10\times10^{-3}$ |
| 输入电阻/MΩ | 1 | 1 | 1 | $10^{6}$ | $10^{6}$ | $10^{6}$ | $1.5\times10^{6}$ |
| 转换速度/(V/μs) | 0.5 | 0.5 | 0.5 | 13 | 13 | 13 | 9 |
| 频率宽度　$f_T$/MHz | 1 | 1 | 1 | 4 | 3 | 3 | 4.5 |
| 频率宽度　$f_p$/MHz | 10 | 10 | 5 | 上升时间 0.1μs | 上升时间 0.1μs | 上升时间 0.1μs | 上升时间 0.08μs |
| 主要特点 | 单片高增益、内补偿、高频率、电压范围及共模电压源范围电压范围宽。有的不设调零(内部已有) | 2组独立的高增益运放，驱动功耗低，既可双电源工作，又可单电源工作 | 4组运放封装在一起，静态功耗低，能单电源工作 | 输入阻抗高、输入偏流小、噪声电压低、频带宽、功耗低 | 含2组相同的运放，噪声低、输入失调电流小、输入阻抗高 | 含4组独立的低噪声运放，输入阻抗高、转换速率大 | 输入阻抗很高、输入失调小、输入偏流小、输入频带宽 |
| 代换同类品及类似品 | LM741 MC1741 AD741 HA17741 CF741(类似品) F007 FC4 5G26 μA748 LM748 MC1748 BG308 4E322 | μA1458 RC1458 LM1458 μPC1458 TA75458 HA17458 μPC1458(类似品) LN4558 MC3548 MC1747 AN358 LM358 LM747 MB3607 AN1358 | μPC324 MB3514 μA324 SF324(类似品) MC3403 MB3515 NJM2058 LM348 μA348 μPC3403 LM2902 HA17902 NJM2902 TA75902 | SF351 TL07 μA771 TL081 CF081 F073 5G28 BG313 TD05 | NJM072 μPC4072 TL072 LF353 NJM535 μA772 | μPC4084 HA17084 AN1084 μPC4074 LF347 μA774 TL074 | CF3140 P072 FX3140 DG3140 有的有调零(1,5管脚) |
| 管脚图(见图2-27) | (a) | (b) | (c) | (a) | (b) | (d) | (e) |

### (1) 常用运算放大器的管脚图

常用运算放大器的管脚图如图 2-27 所示。图 2-27（a）～（e）分别与表 2-48 中的各运算放大器相对应；图 2-27（f）对应于 8FC1（5G922、BG301）、8FC21、BG305、FC52、FC54 等；图 2-27（g）对应于 5G23、5G24 等。图中，$OA_1$、$OA_2$ 为接调零元件管脚。

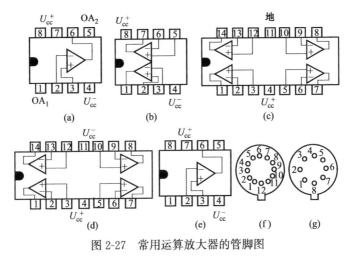

图 2-27　常用运算放大器的管脚图

### (2) 运算放大器的主要参数

常用通用型运算放大器的主要参数及主要特点见表 2-48。

### (3) 安装、调试运算放大器的注意事项

1）电路装配时的注意事项

① 不要在反相输入端接过长的连接线和不必要的器件。

② 运放输入端加二极管作钳位限幅保护时，不要用外壳透明的二极管，不要让管壳黑漆层脱落。

③ 运放输入使用较长的屏蔽线时，应考虑牺牲响应速率而加 10kΩ、4700pF 的补偿。

④ 屏蔽线应固定牢固。

⑤ 电位器滑动触点、继电器触点、接插件等均应接触良好，不使其成为干扰源。

⑥ 焊接必须可靠。若出现虚焊、假焊，会给调试工作带来很大麻烦。电烙铁功率可选 15~25W，焊接时间不宜过长。

⑦ 敷线时，应将输入与输出走线分开，强电与弱电走线分开，交流与直流走线分开。要注意电源变压器、扼流圈、电感线圈等远离运算放大器、集成电路等，以免受磁场影响造成干扰或误动作。

2) 调试时的注意事项

① 有的运算放大器内部没有设置阻容消振元件，需外部接入阻容元件进行补偿，以消除自激。

② 补偿电容的取值对放大器的频率响应有很大的影响，电容容量越大，放大器的频带越宽。这对于直流放大器，频带宽窄无关紧要，但对于交流放大器，则有影响，选取电容值时应使之既能消除振荡，又能保持一定的频带宽度。

在选取补偿元件时，应掌握以下原则：在消除自激振荡的前提下，尽可能使用容量小的电容和阻值大的电阻。

常用运算放大器的补偿电路如图 2-28 所示。

③ 为了消除自激振荡，还应注意不要引入正反馈。负反馈也不可加得太深，否则可能变成正反馈，引起自激。

④ 当运算放大器输出端接有电容性负载时，有可能引起自激，这时可在反馈回路（运放的输出与输入之间）接入一电容，其容量可通过试验确定，一般为数百皮法至 0.01μF 之间。

⑤ 当电路有严重的漂移现象（零偏电压过大）时，应检查接线有无虚焊；运算放大器周围有无发热元件或产生强电磁的元件；调零电位器接触是否良好等。

⑥ 遇到运算放大器代换时，一般情况下，特殊型的器件可以代替通用型的，高指标的可以代替低指标的。但必须注意，封装形式、管脚排列、调零端的接法、消振元件及电路的接法等的不同。

**（4）运算放大器的保护**

① 输入保护　保护电路如图 2-29 所示。图 2-29（a）为输入钳位保护，在运放的输入端接入电阻 $R_1$（一般电路中已有此电阻）和反向并联的二极管 $VD_1$、$VD_2$，使运放输入电压的幅度限制在二

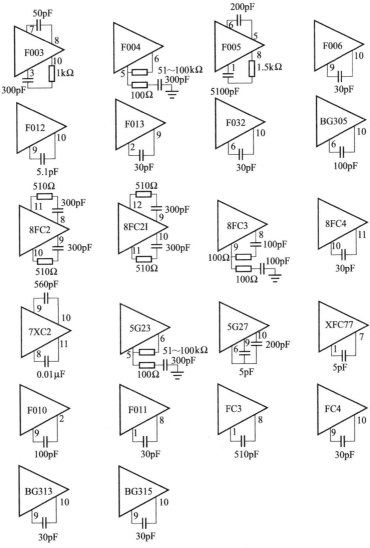

图 2-28　常用运算放大器补偿电路

极管的正向压降以下。该保护措施还可以避免在运放中产生自锁现
象（即运放输入信号过大而引起输出电压过高，使输出级管子处于

饱和或截止，这时放大器不能调零，甚至会烧毁运放)。

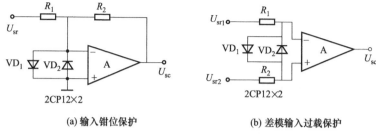

(a) 输入钳位保护　　　　　　　　(b) 差模输入过载保护

图 2-29　输入保护电路

图 2-29 (b) 是差模输入过载保护，其保护原理与图 2-29 (a) 相同。要求限流电阻 $R_1$ 与 $R_2$ 相等。

图 2-29 (a) 和 (b) 输入电压范围为 $\pm0.6 \sim \pm0.7\text{V}$，缺点是输入电阻降低了。

应注意，二极管所产生的温度漂移会使整个放大器的漂移增加，在要求高的场合要考虑这个问题。

② 输出限幅保护　常见的输出限幅（钳位）电路如图 2-30 所示。图 2-30 (a) 是将稳压管 $VS_1$、$VS_2$ 对接，再接在运放的输出端。图 2-30 (b) 是将稳压管 $VS_1$、$VS_2$ 对接，再接在运放的反馈电路中。这两种保护电路在运放正常工作时，输出电压 $U_{sc}$ 小于稳压管的稳压值 $U_z$，该支路不起作用。当输出电压 $U_{sc} > U_z + 0.6\text{V}$ 时（$0.6\text{V}$ 为 $VS_1$ 或 $VS_2$ 的正向导通压降），就有一只稳压管反向击

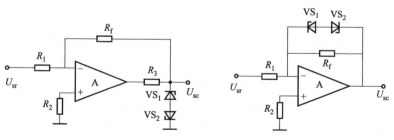

(a) 稳压管接在运放输出端　　　　　(b) 稳压管接在运放反馈电路

图 2-30　常见的输出限幅电路

穿，另一只正向导通，负反馈加强，从而把输出电压限制在 $\pm(U_z + 0.6V)$ 的范围内。应注意，应尽量选择反向特性好、漏电流小的稳压管，否则将会使放大器传输特性的线性度变坏。

**(5) 运算放大电路的抗干扰措施**

运算放大电路具有高输入阻抗和低输出阻抗的特点，而没有数字电路所特有的保真电压工作区。噪声干扰信号可通过多种渠道 (如电源线) 进入高增益的运算放大器，从而造成工作异常。为此必须采取抗干扰措施，使噪声干扰降低到最低限度。具体措施如下。

① 采用旁路电路。对靠近运算放大器的电源线跨接一个容量为 $0.01\mu F$ 的陶瓷电容器。

② 印制电路的导线应有足够的宽度。印制电路的导线越细，射频干扰越严重。因此应尽可能加宽导线宽度，必要时将电源导线的宽度增至 2.5mm 以上。只要有可能都应采用接地平面，此接地平面应接至电源回程线。

③ 区别 "接地点" 和 "公共点"。接地导线不可用来传送功率。系统中的 "接地" 和 "公共" 导线只能接在一点，否则，接地环路会把噪声引入该电路。

④ 尽可能采用小阻值电阻。除非功耗或其他问题是首要考虑的因素，否则，均应如此。

⑤ 不要采用上升过快的信号。信号上升越快，导线间的耦合就越大，越容易引起干扰。

⑥ 要有稳定的高绝缘输入。应用运算放大器的高输入阻抗电路 (微小电流检测电路、模拟存储电路等)，特别容易耦合入各种噪声。因此在电路的装配工艺中应采用以下特别措施。

a. 提高印制电路板的绝缘性能。

b. 对输入端采取隔离措施。如将高输入阻抗部分用铜箔线 (板) 围起来，并与电路的等电位的低阻抗部分相接。由于这样的隔离线和高输入阻抗部分的电位相等或相近，泄漏电流几乎为零，从而降低了对印制电路板绝缘阻抗的要求。印制板的正面围了之后，其对应的反面也要同样地围起来，正反面的隔离围线（板）要相连。

c. 采用空中布线的方法。将绝缘性能极好的聚四氟乙烯（$10^7$MΩ）制成的接线底座，安装在印制电路板上，凡高输入阻抗部分均在此接线柱上相连接。

## 2.16 555时基集成电路的选用

555时基集成电路的用途十分广泛，可以组成性能稳定的定时器（单稳态触发器）、自激多谐振荡器（无稳态振荡器）、双稳态R-S触发器和各种开关电路等。

555时基集成电路产品型号很多，国产的有5G1555、SL555、FX555等；国外的有NE555、LM555、XR555、CA555、MC14555、KA555、μA555、SN52555、LC555等。它们的内部功能结构和管脚序号都相同，可以互相直接代换。

### (1) 555时基集成电路及真值表

555时基集成电路内部电路及管脚排列如图2-31所示。

图中，$A_1$为上比较器，$A_2$为下比较器。555时基集成电路的

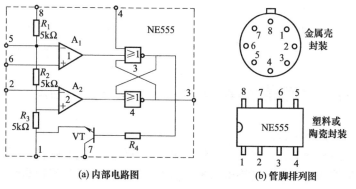

**图2-31 555时基集成电路**

1—接地端；2—低触发端；3—输出端；4—强制复位端；5—电压控制端；

6—高触发端；7—放电端；8—电源端

5 脚电位固定在 $2/3U_{DD}$ 上（$U_{DD}$ 为时基集成电路的工作电源电压）；$A_2$ 的同相输入端电位被固定在 $1/3U_{DD}$ 上，反相输入端（2 脚）为触发输入端。

555 时基集成电路真值表见表 2-49。

表 2-49　555 时基集成电路真值表

| 管脚 | 低触发端（2 脚） | 高触发端（6 脚） | 强制复位端（4 脚） | 输出端（3 脚） | 放电端（7 脚） |
|---|---|---|---|---|---|
| 电平高低 | $\leqslant 1/3U_{DD}$ | 任意 | 高 | 高 | 悬空 |
| | $>1/3U_{DD}$ | $\geqslant 2/3U_{DD}$ | 高 | 低 | 低 |
| | $>1/3U_{DD}$ | $<2/3U_{DD}$ | 高 | 维持原电平不变 | 与 3 脚相同 |
| | 任意 | 任意 | 低（$\leqslant 0.4V$） | 低 | 低 |

### （2）555 时基集成电路的主要参数

常用的几种 555 时基集成电路主要参数见表 2-50。

表 2-50　常用的几种 555 时基集成电路主要性能参数

| 参数 | NE555　NE556 | CC7555　CC7556 | |
|---|---|---|---|
| 电源电压/V | $4.5 \sim 18$ | $3 \sim 18$ | |
| 静态电流 | 10mA | $80\mu A$ | $160\mu A$ |
| 触发电流 | 250nA | 50pA | |
| 上升及下降时间/ns | 100 | 40 | |
| 输出驱动能力/mA | 200 | 1 | |
| 吸收电流/mA | 10 | 3.2 | |
| 输出转换时电源电流尖峰 | $300 \sim 400$mA，需加退耦电容 | $2 \sim 3$mA，控制端为高阻抗，故不需加退耦电容 | |

## 2.17　单向晶闸管和双向晶闸管的选用与测试

### （1）晶闸管简介

晶闸管又称可控硅，它包括单向晶闸管、双向晶闸管、可关断晶闸管和逆导晶闸管等电力半导体器件，常用的是前两种晶闸管。

以晶闸管为主的电力半导体器件已成为变流技术发展的基础，整流器、逆变器、斩波器、交流调压器、周波变频器等已广泛应用于电力拖动和自动控制等系统中。

晶闸管管脚的标志如图 2-32 所示。

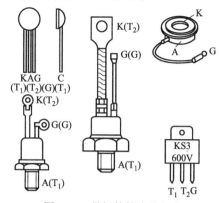

图 2-32 晶闸管管脚的标志

(括号内为双向晶闸管管脚标志)

晶闸管的触发状态如图 2-33 所示。

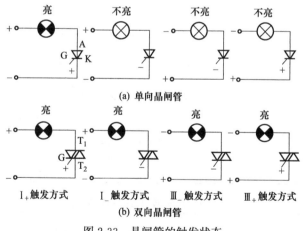

(a) 单向晶闸管

(b) 双向晶闸管

图 2-33 晶闸管的触发状态

图 2-33 中门极 G 的电位极性是相对阴极 K（单向晶闸管）和第二电极 $T_2$（双向晶闸管）而言的。

对于双向晶闸管 4 种触发方式的灵敏度是不同的，$I_+$ 和 $III_-$ 的灵敏度最高，$I_-$ 和 $III_+$ 的灵敏度最低，尤其以 $III_+$ 的灵敏度为最低。目前国产元件中多不宜采用Ⅲ+触发方式。

### (2) 晶闸管的基本参数

单向晶闸管的基本参数见表 2-51；双向晶闸管的基本参数见表 2-52；快速晶闸管的基本参数见表 2-53。双向晶闸管和快速晶闸管的其他参数类同单向晶闸管。

表 2-51　单向晶闸管的基本参数

| 参数 | 内容 |
|---|---|
| 通态平均电流 $I_T$ | 在环境温度为 +40℃、标准散热及元件导通条件下,元件可连续通过的工频正弦半波(导通角>170°)的平均电流 |
| 断态不重复峰值电压 $U_{DSM}$ | 门极断路时,在正向伏安特性曲线急剧弯曲处的断态峰值电压 |
| 断态重复峰值电压 $U_{DRM}$ | 为断态不重复峰值电压的 80% |
| 断态不重复平均电流 $I_{DS}$ | 门极断路时,在额定结温下对应于断态不重复峰值电压下的平均漏电流 |
| 断态重复平均电流 $I_{DR}$ | 对应于断态重复峰值电压下的平均漏电流 |
| 门极(即控制极)触发电流 $I_{GT}$ | 在室温下,主电压为 6V 直流电压时,使元件完全开通所必需的最小门极直流电流 |
| 门极不触发电流 $I_{GD}$ | 在额定结温下,主电压为断态重复峰值电压时,保持元件断态所能加的最大门极直流电流 |
| 门极触发电压 $U_{GT}$ | 对应于门极触发电流时的门极直流电压 |
| 门极不触发电压 $U_{GD}$ | 对应于门极不触发电流时的门极直流电压 |
| 断态电压临界上升率 $du/dt$ | 在额定结温和门极断路时,使元件从断态转入通态的最低电压上升率 |
| 通态电流临界上升率 $di/dt$ | 在规定条件下,元件用门极开通时所能承受而不导致损坏的通态电流的最大上升率 |
| 维持电流 $I_H$ | 在室温和门极断路时,元件从较大的通态电流降到刚好能保持元件处于通态所必需的最小通态电流 |

表 2-52　双向晶闸管的基本参数

| 参数 | 内容 |
|---|---|
| 通态电流 $I_T$ | 在环境温度为 +40℃、标准散热及元件导通条件下,元件可连续通过的工频正弦波的电流有效值 |
| 换向电流临界下降率 $di/dt$ | 元件由一个通态转换到相反方向时,所允许的最大通态电流下降率 |
| 门极触发电流 $I_{GT}$ | 在室温下,主电压为 12V 直流电压时,用门极触发,使元件完全开通所需的最小门极直流电流 |

表 2-53　快速晶闸管的基本参数

| 参数 | 内容 |
|---|---|
| 门极控制开通时间 $t_{gt}$ | 在室温下,用规定门极脉冲电流使元件从断态至通态时,从门极脉冲前沿的规定点起到主电压降低到规定的低值所需要的时间 |
| 电路换向关断时间 $t_g$ | 从通态电流降至零这瞬间起,到元件开始能承受规定的断态电压瞬间为止的时间间隔 |

### （3）单向和双向晶闸管的主要参数

单向晶闸管的主要参数见表 2-54。双向晶闸管的主要参数见表 2-55。

表 2-54　单向晶闸管主要参数

| 型号 | 通态平均电流 $I_T$/A | 浪涌电流 $I_{TSM}$/A | 断态重复峰值电压,反向重复峰值电压 $U_{DRM}$,$U_{RRM}$/V | 断态重复平均电流,反向重复平均电流 $I_{DR}$,$I_{RR}$/mA | 断态电压临界上升率 $du/dt$/(V/μs) | 通态电流临界上升率 $di/dt$/(A/μs) | 门极触发电流 $I_{GT}$/mA | 门极触发电压 $U_{GT}$/V |
|---|---|---|---|---|---|---|---|---|
| KP1 | 1 | 20 | | | | | 3～30 | ≤2.5 |
| KP5 | 5 | 90 | | <1 | | | 5～70 | |
| KP10 | 10 | 190 | | | 30 | — | 5～100 | |
| KP20 | 20 | 380 | | | | | | ≤3.5 |
| KP30 | 30 | 560 | | <2 | | | 8～150 | |
| KP50 | 50 | 940 | | | | 30 | | |
| KP100 | 100 | 1880 | 100～3000 | <4 | | 50 | 10～250 | |
| KP200 | 200 | 3770 | | | | | | ≤4 |
| KP300 | 300 | 5650 | | | | 80 | | |
| KP400 | 400 | 7540 | | <8 | 100 | | 20～300 | |
| KP500 | 500 | 9420 | | | | | | ≤5 |
| KP600 | 600 | 11160 | | <9 | | | 30～350 | |
| KP800 | 800 | 14920 | | | | 100 | | |
| KP1000 | 1000 | 18600 | | <10 | | | 40～400 | |

注：1. 通态平均电压 $U_T$ 的上限值由各生产厂自定。

2. 维持电流 $I_H$ 值由实测得到。

表 2-55　双向晶闸管的主要参数

| 型号 | 额定通态电流有效值 $I_T$/A | 浪涌电流 $I_{TSM}$/A | 断态重复峰值电压 $U_{DRM}$/V | 断态重复峰值电流 $I_{DRM}$/mA | 断态电压临界上升率 $du/dt$ /(V/ms) | 换向电流临界下降率 $di/dt$ /(A/ms) | 通态电流临界上升率 $di/dt$ /(A/ms) | 门极触发电流 $I_{GT}$/mA | 门极触发电压 $U_{GT}$/V |
|---|---|---|---|---|---|---|---|---|---|
| KS1 | 1 | 8.4 | 100~2000 | <1 | ≥20 | 0.2$I_T$% | | 3~100 | ≤2 |
| KS10 | 10 | 84 | | <10 | ≥20 | | | 5~100 | ≤3 |
| KS20 | 20 | 170 | | <10 | ≥20 | | | 5~200 | ≤3 |
| KS50 | 50 | 420 | 100~2000 | <15 | ≥20 | 0.2$I_T$% | 10 | 8~200 | 44 |
| KS100 | 100 | 840 | | <20 | ≥50 | | 10 | 10~300 | 44 |
| KS200 | 200 | 1700 | | <20 | ≥50 | | 15 | 10~400 | 44 |
| KS400 | 400 | 3400 | | <25 | ≥50 | | 30 | 20~400 | 44 |
| KS500 | 500 | 4200 | | <25 | ≥50 | | 30 | 20~400 | 44 |

注：1. 通态电压 $U_T$ 的上限值由各生产厂自定。

2. 维持电流 $I_H$ 值由实测得到。

(4) 晶闸管的测试

1) 单向晶闸管的测试

① 用万用表测试　用万用表可判别晶闸管的三个电极及管子的好坏。

将万用表打在 $R \times 1k$ 挡，测量阳极与阴极间正向与反向电阻，若阻值都很大接近无穷大，则说明阳极、阴极间是正常的；若阻值不大或为零，则说明管子性能不好或内部短路。然后将万用表打到 $R \times 10$ 或 $R \times 1$ 挡，测量控制极与阴极间的正向与反向电阻，一般正向电阻值为数十欧以下，反向电阻值为数百欧以上。若阻值为零或无穷大，则说明控制极与阴极内部短路或断路。

测量控制极与阴极间的正反向电阻时，不要用 $R \times 1k$、$R \times 10k$ 挡，否则测试电压过高会将控制极反向击穿。

② 用灯泡判别　图 2-34 所示，$E$ 采用 6~24V 直流电源，小功率晶闸管也可采用 3V 直流电源，灯泡 HL 额定电压不小于电源电压，但也不超过电源电压很多。

如果连接好线路，灯泡即发亮，则说明晶闸管内部已短路；如果灯泡不亮，将控制极 G 与阳极 A 短接一下即断开，灯泡一直发亮，则说明晶闸管是好的；如果 G、A 短接一下后灯泡仍不亮或只有在 G、A 短接时才发亮，G、A 断开后就熄灭，则说明晶闸管是坏的。

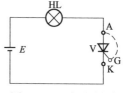

图 2-34　用灯泡判别
晶闸管的好坏

③ 晶闸管门极触发电压 $U_{GT}$ 和触发电流 $I_{GT}$ 的测试　试验接线如图 2-35 所示。测试时，调节电位器 RP 以逐渐增大门极触发电流，直至晶闸管导通，记下此时的电压表和电流表的读数，即为门极触发电压 $U_{GT}$ 和触发电流 $I_{GT}$。

④ 晶闸管维持电流 $I_H$ 的测试　试验接线如图 2-36 所示。测试时，按动按钮 SB，使晶闸管触发导通，然后调节电位器 RP，使通过晶闸管的正向电流逐渐减小，直至正向电流突然降至零，记下降至零前的一瞬间的电流值，即为维持电流 $I_H$。

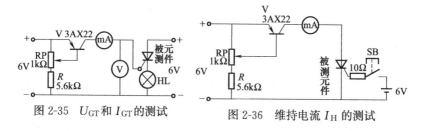

图 2-35　$U_{GT}$ 和 $I_{GT}$ 的测试　　　　图 2-36　维持电流 $I_H$ 的测试

2）双向晶闸管的测试

① 用万用表测试　用万用表可判别双向晶闸管的三个电极及管子的好坏。

a. 三个电极的判别。大功率双向晶闸管从其外形看，很容易区别三个电极：一般控制极 G 的引出线较细，第一电极 $T_1$ 离 G 极较远，第二电极 $T_2$ 靠近 G 极。

对于小功率双向晶闸管用万用表判别方法如下：将万用表打到 $R×100$ 挡、用黑表笔（即正表笔）和管子的任一极相连，再用红表笔（即负表笔）分别去碰触另外两个电极。如果表针均不动，则

黑表笔接的是 $T_1$ 极。如果碰触其中一电极时表针不动，而碰另一电极时表针偏转，则黑表笔接的不是 $T_1$ 极。这时应将黑表笔换接另一极重复上述过程。这样就可测出 $T_1$ 极。$T_1$ 极确定后，再将万用表打在 $R×1k$ 或 $R×10k$ 挡。先把一只 5～20μF 的电解电容的正极接万用表的黑表笔，负极接红表笔给电容充电数秒钟，取下电容作备用。然后将万用表的黑表笔接 $T_1$ 极，红表笔接另一假设的 $T_2$ 极，再将已充电的电解电容作触发电源，其负端对着假定的 $T_2$ 极，正端对着假定的 G 极，碰触一下立即拿开，如果表针大幅度偏转并停留在某一固定位置，则说明上述假定的 $T_2$、G 两极是正确的；如果表针不动，则红表笔接的是 G 极。此时，可将假设的 $T_2$ 和 G 调换一下再测一遍，作验证（电解电容需重新充电）。

b. 好坏及性能鉴别　将万用表打到 $R×1k$ 挡，测量 $T_1$ 极和 $T_2$ 极或 G 极与 $T_1$ 极间的正向与反向电阻。如果测得的电阻值均很小或为零，则说明管子内部短路（正常时近似无穷大）；如果测得 G 极与 $T_2$ 极间正向与反向电阻值非常大（不要用 $R×1k$、$R×10k$ 挡，以免将控制极反向击穿），则说明管子已断路（正常时不大于几百欧）。

c. 做性能鉴定。将万用表的黑表笔接双向晶闸管的 $T_1$ 极，红表笔接 $T_2$ 极（设 $T_1$、$T_2$ 已用上述方法识别），再用充好电的电解电容的正端对 G 极、负端对 $T_2$ 极，碰触一下立即拿开，如果万用表大幅度偏转且停留在某一固定值位置，则说明晶闸管 $T_1$ 向 $T_2$ 导通方向是好的；然后将万用表正负表笔及电解电容正负极对调，用同样方法测试 $T_2$ 向 $T_1$ 导通方向是否良好。

② 伏安特性的测试　试验接线如图 2-37 所示。测试时，将开关 $SA_2$ 断开，$SA_1$ 闭合，调节调压器 $T_1$，使电压逐渐升高至双向晶闸管发生转折（伏安特性曲线急剧弯曲处），读出转折前一瞬间电压表 $V_1$ 的读数（峰值）和电流表 $mA_1$ 的读数（按下按钮 SB），即为断态不重复峰值电压 $U_{DSM}$ 和断态不重复峰值电流 $I_{DSM}$。然后将电压降至 80% $U_{DSM}$ 处，读出电压表 $V_1$ 和电流表

mA₁ 的读数，即为断态重复峰值电压 $U_{DRM}$ 和断态重复峰值电流 $I_{DRM}$。

然后将双向晶闸管第一电极 T₁ 和第二电极 T₂ 对调，重复上述测试，以了解双向晶闸管Ⅰ与Ⅱ的对称性。

③ 门极控制特性的测试　测试接线仍如图 2-37 所示。断开 SA₁，将 T₁、T₂ 两极间的电压降至 6～20V，合上 SA₂，调节电位器 RP，逐渐增大触发电压，观察示波器，直至双向晶闸管导通，记下导通一瞬间的电流表 mA₂ 和电压表 V₂ 的读数，即为门极触发电流 $I_{GT}$ 和门极触发电压 $U_{GT}$。

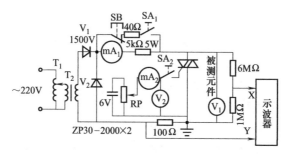

图 2-37　双向晶闸管伏安特性的测试

④ 用灯泡法检测断态电压临界上升率 du/dt　将双向晶闸管，两只 60W、220V（串联）灯泡和开关串联后接在 380V 交流电路中，然后频繁地开合开关，让变化的电压加到电极 T₁ 和 T₂ 上（G 极空着），此时管子将产生电压上升率，观察灯泡有无发亮情况。如果有过发亮情况，则说明双向晶闸管有失去阻断能力的现象，为不合格品。

**(5) 晶闸管的选用**

根据元件在电路中的已知工作电压、工作电流大小，选用元件额定值的方法见表 2-56。表中：$I_F$ 为二极管最大整流电流（平均值）；$U_R$ 为二极管最高反向工作电压（峰值）；$I_T$ 为晶闸管通态平均电流；$I_{T1}$ 为双向晶闸管通态电流（有效值）；$U_{RRM}$、$U_{DRM}$ 为断态重复峰值电压。

表 2-56　整流元件及晶闸管的选择

| 元件名称 | 电流额定值 | 电压额定值 |
|---|---|---|
| 整流元件 | $I_F \geqslant (1.5 \sim 2)I/1.57$<br>$I$ 是整流元件中的电流有效值① | $U_{RRM} \geqslant (2 \sim 2.5)U_R$<br>$U_R$ 是加在整流元件上的反向电压峰值 |
| 晶闸管 | $I_T \geqslant (2 \sim 2.5)I/1.57$<br>$I$ 是晶闸管中的电流有效值① | $U_{DRM}$、$U_{RRM} \geqslant (2 \sim 2.5)U_R$<br>$U_R$ 是加在晶闸管上的反向电压峰值② |
| 双向晶闸管 | $I_{T1} \geqslant (2 \sim 2.5)I$<br>$I$ 是双向晶闸管中的电流有效值<br><br>用 2 只反并联晶闸管代替 1 只双向晶闸管时，每只晶闸管的电流额定值应为 $I_T \geqslant I_{T1}/2.22$ | $U_{DRM} \geqslant (1.5 \sim 2)U_R$<br>$U_R$ 是加在双向晶闸管上的电压峰值 |

① 如已知元件中的电流平均值，必须换算成电流有效值，再代入本式计算额定值。
② 当元件上的正向电压峰值与反向电压峰值不相等时，应取其中较大的一个。
注：在电容性负载时，电流额定值应取上限，在电感性负载时，电压额定值应取上限。

晶闸管额定电流的选择原则如下。

① 如果负载电阻固定（如电炉、电灯、电阻丝等），元件电流等级按最大导通角（最小控制角）来选择。

② 如果负载电阻不固定（即非线性），不论是供给负载电流不变的情况（如电镀、电解等），还是呈现负阻特性的负载（电流大，电压反而低，如多晶炉、电瓶充电等），都不能以最小控制角为准，而应以最小导通角（一般以 30°为限）为计算依据。因为在导通角小的时候仍要供给同样的负载电流，势必造成元件过载而烧坏。

③ 必须注意，双向晶闸管的额定电流是指电流有效值（而单向晶闸管的额定电流是指电流平均值），如用于异步电动机，则可按下式选择：

$$I_T \geqslant (5 \sim 7)I_{ed}$$

式中　$I_{ed}$——电动机额定电流，A。

④ 测试晶闸管或检查晶闸管电路故障时，要十分小心，不可在控制极和阴极（或双向晶闸管的 $T_2$ 极）之间加以过高的电压，一般瞬时电压不应超过 10V，否则控制极会被击穿。

⑤ 注意使用时的环境温度，晶闸管结温不可超过通常允许值

115℃。安装和使用时应注意散热和通风，务必使晶闸管的外壳温度不超过 80~90℃。

⑥ 晶闸管对过电压和过电流的耐受能力很小，即使是短时间的超过规定值的过电流或过电压，也会造成元件的损坏，尤其是过电压，所以必须采取过电压和过电流保护。

⑦ 晶闸管及其电路的抗干扰和抗静电能力差，容易引起误动作，因此必须采取防干扰、防静电措施。

⑧ 由于晶闸管管芯与管壳的热阻 $R_{jc}$ 约在 0.05℃/W 左右，再考虑到管壳与散热片之间的热阻，要使晶闸管的结温不超过 115℃，就必须加装相应面积的散热片，并应在接触面涂上导热硅脂。

⑨ 晶闸管应拧紧在散热器上，但也不能过紧。虽然拧得越紧，散热效果越好些，但拧得过紧，会引起硅片损坏。拧紧力矩推荐值见表 2-57。

表 2-57　拧紧力矩推荐值

| 螺栓直径/mm | 六角形基座对边距离/mm | 推荐的拧紧力矩/N·cm |
|---|---|---|
| 6(5A) | 13 | 340 |
| 10(20A) | 28 | 980 |
| 12(50A) | 32 | 1470 |
| 16(100A) | 36 | 1960 |
| 20(200A) | 43 | 3430 |

平板元件夹紧散热器时，必须确保两边加力均匀，否则很容易把硅片挤碎。按规定硅片每平方厘米可加力 785N。200A 平板元件硅片面积约为 5cm²，故可加力 3925N 左右。通常只要两边加力均匀，用 12in（1in＝25.4mm）扳子用力拧是不会拧坏的。

**(6) 晶闸管元件的常见故障及处理**

晶闸管过载能力较差。如果线路设计不合理，元件选用不当，维护不力，以及检修、使用不当等，都有可能造成晶闸管元件的击穿或烧毁。造成晶闸管元件故障或损坏的原因及处理方法见表 2-58。

### 表2-58　晶闸管元件故障或损坏的原因及处理

| 故障现象 | 可能原因 | 处理方法 |
|---|---|---|
| 1. 晶闸管不能导通 | ①晶闸管控制极与阴极断路或短路<br><br>②晶闸管阳极与阴极断路<br><br><br>③整流输出没有接负载<br>④脉冲变压器二次接反 | ①用万用表测量控制极与阴极间的电阻。若已损坏，更换晶闸管<br>②用万用表测量阳极与阴极间的电阻。若阻值无穷大，说明已断路，更换晶闸管<br>③接上负载<br>④纠正接线 |
| 2. 晶闸管误触发、失控 | ①晶闸管触发电流和维持电流偏小，或额定电压偏低<br>②晶闸管热稳定性差(在工作环境温度未超过规定要求时引起误触发)<br>③晶闸管维持电流太小<br>④在感性负载电路中，没有续流二极管，引起失控及击穿晶闸管<br>⑤控制极受干扰 | ①按使用要求，合理选择晶闸管参数<br>②检查环境温度，若环境温度未超过规定要求，则更换晶闸管<br>③选择维持电流较大的晶闸管<br>④在整流器输出端反向并联一只续流二极管<br>⑤查明干扰原因，采取相应措施 |
| 3. 晶闸管轻载时工作正常，重载时失控 | ①晶闸管高温特性差，大电流时失去正向阻断能力<br>②负载回路电感或电阻太大 | ①更换晶闸管<br><br>②减小负载回路电感或电阻 |
| 4. 晶闸管突然烧毁 | ①直流电动机接地<br>②整流变压器中性点(Y接)与地线相接<br>③带电测量晶闸管时，表笔碰及金属外壳<br>④示波器Y轴负极线测量直接接电网系统 | ①加强对直流电动机的维护<br>②中性点不能接地<br>③测量时要谨慎<br>④示波器用隔离变压器供电 |
| 5. 风冷型晶闸管运行时烧毁 | ①风机损坏<br>②风机旋转方向反了<br>③风量不足、风速太小<br>④风道有堵塞 | ①更换风机<br>②纠正风机旋转方向<br>③检修风机。若设计不当，应增大风机的功率和转速<br>④清扫风道，使风道通畅 |
| 6. 晶闸管运行不久，发热异常 | ①晶闸管与散热器未拧紧<br>②冷却系统有故障 | ①拧紧，使两者接触良好，但也不能太用劲以免损坏管子<br>②见故障现象5 |

续表

| 故障现象 | 可能原因 | 处理方法 |
|---|---|---|
| 7. 三相桥式整流电路,轻载时工作正常,重载时烧坏晶闸管 | 有一组桥臂的晶闸管维持电流太小,换相时关不断,导致整流变压器次级的三相交流电源相间短路 | 选用维持电流较大的晶闸管 |
| 8. 晶闸管在使用中击穿短路 | ①输出端发生短路或过载,而保护装置又不完善<br>②输出接大电容性负载,触发导通时电流上升率太大<br>③元件性能不稳定,正向压降太大引起温升太高<br>④控制极与阳极发生短路<br>⑤触发电路有短路现象,加在控制极上的电压太高<br>⑥操作过电压、雷击、换相过电压及输出回路突然切断(保险丝烧断等)引起的过电压,又没有适当的过电压保护 | ①解决短路和过载问题,改进过流保护或合理选配快速熔断器<br>②避免输出直接接大电容负载;增大交流侧电抗,限制电流上升率或限制短路电流<br>③更换晶闸管<br>④查明原因,并加以排除<br>⑤查明原因,并加以排除<br>⑥采取正确的过电压保护 |
| 9. 晶闸管工作不久便击穿 | ①元件耐压值不够<br><br>②元件特性不稳定<br>③控制极所加最高电压、电流平均功率超过元件允许值<br>④控制极反向电压太高(超过允许值10V以上)<br>⑤与晶闸管并联的 RC 吸收电路开路<br>⑥直流输出 RC 保护开路<br>⑦压敏电阻损坏 | ①更换正反向阻断峰值电压足够的晶闸管<br>②更换晶闸管<br>③正确选择控制极电压、电流,使平均功率不超过元件允许值<br>④正确选择控制极电压,一般取 4~10V<br>⑤检查 RC 吸收电路的元件及接线<br>⑥检查输出 RC 保护元件及接线<br>⑦检查并更换压敏电阻 |

## 2.18 电子元件的老化处理

电子元件经过老化处理以后,性能较稳定,用于电子设备及变流装置中受环境温度影响较小。

老化处理就是把电阻、电位器、二极管、稳压管、三极管等元件放在烘箱里烘烤一定时间，或者使元件通过一定大小的电流使之特性稳定下来。

下面介绍几种老化处理的方法。

**(1) 高温储存**

对于电阻元件可在 120℃ 烘箱内烘 10h。对于半导体元件，储存温度视管壳结构组装的密封工艺而定，对金-铝系统可选 150℃，铝-铝系统为 200℃，金-金系统为 300℃，烘 24h。

**(2) 温度循环试验**

一般硅元件在 -55~+125℃、锗元件在 -55~+85℃ 之间交替进行 3~5 次，在相应极端温度停留 30min，室温停 1min。

**(3) 热冲击试验**

将元件放在液体介质（如 100℃ 沸水和 0℃ 冰水）中，以小于 10s 时间间隔转移 3~5 次循环。此法条件苛刻，更能暴露元件对温度的适应能力。

**(4) 潮湿试验**

可用高温高湿（温度 +40℃、相对湿度 95%）或变温高湿试验（温度 +25~+40℃ 或 +35~+60℃，相对湿度 80%~98%），两种方法均以 12h 为 1 个循环，周期分 3 天、7 天等。

**(5) 功率老化**

对于集成电路，常常在额定功耗下同时提高环境温度进行老化处理。此法较为复杂。

**(6) 简易处理**

如果受条件限制，可采取以下简易处理：锗管用 70℃ 烘 24h，硅管用 100℃ 烘 24h。

经老化处理后的元件需进行重新测试，把不合格品、经不起考验的元件淘汰掉。

# 第3章　印制电路板的设计与制作

## 3.1　印制电路板的选择

　　常用的覆铜箔层压板（简称覆铜板）有以下几种。

　　① 覆铜箔酚醛纸基压板。它价格低廉，易吸水，可用于一般电子设备中，不可用于恶劣环境中。

　　② 覆铜箔酚醛玻璃布层压板。它价格适中，有较好的电气性能和力学性能，防潮性能好，可用于温度、频率较高的电子设备中及恶劣环境中。

　　③ 覆铜箔环氧玻璃布层压板。它价格较高，具有较好的冲剪、钻孔性能，透明度好，防潮性能好。

　　④ 覆铜箔聚四氟乙烯层压板。它价格较高、具有优良的介电性能和化学稳定性，可用于耐高温、耐高压的电子设备中。

　　覆铜板的标准厚度有 0.2～3mm 等多种，常用的有 1mm、1.5mm 和 2mm 三种。当印制电路板对外连接采用直接式插座连接时，板厚一般选用 1.5mm，过厚则插不进，过薄会引起接触不良；对非插入式的印制电路板，可根据具体情况加以选用。覆铜板上的铜箔厚度有 18～105μm 多种，最常用的为 35μm 和 50μm。

　　印制电路板通常有单面式、双面式和多层式等多种。单面式适用于对电性能要求不高的电视机、收录机及一般的电子设备；双面式和多层式适用于对电性能要求较高及布线密度高的通信机、电子计算机等电子设备。

## 3.2 印制电路板的设计要点

**(1) 印制导线的布局注意事项**

① 公共地线应布置在印制电路板的最边缘；地线和电源线应紧紧布置在一起，以减小电源线耦合所引起的干扰。地线和电源线的线条要宽些。

② 高频信号线、放大管各极引线及信号的输入输出线应尽量短而直；高频信号线与低频信号线、信号的输入输出线应尽量远离，且不要平行走线，以防止相互干扰；易引起自激的导线应避免互相平行，应采用垂直或斜交布线。

③ 各级电路的地线应自成封闭回路，以避免本级地电流不流过其他级的地回路。

④ 为减小印制导线的平行长度，必要时可采用跨接导线。两跨接点的距离一般不超过 30mm。

⑤ 当印制电路板对外连接采用插座时，输入与输出导线的插脚应尽量远离，最好用地线隔开。输入线与电源线的距离也应大于 1mm，以减小寄生耦合。

**(2) 印制导线的要求**

① 除地线、电源线及电流较大的导线外，印制电路板上的导线宽度应尽量一致。一般导线宽度在 0.4～1.5mm（在板面允许的情况下，一般不小于 1mm）；地线、电源线及电流较大的导线宽度可取 1.5～2mm，甚至更大。

② 印制导线间的距离最小不要小于 1.5mm。

③ 印制导线应避免出现尖角；印制导线与焊盘（供元件引线穿孔焊接用）的连接应平滑地过渡；印制导线尽量不要出现分支现象。

**(3) 焊盘及穿线孔的要求**

① 焊盘的形状有圆形、岛形、长方形等，最常用的是圆形。一般焊盘直径比穿线孔直径大 0.1～0.4mm；焊盘宽度为 0.5～

1.5mm，条件允许，宜取大些，这样焊点吃焊较多，容易焊牢。

② 穿线孔直径比元器件引线直径大 0.2~0.3mm，对于功率为 1W 及以下的电阻和三极管等，其穿线孔直径可取 1mm；2~10W 的电阻和 1N4007 等二极管等，其穿线孔直径可取 1.2mm。

**（4）元器件的布局及组装要求**

① 元器件在印制电路板上的分布应尽量均匀、美观，避免一侧密度大，一侧密度小。

② 所有元器件都应布置在装配面，而不允许布置在焊接面。

③ 1 个焊盘只允许焊 1 个元件引线。

④ 元器件排列应做到横平竖直，不允许斜排和交叉重叠。

⑤ 元器件外壳或引线之间应保持一定的距离，一般不小于 0.5mm，元件的电压每增加 200V，间隙增加 1mm。如条件允许，相互间的距离宜适当增大，这样有利于安全、散热和装配。

⑥ 元器件安装高度宜低，以提高稳定性和防止相邻元器件碰连。但对发热元件，不允许紧贴印制电路板安装，以利散热。注意，元件的安装高度（尤其是同一种元件的安装高度）应保持一致。

⑦ 对于发热元件应布置在印制电路板的上部或通风好的地方，尽量不要把几个发热元件放在一起，必要时可使用散热器。热敏元件应尽可能远离发热元件。

⑧ 质量 15g 以上的元器件，应使用支架或卡子等加以固定。对于电源变压器等大而重的器件，不宜装在印制电路板上，而应当装在整机的机箱底板上。

⑨ 对于电位器、可变电容器及可调电感线圈等，应布置在方便调节的地方。

⑩ 对于易受干扰的元器件应考虑加装金属屏蔽罩的位置，且屏蔽罩不得与元器件或引线碰连。

## 3.3 印制电路板插座（连接器）的选择

印制电路板的插座主要根据印制电路板的厚度、接线数目选择，并考虑引接片距离。引接片距离大，安全性较高，焊接引线也较方便。

接线（引接片）数目最少为 4 个，最多为 72 个（单排式）；引接片距离（指相邻两接触对的横向中心距离）有 1.5mm、2.5mm、3.5mm 和 4mm 等几种。

插座的型号繁多，如 CY 型、CY1 型、CY2 型、CY4 型、CY5 型、CY-25 型、CY401 型等。

现以工业电子设备最常用的 CY401 型为例介绍如下。

CY401 型印制电路连接器接触件中心间距为 4mm，簧片端接形式为焊接，分单排、双排，并可带定位装置。与厚度为 1.5mm ±0.13mm 印制电路板配合使用。

**(1) 使用条件**

环境温度：-55～85℃。

相对湿度：温度为 40℃ 时达 93%。

大气压力：2kPa。

振动：振频为 10～500Hz，加速度为 50m/s$^2$。

碰撞：频率为 40～80 次/min，加速度为 150m/s$^2$。

**(2) 主要技术参数**

工作电压：300V。

工作电流：3A。

接触电阻：正常条件下≤0.015Ω，寿命试验后≤0.02Ω。

绝缘电阻：正常条件下≥5000MΩ，高温条件下≥200MΩ，恒定湿热试验后≥20MΩ。

耐压（50Hz，有效值）：正常条件下为 1800V，低气压条件下为 250V。

寿命：插拔 500 次。

分离力：插座与相应的印制电路插头的分离力应在 $n$（0.5～2)N 的范围内（$n$ 为接触簧片对数）。

**(3) 外形及安装尺寸**

外形及安装尺寸，见图 3-1 和表 3-1。

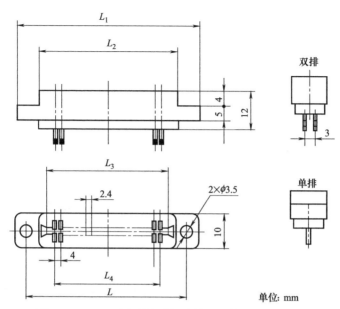

单位: mm

图 3-1 CY401 型印制电路板连接器的外形及安装尺寸

**表 3-1 CY401 型印制电路板连接器外形及安装尺寸**

单位：mm

| 型号 | 规格 | | $L$ | $L_1$ | $L_2$ | $L_3$ | $L_4$ | 定位装置 |
|------|------|------|-----|-------|-------|-------|-------|----------|
| | 单排 | 双排 | | | | | | |
| CY401 | 7 | 14S | 45±0.2 | 55 | 38 | 32 | 24 | 无 |
| CY401 | 11 | 22S | 62±0.2 | 72 | 54 | 48 | 40 | |
| CY401 | 15D | 30SD | 82±0.2 | 92 | 72 | 68 | 60 | 第7位与 第8位之间 |
| CY401 | 18D | 36SD | 92±0.2 | 102 | 85 | 80 | 72 | |
| CY401 | 22D | 44SD | 110±0.2 | 120 | 100 | 96 | 88 | |
| CY401 | 27 | 54S | 125±0.2 | 135 | 118 | 112 | 104 | 无 |
| CY401 | 31 | 62S | 142±0.2 | 152 | 135 | 128 | 120 | |
| CY401 | 50 | 100S | 222±0.2 | 234 | 212 | 208 | 200 | 第21位与 第22位之间 |

注：CY401-50 型插座宽为 12mm，高为 14mm。

# 3.4 印制电路板的制作

① 选择合适的覆铜箔板，并截取合适的尺寸。

② 用水砂布、去污粉洗净铜箔表面的油污，去除氧化膜，并干燥。

③ 将绘制好的布线图用复写纸印画在覆铜箔板的铜箔面。

④ 将防酸涂料调成适当的黏度，用绘画笔将其描绘在需保留部分的铜箔上。描绘时要注意线条的平直、光滑。待描绘完毕涂料晾干之后，用小刀修整。

也可用塑料胶带或涤纶胶带在印制电路板上贴出电路图形。注意胶布条与铜箔面之间不能有气泡。

⑤ 将待腐蚀的印制电路板放入三氯化铁（$FeCl_3$）溶液中溶蚀。当印制板上的应被腐蚀的铜箔全被腐蚀露出基板时，用工具取出溶蚀板，用清水冲洗干净，再用汽油或香蕉水擦净面板。

⑥ 印制电路板干燥后，在需要钻孔的位置钻出穿线孔，孔径一般取 1mm，较粗元件引线孔取 1.2mm。

⑦ 在制作好的印制电路板铜箔表面上轻轻涂抹一层松香水，以防止氧化膜的产生，并便于焊接。

## 4.1 电烙铁的选用

　　常用直热式电烙铁分外热式和内热式两种：外热式电烙铁的功率有 20W、25W、45W、75W、100W、150W、300W、500W 等；内热式电烙铁的功率有20W、30W、50W 等。内热式电烙铁热效率高，20W 内热式电烙铁相当于25～45W 的外热式电烙铁。

　　① 焊接二极管、三极管、集成电路等电子元件时，应选用20W、30W 内热式或 25W 外热式电烙铁。

　　② 焊接导线、接线柱等时，应选用50W 内热式电烙铁或 45～75W 外热式电烙铁。

　　③ 焊接较大的元器件（如变压器引线脚、大电解电容的引线脚）、金属底盘接地焊片、较大的金属导体等，应选用 100～300W 的电烙铁。

　　④ 在较大面积的金属板上焊接，应选用 300～500W 的电烙铁。

　　⑤ 有时为了保证焊接质量，可以通过适当调整烙铁头插在烙铁芯内的长度来控制烙铁头的温度。

　　⑥ 新烙铁的烙铁头需搪锡后方可使用，否则烙铁头上的氧化层不能吃锡，也无法焊接。同样，烙铁使用一段时间后或电源电压过高，烙铁头上就会产生一层氧化层，使焊接无法进行，这时也需去除氧化层重新搪锡。如果电源电压过高，最好采用调压器使电压正常。通过调压器还可使功率大的电烙铁当作功率小的电烙铁使用。烙铁头搪锡的做法：用砂纸将烙铁头焊接刃面砂光，

将电烙铁通电加热，然后利用松香将焊锡吃到烙铁头焊接刃面上。

⑦ 在没有采用调压器的情况下，电烙铁不宜长时间通电而不使用，否则烙铁头会烧"死"不再吃锡，而且烙铁芯也容易烧断。尤其在电源电压偏高时更容易发生这种事情。因此在较长时间不用电烙铁时，应将烙铁芯降压（如不用时串入一个 1N4007 二极管）或拔出电源插头。在间歇使用电烙铁时，采用前者或通过调压器的方法最好。

⑧ 电烙铁应避免振动、敲击，尤其在通电加热时。否则容易振断烙铁芯的电阻丝。

⑨ 电烙铁通电后应放在金属支架上，以避免烫伤和火灾事故。

⑩ 更换烙铁芯时不要接错引线。电烙铁内有 3 个接线柱，其中一个是接地（接零）用的，不要将电源引线错接在该接线柱上，否则会造成电烙铁外壳带电，引起触电事故。

⑪ 为了保证电烙铁的焊接质量，还必须正确选用焊料（焊锡丝）和助焊剂。焊锡丝熔点不宜太高（伪劣产品焊锡丝熔点很高），否则烙铁头很难吃锡，焊接时易造成虚焊。

## 4.2 焊料和助焊剂的选用

### (1) 焊料的选择

焊料的熔点比被焊物熔点低，要易于与被焊物连为一体。焊接电子设备的焊料大都采用锡铅焊料，俗称焊锡。锡铅焊料具有熔点低、抗腐蚀性能好、凝固快、与铜及其他合金的钎焊性能好、导电性能好、价廉等优点，因而得到广泛的应用。

常用的焊锡配比有：

① 锡 60%、铅 40%，熔点 182℃；

② 锡 50%、铅 32%、镉 18%，熔点 145℃；

③ 锡 35%、铅 42%、铋 23%，熔点 150℃。

焊料的选择原则是，较大物体或易受振动物体的锡焊，宜选择熔点较高（240℃左右）含锑的焊料；一般小型物体，如电阻丝、焊片、引出线的焊接，宜选择熔点适合（180℃左右）的焊料；细导线、细线径电阻丝、细铜丝、电子元件、集成电路、印制电路板上的焊接，宜选择熔点低（140℃左右）的焊料。

常用的空心焊锡丝（心内储有松香），由51%的锡、31%的铅、18%镉组成，其熔点为140℃，外径有1mm、1.5mm、2mm、3mm、4mm、8mm等多种。焊接印制电路板和细导线时，一般选用1.5mm以下的细焊锡丝；焊接粗导线和大接线端子时，选用1.5mm以上的粗焊锡丝。

**（2）助焊剂的选择**

助焊剂简称焊剂，它主要用来增加润湿性，去除氧化膜，帮助加速焊接的过程，可大大提高焊接质量。助焊剂可分为无机焊剂、有机焊剂和树脂型焊剂三大类。在电子设备的焊接中，以松香为主要成分的树脂型焊剂得到广泛的应用。无机焊剂和有机焊剂都有一定的腐蚀性的缺点。松香的化学稳定性差，在空气中易氧化和吸潮，残渣不易清洗，若用改性松香代替效果更好。松香酒精焊剂（用无水乙醇溶解纯松香配制成20%～30%的乙醇溶液），具有无腐蚀性、高绝缘性能、长期的稳定性和耐湿性，以及焊接后清洗容易等优点，在电路的焊接中得到广泛的应用。

铂、金、铜、银、锡等金属的焊接性能较强，为减少焊剂对金属的腐蚀，多选用松香焊剂。

铅、黄铜、青铜等金属的焊接性能较差，可选用有机焊剂中的中性焊剂，若使用松香焊剂将影响焊接质量。

镀锌、铁、锡镍合金等的焊接性能很差，可选用酸性焊剂。当焊接完毕后，必须将残留焊剂清除干净，否则对被焊金属有锈蚀作用。

必须指出，焊接时助焊剂不能过多，否则会导致锡焊点多针孔，焊接表面不清洁，焊接元件接触不良，焊剂残留物长期残留腐蚀金属等。

## 4.3 铝的焊接

铝的焊接性能极差，可选用 SA 型铝焊条。SA 型焊条呈条状银白色，质柔，熔点低于 300℃，因焊接时无毒、无味，也适用各种铝质饮食器具的修补焊接，并能很容易地实现铜、铁等金属互焊。

焊接时先清除被焊物及焊条本身的污物和氧化层，不用任何焊剂，用 500W 电烙铁进行直接焊接。如用 300W 电烙铁，被焊物一定要有足够的预热时间。温度的高低是焊接质量的关键，可以说温度越高，焊接质量越好。如果被焊物很小，也可用功率较小的电烙铁，但也不能低于 150W。火烙铁因温度低，不宜使用。

SA 型焊条的耐腐蚀性高于铝，抗拉强度、伸长率等均符合低温软焊要求。SA 型焊条忌潮湿，应放在干燥处保存。

## 4.4 焊接电子元件的注意事项

要将电子元件、集成电路等安全可靠地焊接在印制电路板上，除了正确选择电烙铁和正确选择焊料及助焊剂外，还应注意以下事项。

① 清洁印制电路板，除去覆铜箔焊盘上的氧化膜并吃锡。对于正规生产的印制电路板，覆铜箔均已作镀银或镀金处理，因此一般不必作处理即可焊接。而对于自己制作的印制电路板，则必须用细砂纸打磨焊盘，去除氧化膜，并吃上锡方可正式装配焊接。否则会造成虚焊、假焊。

② 焊接前先将待焊元器件的管脚、引线、端子等金属表面用砂纸或小刀打磨干净，尤其是对于存放很久的电子元器件管脚更应认真处理，然后借助松香吃上锡。现在一般电子元器件的管脚均已镀银，就不必打磨即可焊接。

③ 当烙铁头尚未达到焊接温度要求时（如电压过低或电烙铁

功率太小），不要勉强去焊接，否则不但容易造成虚焊、焊点堆锡，而且有可能使电子元器件因焊接时间过长而过热，造成损坏。

④ 烙铁头的合适温度是保证焊接质量的关键因素之一，必须掌握好。如果电网电压波动大（尤其是电压偏高），最好采用调压器，以保证烙铁头有合适的温度。

⑤ 焊接一个焊点力求一次焊好。因为多次重复焊接不仅会出现新的氧化膜和锡的堆积，容易造成虚焊，而且还容易引起被焊元器件过热，甚至烧坏。对于电子元器件，焊接时间应在2～3.5s左右。对于娇弱的元器件，最好用金属镊子夹着管脚、引线，以利散热。

⑥ 当第一次焊接得不好需要进行修正时，应先待焊点冷却后再进行，否则容易造成过热，并且要在填补不足焊锡或处理焊点光滑度时，填加助焊剂。

⑦ 焊接工作完成后，要清除残留焊剂，并要认真检查电路板上是否存在残留焊锡和导线头等，以及有无虚焊、假焊短路等现象。

⑧ 焊接和拆卸集成电路时，电烙铁功率不得超过45W，一般采用20～30W内热式电烙铁为宜。焊接时，一次焊接时间不应超过10s，一次没焊好，可待焊点冷却后再焊，以免烫坏集成电路。

由于集成电路的引脚很多，各脚之间距离又很近，如果要从电路板上拆卸下来比较困难，建议采用以下两种方法。

a. 使用特殊的烙铁头（见图4-1）。这种烙铁头能同时接触各引线脚的焊接点。图4-1（a）适用于双列直插式集成电路块的拆卸；图4-1（b）适用于圆形金属壳集成电路块的拆卸。烙铁头的具体尺寸，可按集成块的实际装配尺寸而定。使用该方法的优点是速度快，缺点是若焊接时间过长，印制板会过热变形或使电路铜箔剥离印制基板。另外，也使集成电路容易过热损坏。为此焊接时可在集成块上放置一冷湿棉布，以加强散热。

b. 使用内热式解焊器（见图4-2）。使用时，首先挤压橡胶球，将焊料收集筒上的吸焊头置于解焊点上，待焊料熔化后，放松橡胶球，焊料被吸入收集筒内。然后将电烙铁离开解焊点，再挤压橡胶球，将收集筒内的焊料从吸锡头喷出。

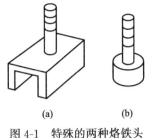

图 4-1　特殊的两种烙铁头

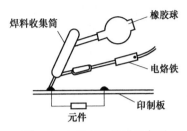

图 4-2　内热式触焊器示意图

如果使用带吸锡器的专用电烙铁，则就更方便了。

# 第5章 常用测试仪表的使用

## 5.1 万用表

万用表是最经常使用的电工测试仪表。它可以用来测量交流、直流电压，交流、直流电流和电阻等，有的还可以测量电感、电容、音频电平以及晶体管基本参数值等。

万用表一般分为指针式万用表和数字式万用表两种。常用的万用表有 500 型、MF15、MF30、MF18、U-101、DT-890C 等型号。

### (1) 万用表的面板及内部电路

万用表的面板如图 5-1 所示。

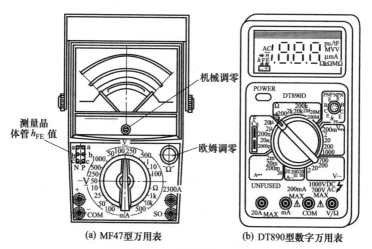

(a) MF47型万用表    (b) DT890型数字万用表

图 5-1    万用表的面板

万用表内部电路如图 5-2 和图 5-3 所示。

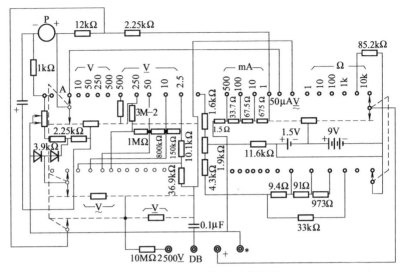

图 5-2　500 型万用表内部电路

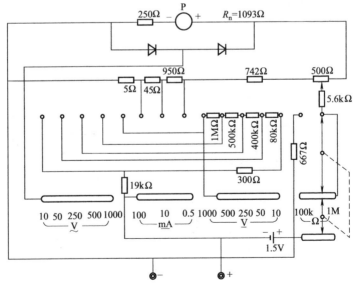

图 5-3　MF15 型万用表内部电路

**（2）万用表的使用**

1）指针式万用表的使用

① 测量直流电流　将量程开关打到电流"mA"或"μA"挡的适当位置，表与被测电路串联。为了防止指针反向偏转，应注意使被测电流从表的"＋"端流向"－"（＊）端。

② 测量直流电压　将量程开关打到直流电压（V）挡的适当位置，表与被测电路并联。表的"＋"端应接在被测电压的正极，"－"（＊）端接在负极，这样才能保证指针正常偏转。

③ 测量交流电压　将量程开关打到交流电压（V）挡的适当位置，表与被测电路并联。

④ 测量电阻　将量程开关打到电阻（Ω）挡的适当位置。测量时应注意以下事项。

a. 测量前应先检查指针是否在机械零位上。如不在零位，应用调零端钮调零，调整端钮在万用表表面中间附近位置。使指针指在电阻无穷大（"∞"）位置上，然后将测试表笔短接，调节调零端钮（调节电位器），使指针偏转到零。如果无法调节指针到零点，则说明电池电压不足或内部接触不良。

b. 表笔插脚应牢靠地插入万用表测试孔，双手握住表笔的绝缘杆，两手指切不可同时触及表笔的金属部分，也不可触及被测电阻的引线。否则人体电阻并联在被测电阻上，将造成测量结果错误。

c. 测试前需先清洁电阻的引线，除去上面的油污或氧化膜层。测试时表笔要紧靠引线，使两者接触良好。否则，因存在接触电阻而影响测量结果。

⑤ 测量电容器　用万用表可以判断电容器的好坏，并可估计电容器容量的大小。测量电解电容器时，必须将电容器先放电（用导线或表笔导体短接电容器两接线端头）再测量，尤其是测量大容量电解电容器时。

测量大容量电容器，量程开关应先打到低电阻值挡（如 $R \times 100$），如果指针摆幅太小（正向、反向都如此），再调整量程开关至合适的位置（如 $R \times 1k$ 挡或 $R \times 10k$ 挡）。测量时，红表笔接电容器负极（即在电容器外壳标有 " − " 号的一侧的引脚），黑表笔接电容器正极，指针开始向电阻值小的方向迅速摆动，然后慢慢地向无穷大（"∞"）方向摆动。指针摆动的幅度越大，则电容量越大。放电至一定时间，指针停止不动，这时指针指示的电阻值，表示该电容器漏电的大小。电阻值越大，漏电越少，电容器质量越好；电阻值越小，漏电越多，电容器质量越差。如果指针偏转到 $0\Omega$ 位置之后不再返回，则表示电容器内部短路；相反，如果指针根本不动，则表示电容器内部开路。对于容量大于 4700pF 的非电解电容器也可按上述方法检查。

电容器容量的大小，可以从与测量已知电容量的电容器指针摆幅大小的比较中估计出来。

对于容量小于 4700pF 的电容器，用此法测量很难观察指针的摆幅，只能判断它是否短路（指针转到零），而不能判断其尚好还是已开路。

⑥ 测量二极管的好坏　良好的二极管应该是正向能很好地导通，反向能很好地截止。通常可用万用表测量管子的正反向电阻来判别。

由于二极管正向（或反向）电阻是非线性电阻，所以用万用表不同电阻挡测出的电阻值会相差很大，这点在测量时应心中有数。

⑦ 测量晶体管的参数　有的万用表本身具有测试晶体管参数的功能，这时只要根据晶体管的类型将量程开关拨到 "PNP" 挡或 "NPN" 挡，将晶体管的 e、b、c 极分别插入相应插孔即可测量放大倍数 $\beta$。

2）数字式万用表的使用　以 DT830 型万用表为例。把电源开关打到 "ON" 的位置，再将红表笔插入 "V·Ω" 孔，黑表笔插入 "COM" 孔，便可进行直流电压、交流电压和电阻的测量。

① 测量直流电压　将量程开关打到直流电压 "DCV" 挡的适当位置，红表笔接被测电压的正极，黑表笔接负极，显示器便显示电压值。如果显示是 "1"，则说明量程选得太小，应将量程开关向

较大一级电压挡拨；如果显示的是一个负数（如－225V），则说明表笔插反了，应更正过来。

② 测量交流电压　将量程开关打到交流电压"ACV"挡的适当位置，表笔接法同上。用两表笔接触被测电路的两端，显示器便显示电压值。

③ 测量电阻　将量程开关打到电阻"Ω"挡的适当位置，两表笔接法同上，测量方法与指针式万用表相同，显示器便显示电阻值。同样要注意的是不可带电测量电阻。

④ 测量直流电流　将红表笔插入"mA"插孔（＜200mA）或"10A"插孔（＞200mA）；黑表笔插入"COM"插孔。将量程开关打到直流电流"DCA"挡适当位置，表与被测电路串联，注意表笔的极性，显示器便显示直流电流值。

⑤ 测量交流电流　将量程开关打到交流电流"ACA"挡的适当位置，表笔接法同"测量直流电流"。表与被测电路串联，表笔不分正负，显示器便显示交流电流值。

⑥ 测量二极管的优劣　将量程开关打到"﹣﹣"挡，红表笔插入"V·Ω"插孔，接二极管的正极；黑表笔插入"COM"插孔，接二极管负极。开路电压为 2.8V（典型值）测试电流为（1±0.5）mA。测锗管应显示 0.150～0.300V，测硅管应显示 0.550～0.700V。

⑦ 测量晶体管的参数　根据晶体管的类型，将量程开关分别拨到"PNP"挡或"NPN"挡，将晶体管的 e、b、c 极分别插入 $h_{FE}$ 插口对应的孔内，显示器便显示晶体管的 β 值。

⑧ 检查线路通断　将量程开关打到蜂鸣器挡"))))"，两表笔分别插入"V·Ω"和"COM"插孔。如果被测线路电阻低于（20±10）Ω，蜂鸣器就会发出"嘀——"声，表示线路是通的。注意，被测线路在测量之前应关断电源。

**(3) 常用万用表的技术数据**

常用指针式万用表技术数据见表 5-1；DT890 型数字万用表技术数据见表 5-2。

## 表 5-1 常用指针式万用表技术数据

| 型号 | | 测量项目及测量范围 | | 灵敏度 | 基本误差/% |
|---|---|---|---|---|---|
| MF30 | 直流电流 | 0~50~500μA,0~5~50~500mA | | — | ±2.5 |
| | 直流电压 | 0~1~5~25V | | 20kΩ/V | |
| | | 0~100~500V | | 5kΩ/V | |
| | 交流电压 | 0~10~100~500V | | 5kΩ/V | ±4 |
| | 电阻 | 中心值:25Ω、250Ω、2.5kΩ、25kΩ、250kΩ | | — | ±2.5 |
| | | 倍数:×1、×10、×100、×1k、×10k | | — | |
| | | 测量范围:0~4~40~400kΩ,0~4~40MΩ | | — | |
| | 电平 | -10~+56dB | | | |
| MF18 | 直流电流 | 0~60μA,0~1.5~7.5~15~75~300~1500mA | | — | ±1 |
| | 直流电压 | 0~150mV,0~1.5~7.5~15~75~300~600V | | 20kΩ/V | ±1.5 |
| | | | | | ±1.5 |
| | 交流电流 | 0~1.5~7.5~15~75~300~1500mA | | — | ±1.5 |
| | 交流电压 | 0~7.5~15V | | 0.133kΩ/V | |
| | | 0~75~300~600V | | 2kΩ/V | |
| | 电阻 | 中心值:1kΩ、2kΩ、12kΩ、120kΩ | | — | ±1 |
| | | 倍数:×1、×10、×100、×1k、×10k | | — | |
| | | 测量范围:0~2~20~200kΩ,0~2~20MΩ | | — | |
| MF14 | 直流电流 | 0~1~2.5~10~25~100~250mA,0~1A | | — | ±1.5 |
| | 直流电压 | 0~2.5~10~25~100~250~500~1000V | | 1kΩ/V | ±1.5 |
| | 交流电流 | 0~2.5~10~25~100~250mA,0~1~5A | | — | ±2.5 |
| | 交流电压 | 0~2.5V | | 0.1kΩ/V | ±2.5 |
| | | 0~10~25~100~250~500~1000V | | 0.4kΩ/V | |
| | 电阻 | 中心值:75Ω、750Ω、7.5kΩ、75Ω | | — | ±1.5 |
| | | 倍数:×1、×10、×100、×1k | | — | |
| | | 测量范围:0~10~100kΩ,0~1~10MΩ | | — | |
| 500 (500-F) | 直流电压 | 0~2.5~10~50~250~500V | | 20kΩ/V | — |
| | | 2500V | | | |
| | 交流电压 | 0~10~50~250~500V | | 4kΩ/V | — |
| | | 2500V | | | |
| | 直流电流 | 0~50μA,0~1~10~100~500mA | | — | ±2.5 |
| | 电阻 | 0~2~20~200kΩ,0~2~20MΩ | | — | ±2.5 |

## 表 5-2 DT890 型数字万用表技术数据

| 测量种类 | 量程 | 准确度 | 分辨力 | 备注 |
|---|---|---|---|---|
| 直流电压 | 200mV 2V 20V 200V | ±0.5%读数±1字 | 0.1mV 1mV 10mV 0.1V | 输入阻抗 10mΩ |
| | 1000V | ±0.8%读数±2字 | 1V | |

续表

| 测量种类 | 量程 | 准确度 | 分辨力 | 备注 |
|---|---|---|---|---|
| 直流电流 | 200μA | ±0.8%读数±1字 | 0.1μA | — |
| | 2mA | | 1μA | |
| | 20mA | | 10μA | |
| | 200mA | ±1.2%读数±1字 | 0.1mA | |
| | 10A | ±2%读数±5字 | 10mA | |
| 交流电压 | 200mV | ±1.2%读数±3字 | 0.1mV | 输入阻抗:10mΩ |
| | 2V | ±0.8%读数±3字 | 1mV | |
| | 20V | | 10mV | |
| | 200V | | 100mV | |
| | 700V | ±1.2%读数±3字 | 1V | |
| 交流电流 | 2mA | ±1.0%读数±3字 | 1μA | — |
| | 20mA | | 10μA | |
| | 200mA | ±1.8%读数±3字 | 100μA | |
| | 10A | ±3%读数±7字 | 100mA | |
| 电容 | 2000pF | ±2.5%读数±3字 | 1pF | — |
| | 20nF | | 10pF | |
| | 200nF | | 100pF | |
| | 2μF | | 1nF | |
| | 20μF | | 10nF | |
| 电阻 | 200Ω | ±0.8%读数±3字 | 0.1Ω | 开路电压:<700mV |
| | 2kΩ | ±0.8%读数±1字 | 1Ω | |
| | 20kΩ | | 10Ω | |
| | 200kΩ | | 100Ω | |
| | 2MΩ | | 1kΩ | |
| | 20MΩ | ±1%读数±2字 | 10kΩ | |

## 5.2 晶体管直流稳压器

在电子电路和晶体管电路调试中以及在试验室里,经常使用直流稳压器。

直流稳压器一般由取样电路、基准电源、差分放大器、调整电路、辅助电源和输入电源等部分组成,是一个具有深负反馈的自动调节系统。

晶体管直流稳压器产品很多,大多采用分挡连续可调,输出电压有 1～15V、0.5～45V 等，输出电流有 0～3A、0～5A 等，如 WYZ-7 型晶体管直流稳压器的技术数据如下。

① 输入电压：195～240V，AC50Hz。

② 输出电压：0.5～4.5V，分挡连续可调。

输出电流：0～5A。

③ 稳定度：动态电压稳定度为 0.001％，动态负载调整率为 0.005％，静态电压稳定度为 0.003％/30min。

④ 输出纹波电压：不小于 300μV。

⑤ 保护电路启动电流：7.5～9.5A。

⑥ 外形尺寸：525mm×425mm×130mm。

使用晶体管直流稳压器时应注意以下事项。

① 检查熔断装置是否完好。

② 检查供电电源是否与稳压器工作条件相符。

③ 将"输出电压调节"旋钮沿反时针方向旋至最小。

④ 插上电源线，接上负载，打开电源开关，指示灯亮，经 10～15min 预热，调节输出电压至需要值，在电压表上指示出来，同时在电流表上会显示出负载电流的数值。

⑤ 在使用过程中严禁输出端短路。

# 5.3  信号发生器

在电子电路和电子仪器调试中以及在试验室里，经常使用信号发生器。

信号发生器一般由 *RC* 直流双臂电桥振荡电路（产生正弦信号）、跟随器、衰减器（细衰减和粗衰减）、电压表和输入电源等部分组成。通常可输出正弦波，正、负矩形脉冲，正、负尖脉冲，锯齿波及单脉冲等信号。

**(1) 信号发生器的使用**

使用信号发生器时应注意以下事项。

① 为防止干扰，仪器外壳应良好接地，电源插头的地线应与

大地可靠连接。

② 开机前应将各旋钮置于起始位置，将"输出微调"旋钮旋至最小处。

③ 调节"V"表和"M%"表机械调零钮，使指针指零。

④ 开机前应将负载接好，负载的阻抗和仪器输出阻抗应匹配。

⑤ 信号电缆长度以（1±10%）m 为宜。

⑥ 为得到足够的频率稳定度，仪器接通电源后需预热 5～30min（准确测量时预热 30min）。"波段"开关置于任两挡之间，将"V"表进行电气调零。

⑦ 频率调节。根据所需的频率选择相应的波段，然后使用频率旋钮细调。

⑧ 功能转换。将"功能"开关置于相应的位置，即可获得所需的输出波形。

⑨ 脉宽调节。使用矩形脉冲时，输出脉冲宽度不应大于脉冲周期 $T(1/f)$ 的 50%，否则可能损坏仪器内的晶体管。频率旋钮旋至所需的频率 $f$，再调节"粗调"及"细调"，脉冲宽度旋钮至所需脉冲宽度。

⑩ 锯齿波调节。锯齿波的频率与扫描时间按矩形波的原则进行调节。

⑪ 尖脉冲调节。正、负脉冲信号的幅度调节均用矩形脉冲幅度旋钮。通过"功能"开关和"脉冲幅度"及"脉宽"旋钮的调节，可得到所需的尖脉冲信号。

⑫ 输出幅度调节。旋动面板上不同输出信号波形的"幅度"旋钮，即可得到所需要的输出信号幅度。

**（2）常用信号发生器的技术数据**（见表 5-3）

表 5-3　常用信号发生器的技术数据

| 型号类型 | 主要特性 | 电源 |
|---|---|---|
| XD-22<br>低频 | 频率范围：<br>　1Hz～1MHz<br>　6 波段 | 220(1±10%)V<br>(50±2)Hz |

| 型号类型 | 主要特性 | 电源 |
|---|---|---|
| XD-22<br>低频 | 频率误差:<br>　1～5 波段<br>　＜±(1.5%$f$[①]＋1Hz)<br>　6 波段＜±2%$f$<br>输出信号:正弦波<br>　幅度≥6V<br>　频响＜±1dB<br>失真度:<br>　10Hz～200kHz 时＜0.1%<br>电压表误差(满刻度):<br>　＜±5%<br>输出阻抗:<br>　600(1±10%)Ω | 220(1±10%)V<br>(50±2)Hz |
| XC-1A<br>音频 | 频率范周:<br>　20Hz～20kHz<br>　3 波段<br>频率误差:≤±(2%$f$＋1Hz)<br>电压输出 0～5V 时失真度:＜5%<br>输出端内阻可调:<br>　最大为 8.2kΩ<br>功率输出:5W<br>失真度:＜1%<br>输出阻抗(3 挡):<br>　50Ω、500Ω、5kΩ | 110/200V<br>50Hz<br>250W |
| XFG-7<br>高频 | 频率范围:0.1～30MHz<br>　8 波段<br>　频率误差为±1%<br>输出电压:0～1V<br>终端输出:<br>　在"1"端时,输出阻抗为<br>　40Ω<br>　1～10$^5$$\mu$V<br>　在"0.1"端时,输出阻抗为 8Ω<br>　0.1～10$^4$$\mu$V<br>调制频率:<br>　内调制时,400Hz、1000Hz<br>　外调制时,当载波频率为 100～400kHz 时,用<br>50～4000Hz;当载波频率为其他频率时,用 50～<br>8000Hz<br>　调幅度:0～100% | 110/200(1±10%)V<br>50Hz<br>60W |

续表

| 型号类型 | 主要特性 | 电源 |
|---|---|---|
| YB1631<br>功率函数 | 频率范围:1Hz～100kHz<br>　(配合占空比调节,下限可达 0.1Hz)<br>频率误差:±1%$f$±1Hz<br>输出波形:方波、正弦波、三角波、锯齿波、矩形波<br>正弦波频率范围:<br>　1Hz～100kHz<br>其余波频率范围:<br>　1Hz～10kHz<br>正弦失真:2%($f$<20kHz),3%($f$>20kHz)<br>幅度频率响应:≤0.3dB(1Hz～20kHz)<br>　≤0.5dB(20kHz～100kHz)<br>功率输出:30V/2A,50V/1A<br>信号幅度:30V,50V<br>占空比:0.1～0.9 | 220V<br>50Hz |

① $f$ 为测量时设定的频率。

# 5.4　示波器

　　示波器是一种直接显示电压或电流等变化的电子仪器,通过它可以非常直观地用眼睛来观察所测信号的变化规律,即波形图。根据显示的波形图,可以测出一系列参数,如幅度、时间、频率及相位等。因此,示波器有着广泛的用途,是检修、调试电子设备和晶闸管变换设备必不可少的仪器。

　　常用的示波器有 ST16 (单迹)、CS-1022 (双迹)、MS-1650B (数字存储) 等型号。

　　示波器的原理方框图如图 5-4 所示。

　　**(1) 示波器面板上各开关、按钮的作用** (见图 5-5)

　　① 电源开关 (K02-1):当此开关拨向"开" (ON) 时,指示灯亮,发出红光。经预热 5min 后,仪器可正常工作。

　　② 辉度调节旋钮 (W12-2):它能使辉度变亮、变暗,或消失。

　　③ 聚焦调节旋钮 (W12-1):用它调节示波管中电子束的焦距,使聚于屏幕上的光点清晰。

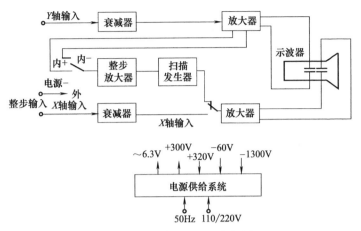

图 5-4　示波器的原理方框图

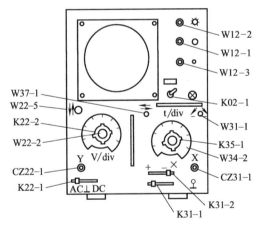

图 5-5　ST16 型示波器面板

④ 辅助聚焦旋钮（W12-3）：用它控制光点在有效工作面内的任何位置上，使散焦最小。

⑤ 垂直位移旋钮（W22-5）：用它调节屏幕上光点或信号波形在垂直方向上的位置。

⑥ 垂直放大系统的输入插座（CZ22-1）：在面板上的符号

为 Y。

⑦ 垂直输入灵敏度步进式选择开关（K22-2）：输入灵敏度自0.02～10V/div（伏/格），分几个挡级。第一挡级为标准方波信号。

⑧ 微调旋钮（W22-2）：用它能连续改变垂直放大器的增益。当微调旋钮沿顺时针方向旋足，亦即位于校准位置时，增益最大。

⑨ 改变垂直被测信号输入耦合方式的转换开关（K22-1）：此开关分三个位置："DC"位置为输入端处于直流耦合状态，适用于观察缓慢变化的信号。

"AC"位置为输入端处于交流耦合状态，它隔断被测信号中的直流分量，使屏幕上显示的信号波形位置，不受直流电平的影响。

"⊥"位置为输入端处于接地状态，便于确定输入端为零电位时，光迹在屏幕上的基准位置。

⑩ 水平移位旋钮（W37-1）：用它调节屏幕上光点或信号波形在水平方向上的位置。

⑪ 时基扫描速度步进式选择开关（K35-1）：扫描速度为0.1μs/div～10ms/div，分 16 个挡级。

⑫ 微调旋钮（W34-2）：用它能连续调节时基速度。当旋钮顺时针旋至满度时，为"校准"状态。

⑬ 电平旋钮（W31-1）：用它调节触发信号波形上触发点的相应电平值。当旋钮右旋到头并关断开关时，扫描电路处于自激状态。

⑭ 触发信号极性开关（K31-2）：用它选择触发信号的上升或下降部分来触发扫描电路。分为"＋""－""×"三个位置。

⑮ 触发信号源选择开关（K31-1）：分为"内"、"电视场"、"外"三个位置。

⑯ 水平信号或外触发信号的输入插座（CZ31-1）：在面板上的符号为 X。

**(2) 示波器的使用**

示波器使用不当会造成烧毁事故，或无法得到测试波形，为此应注意以下事项。

① 使用前应检查供电电源与示波器电源变换器所示的电压位置是否一致。

② 打开电源开关，指示灯应发亮，经预热 5min 后即可使用。

③ 调节"辉度"旋钮，使亮度适中。

④ 调节"聚焦"旋钮，在屏幕上形成亮点。

⑤ 调整"X 轴位移"和"Y 轴位移"旋钮，使亮点居于屏幕正中，但不要让光点长时间停留于一点，以免该点荧光质老化发黄。若这时尚未进行测试，也可调节"辉度"旋钮，暂将亮度调暗，以能辨别即可。另外，应避免阳光直射屏幕，以免缩短荧光屏的使用寿命。

⑥ 将被测电压信号接到"Y 轴输入"和接地的端钮上。估计输入信号的强弱，选择"Y 轴衰减"开关的位置。

⑦ 如果要观察 Y 轴输入电压波形，则将"X 轴衰减"置于"扫描"挡，选择扫描频率，调节"扫描范围"开关，再调节"扫描微调"，便能在屏幕上根据需要显示出完全稳定的几个波形。

⑧ 如需加入"X 轴输入"，则将信号接至"X 轴输入"和接地的端钮，然后根据信号强弱选择"X 轴衰减"开关位置。

⑨ 若测试前不知道信号强度时，"Y 轴衰减"及"X 轴衰减"开关应暂置于最大，然后视所显示的波形大小适当加以调节。

⑩ 利用双迹示波器进行两个信号同时观察时，两个被测信号应有公共点。如果没有公共点，只能分别作单迹测试，否则会造成被测电路的短路事故。

⑪ 使用中不可频繁地开关电源，以免影响示波管的使用寿命。示波器刚关后，不要立即再开，最好过 10min 后再开。如短时不用，可将"辉度"调至最小。

⑫ 为了防止示波器外壳漏电而造成测试不准、波形畸变等情况，最好将示波器放置在干燥的木板等绝缘物上进行测试。

⑬ 示波器外壳漏电应查明原因加以排除，如果是由于受潮引起（如长时间不用），则应进行干燥处理。

⑭ 示波器长时间不用时，应放在干燥的地方，并定期通电。

### (3) 交流电压和电流的测量

1) **交流电压的测量**　用示波器测量交流电压，一般是直接测量交流分量的峰-峰值。测量步骤如下。

① 将示波器垂直系统的输入耦合选择开关置于"AC"位置。根据被测信号的幅度和频率选择"V/div"和"t/div"开关的合适位置。

② 将被测信号通过 10∶1 探极输入到"Y 轴输入"端，按正确的调节方法，将波形稳定。

③ 根据屏幕坐标尺寸的刻度，测出波形的峰-峰距离 $D$（图5-6）。被测交流电压的峰-峰值为 $D$ 与示波器"V/div"挡级标称值及探极比的乘积。例如，采用 10∶1 衰减探极，示波器的"V/div"开关置于 0.5V/cm 位置，所测得的峰-峰距离 $D$ 为 4cm，则峰-峰值电压为 $10×0.5×4＝20$（V）。

④ 如果所测交流信号为正弦波时，则可由下式求得有效值：有效值电压＝峰-峰值电压$/2\sqrt{2}$。

2) **交流电流的测量**

① 在所测电流回路中串联一只阻值很小的电阻（如图 5-7 中的 $R$，串入 $R$ 后应对被测电流影响极小），一般阻值取 0.1～1Ω。

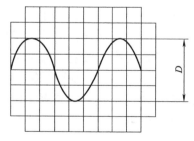

图 5-6　交流电的波形

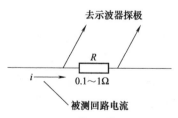

图 5-7　测量电流的取样方法

② 将示波器两探极并接在电阻 $R$ 上。然后用测量电压的方法即可在示波器屏幕上显示出电阻两端的电压波形，该波形实际上就是被测电路的电流波形。

③ 用测量电压的方法测出峰-峰值电压 $U_m$，则被测电路的峰-峰值电流 $I_m$ 为

$$I_m = U_m/R$$

例如，测得 $U_m = 1.8V$，设串联电阻 $R = 0.6Ω$，则被测电路的 $I_m = 1.8/0.6 = 3$（A）。

如果所测交流电流为正弦波时，则电流有效值为：$I = I_m/(2\sqrt{2}) = 3/2\sqrt{2} = 1.06$（A）。

**（4）脉冲电压大小的测量**

在调试晶闸管电路时，有时需要测量脉冲变压器输出脉冲或晶闸管控制极输入脉冲的波形和大小。测量方法如下。

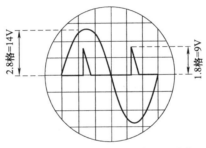

图 5-8　用示波器测量脉冲电压峰值

① 在"Y 轴输入"加入一个已知大小的工频电压，例如 10V，则其峰值约为 14V，调整"Y 轴增幅"，使其在屏幕上的偏转格数为 14 的倍数，例如 2.8 格，则每格为 5V。各调节旋钮不可再动。

② 换接欲测的脉冲信号，测出该脉冲信号在 Y 轴上的格子数，就可算出脉冲电压峰值的伏数，如图 5-8 所示。有些示波器有单独的 6.3V"试验电压"端子，可作比较电压用。

**（5）时间参数的测量**

① 按前面所述的调节方法，将波形稳定。注意所测信号波形上两特定点 P 与 Q 的距离 D 在屏幕的有效工作面内达到最大限度，以便提高测量精度，如图 5-9 所示。

② 根据屏幕坐标尺寸的刻度，测出波形两特定点 P 与 Q 的距

离 $D$。被测信号 $P$、$Q$ 两点的时间间隔为 $D$ 与示波器 "t/div" 挡级标称值的乘积。

例如，示波器的 "t/div" 开关置于 2ms/div，所测得的 $D$ 为 5cm，则 $P$、$Q$ 两点的时间间隔 $t = 2 \times 5 = 10$ms。

（6）相序测定

① 将示波器的 "整步电源" 选择开关置于 "电源" 位置。

② 输入某一线电压，使其一个周期（即 360°）在屏幕上的横向宽度为 6 格，每格代表 60°，记下过零点的位置。

③ 输入另一线电压，看过零点的时刻是落后前者 120°还是超前 120°。

由此便可确定三相交流电源的相序，如图 5-10 所示。

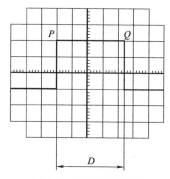

图 5-9 用示波器测量
时间参数

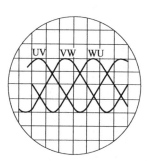

图 5-10 用示波器测定
三相交流电源相序

# 第6章 电子控制装置的装配与调试

## 6.1 电子控制装置的装配

电子控制装置整机装配的质量好坏，直接影响装置的性能和美观，因此必须认真细致地做好装配工作。装配工作包括电气安装和机械装配。

**(1) 准备工作**

① 认真阅读电子电路原理图和安装图，了解电路的工作原理，明确各个部件的安装位置。

② 加工部件必须符合设计图纸的要求。

③ 电子元器件的型号、规格必须符合设计要求，元器件的技术性能及装置的技术指标要留有余地。

④ 印制电路板必须严格按工艺要求装配好，保证没有虚焊、假焊现象；电位器、转换开关等应检查轴的转动是否灵活，触点接触是否良好。对需要在整机装配时焊接的电子器件等，应预先吃上锡，防止虚焊。

**(2) 整机装配需考虑的问题**

① 总体布局要合理。可按原理电路图把元器件划分成若干个单元。各单元在电路上要有一定的独立性。要考虑安装、调试和检修的方便。对于电源变压器、某些调节电位器、大功率晶闸管、整流管等不必考虑安装在印制电路板上的元器件，应布置在机箱的合适位置，走线尽量短，并减少交叉。

② 要考虑通风散热问题。通风散热不良，会造成装置可靠性降低，缩短电子元器件寿命。为此，机箱内应有充裕的空间；箱体

可设置足够的散热孔；发热元器件尽量安装在机箱上部；必要时利用散热片；对于发热量很大的电子装置（如大功率晶闸管、整流管等）需采取风机或水冷散热。

③ 小型电子装置宜采用单面敷铜的印制板，有足够机箱的电子装置也宜采用单面敷铜的印制板。元器件必须安排在印制电路板没有铜箔的一面。元器件排列尽可能紧凑、整齐和均匀；不能横七竖八，更不能交叉安装；地线和电源线应排列在印制电路板的边缘，线条要宽些；进线（输入）和出线（输出）应尽量分开。

④ 要考虑电磁屏蔽和各种抗干扰措施。高频信号线与低频信号线、信号输入端与信号输出端，相互间应尽量远离，且不要平行走线，以防止邻近导线的干扰；印制导线避免急剧转弯和尖角，转弯和过渡部分应为圆弧；对于有可能产生干扰源或被干扰的器件：a. 频率较高时，可采用屏蔽罩，屏蔽罩厚为 0.2～0.3mm，可用铜浸锡或铜镀银材料制作，器件的引线可考虑采用屏蔽导线，屏蔽罩和屏蔽导线的屏蔽层一端接地；b. 频率较低时，可采用铁磁材料作磁屏蔽。

⑤ 装置要考虑安全、接地、防雷、防潮、防腐蚀、防振、防压、防火、防爆，以及防短路、过载等防护性措施。

**(3) 部件装配**

① 固定螺栓需配有垫圈和弹簧垫，采用合适的工具拧紧。

② 电位器、转换开关、旋钮等元器件，一定要固定牢固，便于操作。常需调节的，应装于柜面上；不常调节的，宜装于柜内。

③ 必须正确安装晶闸管的散热器，按要求拧紧散热器。

④ 元器件安装时要排列整齐，并便于检修和更换；指示仪表、显示器等必须安装端正、高低一致，便于观测。

⑤ 对于较复杂的电子控制装量，在各元器件、部件下面需用不干胶贴上安装符号（代号）和编码，接线端子排也需编号，以便于接线和日后检修。

⑥ 由于电子控制装置的电源电压通常不超过380V，因此连接导线一般可采用耐压500V的铜芯单根硬导线（如 BV 型聚氯乙烯

绝缘导线）；电流较大的导线可采用铜芯软线（如 RV 型）或铜（铝）母排；印制电路板插座（连接器）上的引线，可采用截面积为 0.5～1mm$^2$ 的铜芯软线或硬线。

⑦ 导线截面应根据实际载流量，留有 2 倍以上的余量。一般情况，选用 1.5mm$^2$ 导线。

⑧ 对于可能引入干扰信号的连线，如晶闸管控制极连线，应采用屏蔽线［并在控制极处接地（外壳）］或双绞线。走线时强电线应与弱电线远离。

⑨ 柜内导线的颜色通常均采用黑色，但也可根据要求按表 6-1 选用。

表 6-1　导线的颜色标志

| 颜色标志 | 线别 | 备注 |
|---|---|---|
| 黄色 | 相线　$L_1$ 相 | U 相 |
| 绿色 | 相线　$L_2$ 相 | V 相 |
| 红色 | 相线　$L_3$ 相 | W 相 |
| 浅蓝色 | 零线或中性线 | |
| 绿/黄双色 | 保护接地(接零)中性线(保护零线) | 颜色组合 3∶7 |

母线的颜色及排列的规定如下。

a. 三相交流母线：U 相为黄色，V 相为绿色，W 相为红色。

b. 单相交流母线与引出相颜色相同；独立的单相母线，一相为黄色，一相为红色。

c. 直流母线：正极为赭色，负极为蓝色。

⑩ 布线尽可能横平竖直；每根连接导线端头都要套上编号管，以便于安装接线和检修；导线线头应压接上合适尺寸的接线端子。一般导线截面为 1～25mm$^2$ 所配用的接线端子有 OT 型和 UT 型两种，如图 6-1 (a) 和 (b) 所示；压接钳如图 6-1 (d) 和 (e) 所示。图 6-1 (d) 所示压接钳适用于压接 1～4mm$^2$ 的导线，图 6-1 (e) 所示压接钳适用于压接 1.5～25mm$^2$ 的导线。另外，YQ15-3K 型液压式压接钳，适用于压接 6～25mm$^2$ 的导线。图 6-1 (c) 为装接好的端子。塑胶绝缘套管有黄、绿、红、黑等颜色。

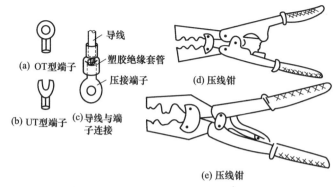

图 6-1　OT 型和 UT 型接线端子及压接钳

操作时，将导线端子插入相配套的接线端子的插孔内，用合适的钳口压接插孔铜套即可。注意，铜套缝不应贴在钳口的凸头上。

⑪ 连接导线应成束地安置在尼龙缠绕管内，并用捆扎条或塑料线捆扎后放入槽内，以求柜内整洁、美观。

⑫ 接线端子排上的每个接线柱上不允许装接超过 2 个接线端子（2 根导线）。与外部连接的接线端子上不许再接入柜内连线的接线端子。

部分 OT 型和 UT 型接线端子的尺寸及连接导线见表 6-2 和表 6-3。

表 6-2　部分 OT 型接线端子尺寸及连接导线　单位：mm

| 型号规格 | 插入导线截面积 /mm² | 紧固螺钉 M | 插片 | | 插套 | | 总长 |
| --- | --- | --- | --- | --- | --- | --- | --- |
| | | | 宽度 | 孔径 | 长度 | 内栓 | |
| OT0.5-2 | 0.35～0.5 | 2 | 4.5 | 2.2 | 4 | 1.2 | 11.3 |
| OT0.5-2.5 | | 2.5 | 5.5 | 2.7 | | | 12.8 |
| OT0.5-3 | | 3 | 6 | 3.2 | | | 14 |
| OT0.5-4 | | 4 | 8 | 4.2 | | | 16 |
| OT0.5-5 | | 5 | 10 | 5.3 | | | 18 |
| OT1-2 | 0.75～1 | 2 | 5 | 2.2 | 5 | 1.6 | 13 |
| OT1-2.5 | | 2.5 | 6 | 2.7 | | | 14 |
| OT1-3 | | 3 | 6 | 3.2 | | | 14 |
| OT1-4 | | 4 | 8 | 4.2 | | | 17 |

续表

| 型号规格 | 插入导线截面积/mm² | 紧固螺钉M | 插片 | | 插套 | | 总长 |
|---|---|---|---|---|---|---|---|
| | | | 宽度 | 孔径 | 长度 | 内栓 | |
| OT1-5 | | 5 | 10 | 5.3 | | | 17 |
| OT1-6 | 0.75～1 | 6 | 12 | 6.4 | 5 | 1.6 | 22 |
| OT1-8 | | 8 | 15 | 8.4 | | | 22.5 |
| OT1.5-2 | | 2 | 5.6 | 2.2 | | | 13.5 |
| OT1.5-2.5 | | 2.5 | 6 | 2.7 | | | 14 |
| OT1.5-3 | | 3 | 6 | 3.2 | | | 17 |
| OT1.5-4 | 1.2～1.5 | 4 | 8 | 4.2 | 5 | 1.9 | 17 |
| OT1.5-5 | | 5 | 10 | 5.3 | | | 19 |
| OT1.5-6 | | 6 | 12 | 6.4 | | | 22 |
| OT1.5-8 | | 8 | 15 | 8.4 | | | 22.5 |
| OT2.5-2 | | 2 | 7 | 2.2 | | | 15.5 |
| OT2.5-3 | | 3 | 8 | 3.2 | | | 16 |
| OT2.5-4 | 2～2.5 | 4 | 8 | 4.2 | 5 | 2.6 | 17 |
| OT2.5-5 | | 5 | 10 | 5.3 | | | 19 |
| OT2.5-6 | | 6 | 12 | 6.4 | | | 22 |
| OT2.5-8 | | 8 | 15 | 8.4 | | | 22.5 |
| OT4-4 | | 4 | 10 | 4.2 | | | 19 |
| OT4-5 | | 5 | 10 | 5.3 | | | 20 |
| OT4-6 | 3～4 | 6 | 12 | 6.4 | 6 | 3.2 | 23 |
| OT4-8 | | 8 | 15 | 8.4 | | | 26.5 |
| OT4-10 | | 10 | 18 | 10.5 | | | 31 |
| OT6-4 | | 4 | 12 | 4.2 | | | 21 |
| OT6-5 | | 5 | 12 | 5.3 | | | 22 |
| OT6-6 | 5～6 | 6 | 12 | 6.4 | 7 | 4.2 | 24 |
| OT6-8 | | 8 | 15 | 8.4 | | | 27.5 |
| OT6-10 | | 10 | 18 | 10.5 | | | 32 |

**表 6-3　部分 UT 型接线端子尺寸及连接导线**　单位：mm

| 型号与规格 | 插入导线截面积/mm² | 紧固螺钉M | 插片 | | 插套 | | 总长 |
|---|---|---|---|---|---|---|---|
| | | | 宽度 | 孔径 | 长度 | 内栓 | |
| UT0.5-2 | | 2 | 4.5 | 2.1 | | | 11 |
| UT0.5-2.5 | | 2.5 | 5.5 | 2.6 | | | 12.4 |
| UT0.5-3 | 0.35～0.5 | 3 | 6 | 3.1 | 4 | 12 | 13.5 |
| UT0.5-4 | | 4 | 8 | 4.1 | | | 15.4 |
| UT0.5-5 | | 5 | 10 | 5.1 | | | 17.2 |

续表

| 型号规格 | 插入导线截面积 /mm² | 紧固螺钉 M | 插片 | | 插套 | | 总长 |
|---|---|---|---|---|---|---|---|
| | | | 宽度 | 孔径 | 长度 | 内栓 | |
| UT1-2 | 0.75~1 | 2 | 5 | 2.1 | 5 | 1.6 | 12.8 |
| UT1-2.5 | | 2.5 | 6 | 2.6 | | | 13.7 |
| UT1-3 | | 3 | 6 | 3.1 | | | 14.5 |
| UT1-4 | | 4 | 8 | 4.1 | | | 16.4 |
| UT1-5 | | 5 | 10 | 5.1 | | | 18.2 |
| UT1-6 | | 6 | 12 | 6.2 | | | 21.1 |
| UT1-8 | | 8 | 15 | 8.2 | | | 24.1 |
| UT1.5-2 | 1.2~1.5 | 2 | 5.6 | 2.1 | 5 | 1.9 | 13.2 |
| UT1.5-2.5 | | 2.5 | 6 | 2.6 | | | 13.7 |
| UT1.5-3 | | 3 | 6 | 3.1 | | | 13.7 |
| UT1.5-4 | | 4 | 8 | 4.1 | | | 16.4 |
| UT1.5-5 | | 5 | 10 | 5.1 | | | 18.2 |
| UT1.5-6 | | 6 | 12 | 6.2 | | | 21.1 |
| UT1.5-8 | | 8 | 15 | 8.2 | | | 24.1 |
| UT2.5-3 | 2~2.5 | 3 | 8 | 3.1 | 5 | 2.6 | 15.7 |
| UT2.5-4 | | 4 | 8 | 4.1 | | | 16.4 |
| UT2.5-5 | | 5 | 10 | 5.1 | | | 18.2 |
| UT2.5-6 | | 6 | 12 | 6.2 | | | 21.1 |
| UT2.5-8 | | 8 | 15 | 8.2 | | | 24.1 |
| UT4-4 | 3~4 | 4 | 10 | 4.1 | 6 | 3.2 | 18.5 |
| UT4-5 | | 5 | 10 | 5.1 | | | 19.2 |
| UT4-6 | | 6 | 12 | 6.2 | | | 22.1 |
| UT4-8 | | 8 | 15 | 8.2 | | | 25.1 |
| UT4-10 | | 10 | 18 | 10.2 | | | 29.3 |
| UT6-4 | 5~6 | 4 | 12 | 4.1 | 7 | 4.2 | 20.6 |
| UT6-5 | | 5 | 12 | 5.1 | | | 21.3 |
| UT6-6 | | 6 | 12 | 6.2 | | | 23.1 |

## 6.2 电子控制装置的调试

　　电子控制装置装配完后，必须进行认真检查，对照安装接线图确认正确无误后，才能进行调试工作，以确保装置达到设计的各项技术指标。

(1) 调试的准备工作

① 准备好测量仪器和测试设备。调试人员应能熟练地使用测量仪器和测试设备。

② 认真阅读电子控制装置的原理图和接线图，弄懂图中各部分的元器件及单元的作用和性能，以及整个电路的工作原理。弄清柜内各部件、元器件的布置及具体位置。

③ 检查端子排上各接线编号是否与接线图相符。尤其要重点检查如晶闸管控制极等接线是否正确。因为这些脆弱部分一旦接错，通电试验时会烧坏晶闸管，造成很大的损失。仔细检查印制电路板与插座接触是否紧密可靠。仔细连接外部电路的连线，如电源线、信号控制线、反馈信号线、被控设备连线等。

④ 了解电子控制设备的主要技术指标、调试内容、方法和步骤及注意事项。

⑤ 注意安全，如对于电容降压的稳压电源，其整个电路都带有危险的 220V 市电，调试时手不可触及印制电路板的覆铜箔和电子元器件；如对于自耦变压器、单相调压器，虽然次级电压很低，但其次级与初级有电的联系，次级带有高电压；对于大容量电解电容，通电后所储存的电荷有可能不会短时间消失，一旦触及会遭受电击，为此在调试或更换时，应先将其放电（用绝缘导线短接或经过一电阻放电），再进行操作。

⑥ 调压设备、示波器等仪器接好后，必须认真检查接线、量程等。否则有可能造成试验设备、仪器或被试设备损坏，造成严重损失。

(2) 通电调试

① 先空载试验，后带负载试验。这样做的目的如下。

a. 避免通电后因线路有问题或元器件有问题造成负载（被控设备）损坏。

b. 通过空载通电能发现电路有无异常情况，元器件有无过热、烧焦、冒火及短路、不通等问题。

如果一开始就带负载试验，一旦出现上述问题，就区分不清是由负载故障引起的还是由电路本身问题引起的。

通过空载通电试验，许多电子控制线路的调试都可以进行，或得到初步（或粗略）的调试结果，从而为带负载的精确调试打好基础。有时为安全起见，先带假负载试验，正常后，再带真实负载试验。

② 先静态试验，后动态试验。在调试单元电路时，先调好静态工作点，再通入信号进行动态调试。通过反复调整，直到各部分电路均达到技术指标要求。

③ 先单元试验，后整机试验。对于较复杂的电路，可将其按在电路中的作用分为几个单元（部分），逐个调试，使每个单元都正常后，再调试整机电路，有时单元电路与整机电路在调试中相互影响，应通过反复调整，直到满意为止。

必须指出，电子控制装置必须保证在电源正常波动范围内能正常工作。为此试验时除在正常电压下试验外，还应在波动情况下试验。

待整机正常工作后，再按测试指标要求进行测试，并做好记录。

在调试过程中，会发现许多故障，如接触不良、虚焊、自激、漏接线、接错线（如编号管套错）、绝缘不良、短路、波形及电压异常、元器件烧坏、元件过热、电位器或转换开关接触不良、导线裸头碰机壳、相序接反、同步变压器绕组同名端接错、转换开关型号选错或接线错误、继电器及接触器线圈电压选错、电源缺相等。

另外，通过调试有时还可发现电路设计不当、元器件参数选用不当等情况。这时可根据调试结果，对原电路进行改进，或重新选用合适参数的元器件。

## 6.3　交流放大器的设计

工作点稳定的典型电路如图 6-2 所示。

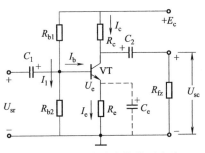

图 6-2 工作点稳定的典型电路

为了保证工作点足够稳定，应满足下列条件：

$$I_1 \geqslant (5 \sim 10) I_b (\text{硅管可以更小})$$

$$U_b \geqslant (5 \sim 10) U_{be} = \begin{cases} 3 \sim 5V(\text{硅管}) \\ 1 \sim 3V(\text{锗管,取绝对值}) \end{cases}$$

式中　$I_1$——流过 $R_{b1}$ 和 $R_{b2}$ 的电流（因 $I_b$ 很小，可以认为流过 $R_{b1}$ 和 $R_{b2}$ 的电流相等）。

各量的计算公式如下：

$$U_b \approx E_c \frac{R_{b2}}{R_{b1} + R_{b2}}$$

$$I_c = I_e - I_b \approx I_e = \frac{U_b - U_{be}}{R_e} \approx \frac{U_b}{R_e}$$

$$I_b = I_c / \beta$$

$$I_1 = U_b / R_{b2}$$

引入反馈电阻 $R_e$ 后，为了稳定直流分量，又不削弱交流分量，为此，在电阻 $R_e$ 上并联一个电容 $C_e$（$10 \sim 100 \mu F$），利用电容对直流电与交流电的容抗不同，使其对射极的交流电流起"短路"的作用，即让 $R_e$ 对交流电流不起负反馈作用，从而使放大器的交流放大倍数不致下降。

该电路的电压放大倍数仍按下式计算：

$$K_u = -\beta \frac{R'_{fz}}{r_{be}}$$

式中　$R'_{fz}$——$R_c$ 与 $R_{fz}$ 的关联电阻（$\Omega$），$R'_{fz} = R_c /\!/ R_{fz}$。

[**例 6-1**] 如图 6-2 所示，已知 $E_c = 12V$，$R_{b1} = 33k\Omega$，$R_{b2} = 5k\Omega$，$R_c = 5.1k\Omega$，$R_e = 500\Omega$，负载 $R_{fz} = 8k\Omega$，$\beta = 60$，试求放大器的静态工作点和输入电阻、输出电阻及放大倍数。

**解** （1）计算放大器的静态工作点

$$U_b \approx E_c \frac{R_{b2}}{R_{b1} + R_{b2}} = 12 \times \frac{5}{33 + 5} = 1.58(V)$$

$$I_c \approx \frac{U_b}{R_e} = \frac{1.58}{500} = 3.16(mA)$$

$$I_b = \frac{I_c}{\beta} = \frac{3.16}{60} = 0.053(mA) = 53(\mu A)$$

$$I_1 = \frac{U_b}{R_{b2}} = \frac{1.58}{5} = 0.316(mA)$$

（2）求不接负载电阻 $R_{fz}$ 时的电压放大倍数

输入电阻 $r_{sr} \approx r_{be} = r_b + (\beta + 1)\frac{26}{I_e}$

$$= 300 + (60 + 1) \times \frac{26}{3.1} = 812(\Omega)$$

式中 $r_b$——三极管的基区电阻，对一般小功率管，在低频信号状态时约为 300Ω。

输出电阻 $r_{sc} = R_c = 5.1k\Omega$。

当输入信号电压 $U_{sr} = 20mV$ 时，基极电流和集电极电流为

$$i_b = U_{sr}/r_{be} = 20mV/812\Omega = 24.6\mu A$$

$$i_c = \beta i_b = 60 \times 24.6\mu A = 1.478mA$$

不接入负载电阻 $R_{fz}$ 的情况下，输出电压为

$$U_{sc} = -i_c R_c = -1.478mA \times 5.1k\Omega = -7.54V$$

放大器的电压放大倍数为

$$K_u = U_{sc}/U_{sr} = -7.54V/20mV = -377倍$$

### (3) 求接入负载电阻 $R_{fz}$ 后的电压放大倍数

$$R'_{fz} = \frac{R_c R_{fz}}{R_c + R_{fz}} = \frac{5.1\text{k}\Omega \times 8\text{k}\Omega}{5.1\text{k}\Omega + 8\text{k}\Omega} = 3.11\text{k}\Omega$$

电压放大倍数为

$$K_u = -\beta \frac{R'_{fz}}{r_{be}} = -60 \times \frac{3.11\text{k}\Omega}{812\Omega} = -230\text{倍}$$

与不接负载电阻时相比，放大倍数下降了约63.9%。

# 6.4 交流放大器的调试

首先应调整好放大器的静态工作点（不加输入信号），然后在放大器输入端加入交流信号，观察放大器的输出有无失真，并测出输出电压值，算出它的放大倍数。如果达不到设计要求，则应进行相应的调整。调试中若发现有自激振荡、干扰噪声等情况，也应设法消除或抑制到允许限度之内。具体调试步骤如下所述。

### (1) 静态工作点的调试

用万用表测出放大器各点的直流电压，如 $E_c$、$U_b$、$U_c$、$U_e$ 或 $U_{ce}$、$U_{be}$ 等，以及集电极或发射极电流 $I_c$ 或 $I_e$，看它们是否在设计值内。一般可改变偏流电阻 $R_{b1}$ 来调整三极管的静态工作点。

对于多级放大器，需要逐级调整。前级的信号小，失真问题不突出，为了降低噪声和减小功耗，工作点可选得低一些；而后几级，信号较大，为了避免失真、增大信号输出幅度，静态工作点应选择得高一些，并力求使它处于放大器交流负载线的中部。

### (2) 放大作用的调试

在放大器的输入端加上交流电压信号，然后用示波器逐级观察波形，检查各级放大器的工作情况。要求放大器在不发生失真的情况下，得到较高的放大倍数。

调试中会出现以下几种情况。

① 出现饱和失真。这时应适当降低工作点（增大 $R_b$，使 $I_b$ 减小一些），或减小集电极电阻 $R_c$，使放大器脱离饱和区。

② 出现截止失真。可增加 $I_b$，将工作点上移。

③ 出现既饱和又截止。可减小输入电压或增大电源电压，以改善波形。

④ 三极管固有失真。应更换三极管。

放大器的失真消除后，就可以用电压表测量放大器的放大倍数 $K$ 了，其值为

$$K=U_{sc}/U_{sr}$$

如果放大倍数达不到要求，可进行以下调整。

① 适当加大 $R_c$，可提高放大器的放大倍数，但 $R_c$ 过大易引起失真。

② 适当减小 $R_c$，可降低放大器的放大倍数，但 $R_c$ 过小，易使三极管过载烧毁。

③ 适当提高放大器的静态工作点，也能提高放大器的放大倍数。

④ 若经以上调整，放大倍数仍不能满足要求，就应更换 $\beta$ 更大的管子。

## 6.5 晶闸管变换装置的调试

**(1) 一般检查**

① 检查变换装置（包括电源柜、控制台、变流柜等）布置是否合理，有无容易引起干扰的问题；各柜之间的连接导线、电缆是否正确，截面是否符合图纸要求；要求屏蔽的导线是否用屏蔽线了；检查柜内是否整洁、完整。

② 检查各元器件的型号规格是否符合要求。

③ 检查装置的接地（接零）保护是否良好，连接是否可靠。

各柜的接地（接零）线不可串联连接，应分别接在总地线（或零干线）上。

④ 检查传动电机及传动设备是否良好，运转是否灵活，旋转方向是否正确。

⑤ 检查所有连接导线在接线端子上的连接情况，并拧紧一遍；检查接线端子编号是否与图纸相符。如果是必须进行修改的编号或接线，看看是否已注明，并将修改的图纸存档。

⑥ 检查有焊接的连线或线头是否有虚焊现象；应该绝缘的导线或线头是否已做好绝缘处理。

⑦ 检查熔断器熔体是否按规定要求配置，并旋紧各螺旋式熔断器的熔芯；检查并按要求调整好各电流、电压等保护装置及热继电器的动作值。

⑧ 拔出所有印制电路板插件，检查插件上的电子元件有无相互短路及损坏、虚焊等情况。然后将插件插入插座，检查两者的接触是否良好。插板插接不能过紧或过松。

**(2) 测量绝缘电阻及进行耐压试验**

测量绝缘电阻前先清洁柜内元器件、接线端子、导线及绝缘构件等。

绝缘电阻测量部位包括：

① 导电部件对地（如金属外壳、支架、铁芯等）；

② 不相同的导电回路之间，如交流的各相之间、电流回路、电压回路、控制回路、信号回路等相互之间；

③ 电动机的绝缘电阻。对于额定电压为 500V 以下的回路，用 500V 兆欧表测量。绝缘电阻的要求：对于 1000V 以下各交流及直流电动机、电器和线路，绝缘电阻应不小于 0.5MΩ；对于防止电子元件及系统误动作的继电保护系统、自动控制系统及控制电器等，要求每一导电回路对地的绝缘电阻不小于 1MΩ。

如有必要进行交流耐压试验，二次回路及控制回路的工频耐压试验标准如下（持续 1min）：

装置额定电压为 50V 以下时，100V；为 51～100V 时，250V；

为 101～500V 时，1000V。

测量绝缘电阻或交流耐压试验前，应将所有印制板插件拔下，将晶闸管等半导体元器件及电容器从电路中断开，或将其短接，以免测试时将这些元器件击穿。

**(3) 保护元件的整定**

变换装置的保护元件是保护晶闸管等电子元器件和电动机等用的。保护元件的整定非常重要，否则会形同虚设。保护元件的整定值应按产品说明书的技术要求和规定值进行整定。如无规定时，可按以下要求整定。

1) 过电流继电器

① 装设在输出直流侧保护晶闸管用时，可按 1.2 倍变换装置的额定输出电流来整定。

② 交流过电流继电器保护电动机用时，可按 1.2～1.3 倍电动机启动电流来整定。

③ 装设在主电路侧的直流过电流继电器保护直流电动机时，可按 1.5～1.7 倍电动机额定电流来整定。

具体整定方法如下（如晶闸管整流装置）。

将直流电动机的励磁回路断开，并使电动机处于堵转状态，按下启动按钮，缓慢地调节"手动调速"电位器，同时观察主电路电流的变化，当主电路电流增加到直流电动机额定电流的 1.5～1.7 倍时，过电流继电器应能动作。否则，可调节过电流继电器弹簧的松紧进行整定，整定后再重复一次，若能如期动作，应锁紧定位。由于电动机处于堵转状态，冷却条件很差，故通电时间不宜过长，每次过流时间控制在 1min 以内。

有时，为了避免意外事故，也可先使过电流继电器在整定值电流值的 1/2 左右下动作一次，以观察控制系统及过电流继电器动作是否正常，而后再按规定值进行整定。

用于发电机保护时，可按 1.2～1.3 倍发电机额定电流来整定。

2) 过电压继电器　用于发电机保护时，可按 1.2～1.5 倍发电机额定电压来整定，动作时限为 0.5s。

**（4）对电源柜、控制台等通电试验**（空操作试验）

将电源电压降至额定控制电压的85%进行空操作试验，其目的是：检查接线是否正确，仪表及指示灯是否正常，继电器、接触器、延时继电器等动作是否正确，动作是否灵活，有无卡阻现象；检查动作控制程序是否正确；检查各种保护装置及信号装置动作是否正确；检查有无异常声响、焦臭味和线圈、元件等是否过热，以及短路、漏电等现象。

经过上述检查，试验和调整合格后，方可进行下一步系统调试。

**（5）系统调试**

① 系统调试的顺序。一般先开环后闭环；先内环后外环；先静态后动态；先正向后逆向；先空载后带负载；先单机后多机联动；先主动后从动。

② 电源相序的检查。交流三相电源接至主变压器，以及同步变压器的接线，均涉及相序问题，如果相序搞错了，同步关系被破坏，就会出现各晶闸管工作顺序混乱，无法正常输出电压的现象。为此，对于新安装的变换装置，首先应检查电源相度是否符合产品使用说明书上的要求。检查方法有示波器法、灯泡法和相序测定器法等。灯泡法检查方法如下。

如图6-3所示，用两个相同的灯泡及一个电容接成星形，U、V、W分别接至三相电源上，此时两个灯泡的发光程度将不相同，一个较亮，一个较暗。若令接电容的一相作为U相，则发光较亮的那一相应是V相，剩下的一相为W相。

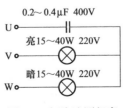

图 6-3　灯泡法测相序

③ 反馈信号极性的判别。先将反馈信号输入线的一端与调节器输入一端接死，用另一端去碰触调节器输入的另一端，并观察碰触时调节器的输出量或系统被调节的量是减小还是增大。如果是减小，则说明是负反馈；反之，如果增大，则说明是正反馈。判别完毕，根据系统的需要，将反馈信号线接好。

④ 微分反馈极性的判别。方法同③。只是微分反馈是动态反馈，只有在变流器输出（或被控量）发生变化时才有信号，当输出量稳定后，反馈信号又消失。例如，微分负反馈，在将反馈信号接通的一瞬间，输出量应瞬时地减小一下，然后又迅速恢复到原来的稳定值。同样当反馈信号断开的一瞬间，输出量应当瞬时地增大，然后又迅速恢复到原来的稳定值。如果是微分正反馈，则正好与上面的情况相反。

# 6.6　电子控制装置的抗干扰措施

## (1) 交流放大器等电子设备的抗干扰及消除自激措施

在检修和调试放大器等电子设备时，经常会遇到这种情况：当放大器没有输入信号时，却有一定的输出电压，即使将放大器的输入端短路，放大器仍有一定的输出电压。这个电压是由于外界干扰和电子元件内部的噪声引起的。

另外，还会经常碰到电路自激现象。轻者使放大器不能稳定可靠地工作，重者将导致电子元件的损坏。如果出现自激振荡，必须彻底消除，放大器才能正常工作，才能进行调试。

放大器等干扰和自激产生的原因及消除措施见表6-4。

## (2) 电子设备的抗干扰措施

电子设备受干扰的原因主要有内部干扰和外部干扰等。内部干扰主要由电子元件不良和设计安装不合理引起（即电子设备本身产生的电磁干扰）；外部干扰主要由外界电流或电压剧烈变化，并通过一定途径传入电子设备而引起干扰。按干扰侵入方式可分为以下5类：

表 6-4　放大器等干扰和自激产生的原因及消除措施

| 产生原因 | 消除措施 |
|---|---|
| 1. 电源电压滤波不良<br>整流器输出电压中含有交流成分,该交流电压经耦合电路逐级放大,引起很大的噪声电压 | 采用多级滤波电路或采用稳压电源供电。对于放大器的第一、二级,对供电电源要求更高,更应加强滤波 |
| 2. 放大器的接地点不合理<br>接地点不合理会引起干扰和自激振荡 | ①应将多级放大器的接地点设在滤波电容处,将滤波电流直接入地<br>②应尽量使各级的集电极交流电流由前向后经过地线入地。高频信号回路的引线要尽量短<br>③将每级放大器输入回路元件的接地单独集中连接后,再接在总的接地线上<br>④总接地线应采用较粗的裸铜线,并在一点接地。元件焊接要牢靠 |
| 3. 杂散电磁场干扰<br>外界的电力线、变压器、变流设备等产生的电磁场会对电子设备产生干扰 | ①应尽量让电子控制装置远离产生电磁干扰的设备<br>②放大器等的输入线、输出线应与电源线、动力线分开走,不要平行敷设,两者应尽量远离。当无法远离时,应相互垂直敷设<br>③采用屏蔽线或屏蔽罩,并可靠接地。电源变压器的原、副边要加屏蔽层,并接地<br>④在三极管基极与发射极之间并联一只 $0.1\sim1\mu F$ 的电容(对延迟不作要求时可用更大的电容,如几十微法至 $100\mu F$),或在集电极与基极之间并联一只 $0.1\mu F$ 以下的电容 |
| 4. 三极管本身热噪声和管内噪声引起 | ①选用噪声小的三极管,尤其对第一级管子更为重要<br>②提高放大器的输入电阻,减小三极管的工作电流<br>③正确选择三极管的直流工作点。对于放大电路,如采用锗管,其集电极电流宜取 1mA 以下;对于硅管则应取得高些<br>④焊接必须牢靠,否则会造成焊点处电阻无规则变化,增大了放大器的噪声 |

续表

| 产生原因 | 消 除 措 施 |
|---|---|
| 5. 自激振荡<br><br>自激振荡现象在分立元件电路中比集成电路中更为普遍。它是由于放大器中的正反馈造成的。正反馈不是设计加上去的,而是由于安装、布线不合理等因素造成的。另外,也有通过三极管内部反馈形成的 | ①布线应合理,如输出级应远离输入级,输入线不要靠近输出级;输入线、输出线可采用带屏蔽导线;地线布置要合理,接地点选择应正确<br>②采用屏蔽隔离措施<br>③在基极与地及基极与集电极之间并联一只小电容,自激振荡频率越高,其电容可选得越小,具体数值可在调整时试验确定<br>④采用多级去耦电路,以消除后级通过电源与前级之间的耦合形成正反馈<br>⑤加强滤波,改善电源<br>⑥严格挑选管子参数,电子元件需经老化处理<br>⑦调试时适当限制放大器的增益 |

① 由动力线侵入的传导干扰;

② 经动力线混入的辐射干扰;

③ 由数据线或信号线侵入的传导干扰;

④ 经数据线或信号线混入的辐射干扰;

⑤ 直接进入电子设备的辐射干扰。

干扰产生的原因及消除措施见表6-5。

**表6-5 电子设备干扰产生的原因及消除措施**

| 产生原因 | 消 除 措 施 |
|---|---|
| 1. 交流电网中的噪声进入直流电源中 | ①采用隔离变压器,并将一次侧、二次侧加屏蔽。一次侧屏蔽层接大地,可有效地消除共模噪声;二次侧屏蔽层接系统地或接逻辑公共地;二次侧最外层屏蔽地接系统地。这样可以使电网中的脉冲浪涌和高频噪声降低到原来的60%～70%<br>②采用电磁屏蔽,外壳接地<br>③对回路布线采用绞线,可减小磁场干扰<br>④采用稳压电源供电,当电网电压波动超过±10%,尤其是超过±20%时,应加装稳压电源<br>⑤在进线端设置低通滤波器,以抑制电源的高频、脉冲噪声 |

续表

| 产生原因 | 消 除 措 施 |
|---|---|
| 2. 切换感性负载或容性负载时,有可能产生很高的 $du/dt$、$di/dt$ 脉冲瞬变干扰 | ①采用消火花电路。如在直流继电器线圈上并联 $RC$ 阻容吸收电路;并联二极管;并联压敏电阻等均可取得良好的效果<br><br>②采用晶闸管过零开关。当用普通开关切换大功率负载时,很有可能出现很大的尖峰电流或浪涌电压。采用晶闸管过零开关,能在电源电压瞬时值过零处接通负载,或在负载电压(或电流)瞬时值过零处断开负载,从而避免尖峰电流或浪涌电压的产生。由于输出为间断的正弦波,因此不会产生谐波干扰<br><br>常用的零触发集成触发器有 KJ008 型、KJ007 型、KC08 型、CY03 型、TA7606P 型、$\mu$PC1701C 型和 M5172L 型等 |
| 3. 从输入回路引入干扰信号 | ①应根据数字量信号的脉宽和前后沿来选择合适的传输信号的方式。这些方式有以下几种。<br>a. 继电器。即通过继电器触点的吸合或分断,将信号传输到数字或电子电路。采用继电器方式,只适用直流到几十毫秒的信号。<br>b. 脉冲变压器。即通过脉冲变压器,将信号耦合至数字或电子电路。采用此方式适用几纳秒到几毫秒。<br>c. 光电耦合器。即通过光电耦合器耦合,将信号传输,此方式干扰性能好,适用直流到几百纳秒。<br>d. 差动输入电路。此方式可抑制 1MHz 以上,峰值为 300V(p-p)的共模噪声。<br>e. 比较器。适用噪声电平高,前后沿慢的信号。<br>f. 平衡式线路驱动器。可抑制静电感应噪声。<br>②为防止继电器触点抖动(抖动时间为几百微秒到几毫秒),可在输入回路串接 $RC$ 网络。根据实际情况,可单独串联电阻或并联电容,或两者同时采用。一般电阻阻值约几百欧至几千欧,电容容量为零点几法至几微法。可由试验确定<br>③对于数字电路中多余的输入端子不应悬空,否则它会接收辐射噪声。应根据具体情况采取接地,通过电容(约为 1000pF)接地,与有用的输入端子合并(当然需两输入端子性能相同时)等方式处理 |

续表

| 产生原因 | 消　除　措　施 |
|---|---|
| 4. 从输出回路侵入的外部浪涌电压 | ①采用光电耦合器隔离输出<br>②通过继电器隔离输出<br>③在达林顿晶体管输出端加二极管、电容器 |
| 5. 电子电路内部本身引起的干扰,如寄生耦合,电子元件的热噪声 | ①采用屏蔽罩和滤波电路<br>②严格挑选电子元件;电子元件需经老化处理<br>③信号线间设计抗干扰地线,宽度取 3mm 左右,以保证足够的接地电阻<br>④多路信号线要避免平行走线,信号线之间的距离要尽量大些,以减小寄生电容、电感 |
| 6. 设备安装不合理 | ①信号线尽量远离动力线;弱电线与强电线应尽量分开<br>②信号线与动力线,弱电与强电,尽可能垂直交叉或分槽布线<br>③信号线采用双绞线或屏蔽线。若为屏蔽线,应采取一端接地<br>④必要时将信号电缆经钢管敷设<br>⑤对系统提供一单独的接地回路<br>⑥所有屏蔽层均在变送器端接地<br>⑦弱电线路的接地线不能用裸导线,应采用绝缘铜芯软线,中间不允许有其他电气接触(如碰外壳等),只有到接地桩处才允许接地<br>⑧不同电压等级的接地线应分开,高压、低压 380/220V、控制电压 24V、48V 等应分别接地<br>⑨平行走的线之间存在寄生电容,寄生电容容易引起数字电路等信号的误动作。为此平行走的线可选用屏蔽电缆,屏蔽层接地 |

# 第7章 电子制作实例

## 7.1 直流稳压电源

### 7.1.1 单相桥式整流电源

电路如图 7-1 所示。

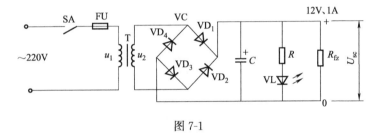

图 7-1

**(1) 控制目的和方法**

控制对象：用电负荷（如电子装置）。

控制目的：供给负载直流电源。

控制方法：通过变压器 T 降压、整流桥 VC 整流、电容 C 滤波
而获得直流电压。

保护元件：熔断器 FU（整个电路的短路保护）；发光二极管
VL（作直流电源指示）。

**(2) 工作原理**

当交流电源为正半周时，二极管 $VD_1$、$VD_3$ 导通，电流从变压
器 T 次级绕组上端经二极管 $VD_1$、负载 $R_{fz}$、二极管 $VD_3$ 回到变压
器次级绕组下端，当交流电源为负半周时，二极管 $VD_2$、$VD_4$ 导

通，电流通过 $VD_2$、$R_{fz}$、$VD_4$ 和变压器次级绕组构成回路。与此同时，经电容 $C$ 滤波，输出电压 $U_{sc}$ 变为较为平直的直流电压。发光二极管 VL 点亮，表示电源已在工作。

当未接滤波电容 $C$ 时，空载直流输出电压为

$$U_{sc} = 0.9U_2$$

当接有滤波电容 $C$ 时，空载直流输出电压为

$$U_{sc} = 1.2U_2$$

当接有电容 $C$ 和负载后，输出电压约为 $0.93U_2$。

流过负载 $R_{fz}$ 的直流电流

$$I_{sc} = \frac{U_{sc}}{R_{fz}} = \frac{0.93U_2}{R_{fz}}$$

**(3) 元件选择**

① 二极管 $VD_1 \sim VD_4$ 的选择。主要是选择额定电流 $I_F$ 和反向电压 $U_{Rm}$。

额定电流　　$I_F \geqslant \dfrac{1}{2} I_{sc}$

反向电压　　$U_{Rm} \geqslant 2U_{sc}$

② 电容 $C$ 的选择。可选择电容量为 $50 \sim 470\mu F$（视具体情况而定）的电解电容器。耐压为

$$U_C \geqslant 2U_{sc}$$

③ 变压器参数计算。设

变压器一次侧电压为 $U_1$。

变压器二次侧电压　　$U_2 = 1.08U_{sc}$

变压器一次侧电流　　$I_1 = 1.08 \dfrac{U_2}{U_1} I_{sc}$

变压器二次侧电流　　$I_2 = 1.08I_{sc}$

变压器实际容量可取　　$S \geqslant 1.5U_{sc}I_{sc}$

④ 发光二极管 VL 的限流电阻选择，见第 2 章 2.13 节 (6) 项。

电气元件参数见表 7-1。

**(4) 调试**（对于输出 12V、1A 的情况）

核对电路，正确无误后接通电源，用万用表直流电压 50V 挡

表7-1　电气元件参数

| 序号 | 名称 | 代号 | 型号规格 | 数量 |
|---|---|---|---|---|
| 1 | 开关 | SA | KN5-1 | 1 |
| 2 | 熔断器 | FU | 50T　1A | 1 |
| 3 | 二极管 | $VD_1 \sim VD_4$ | 1N4001　1A、50V | 4 |
| 4 | 电解电容器 | $C$ | $470\mu F$　50V(25V) | 1 |
| 5 | 金属膜电阻 | $R$ | RJ-1/2W　$1.5k\Omega(750\Omega)$ | 1 |
| 6 | 发光二极管 | VL | LED702、2EF601、BT201 | 1 |
| 7 | 变压器 | T | $20V \cdot A$、220/13V(5V $\cdot$ A、220/6.5V) | 1 |

注：括号内为输出直流电压6V、电流500mA时的数值。

测量电源空载输出电压，应为15～16V（接负载后为12V左右）。此时发光二极管VL亮。

若输出电压过低，可能是滤波电容C脱焊，也可能整流桥中有一只二极管脱焊。

如测量电压正常，可在电源输出端接一功率为25W、12Ω电阻，串入直流电流表，电流表的读数为1A。用手摸二极管和变压器应稍热，工作1h后再摸，不烫手即为正常。如果烫手，说明二极管或变压器容量不够，应重新验算、调整。

## 7.1.2　半波型电容降压整流电源

电容降压整流电源由于没有变压器而显得简单、经济，不足之处是整个电路带有220V交流电压，所以在安装、使用、维修时要注意安全，防止触电。

电路如图7-2所示。

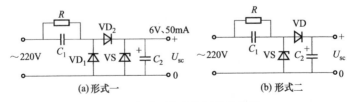

图7-2　半波型电容降压整流电源

**(1) 控制目的和方法**

控制对象：用电负荷（如电子装置）。

控制目的：供给负载直流电源。

控制方法：通过电容 $C_1$ 降压、二极管整流、稳压管 VS 稳压、电容 $C_2$ 滤波而获得直流电压。

保护元件：电阻 $R$（为电容 $C_1$ 的放电电阻）。当切断 220V 电源时，若无 $R$，则 $C_1$ 上将较长时间带电，人体一旦触及会受电击。有了 $R$，则 $C_1$ 上的电荷通过它迅速放电。另外，对电容 $C_1$ 和稳压管 VS 起保护作用。

**(2) 工作原理**

图 7-2 (a) 电路：当输入电源电压为正半周时，电容 $C_1$ 经二极管 $VD_1$、稳压管 VS 被充满左正右负电荷，电容 $C_2$ 也被充上上正下负电荷，$C_2$ 两端电压等于稳压管 VS 的稳压值。当负半周时，电容 $C_1$ 上的电荷经二极管 $VD_2$ 泄放。与此同时，电容 $C_2$ 向负载放电（相对负载而言，$C_2$ 容量较大时，此放电过程缓慢，所以负载电压也较稳定）。当电源第二个正半周来到时，$C_1$ 再次充电，重复上述过程。

图 7-2 (b) 电路：稳压管 VS 有双重作用，正半周时起稳压作用，负半周时为电容 $C_1$ 提供放电回路。图中，电容 $C_1$ 上并联的电阻 $R$（数值很大）的目的：一是为下次工作做好准备；二是不会在电容 $C_1$ 上电压尚未消失前再接通电源时损坏电容 $C_1$ 和稳压管 VS。同时，电容 $C_1$ 上的电压及时消失也有利于人身安全。

**(3) 元件选择**

① 电容 $C_1$ 的选择。主要包括电容量 $C_1$ 和耐压值 $U_{C1}$ 的选择。

$$C_1 \geqslant I_{sc}/30$$

式中　$C_1$——电容量，μF；

　　　$I_{sc}$——电路输出电流，即负载电流，mA。

$$U_{C1} \geqslant \sqrt{2}\, U_{sr}$$

式中　$U_{C1}$——耐压，V；

　　　　$U_{sr}$——电路输入电压，V。

② 电容 $C_2$ 的选择。主要是电容量 $C_2$ 和耐压 $U_{C2}$ 的选择。

可选容量为 50～220μF 的电解电容器。容量大些，滤波效果好些。

耐压　　　　　　　　　　　$U_{C2} \geqslant 2U_{sc}$

式中　$U_{C2}$——耐压，V；

　　　　$U_{sc}$——电路输出电压，即负载上的电压，V。

③ 稳压管 VS 的选择。主要是选择稳压值 $U_z$ 和最大反向电流 $I_{zm}$。

稳压值　　　　　　　　　　$U_z = U_{sc}$

最大反向电流　　　　　　　$I_{zm} \geqslant 1.5I_{sc}$

④ 二极管 $VD_1$、$VD_2$ 的选择。主要是选择额定电流 $I_F$ 和反向电压 $U_{Rm}$。

额定电流　　　　　　　　　$I_F \geqslant 2I_{sc}$

反向电压　　　　　　　　　$U_{Rm} \geqslant 2U_{sc}$

⑤ 电阻 $R$ 的选择。

一般可选阻值为 500kΩ～1.5MΩ、额定功率为 1/2W 的电阻。

电气元件参数见表 7-2。

表 7-2　电气元件参数

| 序号 | 名称 | 代号 | 型号规格 | 数量 |
|---|---|---|---|---|
| 1 | 二极管 | $VD_1$、$VD_2$ | 1N4001　1A、50V | 2 |
| 2 | 稳压管 | VS | 2CW104　$U_z$=5～6.5V，挑选 6V<br>（2CW138　$U_z$=11～12.5V，挑选 12V） | 1 |
| 3 | 电容器 | $C_1$ | CBB22　2.2μF　630V<br>（3.3μF　630V） | 1 |
| 4 | 电解电容器 | $C_2$ | CD11　100μF　25V | 1 |
| 5 | 金属膜电阻 | $R$ | RJ-1/2W　510Ω～1.5MΩ | 1 |

注：括号内为输出直流电压 12V、电流 100mA 的数值。

**(4) 调试**（对于输出 6V、50mA 的情况）

先在输出端接入一个 500Ω～1kΩ、1W 的电阻，接通电源，用万用表测量输出直流电压，其值应等于所选稳压管 VS 的稳压值，约 6V。然后接上正式负载（如 120Ω、1W 的电阻）再测量输出直流电压，如果仍为 6V，则电源正常。如果小于 6V，则应适当增大电容 $C_1$ 的电容量，直到满意为止。

电路的输出电流与降压电容 $C_1$ 的容量有关，$C_1$ 增大，输出电流也会增大。为了使输出电压较为稳定，电容 $C_2$ 的容量不可太小。注意：负载过大，也会使输出电压降低。

### 7.1.3 最简单的稳压管稳压电源

电路如图 7-3 所示。

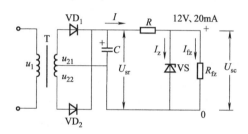

图 7-3 最简单的稳压管稳压电源

**(1) 控制目的和方法**

控制对象：用电负荷（如电子装置）。

控制目的：供给负载直流电源。

控制方法：通过变压器 T 降压、二极管 $VD_1$、$VD_2$ 全波整流、电容 C 滤波，并用硅稳压管 VS 作调整管和负载并联而达到较稳定的直流电压。

**(2) 工作原理**

当输出电压 $U_{sc}$ 增加（或减少）时，会引起硅稳压管反向电阻的减小（或增大），即流过硅稳压管的电流 $I_z$ 的增大（或减小），从而升高（或降低）在降压电阻 R 两端的电压来抵偿 $U_{sc}$ 的变化，使输出电压稳定。输入电压取 $U_{sr} = (2\sim3)U_{sc}$。

**(3) 元件选择**

电气元件参数见表 7-3。

**表7-3 电气元件参数**

| 序号 | 名称 | 代号 | 型号规格 | 数量 |
|------|------|------|----------|------|
| 1 | 二极管 | VD$_1$、VD$_2$ | 1N4002 1A 100V | 2 |
| 2 | 稳压管 | VS | 2CW110 $U_z$=11.5~14V,挑选 12V<br>(2CW149 $U_z$=35~40V,挑选 36V) | 1 |
| 3 | 金属膜电阻 | $R$ | RJ-2W 270Ω<br>(RJ-8W 640Ω) | 1 |
| 4 | 电解电容器 | $C$ | CD11 100$\mu$F 50V<br>(CD11 220$\mu$F 150V) | 1 |
| 5 | 变压器 | T | 3V·A 220/25V×2<br>(5V·A 220/66V×2) | 1 |

注：括号内为输出电压 36V、电流 25mA 的数值。

**(4) 调试**（对于输出 12V、20mA 的情况）

先在输出端接入约 1kΩ、1W 的电阻，接通电源，用万用表测量稳压管两端的直流电压，应约为 12V。然后接入最大负载，再测量输出电压，若小于 12V，则应调整限流电阻 $R$ 的阻值。如有调压器，可在电路输入端接入 220/0~250V 的调压器，使调压器输出在 198~242V 变动，观察电路输出电压应在 11~13V 之间变化。若达不到上述要求，应重新验算，并可选择 $R_z$（稳压管动态电阻）值较小的稳压管，及调整限流电阻 $R$ 的阻值，直到满足要求。

### 7.1.4 单管串联型三极管稳压电源

电路如图 7-4 所示。

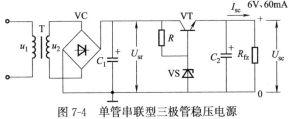

图 7-4 单管串联型三极管稳压电源

**(1) 控制目的和方法**

控制对象：用电负荷（如电子装置）。

控制目的：供给负载较稳定的直流电源。

控制方法：通过变压器 T 降压、整流桥 VC 整流、电容 $C_1$ 滤波，并用三极管 VT 作调整管和电容 $C_2$ 进一步稳压，以达到较稳定的直流电压。

### (2) 工作原理

当负载变化引起输出电压 $U_{sc}$ 降低时，调整管 VT 的基极-发射极电压为

$$U_{be} = U_b - U_e = U_b - U_{sc}$$

因为基极电压 $U_b$ 是恒定的，$U_{sc}$ 降低，则 $U_{be}$ 增加，使基极电流 $I_b$ 和集电极电流都增加，从而使 $U_{sc}$ 上升，保持 $U_{sc}$ 近似不变。这个调整过程可简化表示为

$$U_{sc} \downarrow \longrightarrow U_{be} \uparrow \longrightarrow I_c \uparrow \longrightarrow$$
$$U_{sc} \uparrow$$

需指出，这种串联型稳压电源只能做到输出电压基本不变。因为调整管的调整作用是靠输出电压与基准电压的静态误差来维持的，如果输出电压绝对不变，则调整管的调整作用就无法维持，输出电压也就不可能进行自动调节。

### (3) 元件选择

三极管（调整管）VT 的额定电流由负载电流决定，一般应不小于 2 倍负载电流，要求 VT 的 $\beta \geqslant 50$，尽可能大些，要求反向漏电流 $I_{ceo}$ 要小。稳压管 VS 的稳压值应根据电路的输出电压来决定，可取 $U_z = U_{sc}$。变压器 T 的容量和二次电压应根据负载大小和电路输出电压来选择。

电气元件参数见表 7-4。

### 表 7-4 电气元件参数

| 序号 | 名称 | 代号 | 型号规格 | 数量 |
|---|---|---|---|---|
| 1 | 三极管 | VT | 3DG130 $\beta \geqslant 50$<br>(3DD61C $\beta \geqslant 20$) | 1 |
| 2 | 整流桥 | VC | 1N4001 1A 50V<br>(1N4002 1A 100V) | 4 |

续表

| 序号 | 名称 | 代号 | 型号规格 | 数量 |
|---|---|---|---|---|
| 3 | 稳压管 | VS | 2CW55  $U_z$=6.2~7.5V<br>(2CW142  $U_z$=23~29.5V) | 1 |
| 4 | 电解电容器 | $C_1$、$C_2$ | CD11  100$\mu$F  16V<br>(CD11  100$\mu$F  50V) | 2 |
| 5 | 金属膜电阻 | $R$ | RJ-1/2W  300$\Omega$<br>(RJ-1/2W  75$\Omega$) | 1 |
| 6 | 变压器 | T | 3V·A  220/8V<br>(25V·A  220/30V) | 1 |

注：括号内为输出直流电压24V、电流0.5A的数值。

**(4) 调试**

在电源输出端接上负载（可用电阻代替，如对于输出电压6V、60mA的电源，可用100$\Omega$、2W的电阻），接通电源，用万用表测量输出直流电压，必要时也可在负载回路串接一只直流电流表监视负载电流。若输出电压及电流不符合要求，可适当选择稳压管VS的稳压值和调整电阻 R 的阻值试试，必要时更换调整管VT。试验时要检查调整管VT、整流桥VC和变压器T是否过热，用万用表测量VT的集电极与发射极两端的电压是否合适，一般应有2~3V。

若有调压器，可将调压器接在电路输入端，调节电压220(1±10%)V，看输出电压是否稳定。若不够稳定，可适当调整电路元件参数。

## 7.1.5  带有放大环节的三极管稳压电源

带有直流放大环节的三极管稳压电源如图7-5所示。

**(1) 控制目的和方法**

控制对象：用电负荷（如电子装置）。

控制目的：供给负载稳定的直流电源。

控制方法：通过变压器T降压、整流桥VC整流、电容 $C_1$ 滤波，并用三极管 $VT_1$ 作调整管，而由电阻 $R_3$、$R_4$ 组成分压器，起到"取信号"（即测量输出电压

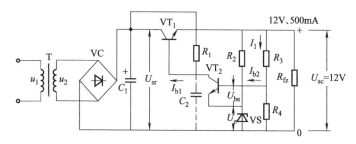

图 7-5 带有放大环节的三极管稳压电源

$U_{sc}$ 变化）的作用。稳压管 VS 作基准电压，$R_2$ 为限流电阻。由三极管 $VT_2$ 组成的放大器起比较和放大作用。调整管的控制信号由 $VT_2$ 的集电极直接加到 $VT_1$ 的基极。通过以上电路，便能提供负载稳定的直流电源。

**(2) 工作原理**

当电网电压降低或负载电流增大而使输出电压 $U_{sc}$ 降低时，则通过 $R_3$、$R_4$ 组成的分压器使三极管 $VT_2$ 的基极电压 $U_{b2}$ 下降。由于 $VT_2$ 的发射极接到稳压管 VS 上，$U_{e2}$ 基本不变，所以 $VT_2$ 的基极-发射极电压 $U_{be2}$ 就减小，于是 $VT_2$ 集电极电流 $I_{c2}$ 就减小，并使 $U_{c2}$ 增加，$VT_1$ 的基极电流 $I_{b1}$ 增加，导致 $I_{c1}$ 增加，从而使输出电压恢复到原来的数值附近。

这个稳压过程简化表示为：

$$U_{sc}\downarrow \longrightarrow U_{b2}\downarrow \longrightarrow I_{c2}\downarrow \longrightarrow U_{c2}\uparrow \longrightarrow U_{b1}\uparrow \longrightarrow I_{c1}\uparrow \longrightarrow$$
$$U_{sc}\uparrow \longleftarrow$$

同样的道理，当 $U_{sc}$ 因某种原因而升高时，通过反馈作用又会使 $U_{sc}$ 下降，使输出电压几乎保持不变。

调整电阻 $R_3$、$R_4$，即可改变分压比，也就可以调节输出电压 $U_{sc}$ 的大小。电容 $C_2$ 可以减小输出电压的纹波值，防止稳压电源产生自激振荡。有时也可不用。

**(3) 元件选择**

① 三极管的选择。$VT_1$ 起调整作用，必须工作在放大区，需

要有一个合适的管压降 $U_{ce1} = U_{sr} - U_{sc} = 3\sim8V$，此电压过小，管子易饱和；过大，管耗增大，不仅要选用更大功率的管子，还增加电耗。

三极管 $VT_2$ 应选用 $\beta$ 较大的管子，如 $\beta \geqslant 80$，$\beta$ 越大稳压越稳定。

② 分压电阻 $R_3$、$R_4$ 的选择。当 $I_1 \gg I_{b2}$ 时，取样电压 $U_{be} = U_{sc}\dfrac{R_4}{R_3 + R_4}$。要使输出电压变化的大部分能通过 $VT_2$ 放大，以控制调整管，$R_4/(R_3 + R_4)$ 的比值不能太小，一般取 $0.5\sim0.8$；$R_3 + R_4$ 的阻值也不能太大，否则不能满足 $I_1 \gg I_{b2}$ 的要求。

③ 限流电阻 $R_2$ 的选择。

$$R_2 = \frac{U_{sc} - U_z}{I_z}$$

式中　$U_z$、$I_z$——稳压管 VS 的稳定电压和稳定电流（可由手册查得），V、A。

④ 电容 $C_2$ 的选择。$C_2$ 容量不能太大，否则输入电压或负载电流突变时，会延长恢复输出电压到额定值的时间。$C_2$ 一般取 $0.01\sim0.05\mu F$。

变压器 T、整流二极管及电容 $C_1$ 的选择同前。

电气元件参数见表 7-5。

表 7-5　电气元件参数

| 序号 | 名称 | 代号 | 型号规格 | 数量 |
|---|---|---|---|---|
| 1 | 三极管 | $VT_1$ | 3DD4　$\beta \geqslant 50$ | 1 |
| 2 | 三极管 | $VT_2$ | 3DG130　$\beta \geqslant 80$ | 1 |
| 3 | 整流桥 | VC | 1N4001　1A　50V | 4 |
| 4 | 稳压管 | VS | 2CW54　$U_z = 5.5\sim6.5V$ | 1 |
| 5 | 金属膜电阻 | $R_1$ | RJ-6.2kΩ　1/2W | 1 |
| 6 | 金属膜电阻 | $R_2$ | RJ-1kΩ　1/2W | 1 |
| 7 | 金属膜电阻 | $R_3$ | RJ-510Ω　1/2W | 1 |
| 8 | 金属膜电阻 | $R_4$ | RJ-910Ω　1/2W | 1 |
| 9 | 电解电容器 | $C_1$ | CD11　100μF 25V | 1 |
| 10 | 电容器 | $C_2$ | CBB 22　0.01~0.05μF 63V | 1 |
| 11 | 变压器 | T | 20V·A　220/15V | 1 |

### (4) 调试

调试方法类同 7.1.4 例。若电路的输出电压不符合要求，可调整分压电阻 $R_3$ 或 $R_4$ 的阻值（即改变分压比）来达到要求。必要时可更换 $\beta$ 更大的三极管 $VT_2$ 试试。另外，变压器 T 的二次电压、调整管 $VT_1$ 的特性、稳压管 VS 的稳压值 $U_Z$ 及电阻 $R_1$ 的数值也都会影响输出电压的大小。

# 7.2 照明调光器、控制器及门铃

## 7.2.1 路灯自动光控开关之一

电路如图 7-6 所示。

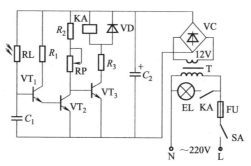

图 7-6 路灯自动光控开关电路之一

### (1) 控制目的和方法

控制对象：路灯 EL。

控制目的：天黑时灯自动点亮，天亮时灯自动熄灭。

控制方法：用光敏电阻 RL 作为探测元件，通过三极管控制电路控制继电器 KA 的吸与放，从而控制灯 EL 的亮与灭。

保护元件：熔断器 FU（整个电路的短路保护）；二极管 VD（防止三极管 $VT_3$ 截止时，继电器 KA 产生的反电势将 $VT_3$ 击穿，即保护三极管用）。

## (2) 电路组成

① 主电路。由开关 SA、熔断器 FU、继电器 KA 触点和灯泡 EL 组成。

② 直流电源。由降压变压器 T、整流桥 VC 和电容 $C_2$ 组成。

③ 控制电路。由探测元件——光敏电阻 RL、电容 $C_1$、三极管 $VT_1 \sim VT_3$ 组成的开关电路及继电器 KA 等组成。

## (3) 工作原理

合上电源开关 SA，220V 交流电经变压器 T 降压、整流桥 VC 整流、电容 $C_2$ 滤波后，给控制电路提供约 12V 直流电压。天黑（照度低）时，光敏电阻 RL 的电阻增大，三极管 $VT_1$ 得不到足够的基极电流而截止，$VT_2$ 也截止，$VT_3$ 得到足够的基极电流而导通，继电器 KA 吸合，其常开触点闭合，路灯 EL 点亮。早上天刚亮（照度高），RL 的阻值减小，使 $VT_1$ 导通，$VT_2$ 也导通，$VT_3$ 截止，继电器 KA 释放，路灯熄灭。

图中，$C_1$ 的作用是防止瞬时光干扰。因为电容具有电压不能突变的特性，若天黑时光敏电阻 RL 意外受到如闪电、汽车灯闪等干扰，原来 $C_1$ 上的电压为零，在 RL 受瞬时干扰光时间内，$C_1$ 上的电压不至于升到使 $VT_1$ 导通的值，从而避免装置误动作。$C_1$ 数值越大，抗干扰性能越好。

若控制多只路灯，则可由 KA 控制触点容量大的中间继电器或交流接触器，进而控制多只路灯。

## (4) 元件选择

电气元件参数见表 7-6。

表 7-6　电气元件参数

| 序号 | 名称 | 代号 | 型号规格 | 数量 |
|------|------|------|----------|------|
| 1 | 开关 | SA | 86 型　250V　10A | 1 |
| 2 | 熔断器 | FU | 50T　3A | 1 |
| 3 | 继电器 | KA | JRX-13F　DC12V | 1 |
| 4 | 变压器 | T | 3V·A　220/12V | 1 |
| 5 | 三极管 | $VT_1$、$VT_2$ | 3DG6　$\beta \geqslant 50$ | 2 |

续表

| 序号 | 名称 | 代号 | 型号规格 | 数量 |
|------|------|------|----------|------|
| 6 | 三极管 | $VT_3$ | 3DG130 $\beta \geqslant 50$ | 1 |
| 7 | 整流桥 | VC | QL1A/100V | 1 |
| 8 | 二极管 | VD | 1N4001 | 1 |
| 9 | 光敏电阻 | RL | MG41~MG45 | 1 |
| 10 | 金属膜电阻 | $R_1$ | RJ-150kΩ 1/2W | 1 |
| 11 | 金属膜电阻 | $R_2$ | RJ-22kΩ 1/2W | 1 |
| 12 | 金属膜电阻 | $R_3$ | RJ-240Ω 1/2W | 1 |
| 13 | 电容器 | $C_1$ | CBB22 0.22μF 63V | 1 |
| 14 | 电解电容器 | $C_2$ | CD11 100μF 25V | 1 |
| 15 | 电位器 | RP | WS-0.5W 36kΩ | 1 |

(5) **调试**

接通电源，用万用表测量电容 $C_2$ 两端的电压应约有 12V 直流电压。暂将光敏电阻 RL 遮光，这时继电器 KA 应吸合。如果 KA 不吸合，说明三极管 $VT_3$ 未导通，可调节电位器 RP 试试。若仍不行，则应检查三极管是否良好。然后用手电筒照射光敏电阻 RL，这时继电器 KA 应释放，测量三极管 $VT_3$ 集-射极电压约有 12V，而 $VT_2$ 集-射极电压很小。如果不是这样，而是继电器 KA 仍吸合，则可适当减小 $R_1$ 的阻值和适当调节 RP。

如果手电筒光瞬时照一下光敏电阻 RL，继电器 KA 应不释放，否则应增大 $C_1$ 的容量。

## 7.2.2 路灯自动光控开关之二

电路如图 7-7 所示。它具有寿命长、驱动功率大（达 2000W）等优点。

(1) **控制目的和方法**

控制对象：路灯 EL。

控制目的：根据自然环境的光线强弱自动开灯、关灯，即天黑开灯、天亮关灯。

控制方法：采用光敏电阻 RL 作为探测元件，经开关电路和小晶闸管触发双向晶闸管控制路灯的开与关。

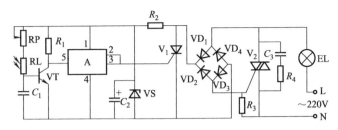

图 7-7　路灯自动光控开关电路之二

保护元件：$R_4$、$C_3$（阻容保护，保护双向晶闸管 $V_2$ 免受过电压而损坏）

**(2) 电路组成**

① 主电路。由双向晶闸管 $V_2$ 和路灯 EL 组成。

② 环境亮度检测电路。由光敏电阻 RL、三极管 VT、电阻 $R_1$、电位器 RP 和电容 $C_1$ 组成。

③ 驱动开关。采用 TWH8778 功率开关集成电路 A。

④ 整流及控制电路。由二极管 $VD_1 \sim VD_4$ 和晶闸管 $V_1$ 组成。

⑤ 驱动开关及三极管的直流电源。由稳压管 VS 和电容 $C_2$ 及电阻 $R_2$ 组成。

**(3) 工作原理**

接通电源，220V 交流电经路灯 EL、二极管 $VD_1$、电阻 $R_2$、稳压管 VS、二极管 $VD_3$ 和电阻 $R_3$ 构成回路，并在稳压管两端建立约 8V 直流电压。当环境光线较亮时，光敏电阻 RL 受光照，其电阻很小，三极管 VT 得到足够的基极电流而导通，开关集成电路 A 的 5 脚电压小于 1.6V，即无触发电压而关断，A 的 3 脚输出低电平（0V），晶闸管 $V_1$ 关断，双向晶闸管 $V_2$ 无触发电压而关断，路灯 EL 不亮。当环境的光线变暗时，光敏电阻 RL 电阻变大，三极管 VT 的基极电流变得很小，其集电极电位升高，当升高到大于 1.6V（即 A 的 5 脚电压）时，A 触发导通，其 3 脚输出高电平（约 8V），晶闸管 $V_1$ 触发导通，全整流桥回路导通，有正、负交流脉冲触发双向晶闸管 $V_2$ 的控制极并使其导通，路灯 EL 点亮。

晶闸管 V₁ 导通后，其阳极与阴极之间的压降很小，使触发电路不能工作。电网电压过零点时 V₁ 关断，等到下一个半周时，触发电路又工作，重复上述过程。

图中，$C_1$ 为抗干扰电容，防止汽车灯光等瞬间光照造成装置误动作。

### （4）元件选择

电气元件参数见表 7-7。

**表 7-7　电气元件参数**

| 序号 | 名称 | 代号 | 型号规格 | 数量 |
|---|---|---|---|---|
| 1 | 晶闸管 | V₁ | KP3A　600V | 1 |
| 2 | 双向晶闸管 | V₂ | KS20A　600V | 1 |
| 3 | 二极管 | VD₁~VD₄ | ZP2A　400V | 4 |
| 4 | 三极管 | VT | 3DA87C　$\beta \geqslant 80$ | 1 |
| 5 | 功率开关集成电路 | A | TWH8778 | 1 |
| 6 | 稳压器 | VS | 2CW106　$U_z=7\sim8.8V$ | 1 |
| 7 | 金属膜电阻 | R₁ | RJ-300Ω　1/2W | 1 |
| 8 | 金属膜电阻 | R₂ | RJ-15kΩ　2W | 1 |
| 9 | 碳膜电阻 | R₃ | RT-5.1Ω　1W | 1 |
| 10 | 金属膜电阻 | R₄ | RJ-100Ω　2W | 1 |
| 11 | 电位器 | RP | WS-0.5W　470kΩ | 1 |
| 12 | 电容器 | C₁ | CBB22　0.22μF　63V | 1 |
| 13 | 电解电容器 | C₂ | CD11　100μF　16V | 1 |
| 14 | 电容器 | C₃ | CBB22　0.1μF　400V | 1 |
| 15 | 光敏电阻 | RL | MG41~MG45 | 1 |

### （5）关于 TWH8778 功率开关集成电路

该集成电路只需在控制极 5 脚加上约 1.6V 电压，就能快速接通负载电路。电路内设有过压、过流、过热等保护，可在 28V、1A 以下作高速开关。其引脚功能及典型电路如图 7-8 所示。

主要电气参数：最大输入电压为 30V；最小输入电压为 3V；输出电流为 1~1.6A；开启电压≥1.6V；控制极输入电流为 50μA；控制极最大电压为 6V；延迟时间为 5~10μs；允许功耗为 2W（无散热器）及 25W（有散热器）。

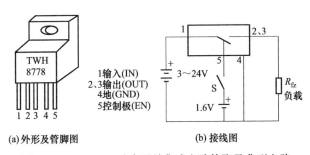

1输入(IN)
2、3输出(OUT)
4地(GND)
5控制极(EN)

(a) 外形及管脚图                    (b) 接线图

图 7-8    TWH8778 功率开关集成电路管脚及典型电路

### (6) 调试

接通电源，将光照在光敏电阻 RL 上，用万用表测量稳压管 VS 两端的电压，应约有 8V 直流电压。注意此稳压管稳压值切勿大于 10V，否则当开关集成电路导通时，将此电压加在晶闸管 $V_1$ 控制极上会造成损坏。有光照时，灯 EL 应熄灭。然后将光照遮断，灯 EL 应点亮。若不亮。可调节电位器 RP。若还不行，可适当减小 $R_2$ 阻值试试。如果怀疑开关集成电路 A 有问题，可用更换法试试，或者按下法判断：暂断开 $R_2$ 接线和晶闸管 $V_1$ 控制极连线，用 6V 直流电源加在 A 的 1 脚、4 脚两端，当 RL 无光照或很暗时，用万用表测量 A 的 5 脚电压，应大于 1.6V，测量 A 的 3 脚电压，应约有 6V 直流电压；当 RL 有光照时，A 的 5 脚电压小于 1.6V，A 的 3 脚电压为 0V。

调节电位器 RP，可改变装置的灵敏度。灵敏度不宜过高。

电容 $C_1$ 的容量越大，装置抗光干扰的时间（干扰光照射时间）越长，具体数值可根据实际情况选择。

由于装置元件都处在电网电压下，因此在安装、调试、使用时必须注意安全。

## 7.2.3    路灯自动光控开关之三

电路如图 7-9 所示。

### (1) 控制目的和方法

控制对象：路灯 EL。

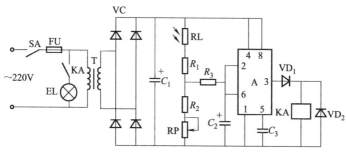

图 7-9 路灯自动光控开关之三

控制目的：根据自然环境的光线强弱自动开灯、关灯，即天黑开灯、天亮关灯。

控制方法：采用光敏电阻 RL 作为探测元件，经 555 时基集成电路控制继电器 KA 的吸与放，从而控制灯 EL 的亮与灭。

保护元件：熔断器 FU（整个电路的短路保护）；二极管 $VD_1$、$VD_2$（防止继电器 KA 释放时其线圈产生的高压反电动势损坏 555 时基集成电路）；电容 $C_2$（抗光干扰）。

**(2) 电路组成**

① 主电路。由开关 SA、熔断器 FU、继电器 KA 触点和灯泡 EL 组成。

② 环境亮度检测电路。由光敏电阻 RL、电阻 $R_1 \sim R_3$、电位器 RP 组成。

③ 驱动电路。由 555 时基集成电路 A 和继电器 KA 组成。

④ 直流电源。由降压变压器 T、整流桥 VC 和电容 $C_1$ 组成。

**(3) 工作原理**

接通电源，220V 交流电经变压器 T 降压、整流桥 VC 全波整流、电容 $C_1$ 滤波，给 555 时基集成电路提供直流工作电压。当周围光线充足时，光敏电阻 RL 的阻值很小，经分压后，555 时基集成电路 A 的 2、6 脚电位较高，3 脚输出为低电平，继电器 KA 释放，其常开触点断开，灯 EL 熄灭；当周围光线照度减弱时，RL 的阻值增大，555 时基集成电路 A 的 2、6 脚电位变低，3 脚输出变为高电平，继电器 KA 得电吸合，其常开触点闭合，灯 EL 点亮。

### （4）元件选择

电气元件参数见表 7-8。

**表 7-8　电气元件参数**

| 序号 | 名称 | 代号 | 型号规格 | 数量 |
|---|---|---|---|---|
| 1 | 开关 | SA | 86 型　250V　10A | 1 |
| 2 | 熔断器 | FU | 50T　3A | 1 |
| 3 | 变压器 | T | 3V·A　220/12V | 1 |
| 4 | 整流桥 | VC | QL　1A/50V | 1 |
| 5 | 继电器 | KA | JRX-13F　DC12V | 1 |
| 6 | 二极管 | $VD_1$、$VD_2$ | 1N4001　1A　50V | 2 |
| 7 | 时基集成电路 | A | NE555、$\mu$A555、SL555 | 1 |
| 8 | 光敏电阻 | RL | MG41～MG45 | 1 |
| 9 | 金属膜电阻 | $R_1$ | RJ-2k$\Omega$　1/2W | 1 |
| 10 | 金属膜电阻 | $R_2$ | RJ-10k$\Omega$　1/2W | 1 |
| 11 | 金属膜电阻 | $R_3$ | RJ-100k$\Omega$　1/2W | 1 |
| 12 | 电位器 | RP | WS-0.5W　100k$\Omega$ | 1 |
| 13 | 电解电容器 | $C_1$ | CD11　220$\mu$F　25V | 1 |
| 14 | 电解电容器 | $C_2$ | CD11　100$\mu$F　25V | 1 |
| 15 | 电容器 | $C_3$ | CBB22　0.01$\mu$F　63V | 1 |

### （5）调试

接通电源，用万用表测量电容 $C_1$ 两端的电压，应约有 12V 直流电压。将光敏电阻 RL 遮断光线，继电器 KA 应吸合；RL 受光照时，KA 应释放。如无此现象，应检查 555 时基集成电路 A 和继电器 KA 的接线，二极管 $VD_1$、$VD_2$ 接反也会使 KA 无法动作。为了使光线暗至所需要的照度时灯要点亮（即装置的灵敏度），可在此光线下调节电位器 RP，使电灯点亮。

如果开灯和关灯前有闪烁现象，可增大电容 $C_2$ 的容量。

## 7.2.4　门控夜明灯电路

电路如图 7-10 所示。

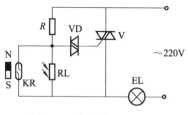

图 7-10 门控夜明灯电路

**(1) 控制目的和方法**

控制对象：照明灯 EL。

控制目的：天黑时打开门，灯自动点亮；天亮时灯熄灭，即使打开门，灯也不亮。

控制方法：用光敏电阻 RL 作为探测元件，同时电路受干簧管 KR 控制。由双向触发二极管 VD、电阻 $R$ 和 RL 及 KR 构成触发电路，控制双向晶闸管 V 的导通与关断，从而实现照明灯 EL 的自动点亮和熄灭。

**(2) 电路组成**

① 主电路。由双向晶闸管 V 和照明灯 EL 组成。

② 控制电路。由探测元件——光敏电阻 RL、干簧管 KR、双向触发二极管 VD 及电阻 $R$ 组成。

**(3) 工作原理**

干簧管 KR 安装在门框上，在门边上装一小磁铁，门关时小磁铁接近干簧管，其触点闭合；门开时小磁铁离开干簧管，其触点断开。当然，也可用微动开关来代替。

门关时，干簧管 KR 触点闭合，双向触发二极管 VD 无触发电压而截止，双向晶闸管 V 关闭，灯 EL 熄灭。门打开时，KR 触点断开。如果是晚上，由于光敏电阻 RL 无光照，其阻值很大，加在其上的分压也大，当该电压超过双向触发二极管 VD 的转折电压 (26～45V) 时，VD 触发导通，双向晶闸管 V 触发导通，灯 EL 点亮；如果是在白天，即使门打开，由于光敏电阻 RL 受光照，其阻值变小，加在它上面的分压也变小，一直小于双向触发二极管 VD

的触发电压，VD 截止，双向晶闸管 V 关闭，灯 EL 不会亮。

### （4）元件选择

电气元件参数见表 7-9。

**表 7-9　电气元件参数**

| 序号 | 名称 | 代号 | 型号规格 | 数量 |
|---|---|---|---|---|
| 1 | 双向晶闸管 | V | KS1A　600V | 1 |
| 2 | 双向触发二极管 | VD | 2CTS | 1 |
| 3 | 光敏电阻 | RL | MG41～MG45 | 1 |
| 4 | 金属膜电阻 | $R$ | RJ-100kΩ　1/2W | 1 |
| 5 | 干簧管 | KR | JAG5-1H | 1 |
|  | （或微动开关） |  | KGA6 | 1 |

### （5）调试

接通电源，将磁铁靠近干簧管 KR 时，其触点闭合，双向晶闸管 V 关闭，灯 EL 应不亮；将磁铁移开，当白天 RL 受光照时，灯 EL 仍不应亮。将磁铁移开，当 RL 遮光时，双向晶闸管 V 应导通，灯 EL 点亮。如果这时仍不亮，则应减小电阻 $R$ 的阻值。注意 $R$ 的阻值不可太小，否则会因控制极电流过大而损坏双向晶闸管。因此调试时 $R$ 应从阻值大往阻值小调。

调试中，如果发现随光线减弱，灯发光的亮度相应增强，直至灯全亮；随着光线增强，灯发光的亮度相应地减弱，直至熄灭。这是正常现象。

装置调试好后再安装在具体位置上。光敏电阻应安装在门的气窗口，既能得到太阳光线的照射，又不能让电灯光线照到它。

由于装置元件都处在电网电压下，因此在安装、调试、使用时必须注意安全。

## 7.2.5　用晶闸管延长白炽灯寿命的电路

众所周知，白炽灯在接通电源瞬间最容易烧坏，因为灯丝冷态电阻很小（约比炽热状态小 90%），在通电瞬间它所消耗的功率大大超过额定值，灯丝经受不住电流冲击而烧断。特别对诸如用于投影设备的大功率（达500W）价格昂贵的灯泡，常发生这样的事。

为了防止灯泡受瞬时大电流的冲击，通电时可先给灯泡一个初始电压，对灯丝预热，经过一定时间后再将电压升到额定值。其电路如图7-11所示。

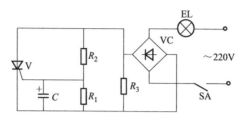

图7-11　用晶闸管延长白炽灯寿命的电路

**（1）控制目的和方法**

控制对象：白炽灯 EL。

控制目的：避免冷态启动瞬间冲击电流，延长白炽灯寿命。

控制方法：启动时用电阻 $R_3$ 降压，然后通过电容 $C$ 慢慢升压触发晶闸管 V 将降压电阻短路，使白炽灯正常发光。

**（2）电路组成**

① 主电路。由开关 SA、整流桥 VC、晶闸管 V（兼作控制元件）和灯 EL 组成。电阻 $R_3$ 只是在启动阶段起预热作用。

② 控制电路。由电阻 $R_1$、$R_2$ 和电容 $C$ 及晶闸管 V 组成。

**（3）工作原理**

合上开关 SA 瞬时，电容 $C$ 上的电压为 0V，晶闸管 V 因无触发电压而关断，220V 交流电经整流桥 VC 整流后，通过降压电阻 $R_3$ 和白炽灯 EL 构成回路，所以流过灯泡的电流小，从而大大降低了白炽灯启动时的冲击电流。这时灯丝呈暗红色，处于预热状态。另外，在合上开关 SA 的同时，经整流桥 VC 整流后的电压通过电阻 $R_2$ 向电容 $C$ 充电，$C$ 两端的电压逐渐升高，并最终触发导通晶闸管 V，于是 220V 交流电经 VC 整流后，经晶闸管 V 和灯 EL 构成回路，$R_3$ 被短路，白炽灯开始正常发光。

### （4）元件选择

电气元件参数见表7-10。

**表 7-10   电气元件参数**

| 序号 | 名称 | 代号 | 型号规格 | 数量 |
|---|---|---|---|---|
| 1 | 开关 | SA | 86型 250V 10A | 1 |
| 2 | 晶闸管 | V | KP1A 300V | 1 |
| 3 | 整流桥 | VC | 1N4007 | 4 |
| 4 | 金属膜电阻 | $R_1$ | RJ-2kΩ 1/2W | 1 |
| 5 | 金属膜电阻 | $R_2$ | RJ-51kΩ 1/2W | 1 |
| 6 | 线绕电阻 | $R_3$ | 见计算 | 1 |
| 7 | 电解电容器 | C | CD11 470μF 16V | 1 |

### （5）计算与调试

① 电阻 $R_3$ 的选择。一般要求灯泡预热阶段在电阻 $R_3$ 上的电压降约为交流电源的 1/2，即约 110V（不必准确）。设灯泡为 220V、100W，其正常发光时的热态电阻为

$$R = U^2/P = 220^2/100 = 484 \text{（Ω）}$$

由于预热时灯泡灯丝呈暗红色，所以电阻较 484Ω 小，因此电阻 $R_3$ 可取 300～400Ω 左右。其功率可按下式估算

通过 $R_3$ 的电流为（设 $R_3 = 360Ω$）

$$I = 110/360 = 0.3 \text{（A）}$$

$$P = I^2 R_3 = 0.3^2 \times 360 \approx 32 \text{（W）}$$

由于通电时间甚短，约零点几秒至数秒，所以可按 $P/10$ 来选取，即 3～5W 左右。

同样可估算出不同功率灯泡时的 $R_3$ 阻值如下：

15W 用 2～3kΩ；25W 用 1.2～1.5kΩ；40W 用 860Ω～1.2kΩ；60W 用 680～750Ω；100W 用 300～400Ω。

② 调试。为了保证晶闸管 V 控制极电压不超过 10V（否则当电容 C 开路或损坏时 V 会损坏），一般取 4～6V，因此分压比 $R_1/(R_1 + R_2)$ 必须适当，即 $R_1/(R_1 + R_2) = (4～6)/110$，若取 $R_1$ 为 2kΩ，则 $R_2$ 应取 34～54kΩ。

延时时间决定于电阻 $R_2$ 和电容 $C$ 的数值，一般取零点几秒至数秒，电容 $C$ 应选用漏电电流小的电解电容。调试时可将电容 $C$ 容量保持不变、电阻 $R_1$ 不变，而改变 $R_2$ 的阻值，以达到设计延时的要求（延时时间并不严格）和 $R_1$、$R_2$ 分压比的要求。

调试中要注意 $R_3$ 是否有过热现象，多开、关几次，若 $R_3$ 较热，可适当增大其功率。

由于装置元件都处在电网电压下，因此在安装、调试、使用时必须注意安全。

## 7.2.6 用双向晶闸管延长白炽灯寿命的电路

电路如图 7-12 所示。它采用二级供电方式，第一级半波，第二级全波。

**(1) 控制目的和方法**

控制对象：白炽灯 EL。

控制目的：避免冷态启动瞬间冲击电流，延长白炽灯寿命。

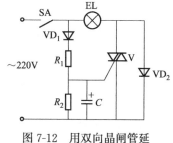

图 7-12 用双向晶闸管延长白炽灯寿命的电路

控制方法：启动时用半波整流供电，然后通过电容 $C$ 慢慢升压触发双向晶闸管 V，使其导通，使白炽灯正常发光。

**(2) 电路组成**

① 主电路。由开关 SA、双向晶闸管 V（兼作控制元件）和灯 EL 组成。二极管 $VD_2$ 只是在启动阶段起预热作用。

② 控制电路。由二极管 $VD_1$、电阻 $R_1$、$R_2$ 和电容 $C$ 及双向晶闸管 V 组成。

**(3) 工作原理**

合上开关 SA 瞬时，电容 $C$ 上的电压为 0V，双向晶闸管 V 因无触发电压而关闭，电源经二极管 $VD_2$ 半波整流，所以流过灯泡的电流小，灯泡发弱光（灯泡上的电压 $U_{EL}$ = 0.45$U$ = 0.45 × 220V = 99V）。同时电源经二极管 VD$_1$、电阻 $R_1$ 向电容 $C$ 充电，经过约 0.6s 的延时，$C$ 上的电压达到 V 的触发电压，V 导通，灯泡正常点亮。

**（4）元件选择**

电气元件参数见表 7-11。

表 7-11　电气元件参数

| 序号 | 名称 | 代号 | 型号规格 | 数量 |
|---|---|---|---|---|
| 1 | 开关 | SA | 86 型　250V　10A | 1 |
| 2 | 双向晶闸管 | V | KS1A　400V | 1 |
| 3 | 二极管 | VD$_1$、VD$_2$ | 1N4004 | 2 |
| 4 | 金属膜电阻 | $R_1$ | RJ-220kΩ　1/2W | 1 |
| 5 | 金属膜电阻 | $R_2$ | RJ-10kΩ　1/2W | 1 |
| 6 | 电解电容器 | $C$ | CD11　50μF　16V | 1 |

**（5）调试**

延时时间由 $R_1$、$C$ 的数值决定，可根据具体要求选择。电阻 $R_2$ 的阻值不宜过大，以防电容 $C$ 开路或损坏时过高的控制极电压将双向晶闸管损坏。

由于装置元件都处在电网电压下，因此在安装、调试、使用时必须注意安全。

## 7.2.7　延时熄灭的照明开关

电路如图 7-13 所示。加接的开关线路可不改变原电灯的开关接线，而只需将该线路与原电源开关 SA 并接即可。

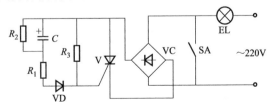

图 7-13　延时熄灭的照明开关电路

**(1) 控制目的和方法**

控制对象：照明灯 EL。

控制目的：关灯后，灯逐渐变暗，经一段延时后才熄灭。

控制方法：利用电容 $C$ 的充电特性，逐渐减小晶闸管 V 的控制极触发电压，使晶闸管逐渐关断来实现。

**(2) 电路组成**

① 主电路。由整流桥 VC、晶闸管 V（兼作控制电路）、开关 SA 和灯 EL 组成。

② 控制电路。由电阻 $R_1$～$R_3$、电容 $C$ 和晶闸管 V 组成。

**(3) 工作原理**

合上开关 SA，电灯 EL 点亮，延时电路不工作。断开 SA，220V 交流电经灯丝、整流桥 VC 整流后，将脉动电压加到晶闸管 V 的阳极与阴极之间，同时该电压又经电阻 $R_1$、二极管 VD 和 V 的控制极对电容 $C$ 充电。由于开始 $C$ 两端电压为 0V，所以输入到晶闸管 V 的电流较大，V 全导通，电灯 EL 仍然很亮。随着 $C$ 的充电，V 控制极电流逐渐减小，V 不完全导通，即晶闸管阳极和阴极之间的电压降逐渐增大，电灯 EL 两端的电压逐渐减小，EL 逐渐变暗。经过一段延时后，V 关断，EL 熄灭。

**(4) 元件选择**

电气元件参数见表 7-12。

**表 7-12 电气元件参数**

| 序号 | 名称 | 代号 | 型号规格 | 数量 |
|------|------|------|----------|------|
| 1 | 开关 | SA | 86 型 250V 10A | 1 |
| 2 | 晶闸管 | V | KP1A 600V | 1 |
| 3 | 整流桥 | VC | 1N4004 | 4 |
| 4 | 金属膜电阻 | $R_1$ | RJ-10kΩ 1/2W | 1 |
| 5 | 金属膜电阻 | $R_2$ | RJ-150kΩ 1/2W | 1 |
| 6 | 金属膜电阻 | $R_3$ | RJ-220kΩ 1/2W | 1 |
| 7 | 电解电容器 | $C$ | CD11 50μF 450V | 1 |

在表中晶闸管和整流桥参数下，电灯功率可达 100W。

### (5) 调试

调试工作主要是调整延时时间。延时时间由电阻 $R_1 \sim R_3$ 和电容 $C$ 的数值决定。一般设定电容 $C$ 不变而改变 $R_1 \sim R_3$ 的阻值。$R_1 \sim R_3$ 阻值增大，延时时间可增长，但阻值太大，会使晶闸管 V 关断；$R_1 \sim R_3$ 阻值减小，延时时间可减短，但 $R_1$ 不可太小，否则会使晶闸管因控制极电流过大而损坏。

延时时间可根据自己的需要确定，一般为 1min 左右。

由于装置元件都处在电网电压下，因此在安装、调试、使用时必须注意安全。

## 7.2.8 大功率调光器

电路如图 7-14 所示。

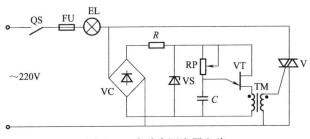

图 7-14 大功率调光器电路

### (1) 控制目的和方法

控制对象：照明灯 EL。

控制目的：无级调光。

控制方法：通过单结晶体管触发电路控制双向晶闸管的导通角，实现照明灯 EL 的无级调光。

保护元件：熔断器 FU (整个电路的短路保护)。

### (2) 电路组成

① 主电路。由开关 QS、熔断器 FU、双向晶闸管 V (兼作控制元件) 和灯 (或灯组) EL 组成。

② 控制电路。由单结晶体管 VT 等组成的触发器 (弛张振荡

器）及执行元件——双向晶闸管 V 组成。

(3) **工作原理**

合上电源开关 QS，220V 交流电压经灯 EL 降压、整流桥 VC 整流、电阻 R 限流、稳压管 VS 削波后，提供给触发电路直流同步电压。调节电位器 RP，即可改变双向晶闸管 V 的导通角，从而达到无级调光的目的。

(4) **元件选择**

双向晶闸管 V 的容量由照明功率决定。

电气元件参数见表 7-13。

**表 7-13 电气元件参数**

| 序号 | 名称 | 代号 | 型号规格 | 数量 |
|------|------|------|----------|------|
| 1 | 开关 | QS | DZ15-60/190  40A | 1 |
| 2 | 熔断器 | FU | RL1-60/20A | 1 |
| 3 | 双向晶闸管 | V | KS20A  600V | 1 |
| 4 | 整流桥 | VC | QL1A/500V | 1 |
| 5 | 单结晶体管 | VT | BT33  $\eta \geqslant 0.6$ | 1 |
| 6 | 稳压管 | VS | 2CW114  $U_z=23\sim29.5\text{V}$ | 1 |
| 7 | 被釉电阻 | $R$ | RXY-15kΩ  20W | 1 |
| 8 | 电位器 | RP | WX3-47kΩ  3W | 1 |
| 9 | 电容器 | $C$ | CBB22  0.1μF  63V | 1 |
| 10 | 脉冲变压器 | TM | 自制 | 1 |

脉冲变压器 TM 可用铁氧体磁芯，初、次级均用直径为 0.2mm 漆包线各绕 60～80 匝。也可用 6mm×8mm E 形硅钢片铁芯，初、次级用直径 0.2mm 漆包线各绕 300 匝。

(5) **调试**

接通电源，用万用表测量稳压管 VS 两端的电压应有二十余伏的直流电压，调节电位器 RP，灯 EL 亮度应由熄灭至全亮连续可调。若灯不亮，可将脉冲变压器 TM 初级或次级线圈两端对调试试。若灯亮度调节范围不广，可增减电容 C 的容量试试。

调试正常后，将灯 EL 开至全亮半小时，用手触摸整流桥 VC、双向晶闸管 V、电阻 R 及稳压管 VS 是否过热。若烫手，则应增大该元件的容量。

注意：由于装置元件都处在电网电压下，因此在安装、调试、使用时必须注意安全。

### 7.2.9 歌舞厅自动补光器

电路如图 7-15 所示。

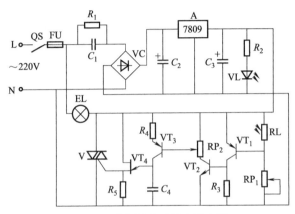

图 7-15　歌舞厅自动补光器电路

**(1) 控制目的和方法**

控制对象：辅助照明灯 EL。

控制目的：当舞厅内灯光偏暗时，EL 自动点亮，且舞厅内灯光偏暗越严重，EL 灯光越亮，从而使舞厅内灯光自动保持一定亮度。

控制方法：用光敏电阻 RL 作为探测元件，通过电子控制电路控制双向晶闸管的导通角，实现灯 EL 的自动调光。

保护元件：熔断路 FU（整个电路的短路保护）。

**(2) 电路组成**

① 主电路。由开关 QS、熔断器 FU、双向晶闸管 V（兼作控制元件）和灯（或灯组）EL 组成。

② 直流电源。由电容 $C_1$、整流桥 VC、电容 $C_1$、$C_3$ 和三端

固定稳压电源 A 组成。

③ 控制电路。由探测元件——光敏电阻 RL、三极管控制电路和由单结晶体管 $VT_4$ 等组成的触发电路（弛张振荡器）及执行元件——双向晶闸管 V 组成。

④ 其他。a. 电阻 $R_1$——安全保护元件，即为电容 $C_1$ 的放电电阻。当切断 220V 电源时，若无 $R_1$，则 $C_1$ 上将较长时间带电，人体一旦触及会受电击。有了 $R_1$，则 $C_1$ 上的电荷通过它迅速消失。其阻值可选 510kΩ～1.5MΩ。b. 指示灯——发光二极管 VL，用来指示 9V 直流电源是否正常。电阻 $R_2$ 为限流电阻，限制流过发光二极管 VL 的电流不超过 10mA。

**(3) 工作原理**

合上电源开关 QS，220V 交流电经电容 $C_1$ 降压、整流桥 VC 整流、电容 $C_2$、$C_3$ 滤波和三端固定稳压电源 A 稳压，提供 9V 直流电压给控制电路。

当舞厅内全黑时，光敏电阻 RL 得不到光照，其阻值极大，三极管 $VT_1$（注意：PNP 型）得到足够的基极负偏压而导通，$VT_2$（注意：NPN 管）得到足够的基极正偏压也导通，$VT_3$（PNP 管）得到足够的基极负偏压而导通，电容 $C_4$ 通过 $R_4$ 充电，当 $C_4$ 上的电压达到单结晶体管 $VT_4$ 的峰点电压 $U_p$ 时，$VT_4$ 导通，并在电阻 $R_5$ 上产生电压，当 $C_4$ 经 $VT_4$ 射-基结和 $R_5$ 放电完后，$VT_4$ 又截止，电容 $C_4$ 又被充电。充放电速度很快，于是在 $R_5$ 上出现一系列脉冲电压，并加在双向晶闸管 V 的控制极，V 全导通，灯 EL 两端加有约 220V 的交流电压，EL 全亮。

当舞厅内光线偏暗（或偏亮）时，光敏电阻 RL 上接受到一定的光照；RL 有一定的阻值，三极管 $VT_1$ 有适当的基极偏压，$VT_1$ 非饱和导通，$VT_2$ 也非饱和导通，$VT_3$ 的基极通过 $RP_2$ 和 $VT_2$ 集-射极的电阻分压，得到适当的基极偏压而非饱和导通（即 $VT_3$ 集-射结相当一个电阻）。电容 $C_4$ 经 $R_4$ 和 $VT_3$ 的集-射结而充电。充放电过程与前述类同，但充放电速度要慢，$R_5$ 上产生一系列变化较慢的脉冲电压，即有一定的导通角 α（舞厅内光线越暗，导通角

α 越大；反之，光线越亮，α 越小），双向晶闸管 V 非饱和导通（相当于 V 两端产生一定的电压降），灯 EL 两端加有一定的电压，产生一定的亮度。于是灯 EL 能根据舞厅内灯光亮暗变化程度，自动进行补光。

**（4）元件选择**

电气元件参数见表 7-14。

表 7-14　电气元件参数

| 序号 | 名称 | 代号 | 型号规格 | 数量 |
|---|---|---|---|---|
| 1 | 开关 | QS | DZ12-60/1　20A | 1 |
| 2 | 熔断器 | FU | RL1-15/10A | 1 |
| 3 | 双向晶闸管 | V | KS10A　600V | 1 |
| 4 | 三端固定稳压电源 | A | 7809 | 1 |
| 5 | 三极管 | $VT_1$、$VT_3$ | 9015　$\beta \geqslant 50$ | 2 |
| 6 | 三极管 | $VT_2$ | 9014　$\beta \geqslant 50$ | 1 |
| 7 | 整流桥 | VC | QL0.5A/50V | 1 |
| 8 | 光敏电阻 | RL | MG41～MG45 | 1 |
| 9 | 单结晶体管 | $VT_4$ | BT33　$\eta \geqslant 0.6$ | 1 |
| 10 | 发光二极管 | VL | LED702、2EF601、BT201 | 1 |
| 11 | 碳膜电阻 | $R_1$ | RT-510kΩ　1/2W | 1 |
| 12 | 碳膜电阻 | $R_2$、$R_5$ | RT-1kΩ　1/2W | 2 |
| 13 | 金属膜电阻 | $R_3$ | RJ-10kΩ　1/2W | 1 |
| 14 | 金属膜电阻 | $R_4$ | RJ-5.1kΩ　1/2W | 1 |
| 15 | 电位器 | $RP_1$ | WS-0.5W　2.2MΩ | 1 |
| 16 | 电位器 | $RP_2$ | WS-0.5W　22kΩ | 1 |
| 17 | 电容器 | $C_1$ | CBB22　0.68μF　630V | 1 |
| 18 | 电解电容器 | $C_2$、$C_3$ | CD11　100μF　16V | 2 |
| 19 | 电容器 | $C_4$ | CBB22　0.22μF　63V | 1 |

**（5）调试**

接通电源，用万用表测量电容 $C_3$ 两端的电压应有 9V 直流电压，发光二极管亮度正常。将光敏电阻遮光，灯 EL 应全亮，灯泡的两端电压约有 220V。如果 EL 不亮或不全亮，可调节电位器 $RP_1$ 和 $RP_2$，还可减小 $R_4$、$C_4$ 的数值。然后将 RL 接受较少的光，看灯 EL 亮度是否暗下来。如果灯 EL 亮度能随 RL 受光多少而变化，说明电路工作正常。最后确定 RP$_1$ 的滑臂位置：将舞厅内灯光开至标准亮度，调节 RP$_1$（必要时适当调节 RP$_2$），使灯 EL 不亮。经上述调整，装置便可根据舞厅内灯光亮暗变化程度，进行自动补光。

由于装置元件都处在电网电压下，因此在安装、调试、使用时必须注意安全。

### 7.2.10 简易应急照明灯

电路如图 7-16 所示。

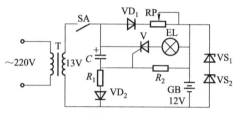

图 7-16　简易应急照明灯电路

**(1) 控制目的和方法**

控制对象：照明灯 EL。

控制目的：电网有电时蓄电池 GB 被充电，灯 EL 不亮；当电网停电时，灯 EL 自动点亮。

控制方法：电网有电时，晶闸管 V 关断；电网停电时，V 导通，点亮灯 EL。

**(2) 电路组成**

① 电网有电时的蓄电池充电电路。由变压器 T、开关 SA、二极管 VD$_1$、电位器 RP 和蓄电池 GB 构成。

② 电网停电时灯 EL 亮电路。由蓄电池 GB、灯 EL、晶闸管 V、开关 SA 和变压器 T 的二次绕组构成。

**(3) 工作原理**

电网有电时，220V 交流电经变压器 T 降压，一路经电阻 $R_1$、二极管 VD$_2$ 向电容 C 充电，电压上正下负，晶闸管 V 因控制极加的是负偏压而关断，灯 EL 不亮；另一路径二极管 VD₁ 半波整流、电位器 RP 限流，对蓄电池 GB 充电。

当电网停电时，蓄电池 GB 经 $R_2$、变压器 T 的二次绕组，对电容 $C$ 充电，$C$ 上的电压为下正上负，晶闸管 V 因控制极得到正偏压而导通，灯 EL 点亮，实现自动照明。

当电网恢复供电时，电容 $C$ 再次充电成电压上正下负，晶闸管 V 控制极再次处于负偏压而关断，恢复对 GB 充电，同时灯 EL 自动熄灭。

图中，电阻 $R_1$ 和二极管 VD₂ 为电容 $C$ 充电提供回路；稳压管 VS 用以限制蓄电池 GB 充电最高值。

**(4) 元件选择**

电气元件参数见表 7-15。

**表 7-15　电气元件参数**

| 序号 | 名称 | 代号 | 型号规格 | 数量 |
|---|---|---|---|---|
| 1 | 变压器 | T | 25V·A 220/13V | 1 |
| 2 | 开关 | SA | KN5-1 | 1 |
| 3 | 晶闸管 | V | KP5A 100V | 1 |
| 4 | 稳压管 | VS₁、VS₂ | 2CW133 $U_z = 6.2 \sim 7.5$V | 2 |
| 5 | 二极管 | VD₁、VD₂ | 1N4001 | 2 |
| 6 | 碳膜电阻 | $R_1$ | RT-100Ω　1/2W | 1 |
| 7 | 金属膜电阻 | $R_2$ | RJ-1kΩ　1/2W | 1 |
| 8 | 瓷盘变阻器 | RP | BC1-100Ω　25W | 1 |
| 9 | 电解电容器 | $C$ | CD11　100μF　16V | 1 |
| 10 | 白炽灯 | EL | 12V　25~40W | 1 |

**(5) 调试**

接通电源，蓄电池 GB 的充电电流可由电位器 RP 调节。充电的最高值由稳压管 VS₁、VS₂ 限制，所以应正确选择管子的稳压值。

断开 220V 交流电源，灯 EL 应点亮。若不亮，说明晶闸管 V 未导通，可减小 $R_2$ 阻值试试。但 $R_2$ 阻值也不可过小，以免通过控制极的电流过大而损坏晶闸管 V。晶闸管控制极电流通常在 10～80mA 范围。

### 7.2.11 应急照明灯

电路如图 7-17 所示。它可供 8～40W 荧光灯使用，停电时可供二十多平方米的房间照明用。

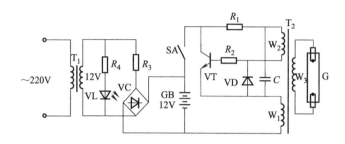

图 7-17 应急照明灯电路

**(1) 控制目的和方法**

控制对象：荧光灯 G。

控制目的：电网有电时蓄电池 GB 被充电，荧光灯不亮（开关 SA 断开）；当电网停电时，合上开关 SA，荧光灯点亮。可连续照明 10h 以上。

控制方法：电网有电时，市电经降压、整流后给蓄电池充电；停电时，蓄电池直流电经逆变供给荧光灯交流高频电源，点亮荧光灯。

保护元件：二极管 VD（保护三极管 VT 免受高压击穿）。

**(2) 电路组成**

① 电网有电时的蓄电池充电电路。由变压器 $T_1$、电阻 $R_3$、整流桥 VC 和蓄电池 GB 组成。

② 停电时荧光灯点亮电路。由蓄电池 GB、开关 SA 和直流/交流变换器（由三极管 VT、高频变压器 $T_2$ 和灯管 G 及电阻 $R_1$、$R_2$、电容 C、二极管 VD 组成）组成。

③ 指示灯。发光二极管 VL——电网有电指示。

**(3) 工作原理**

电网有电时，发光二极管 VL 点亮。断开开关 SA，220V 交流电经变压器 $T_1$ 降压、电阻 $R_3$ 限流和整流桥 VC 整流后，给蓄电池 GB 充电。

停电时，发光二极管 VL 熄灭。合上开关 SA。由三极管 VT、电容 C 和高频变压器 $T_2$ 等组成 LC 自激间歇振荡器便开始工作：蓄电池 GB 的直流电源经电阻 $R_1$ 向电容 C 充电，当 C 上的电压升高后，三极管 VT 开始导通。流过绕组 $W_1$ 的发射极电流 $I_e$ 通过 $W_1$ 与 $W_2$ 耦合，其正反馈作用使注入基极的电流 $I_b$ 增大，反过来再引起 $I_e$ 增大。于是 VT 迅速饱和导通，$I_e$ 达到最大值，变压器 $T_2$ 中的磁通不再增加，绕组 $W_2$ 上感应电压迅速减小，$I_b$、$I_e$ 也迅速减小至零。在 VT 截止的瞬间，$W_2$ 上产生的反电势通过二极管 VD 向电容 C 充电。当 C 上的电压上升到 VT 导通所需的电压时，VT 又进入下一个开关周期。如此周而复始，在变压器次级 $W_3$ 上得到交流电压，点燃荧光灯。

二极管 VD 的作用是，逆变器工作时，$W_2$ 上会产生较高的电压，在 VT 由导通变为截止时，VD 使 VT 的 be 结反压限制在 0.7V 左右，从而保护了 VT 不被击穿损坏；而且这个反压通过 VD 向 C 充电，为下一个导通周期做准备，减少了流过 $R_1$ 的电流，提高了振荡频率和工作的稳定性。

**(4) 元件选择**

电气元件参数见表 7-16。

表 7-16　电气元件参数

| 序号 | 名称 | 代号 | 型号规格 | 数量 |
|------|------|------|----------|------|
| 1 | 开关 | SA | KN5-1 | 1 |
| 2 | 变压器 | $T_1$ | 20V·A　220/12V | 1 |
| 3 | 整流桥 | VC | QL2A/50V | 1 |
| 4 | 三极管 | VT | 3DD15B　$\beta \geqslant 80$ | 1 |
| 5 | 二极管 | VD | 1N4001 | 1 |
| 6 | 金属膜电阻 | $R_1$ | RJ-22kΩ　1/2W | 1 |
| 7 | 金属膜电阻 | $R_2$ | RJ-11Ω　2W | 1 |

| 序号 | 名称 | 代号 | 型号规格 | 数量 |
|------|------|------|----------|------|
| 8 | 电阻丝 | $R_3$ | 见计算 | 1 |
| 9 | 金属膜电阻 | $R_4$ | RJ-680Ω 1/2W | 1 |
| 10 | 电容器 | $C$ | CBB22 0.22μF 63V | 1 |
| 11 | 发光二极管 | VL | LED702、2EF601、BT201 | 1 |
| 12 | 高频变压器 | $T_2$ | 见计算 | 1 |

**(5) 计算与调试**

① 三极管 VT 的选择。VT 的耐压应大于 100V、$\beta \geqslant 80$、饱和压降尽可能小，如用 3DD15B 等低频管。

② 电阻 $R_3$ 的选择。$R_3$ 用电阻丝，阻值调整在平均充电电流为 1A。$R_3$ 应安装在远离其他元器件的部位，以防过热而损坏其他元器件。

③ 高频变压器 $T_2$ 的选择。变压器 $T_2$ 铁芯可用 22.8～43.2cm 电视机的行输出变压器磁芯，绕组 $W_1$ 用直径为 0.27mm 漆包线绕 14 匝；$W_2$ 用直径 0.82mm 漆包线绕 22 匝；次级 $W_3$ 用直径 0.27mm 漆包线绕 350 匝。为获得较高的启辉电压，需在变压器 $T_2$ 的两块磁芯间留有间隙，可垫上约 0.1mm 厚的薄牛皮纸，具体间隙应由试验决定。

④ 调试。本机正常工作电流为 0.6A，蓄电池选用 12V、6A·h 的铅蓄电池。为延长蓄电池寿命，充电电流不宜太大，平均电流选择为 1A。试验时，主要调整 $R_3$ 的阻值和变压器 $T_2$ 两块磁芯间所垫牛皮纸的厚度。如果通电不起振，可能反馈线圈 $W_2$ 接反，将 $W_2$ 两端对调即可。调整电容 $C$ 的容量，可改变振荡频率，容量越大，振荡频率越低。

## 7.2.12 闪光信号灯

电路如图 7-18 所示。

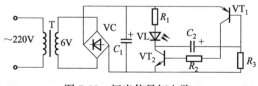

图 7-18 闪光信号灯电路

(1) 控制目的和方法

控制对象：发光二极管 VL。

控制目的：按一定频率自动闪光。

控制方法：采用 2 只不同类型的三极管，利用电容充放电原理，使 2 只三极管轮流导通和截止，发光二极管自动闪光。

(2) 电路组成

① 闪光电路。由 PNP 型三极管 $VT_1$、NPN 型三极管 $VT_2$、发光二极管 VL、电容 $C_2$ 和电阻 $R_1 \sim R_3$ 组成。

② 直流电源。由变压器 T、整流桥 VC 和电容 $C_1$ 组成。

(3) 工作原理

220V 交流电经变压器 T 降压、整流桥 VC 整流、电容 $C_1$ 滤波，给闪光电路提供约 6V 直流电压。2 只三极管 $VT_1$、$VT_2$ 利用电容 $C_2$ 耦合，使它们轮流导通和截止，使发光二极管 VL 产生闪烁。闪光频率由电容 $C_2$ 的容量决定，电阻 $R_3$ 对闪光频率也有影响。

图中，$R_2$ 为限流电阻，防止过大的电流损坏三极管 $VT_1$。

(4) 元件选择

电气元件参数见表 7-17。

表 7-17　电气元件参数

| 序号 | 名称 | 代号 | 型号规格 | 数量 |
|---|---|---|---|---|
| 1 | 变压器 | T | 3V·A　220/6V | 1 |
| 2 | 三极管 | $VT_1$ | 3CG130　$\beta \geqslant 50$ | 1 |
| 3 | 三极管 | $VT_2$ | 3DG130　$\beta \geqslant 50$ | 1 |
| 4 | 发光二极管 | VL | LED702、2EF601、BT201 | 1 |
| 5 | 整流桥 | VC | 1N4001 | 4 |
| 6 | 碳膜电阻 | $R_1$ | RT-470Ω　1/2W | 1 |
| 7 | 碳膜电阻 | $R_2$ | RT-300Ω　1/2W | 1 |
| 8 | 碳膜电阻 | $R_3$ | RT-320kΩ　1/2W | 1 |
| 9 | 电解电容器 | $C_1$ | CD11　100μF　16V | 1 |
| 10 | 电解电容器 | $C_2$ | CD11　22μF　16V | 1 |

(5) 调试

调节电容 $C_2$ 的容量，可改变闪光频率，如 $C_2$ 取 22μF 时，闪光频率约为 20 次/min。电容容量可在 4.7~50μF 改变；改变电阻 $R_2$ 的阻值也可对闪光频率有所影响。该电阻过大，发光二极管不闪光；过小，又会使发光二极管一直亮着。具体数值根据不同的三极管 $VT_1$ 由实际调试决定，一般为 100~470kΩ。

另外，变压器 T 次级电压 3~12V 均行；三极管 $VT_1$ 也可用 3AX31 代替；发光二极管 VL 及 $R_1$ 也可用相应额定电压的小电珠代替。

$R_1$ 为发光二极管的限流电阻，调节它可改变发光二极管闪光亮度，一般使发光二极管电流为 10mA 就已足够亮了，电流再增大，对发光亮度影响不大。

如果电容 $C_2$ 极性接反，发光二极管 VL 将一直亮着，并致使电容 $C_2$ 过热击穿损坏。若限流电阻 $R_2$ 阻值过大，会使三极管 $VT_1$ 不导通，发光二极管不亮；若 $R_2$ 为零，则有可能造成 $VT_1$ 损坏。

如果在电路中增加一只光敏三极管 $VT_3$（或光敏电阻），则可成为一个光线不足指示器，线路如图 7-19 所示。

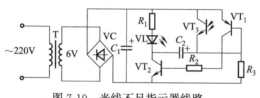

图 7-19 光线不足指示器线路

当光线不足时，光敏三极管 $VT_3$ 内阻很大，振荡器开始工作，发光二极管 VL 闪光；当光线充足时，光敏三极管 $VT_3$ 内阻很小，$VT_2$ 基极被短接而截止，$VT_3$ 也截止，发光二极管 VL 不亮。

如果用一细导线代替 $VT_3$，并在发光二极管回路并一个压电陶瓷片，则可成为一个防盗报警器。当细导线被人碰断时，振荡器便工作，发出报警信号。

## 7.2.13 电容式接近开关

电路如图 7-20 所示。它可用于照明控制，也可用于防盗、报警及限位、定位等各种场所。

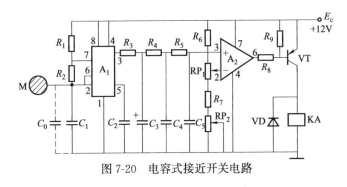

图 7-20　电容式接近开关电路

**(1) 控制目的和方法**

控制对象：照明灯或报警器（继电器 KA）。

控制目的：通过继电器 KA 触点连接照明或报警系统。

控制方法：利用人体感应，当人体接近金属板 M 时继电器 KA
　　　　　吸合。

保护元件：二极管 VD（保护三极管 VT 免受继电器 KA 反电势
　　　　　而损坏）。

**(2) 电路组成**

① 自激多谐振荡器。由 555 时基集成电路 $A_1$、电容 $C_1$、$C_2$ 及
金属板（感应板）M 与地之间的分布电容 $C_0$ 和电阻 $R_1$、$R_2$ 组成。

② 三阶 RC 积分网络。由电阻 $R_3 \sim R_5$ 和电容 $C_3 \sim C_5$ 组成。

③ 比较器。由运算放大器 $A_2$、电阻 $R_6$、$R_7$ 和电位器 $RP_1$、
$RP_2$ 组成。

④ 放大电路（由三极管 VT 和电阻 $R_8$、$R_9$ 组成）和执行元件
(继电器 KA)。

直流电源为 12V（$E_c$）。

**(3) 工作原理**

自激多谐振荡器的工作原理是：当电源接通时，电源电压 $E_c$，
通过电阻 $R_1$ 和 $R_2$ 向电容 C（$C_1$ 与 $C_0$ 的并联电容）充电，而放
电则通过 $R_2$ 和放电端 $A_1$ 的 7 脚完成。当电容 C 刚充电时，$A_1$ 的
2 脚处于 0 电平，故 $A_1$ 的 3 脚输出高电平（约 11V）；当电源经
$R_1$、$R_2$ 向 C 充电的电压（即 $A_1$ 的 2 脚电压）$U_c \geqslant 2/3E_c$（即

8V）时，输出由高电平变为低电平（约 0V），$A_1$ 的内部放电管导通，电容 $C$ 经 $R_2$ 和放电端 7 脚放电，直到 $U_c \leqslant 1/3E_c$（即 4V）时，输出又由低电平变为高电平，电容 $C$ 又再次充电。电容 $C$ 就这样周而复始地充电、放电，形成振荡电路。其振荡频率为

$$f = \frac{1.443}{(R_1 + 2R_2)C}$$

在表 7-18 所列参数时，正常情况下的振荡频率为

$$f = \frac{1.443}{(1000 + 2 \times 5100) \times 0.022 \times 10^{-6}} = 5856(\text{Hz})$$

通常 $f$ 有几千赫即可。

当人体接近金属板 M 时，$C_0$ 的电容量增大，也即上式中 $C$ 的容量为 $C_1$ 与 $C_0$ 并联值，振荡频率 $f$ 降低。

$A_1$ 的 3 脚连接三阶 $RC$ 积分网络，该网络的输出电压与振荡频率有关：频率不变时，输出电压不变；频率升高时，输出正脉冲；频率降低时，输出负脉冲。

当人体接近金属板 M 时，多谐振荡器的振荡频率降低，$RC$ 网络输出负脉冲，该脉冲电压（加于运算放大器 $A_2$ 的 3 脚）低于 $A_2$ 的 2 脚参考电压（参考电压取自 $R_6$、$RP_1$、$R_7$、$RP_2$ 组成的电阻分压器），$A_2$ 的 6 脚输出低电平，三极管 VT（PNP 型）基极得到负偏压而导通，继电器 KA 得电吸合，其触点控制照明或报警系统线路。点亮照明灯或发出报警信号。如果人离开金属板，自激多谐振荡器的振荡频率上升，$RC$ 网络的输出恢复到频率变化前的值，负脉冲结束，$A_2$ 输出高电平，VT 截止，KA 释放。

**（4）元件选择**

电气元件参数见表 7-18。

**（5）调试**

暂断开电阻 $R_8$，接通电源，用万用表测量电源电压为 12V 直流电压。用万用表监测运算放大器 $A_2$ 的 6 脚电压（对负极），当人体离开金属板 M 时，6 脚为高电平；当人体接近 M 时，6 脚为低电平，如果此低电压不够低，可调节电位器 $RP_1$（粗调）和 $RP_2$（微

表7-18　电气元件参数

| 序号 | 名称 | 代号 | 型号规格 | 数量 |
|---|---|---|---|---|
| 1 | 时基集成电路 | $A_1$ | NE555、μA555、SL555 | 1 |
| 2 | 运算放大器 | $A_2$ | CA3130 | 1 |
| 3 | 三极管 | VT | 3CG130　$\beta \geqslant 50$ | 1 |
| 4 | 二极管 | VD | 1N4001 | 1 |
| 5 | 继电器 | KA | JRX-13F　DC12V | 1 |
| 6 | 金属膜电阻 | $R_1$ | RJ-1kΩ　1/2W | 1 |
| 7 | 金属膜电阻 | $R_2$ | RJ-5.1kΩ　1/2W | 1 |
| 8 | 金属膜电阻 | $R_3$ | RJ-1.5kΩ　1/2W | 1 |
| 9 | 金属膜电阻 | $R_4$ | RJ-5.6kΩ　1/2W | 1 |
| 10 | 金属膜电阻 | $R_5$ | RJ-27kΩ　1/2W | 1 |
| 11 | 金属膜电阻 | $R_6$、$R_7$ | RJ-47kΩ　1/2W | 2 |
| 12 | 碳膜电阻 | $R_8$ | RT-3.9kΩ　1/2W | 1 |
| 13 | 碳膜电阻 | $R_9$ | RT-12kΩ　1/2W | 1 |
| 14 | 电位器 | $RP_1$ | WS-0.5W　10kΩ | 1 |
| 15 | 电位器 | $RP_2$ | WS-0.5W　1kΩ | 1 |
| 16 | 电容器 | $C_1$ | CBB22　0.022μF　63V | 1 |
| 17 | 电容器 | $C_2$ | CBB22　0.01μF　63V | 1 |
| 18 | 电解电容器 | $C_3$ | CD11　2.2μF　25V | 1 |
| 19 | 电容器 | $C_4$ | CBB22　0.47μF　63V | 1 |
| 20 | 电容器 | $C_5$ | CBB22　0.1μF　63V | 1 |

调），最大可达到 -6V。如果没有上述现象，除可能运算放大器 $A_2$ 本身有问题外（可用替换法试试），应检查 $RC$ 积分网络和555时基电路。另外可增大金属板 M 的面积，以便增大感应电容 $C_0$。若有条件，可用示波器观察555时基集成电路 $A_1$ 的 3 脚振荡波形（频率），正常情况下，频率高，有人接近 M 时，频率显示降低。$RC$ 积分网络元件参数切勿搞错，否则也不会使 $A_2$ 的 6 脚输出低电平。

以上试验正常后，恢复 $R_8$ 的接线。当人体接近 M 时，继电器 KA 应可靠吸合，若 KA 不吸合，可适当减小 $R_8$ 的阻值，增加三极管 VT 的基极电流而使其可靠导通。

调节电位器 $RP_1$、$RP_2$ 可改变装置的灵敏度，可根据实际需要确定。

### 7.2.14 简易触摸式电子开关

电路如图 7-21 所示。它可用于半导体收音机等装置。

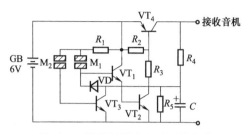

图 7-21 简易触摸式电子开关电路

**(1) 控制目的和方法**

控制对象：作为收音机等电子装置的电源开关。

控制目的：触摸式开关、使用方便。

控制方法：利用三极管作控制元件和无触点开关来实现。

**(2) 电路组成**

① 无触点开关。三极管 $VT_4$。

② "开"触摸电路。由三极管 $VT_1$、$VT_2$ 及电阻 $R_1$、$R_3 \sim R_5$、二极管 VD 和 2 片触片 $M_1$ 组成。

③ "关"触摸电路。由三极管 $VT_3$、电阻 $R_1$、$R_4$、$R_5$ 和二极管 VD 及 2 片触片 $M_2$ 组成。

直流电源为 6V。

**(3) 工作原理**

接通电源，当欲打开电路，将手指触摸 2 片金属片 $M_1$，三极管 $VT_1$ 通过电阻 $R_1$ 和手指获得基极偏压而导通，$VT_2$ 导通，从而使调整管 $VT_4$ 获得基极电流而导通，电源经 $VT_4$ 加至负载电路。同时，电源又经 $R_4$、$R_5$ 分压，经二极管 VD 加至 $VT_1$ 基极，这时即使手指离开 $M_1$，仍维持三极管 $VT_1$、$VT_2$ 和 $VT_4$ 的导通。

当欲关断电路，将手指触摸 2 片金属片 $M_2$，三极管 $VT_3$ 得到基极偏压而导通，相当于电阻 $R_5$ 短路，三极管 $VT_1$ 失去基极偏压而截止，使 $VT_2$、$VT_4$ 截止，因为 $VT_1$ 已截止，这时即使手指离开 $M_2$，调整管 $VT_4$ 仍保持截止。

图中，电容 $C$ 可以防止脉冲负载电流引起输出电压的波动，以保证电子开关稳定工作。

**(4) 元件选择**

电气元件参数见表 7-19。

**表 7-19  电气元件参数**

| 序号 | 名称 | 代号 | 型号规格 | 数量 |
|------|------|------|----------|------|
| 1 | 三极管 | $VT_1\sim VT_3$ | 3DG130  $\beta\geqslant 100$ | 3 |
| 2 | 三极管 | $VT_4$ | 3AD1  $\beta\geqslant 30$ | 1 |
| 3 | 二极管 | VD | 2CP10 | 1 |
| 4 | 碳膜电阻 | $R_1$、$R_5$ | RT-100kΩ  1/2W | 2 |
| 5 | 碳膜电阻 | $R_2$ | RT-1kΩ  1/2W | 1 |
| 6 | 碳膜电阻 | $R_3$ | RT-510Ω  1/2W | 1 |
| 7 | 碳膜电阻 | $R_4$ | RT-51kΩ  1/2W | 1 |
| 8 | 电解电容器 | $C$ | CD11  100$\mu$F  16V | 1 |

**(5) 调试**

① 调整管 $VT_4$ 等的选择。$VT_4$ 的最大集电极电流 $I_{cm}$ 应大于负载电流，要求反向漏电流 $I_{ceo}$ 要小。由于调整管 $VT_4$ 的集电极直接作为电源正极的输出极，对于正极接地的负载，$VT_4$ 的散热器可直接接地。这样既可增大散热效果，又可免去加装绝缘措施。所有三极管的耐压 $BU_{ceo}>1.2E_c$（$E_c$ 为电源电压）；电容 $C$ 选用漏电电流小的电解电容。

② 触摸片的制作。触摸片可采用铜片，以容易焊接，片间距离以 1~2mm 为宜。

③ 调试。接上负载，接通电源。用手指触摸 $M_1$，调整管 $VT_4$ 应导通，用万用表测量负载两端电压，应在 6V 左右。如果输出电压为 0V 或较小，可适当减小 $R_1$ 的阻值。另外，也可增大 $VT_1$、$VT_2$ 的 $\beta$ 值。如果手指触摸 $M_1$ 时，输出电压约有 6V，而手指离开后即减小甚至变为 0V，则应注意是否二极管 VD 型号选用不当，当 VD 正向平均电流太大时，有可能出现这种情况。"开"控制正常

后，再试验"关"，手指触摸 $M_2$，输出电压应消失，否则则是 $R_1$ 阻值太大或 $VT_3$ 的 $\beta$ 值太小所致。

最后用最大负载"开"一段时间，检查调整管 $VT_4$ 等元件有无过热等情况。若 $VT_4$ 过热，应检查散热器接触是否紧密。

### 7.2.15 红外线探测自动开关

电路如图 7-22 所示。它可用于自动干手器、自动洗手器及报警器。

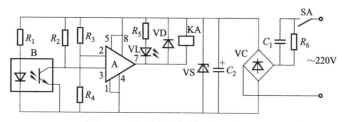

图 7-22 红外线探测自动开关电路

**(1) 控制目的和方法**

控制对象：继电器 KA。

控制目的：光线受挡时，继电器 KA 吸合，控制欲控设备或报警器。

控制方法：采用一体化红外发射接收头 TLP947 作探测元件，经运算放大器 A 控制继电器 KA 动作。

保护元件：二极管 VD（保护运算放大器 A 免受中间继电器 KA 反电势而损坏）。

**(2) 电路组成**

① 探测电路。由红外发射接收头 B 和电阻 $R_1$、$R_2$ 组成。

② 电压比较器。由运算放大器 A 和电阻 $R_3$、$R_4$ 组成。

③ 执行元件（中间继电器 KA）和指示灯（发光二极管 VL 及限流电阻 $R_5$）。

④ 直流电源。由电容 $C_1$、整流桥 VC、稳压管 VS 和电容 $C_2$ 组成。

### (3) 工作原理

接通电源,220V 交流电经电容 $C_1$ 降压、整流桥 VC 整流、电容 $C_2$ 滤波、稳压管 VS 稳压后,给运算放大器 A 及红外发射接收头 B 提供 12V 直流电压。在正常情况下,B 中的发光二极管导通,发出红外光,B 中的光电三极管接收到光线而导通,集电极与发射极间电阻很小,运算放大器 A 的 3 脚为低电平 (较 2 脚 2.5V 低很多),A 的 7 脚输出高电平,中间继电器 KA 不吸合,发光二极管 VL 不亮。当光电三极管上的光被障碍物遮住或减小时,光电三极管集电极与发射极间电阻变得非常大,A 的 3 脚电位高于 2 脚电位,A 的 7 脚输出低电平 (约 0V),中间继电器 KA 得电吸合,其触点将带动被控设备或报警器工作,同时发光二极管 VL 点亮,表示装置在工作状态。

图中,电阻 $R_6$ 的作用见图 7-15 中的电阻 $R_1$。

### (4) 元件选择

电气元件参数见表 7-20。

表 7-20　电气元件参数

| 序号 | 名称 | 代号 | 型号规格 | 数量 |
|---|---|---|---|---|
| 1 | 开关 | SA | KN5-1 | 1 |
| 2 | 红外发射接收头 | B | TLP947 | 1 |
| 3 | 运算放大器 | A | LM311 | 1 |
| 4 | 发光二极管 | VL | LED702、2EF601、BT201 | 1 |
| 5 | 稳压管 | VS | 2CW60　$U_z=11.5\sim12.5\text{V}$ | 1 |
| 6 | 二极管 | VD | 1N4001 | 1 |
| 7 | 整流桥 | VC | 1N4007 | 4 |
| 8 | 继电器 | KA | JRX-13F　DC12V | 1 |
| 9 | 金属膜电阻 | $R_1$ | RJ-2kΩ　1/2W | 1 |
| 10 | 金属膜电阻 | $R_2$、$R_3$ | RJ-240kΩ　1/2W | 2 |
| 11 | 金属膜电阻 | $R_4$ | RJ-62kΩ　1/2W | 1 |
| 12 | 碳膜电阻 | $R_5$ | RT-1.2kΩ　1/2W | 1 |
| 13 | 碳膜电阻 | $R_6$ | RT-1MΩ　1/2W | 1 |
| 14 | 电容器 | $C_1$ | CBB22　0.47μF　630V | 1 |
| 15 | 电解电容 | $C_2$ | CD11　220μF　16V | 1 |

(5) **调试**

暂断开红外发射接收头 B 中光电三极管集电极引出线，在运算放大器 A 的 3 脚与负极之间串接一数百千欧的电位器 RP。接通电源，用万用表测量稳压管 VS 两端的电压，应约有 12V 直流电压。调节电位器 RP，中间继电器 KA 应能吸合和释放，同时发光二极管 VL 会点亮和熄灭，这表明电压比较器工作正常。

然后恢复断开的引出线，拆除电位器 RP。接通电源，正常时，KA 不吸合；当光线被遮住时，KA 吸合。改变 $R_4$ 的阻值，可调节装置的灵敏度（即红外线测试距离）。适当减小 $R_1$ 的阻值，也可提高灵敏度。

由于装置元件都处在电网电压下，因此在安装、调试、使用时必须注意安全。

### 7.2.16　光物件自动计数器

电路如图 7-23 所示。它可用于产品（物件）自动计数。

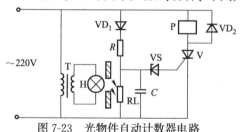

图 7-23　光物件自动计数器电路

(1) **控制目的和方法**

控制对象：电磁脉冲计数器 P。

控制目的：光线受物件遮挡时，计数器 P 吸合，光线未受挡时，P 释放，从而实现自动计数（计件）的目的。

控制方法：采用光敏元件（如光敏电阻）作感应元件，通过触发晶闸管 V 控制计数器 P。

保护元件：二极管 $VD_2$（保护电子元件免受计数器 P 反电势而损坏；保证计数器 P 正确计数）。

**（2）电路组成**

① 主电路。由电磁脉冲计数器 P 和晶闸管 V（兼作控制元件）组成。

② 探测电路。由带聚光镜的电珠 H 和光敏元件（如光敏电阻、光敏二极管、光敏三极管）组成。

③ 触发电路。由二极管 VD₁、电阻 $R$、电容 $C$、稳压管 VS 和光敏电阻 RL 组成。

**（3）工作原理**

接通电源，6.3V 电珠 H 光照在光敏电阻 RL 上，RL 阻值很小，相当于短接电容 $C$，晶闸管 V 处于关闭状态，电磁脉冲计数器 P 释放，无输出信号。当产品（物件）通过光源 H 时，光敏电阻 RL 阻值急剧增大，220V 交流电经二极管 VD₁ 整流，并通过电阻 $R$ 向电容 $C$ 充电，$C$ 两端电压快速升高，当该电压大于稳压管 VS 的稳压值和晶闸管 V 控-阴极压降时，VS 击穿，V 导通，于是电磁脉冲计数器 P 得电吸合，发出一次输出信号。当产品（物件）离开光源 H 时，电路回复到原来状态，晶闸管 V 关闭，计数器 P 释放。这样 P 每动作一次，便能自动累计一个数字，从而实现了自动计数产品的目的。

**（4）元件选择**

电气元件参数见表 7-21。

**表 7-21　电气元件参数**

| 序号 | 名称 | 代号 | 型号规格 | 数量 |
|---|---|---|---|---|
| 1 | 晶闸管 | V | KP1A 600V | 1 |
| 2 | 二极管 | VD₁、VD₂ | 1N4007 1A 600V | 2 |
| 3 | 稳压管 | VS | 2CW53 $U_z$=4～5.8V | 1 |
| 4 | 金属膜电阻 | $R$ | RJ-5.6kΩ 1/2W | 1 |
| 5 | 电容器 | $C$ | CBB22 0.47μF 160V | 1 |
| 6 | 电磁脉冲计数器 | P | JDM-Ⅱ DC12V | 1 |
| 7 | 光敏电阻 | RL | MG41～MG45 | 1 |
| 8 | 变压器 | T | 3V·A 220/6.3V | 1 |
| 9 | 电珠 | H | 额定电压 6.3V | 1 |

**(5) 调试**

接通电源，光敏电阻 RL 受光照，电磁脉冲计数器 P 应不吸合。用物件挡住电珠 H 发出的光时，P 应立即吸合。移开物件后，P 又马上释放。如果动作迟缓，可减小电阻 $R$ 或电容 $C$ 的数值。稳压管 VS 的稳压值选得过大，也影响电路的工作，一般不超过10V。如果光敏电阻受光照而计数器 P 吸合，则应减小电珠 H 与光敏电阻 RL 之间的距离。电阻 $R$ 的阻值不宜过小，否则通过晶闸管 V 控制极电流过大，会烧坏晶闸管，一般应将控制极电流控制在50mA 以内。

光敏元件也可采用光敏二极管（如 2CU1、2CU2）、光敏三极管（3CU 等）。采用不同的光敏元件，电路中的 $R$、$C$ 数值需作适当调整。

由于装置元件都处在电网电压下，因此在安装、调试、使用时必须注意安全。

## 7.2.17 电风扇防手指切伤及防触电自停装置

电路如图 7-24 所示。

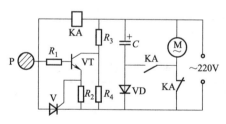

图 7-24　电风扇防手指切伤及防触电自停电路

**(1) 控制目的和方法**

控制对象：电风扇 M。

控制目的：当人手触及电风扇金属网罩 P 时，切断电源，并对电动机 M 进行能耗制动，使之立即停转。

控制方法：采用晶闸管控制，并通过中间继电器 KA 控制电风扇开与停；采用电容能耗制动。

(2) **电路组成**

① 主电路。由中间继电器 KA 触点和电动机 M 组成。

② 电子控制电路。由三极管 VT、晶闸管 V、中间继电器 KA、电阻 $R_1 \sim R_4$ 和电风扇金属网罩 P 组成。

③ 能耗制动电路。由电容 C、二极管 VD 和 KA 常开触点组成。

(3) **工作原理**

接通电源，当手指未触及电风扇的金属网罩 P 时，三极管 VT 截止，晶闸管 V 关断，中间继电器 KA 处于释放状态，其常闭触点闭合，电动机 M 正常运行。同时 220V 交流电经二极管 VD 向电容 C 充电，为电动机能耗制动做好准备。当手指触及电风扇网罩 P 时，人体的感应信号经电阻 $R_1$ 加到三极管 VT 的基极上，使其导通，并在电阻 $R_2$ 上产生电压降，晶闸管 V 得到控制极电压而导通，中间继电器 KA 得电吸合，其常闭触点断开，切断电动机电源；其常开触点闭合，将电容 C 上的直流电压加到电动机定子上，并在定子绕组产生直流磁场，迅速使电动机制动停转，从而保护了手指不被风叶切伤。

(4) **元件选择**

电气元件参数见表 7-22。

表 7-22　电气元件参数

| 序号 | 名称 | 代号 | 型号规格 | 数量 |
|---|---|---|---|---|
| 1 | 中间继电器 | KA | 522 型　DC110V | 1 |
| 2 | 晶闸管 | V | KP1A　600V | 1 |
| 3 | 开关三极管 | VT | 3DK106　$\beta \geqslant 100$ | 1 |
| 4 | 二极管 | VD | 1N4004 | 1 |
| 5 | 碳膜电阻 | $R_1$ | RT-1.2MΩ　1/2W | 1 |
| 6 | 金属膜电阻 | $R_2$ | RJ-1.5kΩ　1/2W | 1 |
| 7 | 线绕电阻 | $R_3$ | RX1-30kΩ　5W | 1 |
| 8 | 金属膜电阻 | $R_4$ | RJ-3.3kΩ　1W | 1 |
| 9 | 电解电容器 | C | CD11　10$\mu$F　450V | 1 |

(5) **调试**

接通电源，用万用表测量电容 $C$ 两端的电压，应约有 110V。用手指触及电风扇的金属网罩 P，中间继电器 KA 应吸合，电风扇立即停转。如果 KA 不吸合，可减小 $R_1$ 阻值试试，若仍不行，应考虑三极管 VT 的 $\beta$ 值是否不够大，$\beta$ 值越大，灵敏度越高。若没有足够大 $\beta$ 值的管子，可采用复合管。另外，适当增大 $R_2$ 的阻值，也有利于晶闸管的触发导通。但要注意，晶闸管控制极触发电压不允许超过 10V，一般以 4～6V 为宜，可用万用表测量 $R_2$ 上的电压降。

如果停机时电风扇没有立即停转，可增大电容 $C$ 的容量。

由于装置元件都处在电网电压下，因此在安装、调试、使用时必须注意安全。装置应用绝缘材料隔离，并固定在电风扇的底座内。

## 7.2.18 "叮咚"声电子门铃

电路如图 7-25 所示。

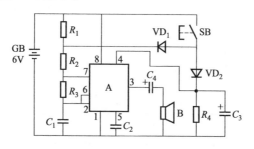

图 7-25 "叮咚"声电子门铃电路

(1) **控制目的和方法**

控制对象：门铃 (扬声器 B)。

控制目的：能发出"叮咚"的悦耳声。

控制方法：采用由 555 时基集成电路组成的多谐振荡器，由按钮控制。

**(2) 电路组成**

① 多谐振荡器。由555时基集成电路A、电阻$R_1 \sim R_3$及电容$C_1$、$C_2$组成。

② 控制电路。由按钮SB、二极管$VD_1$、$VD_2$及电阻$R_4$、电容$C_3$组成。

③ 扬声器B。

直流电源为6V。

**(3) 工作原理**

接通电源，当按下按钮SB时，6V电源经二极管$VD_2$对电容$C_3$快速充电，使555时基集成电路A的4脚变为高电平清零；同时电阻$R_1$被短接，多谐振荡器以频率$f_1 = 1/[0.693(R_2 + 2R_3)C_1] \approx 714Hz$发生振荡，信号经电容$C_4$耦合，推动扬声器B发出"叮"的声音。当松开按钮SB后，电容$C_3$上的电荷经电阻$R_4$慢慢放电，以维持A的4脚为高电平；同时$R_1$被接入线路，多谐振荡器就以频率$f_2 = 1/[0.693(R_1 + R_2 + 2R_3)C_1] \approx 540Hz$发生振荡，扬声器B发出"咚"的声音。当$C_3$两端电压放至0.7V以下时，A的4脚清零，"咚"声终止。

**(4) 元件选择**

电气元件参数见表7-23。

**表7-23　电气元件参数**

| 序号 | 名称 | 代号 | 型号规格 | 数量 |
|------|------|------|----------|------|
| 1 | 时基集成电路 | A | NE555、μA555、SL555 | 1 |
| 2 | 二极管 | $VD_1$、$VD_2$ | 1N4001 | 2 |
| 3 | 按钮 | SB | KP2 | 1 |
| 4 | 金属膜电阻 | $R_1 \sim R_3$ | RJ-33kΩ　1/2W | 3 |
| 5 | 碳膜电阻 | $R_4$ | RT-47kΩ　1/2W | 1 |
| 6 | 电容器 | $C_1$ | CL11　0.02μF　63V | 1 |
| 7 | 电容器 | $C_2$ | CL11　0.01μF　63V | 1 |
| 8 | 电解电容器 | $C_3$ | CD11　50μF　16V | 1 |
| 9 | 扬声器 | B | 8～16Ω　0.25～1W | 1 |

### (5) 调试

主要是调整"叮咚"声的音调，使其悦耳动听。音调决定于多谐振荡器的振荡频率。"叮"声决定于 $R_2$、$R_3$ 和 $C_1$ 的数值；"咚"声决定于 $R_1$、$R_2$、$R_3$ 和 $C_1$ 的数值。先调整好"叮"声，然后改变 $R_1$ 调整"咚"声。"咚"声的延续时间约 1.5s。若需更长时间，可增大 $R_4$ 的阻值。

其实当电源电压为 4.5～6V 时，装置均能很好工作。

## 7.2.19 触摸式电子门铃

电路如图 7-26 所示。

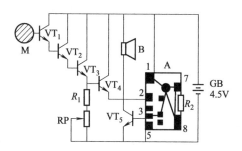

图 7-26 触摸式电子门铃电路

### (1) 控制目的和方法

控制对象：门铃 (扬声器 B)。

控制目的：能发出一首世界名曲的音乐。

控制方法：采用 CW9300 系列音乐集成电路，用触摸控制方式。

### (2) 电路组成

① 音乐集成电路。采用 CW9300 系列。

② 控制电路。由小金属片 M、三极管 VT$_1$～VT$_4$ 和电阻 $R_1$ 及电位器 RP 组成。

③ 放大管 VT$_5$ 和扬声器 B。

直流电源为 4.5V。

### (3) 工作原理

接通电源,当手指触摸到金属片 M 时,人体感应信号经复合三极管 VT$_1$~VT$_3$ 放大后,触发控制管 VT$_4$ 导通,将音乐集成电路 A 的 2 脚与电源正极接通,A 工作,从 A 的 3 脚发出的信号经三极管 VT$_5$ 放大,推动扬声器 B 发出音乐声。

### (4) 元件选择

电气元件参数见表 7-24。

**表 7-24  电气元件参数**

| 序号 | 名称 | 代号 | 型号规格 | 数量 |
|------|------|------|----------|------|
| 1 | 音乐集成电路 | A | CW9300 系列 | 1 |
| 2 | 三极管 | VT$_1$~VT$_4$ | 9014  $\beta \geqslant 50$ | 4 |
| 3 | 三极管 | VT$_5$ | 3DG130  $\beta \geqslant 100$ | 1 |
| 4 | 碳膜电阻 | $R_1$ | RT-510$\Omega$  1/2W | 1 |
| 5 | 电位器 | RP | WS-0.5W  4.7k$\Omega$ | 1 |
| 6 | 扬声器 | B | 8~16$\Omega$  0.25~1W | 1 |
| 7 | 金属片 | M | 1.5cm$^2$ 铜片 | 1 |

### (5) 调试

① 关于 CW9300 系列音乐集成电路。该集成电路的工作电压为 1.3~5V,静态电流最大值为 0.5μA,可省略电源开关。电路内部有 64 个音符存储器。它共有 30 多个种类,每一种都内储 1 首(几首)世界名曲的主旋律,如 CW9301 为可爱的家庭,CW9302 为平安夜,CW9303 为圣诞钟声,CW9309 为快乐生日等。

② 调试。三极管 VT$_1$~VT$_3$ 的 $\beta$ 值越大,装置的灵敏度越高。调节电位器 RP,可改变装置的灵敏度。如果用手指触摸金属片 M,门铃不响,可增大 RP 试试,若还不行,可采用更大 $\beta$ 值的三极管。

调整电阻 $R_2$ 的阻值,可改变输出乐曲的节奏快慢,一般取值为 68k$\Omega$ 左右。

如果想让 CW9300 直接驱动压电蜂鸣器发音,只需将压电蜂鸣器接在 A 的 3、5 两脚即可,此时 VT$_5$ 和 B 省略不用。

其实当电源电压为 3~4.5V 时,装置均能很好工作。

# 7.3 温度调节器、控制器

### 7.3.1 简单手动调温器

电路如图 7-27 所示。

**(1) 控制目的和方法**

控制对象：电热器 EH。

控制目的：调温。

控制方法：手动调节电位
器 RP，改变
双向晶闸管 V
导通角，从而

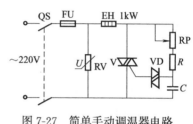

图 7-27 简单手动调温器电路

改变电热器 EH 两端电压，达到调温的目的。

保护元件：熔断器 FU（电热器过电流保护）；压敏电阻 RV
（保护双向晶闸管免受电源过电压而损坏）。

**(2) 电路组成**

① 主电路。由开关 QS、熔断器 FU、电热器 EH 和双向晶闸管
V（兼作控制元件）组成。

② 控制电路。由电位器 RP、电阻 $R$、电容 $C$、双向触发二极
管 VD 和双向晶闸管 V 组成。

**(3) 工作原理**

合上电源开关 QS，220V 交流电通过电位器 RP、电阻 $R$ 对电
容 $C$ 充电。当 $C$ 两端的充电电压达到双向触发二极管 VD 的转折电
压时，VD 导通，电容 $C$ 上的电荷经 VD 和双向晶闸管 V 的控制极-
主电极迅速放电，双向晶闸管 V 触发导通，电热器 EH 得电加热。
调节 RP，可改变 $C$ 的充电快慢，既可改变 V 的导通角，也可改变
加在电热器 EH 两端的电压，达到调温的目的。

**(4) 元件选择**

电气元件参数见表 7-25。

表 7-25  电气元件参数

| 序号 | 名称 | 代号 | 型号规格 | 数量 |
|---|---|---|---|---|
| 1 | 开关 | QS | DZ12-60/2  10A | 1 |
| 2 | 熔断器 | FU | RT14-20/6A | 1 |
| 3 | 双向晶闸管 | V | KP10A  600V | 1 |
| 4 | 双向触发二极管 | VD | 2CTS | 1 |
| 5 | 金属膜电阻 | $R$ | RJ-47kΩ  1/2W | 1 |
| 6 | 电位器 | RP | W×3-680kΩ  3W | 1 |
| 7 | 电容器 | $C$ | CBB22  0.1μF  63V | 1 |
| 8 | 压敏电阻 | RV | MY31-440V  0.5kA | 1 |

**(5) 调试**

接通电源，调节电位器RP，用万用表测量电热器 EH 两端的电压，应在 50～210V 范围变化。如果上端电压达不到 210V，则可减少 $R$ 的阻值或 $C$ 的容量；如果嫌下端电压太高，则可增大 $R$ 和 RP 的阻值，或增大 $C$ 的容量。电容 $C$ 的容量范围以 0.068～0.47μF 为宜，双向晶闸管 V 容量越大，此电容的电容量也宜越大，这样较容易触发。

由于装置元件都处在电网电压下，因此在安装、调试、使用时必须注意安全。

## 7.3.2  采用电接点水银温度计的温度控制器之一

电路如图 7-28 所示。

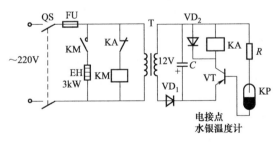

图 7-28  采用电接点水银温度计的温度控制器电路之一

**(1) 控制目的和方法**

控制对象：电热器 EH。

控制目的：使温箱内的温度恒定，控制精度为±1℃。

控制方法：采用电接点水银温度计作探温元件，用三极管组成的电子电路控制。

保护元件：熔断器 FU（电热器过电流保护）；二极管 $VD_2$（保护三极管 VT 免受继电器 KA 反电势而损坏）。

（2）**电路组成**

① 主电路。由开关 QS、熔断器 FU、接触器 KM 主触点和电热器 EH 组成。

② 控制电路。由接触器 KM、继电器 KA、变压器 T、二极管 $VD_1$ 及三极管 VT、电容 $C$（滤波）、限流电阻 $R$，以及作为探温元件的电接点水银温度计 KP 组成。

（3）**工作原理**

接通电源，220V 交流电经变压器 T 降压、二极管 $VD_1$ 半波整流、电容 $C$ 滤波后，给三极管 VT 和继电器 KA 提供约 12V 直流电压。当温箱内的温度下降至设定值（即温度计 KP 内的水银降至两接点断开）时，三极管 VT 基极开路而截止，继电器 KA 失电释放，其常闭触点闭合，接触器 KM 得电吸合，其主触点闭合，电热器 EH 通电开始加热。当温箱内的温度上升至设定值（即 KP 内的水银升至使两接点连通）时，三极管 VT 得到基极电流而导通，KA 得电吸合，其常闭触点断开，KM 失电释放，电热器 EH 停止加热。当温箱内温度再下降时，重复上述过程，从而温箱内的温度能维持在设定值。

（4）**元件选择**

电气元件参数见表 7-26。

表 7-26　电气元件参数

| 序号 | 名　　称 | 代号 | 型　号　规　格 | 数量 |
|---|---|---|---|---|
| 1 | 开关 | QS | DZ12-60/2　30A | 1 |
| 2 | 熔断器 | FU | RT14-20/16A | 1 |
| 3 | 交流接触器 | KM | CJ20-25A　220V | 1 |
| 4 | 断电器 | KA | JRX-13F　DC12V | 1 |
| 5 | 变压器 | T | 3V·A　220/12V | 1 |

| 序号 | 名　　称 | 代号 | 型 号 规 格 | 数量 |
|---|---|---|---|---|
| 6 | 三极管 | VT | 3CG130 $\beta \geqslant 60$ | 1 |
| 7 | 二极管 | $VD_1$、$VD_2$ | 1N4001 | 2 |
| 8 | 金属膜电阻 | $R$ | RJ-30kΩ 1/2W | 1 |
| 9 | 电接点水银温度计 | KP | WXG 型，根据需要选择温度范围，如 200～300℃ | 1 |

### (5) 调试

调试工作的主要部分是试验电子控制电路的工作情况。暂不接入电热器 EH 和接触器 KM 以及电接点温度计 KP。合上开关 QS，用万用表测量变压器 T 次级电压，应在约 12V 左右，再测量电容 $C$ 两端的电压，应约有 16V 直流电压（因空载状态）。

然后将三极管 VT 基极连线与电阻 $R$ 下端连线碰连一下，继电器 KA 应吸合；分开两连线，KA 立即释放。如果两连线碰连时 KA 不吸合或吸合不可靠，应适当减小 $R$ 的阻值。但 $R$ 阻值不可太小，否则 VT 基极电流太大会烧坏管子。三极管 VT 的 $\beta$ 不可太小，否则动作不可靠。

上述试验正常后，再将线路中各元件接入进行试验。

温度设定值由电接点水银温度计 KP 设定。若用于孵蛋或花棚（热带花越冬）温控，可选择 0～50℃ 的电接点水银温度计。

## 7.3.3 采用电接点水银温度计的温度控制器之二

电路如图 7-29 所示。发热元件采用数只 220V、25W 的灯泡或

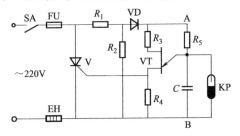

图 7-29 采用电接点水银温度计的温度控制器电路之二

电热丝，可用于家庭孵化小型温控器；发热元件采用 220V、1000W 电炉丝，则可用于冬季小型花棚温控器。

（1）控制目的和方法

控制对象：电热器 EH。

控制目的：使温箱（室）内的温度恒定。控制精度为 ±1℃。

控制方法：采用电接点水银温度计作探温元件，通过单结晶体管触发电路控制晶闸管的导通与关闭，从而达到控温的目的。

保护元件：熔断器 FU（电热器过电流保护）。

（2）电路组成

① 主电路。由开关 SA、熔断器 FU、晶闸管 V（兼作开关元件）和电热器 EH 组成。

② 控制电路。由探温元件的电接点水银温度计 KP、单结晶体管 VT 等组成的触发电路和执行元件晶闸管 V 组成。

（3）工作原理

接通电源，220V 交流电经电阻 $R_1$ 和 $R_2$ 分压，二极管 VD 半波整流，供给触发电路直流电源。当孵化箱内的温度未达到设定值（下限值）时，温度计 KP 的接点断开，触发电路工作，晶闸管 V 触发导通，电灯或电热丝 EH 加热。当孵化箱内温度达到设定值（上限值）时，温度计 KP 的接点闭合（可根据所需温度调节），电容 $C$ 被短接。触发器不工作，停止加热。当温度下降到下限设定值时，KP 接点又断开，进行加热，重复上述过程，从而使孵化箱内的温度保持在规定的上下限温度范围内。

实际上下限温度之差（即控制精度）极小，约 ±1℃。

（4）元件选择

电气元件参数见表 7-27。

表 7-27　电气元件参数

| 序号 | 名称 | 代号 | 型号规格 | 数量 |
|------|------|------|---------|------|
| 1 | 开关 | SA | KN5-1 | 1 |
| 2 | 熔断器 | FU | 50T　3A | 1 |
| 3 | 晶闸管 | V | KP5A　600V | 1 |

| 序号 | 名　称 | 代号 | 型　号　规　格 | 数量 |
|---|---|---|---|---|
| 4 | 单结晶体管 | VT | BT33　$\eta \geqslant 0.6$ | 1 |
| 5 | 二极管 | VD | 1N4001 | 1 |
| 6 | 金属膜电阻 | $R_1$ | RJ-100kΩ　1/2W | 1 |
| 7 | 金属膜电阻 | $R_2$ | RJ-12kΩ　1/2W | 1 |
| 8 | 金属膜电阻 | $R_3$ | RJ-330Ω　1/2W | 1 |
| 9 | 金属膜电阻 | $R_4$ | RJ-100Ω　1/2W | 1 |
| 10 | 金属膜电阻 | $R_5$ | RJ-5、1kΩ　1/2W | 1 |
| 11 | 电容器 | $C$ | CBB22　0.047μF　63V | 1 |
| 12 | 电接点水银温度计 | KP | WXG型,根据需要选择温度范围,如0～50℃ | 1 |

### (5) 调试

接通电源,用万用表测量 A、B 两端的直流电压约有 12V 左右(电压大小,可调整电阻 $R_2$ 的阻值)。调节电接点水银温度计 KP的触点,当触点闭合时(触针碰及水银),灯泡(或电热丝)不亮。如果亮,应检查温度计 KP 接线是否接好。另外,晶闸管 V 损坏(击穿短路),灯泡也亮。然后调节 KP 使触针离开水银,灯泡(或电热丝)应亮。如果不亮,应检查晶闸管 V 有无接反,单结晶体管触发电路接线是否良好。如果灯泡虽亮,但亮度较弱,则可适当调整电容 $C$ 的容量。

由于装置元件都处在电网电压下,因此在安装、调试、使用时必须注意安全。

## 7.3.4　温度自动控制器

电路如图 7-30 所示。

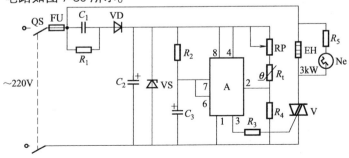

图 7-30　温度自动控制器电路

**(1) 控制目的和方法**

控制对象：电热器 EH。

控制目的：使温箱内的温度恒定。

控制方法：采用负温度系数的热敏电阻 $R_t$ 作探温元件，用 555 时基集成电路进行控制。

保护元件：熔断器 FU（电热器过电流保护）。

**(2) 电路组成**

① 主电路。由开关 QS、熔断器 FU、电热器 EH 和双向晶闸管 V（兼作控制元件）组成。

② 控制电路。由 555 时基集成电路 A、电位器 RP、热敏电阻 $R_t$、阻容元件组成的单稳态触发电路和双向晶闸管 V 组成。

③ 直流电源。由电容 $C_1$、$C_2$ 及二极管 VD 和稳压管 VS 组成。

④ 指示灯。氖泡 Ne（及限流电阻 $R_5$）——电热器 EH 加热指示。

**(3) 工作原理**

① 初步分析。当温箱内的温度降至设定值以下时，应加热→双向晶闸管 V 导通→555 时基集成电路 A 的 3 脚输出高电平；当温箱内的温度升至设定值时，应停止加热→V 关断→A 的 3 脚输出低电平。

② 顺着分析。接通电源，220V 交流电经电容 $C_1$ 降压、二极管 VD 半波整流、电容 $C_2$ 滤波和稳压管 VS 稳压后，给 555 时基集成电路 A 提供 12V 直流电压。同时由 555 时基集成电路 A 组成的延时电路开始计时。如果温箱内的温度已降至设定值以下时，负温度系数热敏电阻 $R_t$ 阻值较大，A 的 2 脚电位经 RP、$R_t$ 和 $R_4$ 分压，低于 $1/3E_c$（4V）（$E_c$ 为直流电源电压 12V），A 的 3 脚输出高电平（约 11V），双向晶闸管 V 触发导通，电热器 EH 得电加热，同时氖泡 Ne 点亮，表示正在加热。由于这时的单稳态电路进入暂态，A 内部放电管截止，其放电端 7 脚被悬空，电源通过电阻 $R_2$ 向电容 $C_3$ 充电，阈值端 6 脚电位不断升高，约经过时间 $t \approx$

1. 1$R_2C_3$，6 脚电平可上升到 2/3$E_c$（8V）。如果这时温箱内温度仍然较低，即触发端 2 脚电平仍低于 1/3$E_c$，电路则保持置位状态不变，电热器 EH 继续通电加热；如果温度已上升达到设定值，因负温度系数热敏电阻 $R_t$ 阻值随温度升高而减小，这时 2 脚电平已高于 1/3$E_c$，555 时基集成电路复位，单稳态触发器翻转进入稳定态，3 脚输出低电平（约 0V），双向晶闸管 V 关断，电热器 EH 停止加热，氖泡 Ne 熄灭。这时，555 时基集成电路内部放电管导通，7 脚对地短接，所以电容 $C_3$ 储存的电荷通过 7 脚泄放，为下一次加热做延迟准备。当温箱内的温度随时间慢慢下降，并降至设定温度以下时，$R_t$ 阻值又变大，A 的 2 脚电平又降至 1/3$E_c$ 以下，555 时基集成电路再次置位，电路翻转进入暂态，其 3 脚输出高电平，双向晶闸管 V 导通，电热器 EH 又开始加热，如此重复循环，从而维持温箱内的温度恒定。

图中，电阻 $R_1$ 的作用见图 7-15 中的电阻 $R_1$。

### （4）元件选择

电气元件参数见表 7-28。

**表 7-28　电气元件参数**

| 序号 | 名　称 | 代号 | 型　号　规　格 | 数量 |
|------|--------|------|----------------|------|
| 1 | 开关 | QS | DZ12-60/2　30A | 1 |
| 2 | 熔断器 | FU | RT14-20/16A | 1 |
| 3 | 双向晶闸管 | V | KS30A　600V | 1 |
| 4 | 时基集成电路 | A | NE555、μA555、SL555 | 1 |
| 5 | 稳压管 | VS | 2CW60　$U_z$=11.5～12.5V | 1 |
| 6 | 二极管 | VD | 1N4007 | 1 |
| 7 | 碳膜电阻 | $R_1$ | RT-510kΩ　1/2W | 1 |
| 8 | 金属膜电阻 | $R_2$ | RJ-1MΩ　1/2W | 1 |
| 9 | 碳膜电阻 | $R_3$ | RT-200Ω　1/2W | 1 |
| 10 | 金属膜电阻 | $R_4$ | RJ-15kΩ　1/2W | 1 |
| 11 | 碳膜电阻 | $R_5$ | RT-100kΩ　1/2W | 1 |
| 12 | 电位器 | RP | WS-0.5W　680kΩ | 1 |
| 13 | 负温度系数热敏电阻 | $R_t$ | MF12 型　25kΩ | 1 |
| 14 | 电容器 | $C_1$ | CDB22　0.47μF　630V | 1 |
| 15 | 电解电容器 | $C_2$ | CD11　220μF　25V | 1 |
| 16 | 电解电容器 | $C_3$ | CD11　100μF　25V | 1 |
| 17 | 氖泡 | Ne | 启辉电压不大于 100V | 1 |

**(5) 计算与调试**

① 负温度系数热敏电阻 $R_t$ 的选择。根据温箱设定温度的要求，可采用不同阻值的 $R_t$，只要在所需设定温度下满足 $R_t + RP = 2R_4$ 即可。调节 RP 可获得大的调节范围。

② 调试。暂用一只 60W 220V 灯泡代替电热器，以便于观察双向晶闸管 V 是否导通。有条件的话，暂用稳压电源（12V）代替电容降压电源，这样试验时比较安全。如没有稳压电源，直接用原电路，则试验时要注意安全，因为装置元件都处在电网电压下。

热敏电阻 $R_t$ 最好安装在玻璃套管中用环氧树脂密封（这样处理后，可作为热水中的热传感器）。如果温箱设定温度高于 100%，则应把热敏电阻置于能提供该温度的烘箱内；如果温度设定温度低于 100℃，可把热敏电阻插入电热杯中试验。先把电位器 RP 调到阻值最大位置，在电热杯中放入一只温度计。接通电源，用万用表测量稳压管 VS 两端的电压，应约有 12V 直流电压。然后向电热杯中倒入热水，观察温度计的变化，当温度升到设定值时，停止加热水，然后逐渐调小 RP 的阻值，当正好使灯泡点亮时，RP 的滑臂位置即为初步整定位置。

这时，不要调 RP，再向杯中加入冷水，使水温下降，灯泡应一直点亮。然后又向杯中加热水，使水温升到设定值时，灯泡熄灭。反复几次，适当调节 RP，最后确定其滑臂位置，并用红漆封死，使之保持不变。

由于装置元件都处在电网电压下，因此在安装、调试、使用时必须注意安全。

### 7.3.5　温度范围控制器

电路如图 7-31 所示。它能使温箱或电热容器内的温度维持在一定的范围内（如 20～100℃ 内可调）。

**(1) 控制目的和方法**

控制对象：电热器 EH。

控制目的：使温箱内的温度维持在一定范围内，且可任意设定

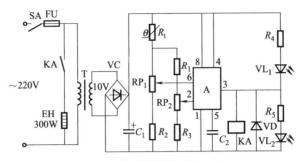

图7-31  温度范围控制器电路

温控范围。

控制方法：采用负温度系数的热敏电阻 $R_t$ 作探温元件，用555 时基集成电路进行控制。

保护元件：熔断器 FU（电热器过电流保护）；二极管 VD（保护555 时基集成电路免受继电器 KA 反电势而损坏）。

**（2）电路组成**

① 主电路。由开关 SA、熔断器 FU、继电器 KA 触点和电热器 EH 组成。

② 控制电路。由 555 时基集成电路 A、热敏电阻 $R_t$、电阻 $R_1 \sim R_3$、电位器 RP$_1$、RP$_2$ 及电容 $C_2$ 和继电器 KA 组成。

③ 直流电源。由变压器 T、整流桥 VC 和电容 $C_1$ 组成。

④ 指示灯。发光二极管 VL$_1$——电热器 EH 停止加热指示（红色）；VL$_2$——电热器 EH 加热指示（绿色）。

**（3）工作原理**

接通电源，220V 交流电经变压器 T 降压、整流桥 VC 整流、电容 $C_1$ 滤波后，给 555 时基集成电路 A、继电器 KA 及指示灯提供约 12V 直流电压 $E_c$。图中，RP$_1$ 为温度上限设定电位器，RP$_2$ 为温度下限设定电位器。通过调节 RP$_1$、RP$_2$ 使 555 时基集成电路 A 的 6 脚、2 脚分别置于 2/3$E_c$（即 8V）和 1/3$E_c$（即 4V）附近。如果温箱内的温度低于下限温度时，负温度系数热敏电阻 $R_t$ 阻值较大，A 的 2 脚电位低于 1/3$E_c$（即 4V）而置位，A 的 3 脚输出高电平（约11V），继电器 KA 得电吸合，其常开触电闭合，电热器 EH 得电加热，同时绿色发光二极管 $VL_2$ 点亮。当温箱内的温度升到上限温度时，$R_t$ 阻值变小，使555时基集成电路 A 的6脚电位大于 $2/3E_c$（即8V），且2脚电位大于 $1/3E_c$（即4V）而复位，A 的3脚输出低电平（约0V），继电器 KA 失电释放，EH 停止加热，同时红色发光二极管 $VL_1$ 点亮。当温箱内的温度再次下降到下限温度时，重复上述过程，从而使温箱内的温度维持在上、下限温度设定值范围内。

如果电热器 EH 功率较大，可通过继电器 KA 常闭触点控制交流接触器，再去控制电热器即可。

**（4）元件选择**

电气元件参数见表7-29。

**表7-29 电气元件参数**

| 序号 | 名称 | 代号 | 型号规格 | 数量 |
|---|---|---|---|---|
| 1 | 钮子开关 | SA | KN5-1 | 1 |
| 2 | 熔断器 | FU | 50T 3A | 1 |
| 3 | 时基集成电路 | A | NE555、μA555、SL555 | 1 |
| 4 | 继电器 | KA | JQX-4F DC12V | 1 |
| 5 | 整流桥、二极管 | VC、VD | 1N4001 | 5 |
| 6 | 发光二极管 | $VL_1$、$VL_2$ | LED702、2EF601、BT201 | 2 |
| 7 | 变压器 | T | 3V·A 220/10V | 1 |
| 8 | 金属膜电阻 | $R_1$ | RJ-6.2kΩ 1/2W | 1 |
| 9 | 金属膜电阻 | $R_2$ | RJ-2.7kΩ 1/2W | 1 |
| 10 | 金属膜电阻 | $R_3$ | RJ-4.3kΩ 1/2W | 1 |
| 11 | 碳膜电阻 | $R_4$、$R_5$ | RT-1kΩ 1/2W | 2 |
| 12 | 电位器 | $RP_1$ | WS-0.5W 4.7kΩ | 1 |
| 13 | 电位器 | $RP_2$ | WS-0.5W 2.7kΩ | 1 |
| 14 | 负温度系数热敏电阻 | $R_t$ | MF12型 3kΩ | 1 |
| 15 | 电解电容器 | $C_1$ | CD11 220μF 16V | 1 |
| 16 | 电容器 | $C_2$ | CL11 0.01μF 63V | 1 |

**（5）调试**

热敏电阻 $R_t$ 最好安装在玻璃套管中用环氧树脂密封，用绝缘导线引出。

将接入电路的热敏电阻放入盛有部分冷水的杯内，杯内放置一支温度计。暂不接电热器 EH，光试验控制电路工作情况及初步整定电位器 RP$_1$ 和 RP$_2$。

接通电源，用万用表测量电容 C$_1$ 两端的电压，应有约 12V 直流电压。用万用表监测 555 时基集成电路 A 的 2 脚电压。将热水慢慢倒入杯内，使水温达到下限温度（观察温度计），调节 RP$_2$，使 A 的 2 脚电压达到 4V。然后用万用表监测 555 时基集成电路 A 的 6 脚电压。继续在杯内加热水，使水温达到上限温度（如果上限温度大于 100℃，则需接上电热器，将 R$_t$ 置于温箱内试验），调节 RP$_1$，使 A 的 6 脚电压达到 8V。这样 RP$_1$、RP$_2$ 就算初步设定好了。

再将热敏电阻 R$_t$ 置入较下限设定温度稍低的水中，继电器 KA 应吸合，绿色发光二极管 VL$_2$ 点亮，用万用表测量 A 的 3 脚电压应约有 11V 直流电压。接着将热敏电阻 R$_t$ 置入较上限设定温度稍高的水中，继电器 KA 应释放，红色发光二极管 VL$_1$ 点亮，用万用表测量 A 的 3 脚电压应约为 0V。如果没有上述现象，则可能是 555 时基电路有问题，可用替换法试试。

上述试验正常后，再接入电热器 EH 进行现场调试。必要时对电位器 RP$_1$、RP$_2$ 稍作调试即可。

### 7.3.6 高精度温度控制器之一

电路如图 7-32 所示。温度检测控制集成电路 LM3911 的内部由基准稳压器、温度传感器和一个运算放大器（作比较器）组成，内部基准电压为 6.85V，其电源端 V$_+$ 与输出端间电压与热力学温度成正比，感温灵敏度为 + 10mV/℃。内部的基准稳压器只要使用足够大的限流电阻，令其工作电流在几毫安即可。用 LM3911 作为温度检测和控制器件十分方便。

**（1）控制目的和方法**

控制对象：电热器 EH。

控制目的：使温箱内的温度恒定。

控制方法：采用 LM3911 集成电路作温度检测和控制器件。

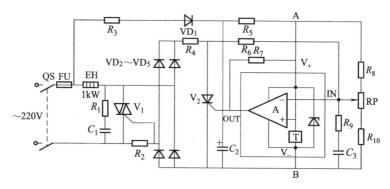

图 7-32 高精度温度控制器电路之一

保护元件：熔断器 FU（电热器过电流保护）；$R_1$、$C_1$（双向
晶闸管过电压保护）；$R_9$、$C_3$（抗干扰）。

**（2）电路组成**

① 主电路。由开关 QS、熔断器 FU、双向晶闸管 $V_1$（兼作控
制元件）和电热器 EH 组成。

② 控制电路。由 LM3911 集成电路 A 及外围阻容元件、二极
管 $VD_2\sim VD_5$、晶闸管 $V_2$、双向晶闸管 $V_1$ 和电阻 $R_4$、$R_2$ 组成。

③ 集成电路 A 的直流工作电源。由降压电阻 $R_3$、$R_5$、二极管
$VD_1$ 和电容 $C_2$ 组成。

**（3）工作原理**

① 逆着分析。当温箱内的温度降至设定值以下时，应加热→
双向晶闸管 $V_1$ 导通→$R_2$ 上的压降 $U_{R_2}$ 足够大（如 2V 以上）→晶闸
管 $V_2$ 需导通→集成电路 A 输出端 OUT 为高电平。

当温箱内的温度升至设定值时，应停止加热→$V_1$ 关闭→电压
$U_{R_2} = 0V$→$V_2$ 关断→A 的 OUT 输出低电平。

② 顺着分析。接通电源，220V 交流电经电阻 $R_3$ 降压、二极
管 $VD_1$ 半波整流、电容 $C_2$ 滤波和电阻 $R_5$ 降压后，给 LM3911 集
成电路 A 提供约 ±12V 直流电压。A 的输入端 IN 从分压器 $R_8$、
$R_{10}$、RP 上取出基准比较电压。当温箱内的温度降至设定值以下
时，被 A 内部的温度传感器检测到，使 A 内部电路转换，A 的输

出端 OUT 输出高电平，使晶闸管 $V_2$ 触发导通，于是经二极管 $VD_2 \sim VD_5$ 整流的电流通过电阻 $R_2$，在 $R_2$ 产生足够的压降，双向晶闸管 $V_1$ 获得足够的控制极电压而导通，接通电热器 EH，开始加热。

当温箱内的温度达到设定值时，集成电路 A 的输出端 OUT 输出低电平，$V_2$ 关断，$R_2$ 上没有电流通过，$V_1$ 失去控制极电压而关断，电热器 EH 停止加热。如此重复上述过程，使温度维持在设定值附近。

图中，$R_6$ 作为正反馈电阻，用以消除临界温度点附近晶闸管 $V_2$ 工作不稳定性。

**（4）元件选择**

电气元件参数见表 7-30。

表 7-30 电气元件参数

| 序号 | 名　　称 | 代号 | 型　号　规　格 | 数量 |
|---|---|---|---|---|
| 1 | 开关 | QS | HK2-10　10A、220V | 1 |
| 2 | 熔断器 | FU | RT14-20/5A | 1 |
| 3 | 双向晶闸管 | $V_1$ | KS10A　600V | 1 |
| 4 | 晶闸管 | $V_2$ | KP1A　600V | 1 |
| 5 | 集成电路 | A | LM3911 | 1 |
| 6 | 二极管 | $VD_2 \sim VD_5$ | 1N4007 | 4 |
| 7 | 二极管 | $VD_1$ | 1N4001 | 1 |
| 8 | 线绕电阻 | $R_1$ | RX1-51Ω　10W | 1 |
| 9 | 金属膜电阻 | $R_2$ | RJ-27Ω　2W | 1 |
| 10 | 金属膜电阻 | $R_3$ | RJ-3.3kΩ　1/2W | 1 |
| 11 | 线绕电阻 | $R_4$ | RX1-100Ω　8W | 1 |
| 12 | 金属膜电阻 | $R_5$ | RJ-180kΩ　1/2W | 1 |
| 13 | 金属膜电阻 | $R_6$ | RJ-4.7MΩ　1/2W | 1 |
| 14 | 金属膜电阻 | $R_7$ | RJ-680kΩ　1/2W | 1 |
| 15 | 金属膜电阻 | $R_8$ | RJ-29kΩ　1/2W | 1 |
| 16 | 金属膜电阻 | $R_9$ | RJ-510kΩ　1/2W | 1 |
| 17 | 金属膜电阻 | $R_{10}$ | RJ-35kΩ　1/2W | 1 |
| 18 | 电位器 | RP | WX3-5.6kΩ　3W | 1 |
| 19 | 电容器 | $C_1$ | CBB22　0.1μF　400V | 1 |
| 20 | 电解电容器 | $C_2$ | CD11　50μF　25V | 1 |
| 21 | 电容器 | $C_3$ | CBB22　0.05μF　63V | 1 |

### (5)调试

暂不接电热器 EH 和 LM3911 集成电路 A。接通电源,用万用表测量 A、B 两端的电压,应约有 24V 直流电压。然后接入电热器 EH 和集成电路 A,并在 EH 两端并联一只 40W、220V 灯泡。接通电源,用万用表监视集成电路 A 的输出端 OUT(对 B 点)直流电压。用电烙铁头等发热物体接近集成电路 A,输出端 OUT 应为低电平(约 0V),灯泡不亮,说明电热器停止加热。然后移开发热物体,输出端 OUT 应为高电平,灯泡点亮,说明电热器开始加热。如果灯泡不亮,可适当增大 $R_2$ 的阻值,一般 $R_2$ 上的电压降 2V 以上即可触发双向晶闸管 $V_1$ 导通。但 $R_2$ 上的电压降不可太大,超出 10V,会使 $V_1$ 损坏,应根据电热器的功率(即负载电流大小),调整 $R_2$ 阻值,使 $R_2$ 上的电压降为 4~6V 左右为宜,这样能可靠地触发导通双向晶闸管,又能确保安全。

按表 7-30 所示参数,电位器 RP 的调整温度范围为 20~60℃。

由于装置元件都处在电网电压下,因此在安装、调试、使用时必须注意安全。

### 7.3.7 高精度温度控制器之二

电路如图 7-33 所示。

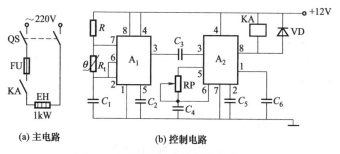

(a) 主电路　　　　　(b) 控制电路

图 7-33　高精度温度控制器电路之二

### (1)控制目的和方法
控制对象:电热器 EH。

控制目的：高精度温控。

控制方法：采用温度/频率转换方式，将温度变化信号转变成频率信号，再经音频译码器译码后，驱动电子开关控温。

保护元件：熔断器 FU（电热器过载保护）；二极管 VD（保护集成电路 A 免受继电器 KA 反电势而损坏）。

**（2）电路组成**

① 主电路。由开关 QS、熔断器 FU、继电器 KA 触点和电热器 EH 组成。

② 控制电路。由温度传感器（热敏电阻）$R_t$、多谐振荡器（由 555 时基集成电路 $A_1$ 和电阻 R、电容 $C_1$、$C_2$ 和 $R_t$ 组成）、音频译码器（由 LM567 单音频译码集成电路 $A_2$ 及外接阻容元件组成）和继电器 KA 组成。

**（3）工作原理**

多谐振荡器产生的振荡频率为 $f_C = 1.443/[(R + 2R_t) \cdot C_1]$，由于热敏电阻 $R_t$ 的阻值随温度而变化，因此 $f_C$ 也随温度变化而变化。音频译码器的中心频率 $f_0 = 1/(1.1RP \cdot C_4)$，调节电位器 RP，使 $f_0$ 为设定温度的频率。当集成电路 $A_1$ 的振荡频率 $f_C$ 与集成电路 $A_2$ 的中心频率 $f_0$ 一致时，$A_2$ 的 8 脚输出低电平（约 0V），使继电器 KA 得电吸合，其常开触点闭合，接通电热器 EH 电源，电热器开始加热。

如果电热器功率较大（如超过 1kW），则可增加一只交流接触器 KM，用继电器 KA 常开触点控制 KM 线圈，再用 KM 主触点控制电热器的通断。

**（4）元件选择**

电气元件参数见表 7-31。

表 7-31　电气元件参数

| 序号 | 名称 | 代号 | 型号规格 | 数量 |
|---|---|---|---|---|
| 1 | 开关 | QS | HK2-10　10A　220V | 1 |
| 2 | 熔断器 | FU | RT14-20/5A | 1 |
| 3 | 时基集成电路 | $A_1$ | NE555、$\mu$A555、SL555 | 1 |

续表

| 序号 | 名称 | 代号 | 型号规格 | 数量 |
|---|---|---|---|---|
| 4 | 单音频译码集成电路 | $A_2$ | LM567 | 1 |
| 5 | 继电器 | KA | 522型 DC12V | 1 |
| 6 | 二极管 | VD | 1N4001 | 1 |
| 7 | 金属膜电阻 | $R$ | RJ-10kΩ 1/2W | 1 |
| 8 | 电容器 | $C_1 \sim C_4$ | CBB22 0.01μF 63V | 4 |
| 9 | 电容器 | $C_5$ | CL21 1μF 63V | 1 |
| 10 | 电容器 | $C_6$ | CL21 2.2μF 63V | 1 |
| 11 | 正温度系数热敏电阻 | $R_t$ | MZ41型 10kΩ | 1 |
| 12 | 电位器 | RP | WS-0.5W 47kΩ | 1 |

### (5) 调试

主要调试控制电路部分。接通电源，用万用表测量电路的直流工作电源，应为12V直流电压。常温时，集成电路$A_2$的8脚为低电平（约0V），继电器应处于吸合状态。用电烙铁等加热物体接近热敏电阻$R_t$，继电器KA应释放，集成电路$A_2$的8脚应为高电平（约12V）。调节电位器RP，要达到上述动作现象，加热物体与$R_t$的远近距离也发生相应变化。

若无上述现象，可调换集成电路$A_1$或$A_2$试试。

控制电路调试好后，将热敏电阻$R_t$置于温箱内，再合上主电路电源开关QS进行现场调试。用温度计测量温箱的温度，调节RP，使温箱内的温度符合设定要求。

## 7.3.8 冷冻机恒温自动控制器

电路如图7-34所示。

### (1) 控制目的和方法

控制对象：冷冻机（电动机M）。

控制目的：使冷藏箱内温度保持在−10～−8℃范围内。

控制方法：利用负温度系数的热敏电阻$R_t$作探温元件，并组成测量桥，根据测量桥平衡与否，判断并控制是否开机或停机。

保护元件：熔断器$FU_1$（电动机短路保护）；$FU_2$（控制电路的短路保护）；二极管$VD_2$（保护三极管$VT_2$免受继

电器 KA 反电势而损坏）；电容 $C_1$（滤除 KA 线圈两端的脉动电压，使 KA 工作更可靠）。

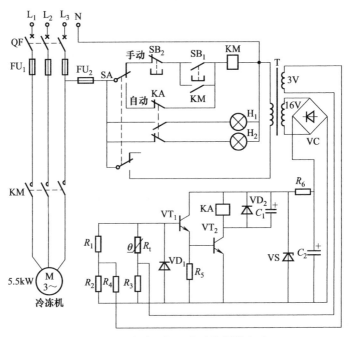

图 7-34　冷冻机恒温自动控制器电路

**(2) 电路组成**

① 主电路。由断路器 QF、熔断器 $FU_1$、接触器 KM 主触点和电动机 M 组成。

② 控制电路。由"手动-自动"转换开关 SA、启动按钮 $SB_1$、停止按钮 $SB_2$ 和接触器 KM 组成。

③ 电子控制电路。由三极管 $VT_1$、$VT_2$ 和继电器 KA 及电阻 $R_5$、二极管 $VD_2$、电容 $C_1$ 组成。

④ 电子控制电路的直流工作电源。由变压器 T 次级 16V 绕组、整流桥 VC、电容 $C_2$、电阻 $R_6$ 和稳压管 VS 组成。

⑤ 测量桥电路。由热敏电阻 $R_t$、电阻 $R_1 \sim R_3$ 及 $R_4$ 和变压

器 T 次级 3V 绕组组成。

⑥ 指示灯。$H_1$——冷冻机运行指示（绿色）；$H_2$——冷冻机停止指示（红色）。

**（3）工作原理**

合上断路器 QF，将转换开关 SA 置于"自动"位置。220V 交流电经变压器 T 降压、整流桥 VC 整流、电容 $C_2$ 滤波、电阻 $R_6$ 降压和稳压管 VS 稳压后，给电子控制电路提供 12V 直流电压。当冷藏箱内的温度高于 -8℃ 时，热敏电阻 $R_t$ 阻值减小，由 $R_t$、$R_1$、$R_2$、$R_3$ 构成的电桥接近平衡，三极管 $VT_1$、$VT_2$ 基极没有正向偏压而截止，继电器 KA 失电释放，其常闭触点闭合，接触器 KM 得电吸合，其主触点闭合，冷冻机开始制冷。当冷藏箱内的温度降到 -10℃ 时，$R_t$ 阻值变大，电桥平衡被破坏，三极管 $VT_1$ 在电源正半波时得到正偏压而导通，$VT_2$ 也导通，KA 得电吸合，其常闭触点断开，KM 失电释放，冷冻机停止制冷。当冷藏箱内的温度再升到 -8℃ 时，电路自动翻转，重复上述过程，从而使冷藏箱内的温度保持在 -10～-8℃ 范围内。

在电桥不平衡时，变压器 T 次级 3V 电压在正半波时，经电桥加在 $VT_1$ 的基极，使其导通；负半波时，从二极管 $VD_1$ 经电桥回到电源。$VD_1$ 的作用就是不让三极管 $VT_1$、$VT_2$ 受到负偏压作用。

**（4）元件选择**

电气元件参数见表 7-32。

**表 7-32 电气元件参数**

| 序号 | 名称 | 代号 | 型号规格 | 数量 |
|---|---|---|---|---|
| 1 | 断路器 | QF | DZ5-20/330 | 1 |
| 2 | 熔断器 | $FU_1$ | RL$_1$-60/35A | 3 |
| 3 | 熔断器 | $FU_2$ | RL$_1$-15/2A | 1 |
| 4 | 转换开关 | SA | LW5-15，D0408/2 | 1 |
| 5 | 交流接触器 | KM | CJ20-16A AC220V | 1 |
| 6 | 继电器 | KA | JQX-4F DC12V | 1 |
| 7 | 变压器 | T | 3V·A 220/16V、3V | 1 |
| 8 | 三极管 | $VT_1$ | 3DG6 $\beta \geqslant 50$ | 1 |
| 9 | 三极管 | $VT_2$ | 3DG130 $\beta \geqslant 50$ | 1 |

续表

| 序号 | 名称 | 代号 | 型号规格 | 数量 |
|---|---|---|---|---|
| 10 | 稳压管 | VS | 2CW110 $U_z$=11～12.5V | 1 |
| 11 | 二极管 | VD$_1$、VD$_2$ | 1N4001 | 2 |
| 12 | 负温度系数热敏电阻 | $R_t$ | RR03-2 型(25℃阻值为 2.4kΩ) | |
| 13 | 金属膜电阻 | $R_1$、$R_2$、$R_4$ | RJ-1kΩ 1/2W | 3 |
| 14 | 金属膜电阻 | $R_3$ | RJ-200Ω 1/2W | 1 |
| 15 | 金属膜电阻 | $R_5$ | RJ-3kΩ 1/2W | 1 |
| 16 | 碳膜电阻 | $R_6$ | RT-100Ω 1W | 1 |
| 17 | 电解电容器 | $C_1$、$C_2$ | CD11 100$\mu$F 25V | 2 |
| 18 | 按钮 | SB$_1$ | LA18-22(绿) | 1 |
| 19 | 按钮 | SB$_2$ | LA18-22(红) | 1 |
| 20 | 指示灯 | H$_1$ | AD11-25/40 380V(绿) | 1 |
| 21 | 指示灯 | H$_2$ | AD11-25/40 380V(红) | 1 |

### (5) 调试

暂将 L$_1$、L$_2$ 两相的熔断器 FU$_1$ 的熔芯取下，用一个 5.6kΩ 电位器 RP 代替热敏电阻 $R_t$，试验"自动"部分的继电器 KA 动作情况。将转换开关 SA 置于"自动"位置，用万用表测量变压器 T 次级二绕组的电压，应分别为 16V 和 3V 交流电压，然后测量稳压管 VS 两端的电压，应约有 12V 直流电压。调节 RP，滑臂在某一小范围内，继电器 KA 不吸合，超出这一小范围，KA 即吸合，同时接触器 KM 也吸合，绿色指示灯 H$_1$ 点亮、红色指示灯 H$_2$ 熄灭。如果是这样，表明自动控制电路正常。

然后装上 FU$_1$ 的熔芯，可先试手动控制。将 SA 置于"手动"位置，按下启动按钮 SB$_1$，冷冻机电动机应运行；按下停止按钮 SB$_2$，电动机应停止运行。然后试验自动控制：将热敏电阻 $R_t$ 恢复，将 SA 置于"自动"位置，装置应能正确工作。观察冷藏箱内的温度是否与欲控制的温度（−10～−8℃）一致。若有出入，可适当调节 $R_3$ 的阻值（调试时，可暂用一个 510Ω 电阻与 2.2kΩ 电位器串联），调节该电位器，使满足控温范围。最后用一个固定电阻代之。

注意，三极管 VT$_1$ 的电流放大倍数 $\beta$ 不可太小，以免影响装置的灵敏度。

### 7.3.9 采用零触发集成电路的温度控制器

电路如图 7-35 所示。

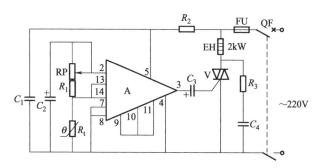

图 7-35 采用零触发集成电路的温度控制器电路

**(1) 控制目的和方法**

控制对象：电热器 EH。

控制目的：使温箱内的温度维持在设定的温度范围内。

控制方法：采用负温度系数热敏电阻 $R_t$ 作感温元件，TA7606P
集成电路 A 作控制元件，双向晶闸管 V 作无触点
开关。

保护元件：熔断器 FU（电热器过载保护）；$R_3$、$C_4$（双向晶
闸管换相过电压保护）。

**(2) 电路组成**

① 主电路。由开关 QF、熔断器 FU、双向晶闸管 V（兼作控制
元件）和电热器 EH 组成。

② 控制电路。由测量桥（由电阻 $R_1$、电位器 RP、热敏电阻
$R_t$ 和集成电路 A 内部的电阻组成）、零压控制开关（即零触发集成
电路 A）、电容 $C_3$ 和双向晶闸管 V 组成。

**(3) 工作原理**

接通电源，当温箱内的温度低于设定值时，负温度系数热敏电
阻 $R_t$ 的阻值增大，测量电桥失去平衡，集成电路 A 的 3 脚输出脉
冲，并经电容 $C_3$ 耦合，使双向晶闸管 V 在交流过零时触发导通，

接通电热器 EH 电源，电热器开始加热。当温箱内的温度升到设定值时，$R_t$ 阻值减小，使测量电桥达到平衡，集成电路 A 的 3 脚无脉冲输出，双向晶闸管 V 关断，EH 停止加热。

(4) 元件选择

电气元件参数见表 7-33。

表 7-33　电气元件参数

| 序号 | 名称 | 代号 | 型号规格 | 数量 |
|------|------|------|----------|------|
| 1 | 断路器 | QF | DZ12-60/2　20A | 1 |
| 2 | 熔断器 | FU | RT14-20/10A | 1 |
| 3 | 双向晶闸管 | V | KS20A　600V | 1 |
| 4 | 零触发集成电路 | A | TA7606P | 1 |
| 5 | 负电阻系数热敏电阻 | $R_t$ | MF12 型　3kΩ | 1 |
| 6 | 金属膜电阻 | $R_1$ | RJ-2.2kΩ　1/2W | 1 |
| 7 | 线绕电阻 | $R_2$ | RX1-4.7kΩ　8W | 1 |
| 8 | 线绕电阻 | $R_3$ | RX1-51Ω　10W | 1 |
| 9 | 电位器 | RP | WS-0.5W　56kΩ | 1 |
| 10 | 电容器 | $C_1$ | CBB22　0.047μF　63V | 1 |
| 11 | 电解电容器 | $C_2$ | CD11　100μF　16V | 1 |
| 12 | 电解电容器 | $C_3$ | CD11　50μF　16V | 1 |
| 13 | 电容器 | $C_4$ | CBB22　0.1μF　63V | 1 |

(5) 调试

暂用一只 220V、100W 白炽灯代替电热器 EH，合上断路器 QF，当温度低时，灯泡应点亮；然后用电烙铁等加热物体接近热敏电阻 $R_t$，灯泡应熄灭。如果没有上述现象，则应检查集成电路 A 及双向晶闸管 V 是否良好。可用替换法试试。另外需注意，热敏电阻 $R_t$ 要采用负温度系数热敏电阻，不可用正温度系数热敏电阻。

以上试验正常后，再接入电热器 EH，将热敏电阻 $R_t$ 置于温箱内合适的位置进行现场试验。在温箱内设置一水银温度计，调节电位器 RP，可改变温度设定值。

在表 7-33 所列元件参数下，温度控制范围为 30～70℃，精度为 ±2℃。

由于装置元件都处在电网电压下，因此在安装、调试、使用时都必须注意安全。

### 7.3.10 电烘房温度自动控制器

电路如图 7-36 所示。

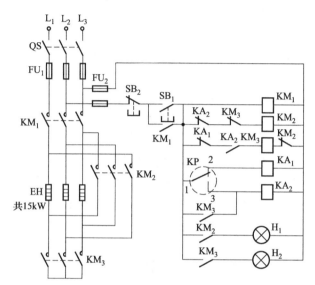

图 7-36 电烘房温度自动控制器电路

**(1) 控制目的和方法**

控制对象：远红外电热板 EH。

控制目的：使烘房温度维持在设定的温度范围内。

控制方法：升温时，将三相电热板接成△形，保温时，接成 Y 形。通过电接点压力式温度计 KP 实现恒温控制。

保护元件：熔断器 $FU_1$（电热板过电流保护）；$FU_2$（控制电路的短路保护）。

**(2) 电路组成**

① 主电路。由开关 QS、熔断器 $FU_1$、接触器 $KM_1$、$KM_2$、$KM_3$ 主触点和电热板 EH 组成。

② 控制电路。由熔断器 $FU_2$、启动接钮 $SB_1$、停止按钮 $SB_2$、

电接点压力式温度计 KP、接触器 KM$_1$、KM$_2$、KM$_3$ 和中间继电器 KA$_1$、KA$_2$ 组成。

③ 指示灯。H$_1$——升温指示（绿色）；H$_2$——保温指示（红色）。

**（3）工作原理**

① 初步分析。升温时，接触器 KM$_1$、KM$_2$ 吸合，KM$_3$ 释放，电热板 EH 接成△形；保温时，KM$_1$、KM$_3$ 吸合，KM$_2$ 释放，EH 接成 Y 形。

② 顺着分析。合上电源开关 QS，按下启动按钮 SB$_1$，接触器 KM$_1$、KM$_2$ 得电吸合并自锁，电热器 EH 接成三角形，输入最大功率进行快速升温，同时绿色指示灯 H$_1$ 点亮。当温度达到上限值时，电接点压力式温度计 KP 的上限接点 1-3 闭合，中间继电器 KA$_2$ 得电吸合，其常闭触点断开，接触器 KM$_2$ 失电释放，KA$_2$ 的常开触点闭合，接触器 KM$_3$ 得电吸合，其常闭辅助触点断开互锁，其常开辅助触点闭合，使 KA$_2$ 自锁。电热器 EH 由三角形接法变为星形接法，输入功率约为原来的 1/3，进入保温阶段，同时红色指示灯 H$_2$ 亮。由于 KM$_3$ 的常开辅助触点并接在上限接点 1-3 的两端，即使温度降到上限值以下时，电路仍保持星形接法。只有当温度下降到下限值时，温度计 KP 的下限接点 1-2 闭合，中间继电器 KA$_1$ 得电吸合，其常闭触点断开，接触器 KM$_3$ 失电释放，继而 KA$_2$ 释放。KA$_2$ 常闭触点闭合，KM$_2$ 得电吸合，电热器又以三角形接法进行升温。这样使烘房温度始终保持在设定的上限、下限温度范围内，实现了温度的自动控制。

**（4）元件选择**

电气元件参数见表 7-34。

表 7-34 电气元件参数

| 序号 | 名称 | 代号 | 型号规格 | 数量 |
|---|---|---|---|---|
| 1 | 闸刀开关 | QS | HK2-60/3 | 1 |
| 2 | 熔断器 | FU$_1$ | RL1-60/25A | 3 |
| 3 | 熔断器 | FU$_2$ | RL1-15/2A | 2 |
| 4 | 交流接触器 | KM$_1$、KM$_3$ | CJ20-40A  380V | 2 |
| 5 | 交流接触器 | KM$_2$ | CJ20-25A  380V | 1 |

续表

| 序号 | 名称 | 代号 | 型号规格 | 数量 |
|---|---|---|---|---|
| 6 | 继电器 | KA$_1$、KA$_2$ | JZ7-44 380V | 2 |
| 7 | 电接点压力式温度计 | KP | WTQ-288型(工作温度为0~500℃) | 1 |
| 8 | 按钮 | SB$_1$ | LA18-22(绿) | 1 |
| 9 | 按钮 | SB$_2$ | LA18-22(红) | 1 |
| 10 | 指示灯 | H$_1$ | AD11-25/40 380V(绿) | 1 |
| 11 | 指示灯 | H$_2$ | AD11-25/40 380V(红) | 1 |

(5) 计算与调试

① 接触器 KM$_1$、KM$_3$ 的选择。电热板 EH 三相接成 Y 形时,其线电流为

$$I_1 = \frac{P}{\sqrt{3}\,U} = \frac{15000}{\sqrt{3} \times 380} = 22.8(A)$$

所以选择额定电流为 40A 的交流接触器。

② 接触器 KM$_2$ 的选择。电热板 EH 三相接成△形时,其线电流为

$$I_2 = \frac{I_1}{\sqrt{3}} = \frac{22.8}{\sqrt{3}} = 13.2(A)$$

所以选择额定电流为 25A 的交流接触器。

③ 调试。暂不接入电热板,先试验控制电路各接触器和继电器的动作情况。合上电源开关 QS,按下启动按钮 SB$_1$,接触器 KM$_1$ 应吸合并自锁,KM$_2$ 也吸合,KM$_3$ 释放,绿色指示灯 H$_1$ 点亮。将电接点压力式温度计 KP 的上限接点 1-3 闭合(或用导线碰连),继电器 KA$_2$ 应吸合,KM$_2$ 释放,KM$_3$ 吸合,指示灯 H$_1$ 熄灭,红色指示灯 H$_2$ 点亮。再将 KP 的 1-3 接点断开,各接触器和 KA$_2$ 动作状态不变。再将 KP 的下限接点 1-2 闭合(或用导线碰连),继电器 KA$_1$ 应吸合,KM$_3$ 释放,KA$_2$ 释放,而 KM$_2$ 吸合,同时指示灯 H$_2$ 熄灭,H$_1$ 点亮。

按下停止按钮 SB$_2$,接触器 KM$_1$ 释放,指示灯 H$_1$、H$_2$ 均熄灭。

以上试验正常后,将电热板 EH 接入进行现场试验。现场试验主要整定电接点压力式温度计 KP 的上限和下限接点的位置。这主

要由烘房内设定的温度要求决定。注意，KP 的上限、下限接点相对距离越近，则控温精度越高，但 KP 动、静接点通、断越频繁；上限、下限接点相对距离越远，则控温精度越低，但 KP 动、静接点通、断频度低。可视具体要求进行调整。

## 7.3.11　电阻炉继电式温度控制器

电路如图 7-37 所示。该电阻炉总功率为 69kW，恒温（保温）时功率为 24kW。

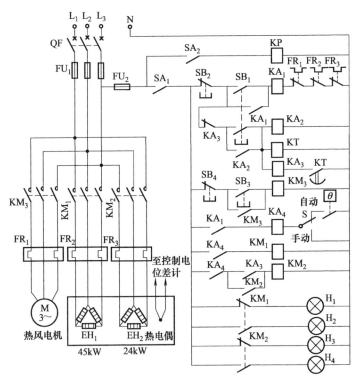

图 7-37　电阻炉继电式温度控制器电路

### (1) 控制目的和方法

控制对象：电阻炉（电热丝 $EH_1$、$EH_2$）。

控制目的：自动保温。

控制方法：升温时分两个阶段，第一阶段第一组电热丝工作，第二阶段两组电热丝同时工作，保温时仅一组（$EH_2$）工作。利用电位差计进行控制；可手动和自动控制。

保护元件：熔断器 $FU_1$［电阻炉过载保护（后备）］；$FU_2$（控制电路的短路保护）；断路器 QF（电阻炉短路、过载等保护）；热继电器 $FR_1$（热风电机过载保护）；$FR_2$（电热丝 $EH_1$ 过载保护）；$FR_3$（电热丝 $EH_2$ 过载保护）。

**（2）电路组成**

① 主电路。由断路器 QF、熔断器 $FU_1$、接触器 $KM_1$、$KM_2$ 主触点、热继电器 $FR_2$、$FR_3$ 和电热丝 $EH_1$、$EH_2$ 组成。

② 辅助电路。由接触器 $KM_3$ 主触点、热继电器 $FR_1$ 和热风电动机 M 组成。

③ 控制电路。由熔断器 $FU_2$、控制开关 $SA_1$、电位差计 KP 及其电源开关 $SA_2$、"手动-自动"转换开关 S、启动按钮 $SB_1$、停止按钮 $SB_2$、热风机启动按钮 $SB_3$、热风机停止按钮 $SB_4$、中间继电器 $KA_1 \sim KA_4$、接触器 $KM_1 \sim KM_3$、时间继电器 KT 和热继电器 $FR_1 \sim FR_3$ 常闭触点组成。

④ 指示灯。$H_1$——电炉丝 $EH_1$ 未投入指示（红色）；$H_2$——电炉丝 $EH_1$ 投入指示（绿色）；$H_3$——电炉丝 $EH_2$ 未投入指示（红色）；$H_4$——电炉丝 $EH_2$ 投入指示（绿色）。

**（3）工作原理**

合上电源开关 QF 和控制回路开关 $SA_1$，再合上热电偶式电位差计 KP 的电源开关 $SA_2$，将转换开关 S 置于"自动"位置，按下启动按钮 $SB_1$，中间继电器 $KA_1$、$KA_2$ 得电吸合并自锁，$KA_1$ 常开触点闭合，中间继电器 $KA_4$ 得电吸合，其常开触点闭合，接触器 $KM_1$ 得电吸合，接通第一组电热器 $EH_1$ 加热。与此同时，时间继电器 KT 线圈通电，经过一段延时后，其延时闭合常开触点闭合，中间继电器 KA₃ 得电吸合，其常开触点闭合，接触器 KM₂ 得电吸合，接通第二组电热器 EH₂ 加热（快速升温）。由于 KA₃ 吸合，其常闭触点断开，于是 KA₂ 和 KA₃ 及 KT 均失电释放。此后它们不再参加工作。

当炉温达到 75℃ 时，再按下热风机控制按钮 SB₃，接触器 KM₃ 得电吸合并自锁，热风调节风扇运行，均匀调热。温度继续升高，当达到设定值时，电位差计 KP 的接点断开，KA₄ 失电释放，使 KM₁、KM₂ 失电释放，两组电热器停止工作。

当炉温下降到设定值时，KP 的接点闭合，KA₄ 又吸合，接触器 KM₁ 得电吸合，第一组电热器 EH₁ 加热保温。如此重复上述过程，从而达到电炉自动保温工作。

指示灯 H₁～H₄ 指示电炉各工作状态。

**(4) 元件选择**

电气元件参数见表 7-35。热电偶的选择（部分）见表 7-36。

表 7-35　电气元件参数

| 序号 | 名称 | 代号 | 型号规格 | 数量 |
|---|---|---|---|---|
| 1 | 断路器 | QF | DZ10-250/330 | 1 |
| 2 | 熔断器 | FU₁ | RL₁-200/125A | 3 |
| 3 | 熔断器 | FU₂ | RL₁-15/15A | 1 |
| 4 | 交流接触器 | KM₁ | CJ20-100A　220V | 1 |
| 5 | 交流接触器 | KM₂ | CJ20-60A　220V | 1 |
| 6 | 交流接触器 | KM₃ | CJ20-16A　220V | 1 |
| 7 | 中间继电器 | KA₁～KA₄ | JZ7-44　220V | 4 |
| 8 | 时间继电器 | KT | JS20　220V　0～900s | 1 |
| 9 | 热继电器 | FR₁ | JR20-10A(整定 6A) | 1 |
| 10 | 热继电器 | FR₂ | JR20-63A(整定 71A) | 1 |
| 11 | 热继电器 | FR₃ | JR20-63A(整定 40A) | 1 |
| 12 | 热电偶式电位差计 | KP | EWY-101 型，所配热电偶根据<br>炉温选择，见表 7-36 | 1 |
| 13 | 按钮 | SB₁、SB₃ | LA18-22(绿) | 2 |
| 14 | 按钮 | SB₂、SB₄ | LA18-22(红) | 2 |
| 15 | 开关 | SA₁、SA₂ | LS2-2 | 2 |
| 16 | 转换开关 | S | LS2-2 | 1 |
| 17 | 指示灯 | H₁、H₃ | AD11-25/40　220V(红) | 2 |
| 18 | 指示灯 | H₂、H₄ | AD11-25/40　220V(绿) | 2 |

表 7-36 热电偶的选择 (部分)

| 热电偶 | 分度号 | 使用温度范围/℃ |
| --- | --- | --- |
| 镍铬/镍铝 | K | −40～＋1200 |
| 镍铬/铜镍 | E | −40～＋900 |
| 铜/铜镍 | T | −40～＋350 |
| 铁/铜镍 | J | −40～＋750 |
| 铂铑 10％/铂 | S | 0～1600 |
| 铂铑 13％/铂 | R | 0～1600 |

### (5) 热电偶的安装

热电偶如图 7-38 所示。

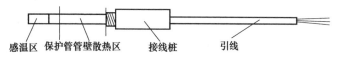

感温区　保护管管壁散热区　接线桩　引线

图 7-38 热电偶示意图

热电偶传感器的温度感知区域在端部 5～20mm 处，热电阻传感器的温度感知区域在端部 5～70mm 处，在计算插入深度值时应考虑到这点区别。

传感器应尽可能要安装在置放工件的位置上，避免安装在炉门旁边或与加热物体距离过近处。其插入深度必须按实际需要决定。传感器的安装位置应尽可能保持垂直，但在有流速的情况下则必须使测量头逆向倾斜安装。如果需要固定传感器，可在容器壁上开一个比传感器的安装螺纹外径略大的固定用孔，用所附的螺母把传感器安装固定在容器上。在测量对象为非气体或液体（如注塑机的料筒）时，务必使传感器感温部分与被测物体紧密接触，以提高响应速度和降低传递误差。

如热电偶的输出线要加长，应使用与所用热电偶分度号相对应的补偿导线同极性加长，再与二次仪表连接。传感器连线或补偿导线应直接与仪表接线端连接，避免使用普通导线，否则会带来误差。连线要尽可能少弯折，以延长使用时间，必须频繁弯折传感器连线的传感器应作专门设计（特殊订货）。传感器引线应避免和动

力导线、负载导线绷扎在一起走线，以免因引入干扰而降低系统的
稳定性。

**(6) 调试**

将转换开关 S 置于"手动"位置，合上断路器 QF 和开关 SA₁，
先用手动操作试验各继电器、接触器和时间继电器动作情况及指示
灯指示情况是否正确，以及看两组电热丝和热风电机工作情况。

按下按钮 SB₃，接触器 KM₃ 吸合并自锁，热风电机运行，检
查旋转方向是否正确。不对的话，调换两根电源线接线即可。按下
SB₄，热风电机停止。

按下按钮 SB₁，继电器 KA₁、KA₄ 吸合，接触器 KM₁ 吸合，电
热丝 EH₁ 工作，红色指示灯 H₁ 熄灭，绿色指示灯 H₂ 点亮，表示
EH₁ 投入运行；红色指示灯 H₃ 亮，表示 EH₂ 未投入运行。经过一
段延时（可暂将 KT 延时整定很短），KA₃ 吸合，KM₂ 吸合并自锁，
电热丝 EH₂ 也投入运行，红色指示灯 H₃ 熄灭，绿色指示灯 H₄ 点
亮。按下按钮 SB₂，各继电器、接触器均释放，EH₁、EH₂ 停止
加热。

手动控制正常后，再将开关 S 置于"自动"位置，进行"自
动"试验。温控值可由电位差计调节钮设定。为判断炉温是否与电
位差计示值一致，可在炉内设置一温度计，加以对比。

时间继电器 KT 延时闭合常开触点的延时闭合时间决定于第二
组电热丝 EH₂ 投入的时间，可根据具体工艺要求加以整定。

## 7.3.12 电阻炉晶闸管温度控制器

电路如图 7-39 所示。

**(1) 控制目的和方法**

控制对象：箱式电阻炉（电炉丝 EH）。

控制目的：使炉温维持在设定的温度范围内。

控制方法：采用热电偶作感温元件，热电偶式电位差计作控制
元件，双向晶闸管作无触点开关；可手动和自动
控制。

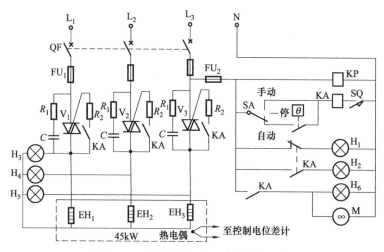

图 7-39  电阻炉晶闸管温度控制器电路

保护元件：断路器 QF（电阻炉短路、过载等保护）；熔断器
FU$_1$（电阻炉过载保护）；FU$_2$（控制电路的短路保
护）；R$_1$、C（双向晶闸管换相过电压保护）。

**（2）电路组成**

① 主电路。由断路器 QF、熔断器 FU$_1$、双向晶闸管 V$_1$～V$_3$
（兼作控制元件）和电热器 EH 组成。

② 控制电路。由熔断器 FU$_2$、继电器 KA、热电偶式电位差计
KP（包括热电偶）、转换开关 SA、炉门开关（限位开关）SQ（炉
门关闭时 SQ 闭合）和双向晶闸管 V$_1$～V$_3$ 等组成。

③ 指示灯。H$_1$——停止加热指示（红色）；H$_2$——加热指示
（绿色）；H$_3$～H$_5$——三相电热器 EH$_1$～EH$_3$ 接通指示（黄色）。

**（3）工作原理**

合上断路器 QF，电源指示灯 H$_1$ 亮，将转换开关 SA 置于"自
动"位置。开始炉温较低，热电偶式电位差计 KP 的接点闭合，中
间继电器 KA 得电吸合，其常开触点闭合，接通三相双向晶闸管
V$_1$～V$_3$ 的控制极回路，V$_1$～V$_3$ 触发导通，电热器 EH 加热升温。

冷却风机运行,风机运行指示灯 $H_6$ 点亮。同时绿色指示灯 $H_2$ 和黄色指示灯 $H_3 \sim H_5$ 点亮,红色指示灯 $H_1$ 熄灭,表示电炉正在升温。当炉温升到设定值时,KP 接点断开,KA 失电释放,使 $V_1 \sim$ $V_3$ 的控制极回路断开而关闭(交流电过零时),电炉停止升温。同时 $H_1$ 点亮, $H_2$ 和 $H_3 \sim H_5$ 熄灭。当炉温下降到一定值时,KP 接点又闭合,KA 又吸合, $V_1 \sim V_3$ 又导通,电热器重新加热升温。如此重复上述过程,从而实现炉温自动控制。

### (4)元件选择

电气元件参数见表 7-37。

**表 7-37 电气元件参数**

| 序号 | 名称 | 代号 | 型号规格 | 数量 |
|---|---|---|---|---|
| 1 | 断路器 | QF | DZ10-100/330 | 1 |
| 2 | 熔断器 | $FU_1$ | $RL_1$-100/80A | 3 |
| 3 | 熔断器 | $FU_2$ | $RL_1$-15/2A | 1 |
| 4 | 双向晶闸管 | $V_1 \sim V_3$ | KS200A 1000V | 3 |
| 5 | 中间继电器 | KA | JZ7-44 220V | 1 |
| 6 | 热电偶式电位差计 | KP | EWY-101 型 | 1 |
| 7 | 转换开关 | SA | LW5-15 D0408/2 | 1 |
| 8 | 限位开关 | SQ | BK-411 | 1 |
| 9 | 线绕电阻 | $R_1$ | $RX_1$-51Ω 30W | 3 |
| 10 | 热电偶 | | 镍铬-镍铝热电偶 WREU-11,0~1100℃ | 1 |
| 11 | 轴流风机 | M | FZY2-D 45W 220V | 1 |
| 12 | 金属膜电阻 | $R_2$ | RJ-220Ω 2W | 3 |
| 13 | 电容器 | C | CJ41 0.47μF 1000V | 3 |
| 14 | 指示灯 | $H_1$ | AD11-25/40 220V(红) | 1 |
| 15 | 指示灯 | $H_2$、$H_6$ | AD11-25/40 220V(绿) | 2 |
| 16 | 指示灯 | $H_3 \sim H_5$ | AD11-25/40 380V(黄) | 3 |

### (5)调试

先试验主电路。将双向晶闸管 $V_1 \sim V_3$ 控制极回路中 KA 的 3 个常开触点用导线短接,合上断路器 QF,电热器 EH 应加热,3 只黄色指示灯 $H_3 \sim H_5$ 点亮。正常后,断开断路器 QF,将短接导线取消,将炉门开启(即限位开关 SQ 断开),把转换开关 SA 置于"手动"位置,此时继电器 KA 应吸合,电热器 EH 加热,指示灯 $H_1$ 熄灭，$H_2 \sim H_6$ 均点亮。再把 SA 置于"自动"位置，由于限位开关 SQ 是断开的，所以 KA 失电释放，EH 停止加热，指示灯 $H_1$ 点亮，$H_2 \sim H_6$ 均熄灭。

然后试验自动控制部分。将炉门关上（即限位开关 SQ 闭合）或炉门打开而 SQ 用导线短接，把转换开关 SA 置于"自动"位置，合上断路器 QF，断开电位差计 KP 的接点，KA 释放，EH 不加热；短接 KP 的接点，KA 吸合，EH 加热。

最后将电位差计 KP 整定于设定值，合上 QF，即可自动升温加热和恒温控制。如果不能恒温控制，则应检查电位差计 KP 有无问题。

限流电阻 $R_2$ 的确定：调到能使双向晶闸管两端压降小于 1～5V 即可，一般阻值在 75Ω～5kΩ 之间。

### 7.3.13　塑料注塑机电子式温度控制器

电路如图 7-40 所示。它采用间歇加热原理。

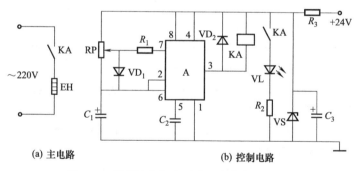

（a）主电路　　　　　　　　　　　（b）控制电路

图 7-40　塑料注塑机电子式温度控制器电路

#### （1）控制目的和方法

控制对象：电热器 EH。

控制目的：使被加热的注塑机喷嘴恒温，控温范围 0～300℃ 可调，控温精度为 ±3%。

控制方法：采用 555 时基集成电路组成可变占空比的多谐振荡器，信号经继电器 KA 控制电热器，并改变通电时间，实现温控。

保护元件：二极管 VD₂（保护 555 时基集成电路 A 免受继电器反电势而损坏）。

(2) 电路组成

① 主电路。由继电器 KA 触点和电热器 EH 组成。

② 控制电路。由 555 时基集成电路、二极管 VD₁、VD₂ 及电阻 $R_1$、电位器 RP 和电容 $C_1$、$C_2$，以及继电器 KA 组成。

③ 直流电源。采用 24V，经 $R_3$、$C_3$ 滤波，稳压管 VS 稳压。

④ 指示灯。发光二极管 VL——电热器 EH 加热指示（红色）。

(3) 工作原理

24V 直流电源经电阻 $R_3$、电容 $C_3$ 滤波、稳压管 VS 稳压后，给 555 时基集成电路 A 和继电器 KA 提供 12V 直流电压。12V 直流电压经电位器 RP 对电容 $C_1$ 充电，当 $C_1$ 上的电压升到 $2/3E_c$（即 8V）时，555 时基集成电路 A 的 3 脚由高电平变为低电压（约 0V），继电器 KA 得电吸合，其常开触点闭合，电热器 EH 开始加热，发光二极管 VL 点亮。同时电容 $C_1$ 上的电压就通过电位器 RP（与二极管 VD₁ 并联的一段）和电阻 $R_1$ 及 555 时基集成电路 A 放电端 7 脚内部放电管放电。当电容 $C_1$ 上的电压下降到 $1/3E_c$（即 4V）时，555 时基集成电路 A 的 3 脚输出变为高电平（约 11V）。这样，电容 $C_1$ 重复进行充电、放电，就形成多谐振荡。输出的振荡信号高电平接近 11V，低电平接近 0V，最后输出峰值达 11V 的方波。其振荡频率为

$$f = 1.443/[(RP' + 2RP'') \cdot C_1]$$

式中　$f$——振荡频率，Hz；

$RP'$——电位器 RP 未与二极管 VD₁ 并联部分的阻值，Ω；

$RP''$——RP 与 VD₁ 并联部分的阻值，Ω；

$C_1$——电容 $C_1$ 容量，F。

其振荡周期为

$$T = 0.693(RP' + 2RP'') \cdot C_1$$

555 时基集成电路输出高电平时间为 $0.693RP' \cdot C_1$，低电平

时间（即继电器 KA 吸合时间）为 $0.693 \times 2RP'' \cdot C_1$。

若 $C_1$ 为 $22\mu F$、RP 为 $2.2M\Omega$，则有：

① 当 $RP' = 0\Omega$、$RP'' = 2.2M\Omega$ 时，振荡频率为

$$f = \frac{1.443}{(0 + 2 \times 2.2) \times 22} = 0.0149 (Hz)$$

周期为

$$T = 1/f = 1/0.0149 = 67 (s)$$

其中低电平时间（即 KA 吸合时间）为

$$t_1 = 0.693 \times 2 \times 2.2 \times 22 = 67 (s)$$

高电平时间（即 KA 释放时间）为

$$t_2 = 0.693 \times 0 \times 22 = 0 (s)$$

② 当 $RP' = 2.2M\Omega$、$RP'' = 0\Omega$ 时，振荡频率为

$$f = \frac{1.443}{(2.2 + 2 \times 0) \times 22} = 0.0298 (Hz)$$

周期为

$$T = 1/f = 1/0.0298 = 33.5 (s)$$

其中低电平时间（即 KA 吸合时间）为

$$t_1 = 0.693 \times 2 \times 0 \times 22 = 0 (s)$$

高电平时间（即 KA 释放时间）为

$$t_2 = 0.693 \times 2.2 \times 22 = 33.5 (s)$$

可见，调节电位器 RP，继电器 KA 的吸合时间可由 $0 \sim 67s$ 变化。从而可方便地改变电热器 EH 通电时间的长短，实现温度控制。

**(4) 元件选择**

电气元件参数见表 7-38。

表 7-38　电气元件参数

| 序号 | 名称 | 代号 | 型号规格 | 数量 |
|---|---|---|---|---|
| 1 | 时基集成电路 | A | NE555、μA555、SL555 | 1 |
| 2 | 继电器 | KA | JTX 型　DC12V | 1 |
| 3 | 稳压管 | VS | 2CW138　$U_z = 11 \sim 12.5V$ | 1 |
| 4 | 二极管 | $VD_1$、$VD_2$ | 1N4001 | 2 |

续表

| 序号 | 名称 | 代号 | 型号规格 | 数量 |
|---|---|---|---|---|
| 5 | 发光二极管 | VL | LED702、2EF601、BT201 | 1 |
| 6 | 金属膜电阻 | $R_1$ | RJ-820Ω　1/2W | 1 |
| 7 | 碳膜电阻 | $R_2$ | RT-1kΩ　1/2W | 1 |
| 8 | 线绕电阻 | $R_3$ | RX21-100Ω　5W | 1 |
| 9 | 电解电容器 | $C_1$ | CD11　22$\mu$F　16V | 1 |
| 10 | 电容器 | $C_2$ | CBB22　0.02$\mu$F　63V | 1 |
| 11 | 电解电容器 | $C_3$ | CD11　100$\mu$F　16V | 1 |

**（5）计算与调试**

① 电阻 $R_3$ 的选择。已知稳压管 VS 为 2CW138，其最大稳定电流为 $I_{zm}=230\text{mA}$。取流经 $R_3$ 的电流 120mA（已考虑继电器 KA 等吸合电流），则 $R_3$ 的阻值为

$$R_3 = \frac{\Delta U}{I} = \frac{24-12}{0.12} = 100(\Omega)$$

功率为

$$P = \Delta UI = 12 \times 0.12 = 1.44(\text{W})$$

因此可选用线绕电阻 RX21-100Ω、3W。

② 调试。将电位器 RP 滑臂调到最上端，准备一个秒表。接通 24V 直流电源（秒表计时开始），用万用表测量稳压管 VS 两端的电压，应约有 12V 直流电压。同时，继电器 KA 应吸合，此时在表 7-38所列参数下，经过 67s 后 KA 仍吸合，实际上一直吸合；再将 RP 滑臂调到最下端，KA 应立即释放，并一直释放；当 RP 滑臂处于中间段位置时，KA 才吸合一段时间，再释放一段时间，重复这一过程，吸合与释放总时间（周期）为 67s。改变 RP 和 $C_1$ 的数值，可改变 555 时基集成电路 A 输出矩形波电压周期 $T$ 的长短。

## 7.3.14　塑料袋封口机控制器

电路如图 7-41 所示。在封口机的胶木压板上嵌入磁铁，贴近固定台板下安装干簧管 KR。

**（1）控制目的和方法**

控制对象：电热片 EH。

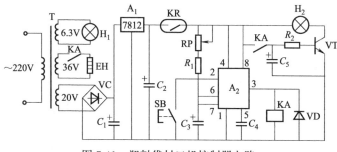

图 7-41 塑料袋封口机控制器电路

控制目的：塑料袋封口（控制电热片通电时间和被热合塑料的
固化时间）。

控制方法：采用 555 时基集成电路组成的单稳态延时电路来实现。

保护元件：二极管 VD（保护 555 时基集成电路 $A_2$ 免受继电器
KA 反电势而损坏）。

## (2) 电路组成

① 主电路。由变压器 T 的 36V 绕组、继电器 KA 触点和电热
片 EH 组成。

② 加热控制电路。由 555 时基集成电路 $A_2$、电位器 RP、电阻
$R_1$、电容 $C_3$、$C_4$ 组成的单稳态延时电路，以及继电器 KA、微动
开关 SB 和干簧管 KR 组成。

③ 塑料固化时间控制电路。由三极管 VT、电容 $C_5$、电阻 $R_2$
组成。

④ 直流电源。由变压器 T 的 20V 绕组、整流桥 VC、电容 $C_1$、
$C_2$ 和三端固定集成稳压电路 $A_1$ 组成。

⑤ 指示灯。$H_1$——电源指示（绿色）；$H_2$——电热片 EH 加热
定时指示（红色）。

## (3) 工作原理

接通电源，绿色指示灯 $H_1$ 点亮。220V 交流电经变压器 T 次级
20V 绕组降压、整流桥 VC 整流、电容 $C_1$、$C_2$ 滤波和三端固定集
成稳压电源 $A_1$ 稳压后，给电子控制电路提供 12V 直流电压。当封

口机的胶木压板压下时，嵌在压板上的磁铁靠近安装在固定台板下的干簧管 KR，其触点闭合，12V 电源接通。按下微动开关 SB，555 时基集成电路 $A_2$ 进入暂态，其 3 脚为高电平（约 11V），继电器 KA 得电吸合，其常开触点闭合，电热片 EH 加热，热合塑料袋袋口。同时，KA 的另一副常开触点闭合，电容 $C_5$ 立即充电至使三极管 VT 导通，红色指示灯 $H_2$ 点亮。从松开 SB 开始，电容 $C_3$ 通过电位器 RP 和电阻 $R_1$ 充电，当 $C_3$ 上的电压达到 $2/3E_c$（即 8V）时，由 555 时基集成电路 $A_2$ 组成的单稳态电路翻转，又进入稳态，这时 $A_2$ 的 3 脚输出低电平（约 0V），继电器 KA 失电释放，电热片 EH 停止对塑料袋袋口加热。

　　塑料袋袋口热合后，必须经几秒钟后方可拉起，否则焊缝会撕裂。为此设置了塑料固化时间控制电路。即当 KA 释放时，其常开触点断开，切断三极管 VT 基极供电电路，但由于电容 $C_5$ 上有电荷，它提供了 VT 的基极电流，VT 继续导通，红灯 $H_2$ 继续亮。几秒钟后 $C_5$ 放电完毕，$H_2$ 熄灭。然后即可拉起胶木压板，磁铁离开干簧管 KR，其触点断开，切断直流工作电源，$A_2$ 停止工作。

　　**(4) 元件选择**

　　电气元件参数见表 7-39。

表 7-39　电气元件参数

| 序号 | 名称 | 代号 | 型号规格 | 数量 |
|------|------|------|----------|------|
| 1 | 变压器 | T | 150V·A　220/36V、20V、6.3V | 1 |
| 2 | 三端固定集成稳压电路 | $A_1$ | 7812 | 1 |
| 3 | 时基集成电路 | $A_2$ | NE555、μA555、SL555 | 1 |
| 4 | 继电器 | KA | JQX-10F　DC12V | 1 |
| 5 | 干簧管 | KR | JAG-4（常开型） | 1 |
| 6 | 微动开关 | SB | KW1-2Z | 1 |
| 7 | 三极管 | VT | 3DG130　$\beta \geqslant 50$ | 1 |
| 8 | 整流桥、二极管 | VC、VD | 1N4002 | 5 |
| 9 | 金属膜电阻 | $R_1$ | RJ-25kΩ　1/2W | 1 |
| 10 | 金属膜电阻 | $R_2$ | RJ-15kΩ　1/2W | 1 |
| 11 | 电位器 | RP | WS-0.5W　470kΩ | 1 |
| 12 | 电解电容器 | $C_1$ | CD11　470μF　50V | 1 |
| 13 | 电解电容器 | $C_2$ | CD11　100μF　16V | 1 |

续表

| 序号 | 名称 | 代号 | 型号规格 | 数量 |
|------|------|------|----------|------|
| 14 | 电解电容器 | $C_3$ | CD11  22$\mu$F  16V | 1 |
| 15 | 电容器 | $C_4$ | CBB22  0.01$\mu$F  63V | 1 |
| 16 | 电解电容器 | $C_5$ | CD11  220$\mu$F  16V | 1 |
| 17 | 指示灯 | $H_1$ | XZ6.3V(绿) | 1 |
| 18 | 指示灯 | $H_2$ | XZ12V(红) | 1 |

### (5) 调试

接通电源，绿色指示灯 $H_1$ 点亮，用万用表测量电容 $C_2$ 两端的电压，应有 12V 直流电压。将磁铁靠近干簧管 KR（或暂用导线将 KR 两端短接），然后按一下微动开关 SB，继电器 KA 应立即吸合，用万用表测量 $A_2$ 的 3 脚应约有 11V 直流电压。如果 $A_2$ 的 3 脚无 11V 电压，KA 不吸合，则可检查电容 $C_3$ 是否良好，电位器 RP 有无断线，555 时基集成电路有无问题，可用替换法试试。

在 KA 吸合的同时，红色指示灯 $H_2$ 应点亮。若不亮，可减小 $R_2$ 阻值试试。经过数秒后，$H_2$ 应熄灭。塑料固化时间由电容 $C_5$ 容量决定，一般调整为数秒。

再经过一段延时，KA 释放，停止加热。

555 时基集成电路延时时间（即电热片 EH 加热时间）为 $t = 1.1(R_1 + RP)C_3$。调节 RP，可在 0.5～12s 调节，适合于一般塑料的热合。

## 7.3.15  台式塑料封口机控制器

电路如图 7-42 所示。

### (1) 控制目的和方法

控制对象：电热片 EH。

控制目的：塑料袋封口（控制电热片通电时间和被热合塑料的固化时间）。

控制方法：采用电容式三极管延时电路来实现。

保护元件：二极管 $VD_2$（保护三极管 $VT_2$ 免受继电器 KA 反电势而损坏）。

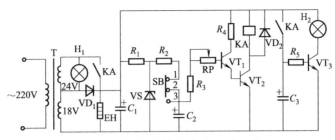

图 7-42 台式塑料封口机控制器电路

### (2) 电路组成

① 主电路。由变压器 T 的整个次级绕组（42V）、继电器 KA 触点和电热片 EH 组成。

② 加热控制电路。由复合三极管 VT$_1$、VT$_2$、继电器 KA、电阻 $R_2$～$R_4$、电位器 RP 和电容 $C_2$ 组成。

③ 塑料固化时间控制电路。由三极管 VT$_3$、电容 $C_3$ 和电阻 $R_5$ 及继电器 KA 常开触点组成。

④ 直流电源。由变压器 T 的 18V 绕组、二极管 VD、电容 $C_1$，以及电阻 $R_1$ 和稳压管 VS 组成。

⑤ 指示灯。H$_1$——电源指示（绿色）；H$_2$——电热片 EH 加热定时指示（红色）。

### (3) 工作原理

接通电源，绿色指示灯 H$_1$ 点亮。220V 交流电经变压器 T 次级 18V 绕组降压、二极管 VD$_1$ 半波整流、电容 $C_1$ 滤波后，给电子控制电路提供约 18V 直流电压。另外，经 $C_1$ 滤波后的电压经电阻 $R_1$ 降压、稳压管 VS 稳压后，给电容 $C_2$ 提供约 12V 的充电电压（通过自复位开关 SB 的触点 1-2）。这时电热片处于等待状态。

踏下脚踏板，封口板落下，压紧封口部件，同时与脚踏板联动的 SB 换至触点 2-3 闭合，电容 $C_2$ 上的电荷经电阻 $R_3$、电位器 RP 给三极管 VT$_1$ 基极提供电流，VT$_1$、VT$_2$ 导通，继电器 KA 得电吸合，其常开触点闭合，电热片 EH 开始加热。同时，KA 另一副常开触点闭合，电容 $C_3$ 瞬时充电，三极管 VT$_3$ 得到基极电流而导通, 红色指示灯 $H_2$ 点亮。当电容 $C_2$ 放电到一定时, 复合管的基极电流减小到使 $VT_1$、$VT_2$ 截止, KA 失电释放, 电热片 EH 停止对塑料袋袋口加热。

当 KA 释放时, 其常开触点断开, 切断三极管 $VT_3$ 基极供电电路, 但由于电容 $C_3$ 上有电荷, 它提供了 $VT_3$ 的基极电流; $VT_3$ 继续导通, 红色指示灯 $H_2$ 继续亮。几秒钟后 $C_3$ 放电完毕, $H_2$ 熄灭。这段时间为塑料固化时间, 以保证封口黏合质量。

红色指示灯 $H_2$ 熄灭后, 即可抬起脚踏板, SB 的触点 1-2 闭合, 电容 $C_2$ 又开始充电, 等待下一次封口工作。

(4) 元件选择

电气元件参数见表 7-40。

表 7-40 电气元件参数

| 序号 | 名称 | 代号 | 型号规格 | 数量 |
|---|---|---|---|---|
| 1 | 变压器 | T | 150V·A 220/24V、18V | 1 |
| 2 | 三极管 | $VT_1$ | 3DG6 $\beta \geqslant 50$ | 1 |
| 3 | 三极管 | $VT_2$、$VT_3$ | 3DG130 $\beta \geqslant 50$ | 2 |
| 4 | 继电器 | KA | JRX-13F DC18V | 1 |
| 5 | 自复位开关 | SB | KW1-2Z | 1 |
| 6 | 二极管 | $VD_1$、$VD_2$ | 1N4002 | 2 |
| 7 | 稳压管 | VS | 2CW60 $U_z=11.5\sim12.5V$ | 1 |
| 8 | 碳膜电阻 | $R_1$ | RT-1.5kΩ 1/2W | 1 |
| 9 | 金属膜电阻 | $R_2$ | RJ-22kΩ 1/2W | 1 |
| 10 | 金属膜电阻 | $R_3$ | RJ-500Ω 1/2W | 1 |
| 11 | 金属膜电阻 | $R_4$ | RJ-5.1kΩ 1/2W | 1 |
| 12 | 金属膜电阻 | $R_5$ | RJ-10kΩ 1/2W | 1 |
| 13 | 电解电容器 | $C_1$ | CD11 220μF 25V | 1 |
| 14 | 电解电容器 | $C_2$ | CD11 100μF 25V | 1 |
| 15 | 电解电容器 | $C_3$ | CD11 50μF 25V | 1 |
| 16 | 电位器 | RP | WS-0.5W 100kΩ | 1 |
| 17 | 指示灯 | $H_1$ | XZ24V(绿) | 1 |
| 18 | 指示灯 | $H_2$ | XZ18V(红) | 1 |

(5) 调试

接通电源, 绿色指示灯 $H_1$ 点亮, 用万用表测量电容 $C_1$ 两端的电压，约有 18V 直流电压；分别测量稳压管 VS 和电容 $C_2$ 两端电压，约有 12V 直流电压。然后将自复位开关 SB 置于触点 2-3 闭合位置，继电器 KA 应立即吸合。若不吸合，可调节电位器 RP（减小阻值）试试。但 RP 的阻值对电容 $C_2$ 的放电时间（即加热延时时间）有影响。另外增大 $VT_1$ 的 $\beta$ 值，也会使继电器 KA 更易吸合。

在 KA 吸合的同时，红色指示灯 $H_2$ 应点亮。若不亮，可减小 $R_5$ 阻值试试。经过数秒后，$H_2$ 应熄灭。塑料固化时间由电容 $C_3$ 容量决定。

再经过一段延时，KA 释放，停止加热。加热延时时间可调节 RP 加以改变。

# 7.4　液位控制器

## 7.4.1　灌入式晶体管水位控制器

电路如图 7-43 所示。它属于灌入式液位自控线路。

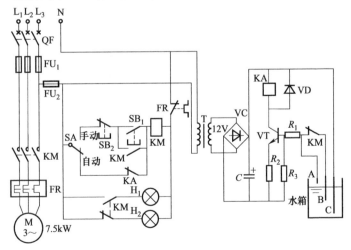

图 7-43　灌入式晶体管水位控制器电路

**(1) 控制目的和方法**

控制对象：水泵电动机 M。

控制目的：使水箱内的水位维持在一定范围内。

控制方法：采用晶体管控制电路（利用晶体管的开关特性）；可手动和自动控制。

保护元件：熔断器 $FU_1$（电动机短路保护）；$FU_2$（控制电路的短路保护）；热继电器 FR（电动机过载保护）；二极管 VD（保护三极管 VT 免受继电器 KA 反电势而损坏）。

**(2) 电路组成**

① 主电路。由断路器 QF、熔断器 $FU_1$、接触器 KM 主触点、热继电器 FR 和电动机 M 组成。

② 控制电路。由熔断器 $FU_2$、"手动-自动"转换开关 SA、启动按钮 $SB_1$、停止按钮 $SB_2$、接触器 KM 和热继电器 FR 常闭触点组成。

③ 电子控制电路。由三极管 VT、二极管 VD、电阻 $R_1 \sim R_3$ 和电极 A、B、C 组成。

④ 直流电源。由变压器 T、整流桥 VC 和电容 $C$ 组成。

⑤ 指示灯。$H_1$——水泵运行指示（绿色）；$H_2$——水泵停止指示（红色）。

**(3) 工作原理**

合上断路器 QF，将转换开关 SA 置于"自动"位置。220V 交流电经变压器 T 降压、整流桥 VC 整流、电容 $C$ 滤波后，给电子控制电路提供约 12V 直流电压。如果水箱中的水位低于电极 B 的最下端（下限位），由于三极管 VT 无基极偏压而截止，继电器 KA 失电释放，其常闭触点闭合，接触器 KM 得电吸合，水泵启动向水箱内打水，绿色指示灯 $H_1$ 亮。水位逐渐上升，当水位达到电极 B 时，由于 KM 的常闭辅助触点已断开，所以水位继续上升。当水位达到电极 A（上限位）时，水路把电极 A、C 接通，三极管 VT 得到基极偏压而导通，继电器 KA 得电吸合，其常闭触点断开，KM 失电释放，水泵停止打水，红色指示灯 $H_2$ 亮，绿色指示灯 $H_1$ 熄灭。

当水位下降到离开上限位时，由于这时接触器 KM 的常闭辅助触点是闭合的，水路把电极 A、B 接通，所以三极管 VT 仍处于导通状态，水泵继续停止打水。当水位下降到离开电极 B（下限位）时，三极管 VT 失去基极偏压而截止，继电器 KA 失电释放，其常闭触点闭合，接触器 KM 得电吸合，水泵又启动打水。重复上述过程，从而自动地把水位保持在 A、B 之间。

如果自动失灵，可将转换开关 SA 置于"手动"位置，由启动按钮 SB$_1$ 和停止按钮手动控制水泵的启、停。

电极 C 只有当水箱为非金属材料时才需要。如果水箱是金属结构的，则可用整个水箱代替电极 C。

### （4）元件选择

电气元件参数见表 7-41。

表 7-41　电气元件参数

| 序号 | 名称 | 代号 | 型号规格 | 数量 |
|---|---|---|---|---|
| 1 | 断路器 | QF | DZ5-20/330 | 1 |
| 2 | 熔断器 | FU$_1$ | RL1-60/35A | 3 |
| 3 | 熔断器 | FU$_2$ | RL1-15/2A | 1 |
| 4 | 热继电器 | FR | JR16-60　22A（整定电流 18A） | 1 |
| 5 | 交流接触器 | KM | CJ20-40A　220V | 1 |
| 6 | 继电器 | KA | JRX-13F　DC12V | 1 |
| 7 | 转换开关 | SA | LS2-2 | 1 |
| 8 | 变压器 | T | 3V·A　220/12V | 1 |
| 9 | 三极管 | VT | 3DG130　$\beta \geqslant 80$ | 1 |
| 10 | 整流桥、二极管 | VC、VD | 1N4001 | 5 |
| 11 | 金属膜电阻 | $R_1$ | RJ-20kΩ　1/2W | 1 |
| 12 | 金属膜电阻 | $R_2$ | RJ-51kΩ　1/2W | 1 |
| 13 | 金属膜电阻 | $R_3$ | RJ-27Ω　1/2W | 1 |
| 14 | 电解电容器 | C | CD11　100μF　25V | 1 |
| 15 | 按钮 | SB$_1$ | LA18-22（绿） | 1 |
| 16 | 按钮 | SB$_2$ | LA18-22（红） | 1 |
| 17 | 指示灯 | H$_1$ | AD11-25/40　220V（绿） | 1 |
| 18 | 指示灯 | H$_2$ | AD11-25/40　220V（红） | 1 |
| 19 | 电极 | A、B、C | 自制 | |

### （5）调试

① 电极的制作。电极可用直径为 6～10mm 的不锈钢或铜棒制

成。电极长度视水箱情况而定，电极之间的距离为 50～80mm。距离越近，水电阻越小，装置动作可靠性高；距离过远，水电阻大，装置动作可靠性低。如果电极之间的距离超过 100mm，则装置有可能失灵。电极用螺母固定在 8～10mm 厚的绝缘板上，然后将绝缘板用螺栓固定在水箱的适当位置。电极固定要牢固，防止电极之间碰连。

② 调试。先试验电子控制电路。在变压器 T 初级接 220V 交流电源，用万用表测量电容 $C$ 两端的电压，应约有 16V 直流电压（因为在空载状态）。将制好的 3 根电极插入空水桶内，这时继电器 KA 处于释放状态。再慢慢向水桶内倒水（水质要与欲控制的水相同），当水满至 C、A 电极时，KA 应吸合。如果不吸合，可将水多倒入些（使水满至电极 5cm 以上），使电极 A 多没入水中，以减小电阻。若仍不行，可适当将电极距离移近或增大电极的面积；另外还可减小 $R_1$ 阻值及增大 $R_2$ 阻值试试。必须指出，三极管 VT 的 $\beta$ 值越大，灵敏度越高。

以上试验正常后，即可到现场实际试验。首先安装好电极并连接好线路，尤其不要将 KM 常闭辅助触点错接成常开辅助触点。先试验手动控制。合上断路器 QF，将转换开关 SA 置于"手动"位置，按下启动按钮 SB$_1$，水泵应启动运行，绿色指示灯 H$_1$ 点亮；按下停止按钮 SB$_2$，水泵停止运行，红色指示灯 H$_2$ 点亮。

接着试验自动控制。将 SA 置于"自动"位置，如果这时水箱内无水，由于继电器 KA 释放，其常闭触点闭合，所以接触器 KM 得电吸合，水泵启动运行，绿色指示灯 H$_1$ 点亮，当水箱内水满至电极 B 时，由于 KM 常闭辅助触点已断开，所以 KA 仍释放，KM 仍吸合，水泵仍运行，继续向水箱内灌水。当水满至电极 A 时，KA 吸合，KM 释放，水泵停止运行，红色指示灯 H$_2$ 点亮。将水箱内水放出，使水位低于电极 A，由于 KM 常闭辅助触点已闭合，所以 KA 仍吸合，KM 仍释放。直到水位低于电极 B，三极管 VT 才截止，KA 才释放，KM 又吸合，水泵重新启动运行。

## 7.4.2 抽出式晶体管水位控制器

电路如图 7-44 所示。它与图 7-43 线路基本相同，只是上例是在水箱中的水位低于设定值时往里补充水，而本例是在水箱的水位达到设定高水位时往外抽水。

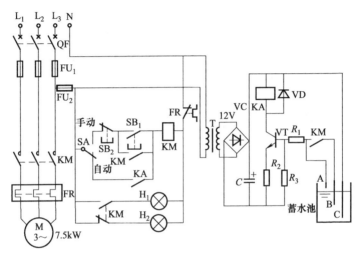

图 7-44 抽出式晶体管水位控制器电路

工作原理如下所述。

如果水位已达到上限位，则水路把电极 A、C 接通，三极管 VT 得到基极偏压而导通，继电器 KA 得电吸合，其常开触点闭合，接触器 KM 得电吸合，水泵启动工作，向外抽水，绿色指示灯 H₁ 亮。水位逐渐下降，当水位低于上限位时，由于 KM 常开辅助触点闭合，所以水路把电极 B、C 接通，三极管 VT 仍处于导通状态，水泵仍运行。当水位低于下限位时，由于 VT 基极失去偏压而截止，继电器 KA 失电释放，继而 KM 失电释放，水泵停止运行，红色指示灯 H₂ 亮。

直到水箱里的水位再次升高到上限位时，水泵又将重新启动工作。

调试方法类同图 7-43。先试验电子控制电路，正常后，将制好的 3 根电极插入空水桶内，这时继电器 KA 处于释放状态。再慢慢向水桶内倒水，当水满至 C、A 电极时，KA 应吸合。最后进行现场试验。首先安装好电极并连接好线路，尤其不要将 KM 常开辅助触点错接成常闭辅助触点。先试验手动控制，后试验自动控制。将 SA 置于"自动"位置，如果这时水箱内水满至电极 A，KA 应吸合，其常开触点闭合，KM 也吸合，水泵启动运行，向外抽水，绿色指示灯 H$_1$ 点亮。当水位未离开电极 B 时，由于 KM 常开辅助触点已闭合，所以 KA、KM 仍吸合，水泵继续抽水。直到水位低于电极 B，三极管 VT 才截止，KA 才释放，KM 释放，水泵停止运行，红色指示灯 H$_2$ 点亮。

### 7.4.3 采用 JYB 型液位控制器的液位自控装置

用 JYB 型液位控制器构成的液位自控装置，具有结构简单、使用维护方便、可靠性高等优点。由于液位控制器为插接式的，所以检修方便。若发生故障，只要用一只好的控制器插上插座就可使用，不必现场修理，故不会影响正常生产。

JYB-714 型液位控制器内部电路如图 7-45 所示。它由探测信号用三极管 VT$_2$ 等组成的放大电路和执行电路（放大三极管 VT$_1$ 和灵敏继电器 KA）组成。其中三极管 VT$_3$ 利用其集-基结的温度补偿作用，以稳定三极管 VT$_2$ 的工作点。

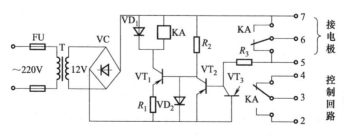

图 7-45　JYB-714 型液位控制器内部电路

由 JYB-714 型液位控制器构成的液位自控装置电路如图 7-46

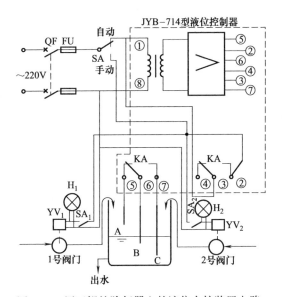

图 7-46 用于锅炉除氧器上的液位自控装置电路

所示。它用于 20t 锅炉除氧器上。

(1) 控制目的和方法

控制对象：电磁阀 $YV_1$ 和 $YV_2$。

控制目的：使除氧器内的液位维持在一定范围内；可手动和自动控制。

控制方法：采用 JYB-714 型液位控制器控制。

保护元件：熔断器 FU（整个电路的短路保护），JYB-714 型液位控制器内部也有熔断器保护。

(2) 电路组成

① 主电路。由断路器 QF、熔断器 FU、电磁阀 $YV_1$ 和 $YV_2$ 组成。

② 控制电路。由 JYB-714 型液位控制器、"手动-自动"转换开关 SA、控制开关 $SA_1$、$SA_2$ 和电极 A、B、C 组成。

③ 指示灯。$H_1$——1 号阀门打开（即电磁阀 $YV_1$ 吸合）指示（绿色）；$H_2$——2 号阀门打开（即电磁阀 $YV_2$ 吸合）指示（绿色）。

(3) 工作原理

除氧器给水要求：两路进水，可以一路也可以两路同时进水；可以自动进水，也可以手动进水；水至上液位限程，停止进水，水至下液位限程，则启动电磁阀进水。

合上断路器 QF，将转换开关 SA 置于"自动"位置。若要启动 1 号供水，只要将开关 $SA_1$ 合上、$SA_2$ 断开；若要 1 号、2 号同时供水，只要将 $SA_1$、$SA_2$ 都合上。

设图中所示的水位及各触点的位置为液位控制器停止工作时的情况。当水位下降至离开电极 B 时，三极管 $VT_2$（结合图 7-45）基极失去偏压而截止，$VT_1$ 导通，继电器 KA 得电吸合，其常开触点闭合，电磁阀 YV 得电吸合，向除氧器内进水，指示灯 H 点亮。同时触点 6、7 和 2、3 闭合，做好上水位动作的准备。这时水位继续上升，在电极 A 和 B 未被水路接通前，由于触点 5、6 断开，6、7 闭合，所以 KA 仍保持吸合状态，只有当水位达到电极 A 时，三极管 $VT_2$ 基极得到偏压而导通，$VT_1$ 截止，KA 失电释放，其常开触点断开，电磁阀 YV 失电释放，恢复闭合状态，停止进水，指示灯 H 熄灭。同时触点 5、6 和 4、3 闭合，做好下水位动作的准备。如此重复上述过程。

如果采用水泵给水，只要将电磁阀 YV 改为交流接触器，用交流接触器再去控制水泵电动机即可。

如果用于抽液式液位控制，即进水为连续进水，而要求水位达到上限位线时将水抽出，水位降至下限位线时停止抽水，则只要将触点 2 的接线改接到触点 4 上即可，其他部分不必改动。

(4) 元件选择

电气元件参数见表 7-42。

表 7-42　电气元件参数

| 序号 | 名称 | 代号 | 型号规格 | 数量 |
|---|---|---|---|---|
| 1 | 断路器 | QF | DZ5-50/330 | 1 |
| 2 | 熔断器 | FU | RL1-60/25A | 1 |
| 3 | 转换开关 | SA | LS2-2 | 1 |

| 序号 | 名称 | 代号 | 型号规格 | 数量 |
|------|------|------|----------|------|
| 4 | 拨动开关 | $SA_1$、$SA_2$ | KN5-1 | 2 |
| 5 | 液位控制器 | | JYB-714 型 | 1 |
| 6 | 指示灯 | $H_1$、$H_2$ | AD14  AC220V(绿) | 2 |
| 7 | 电磁阀 | $YV_1$、$YV_2$ | 20t 锅炉配套 | 2 |

**(5) 调试**

① 电极的制作。同图 7-43。

② 调试。先试验 JYB-714 型液位控制器。其试验方法类同图 7-43。

JYB-714 型液位控制器试验正常后，即可到现场实际试验。首先安装好电极并连接好线路，将 JYB-714 型液位控制器插入安装好的插座上。先试验手动控制。合上断路器 QF，将拨动开关 $SA_1$、$SA_2$ 合上，将转换开关 SA 置于"手动"位置，电磁阀 $YV_1$ 和 $YV_2$ 应吸合，指示灯 $H_1$ 和 $H_2$ 应亮。断开 $SA_1$ 或 $SA_2$，$YV_1$ 或 $YV_2$ 应释放，$H_1$ 或 $H_2$ 熄灭。

接着试验自动控制。将 $SA_1$、$SA_2$ 合上，SA 置于"自动"位置，如果这时除氧器内无水，则电磁阀 $YV_1$ 和 $YV_2$ 均应吸合，1 号阀门和 2 号阀门打开，两路进水分别向除氧器内灌水，指示灯 $H_1$、$H_2$ 亮。当水箱内水满至电极 A 时，$YV_1$ 和 $YV_2$ 应释放，指示灯 $H_1$、$H_2$ 灭，停止进水。当水位低于电极 B 时，$YV_1$ 和 $YV_2$ 又吸合，进水，指示灯 $H_1$、$H_2$ 亮。重复上述过程。

在安装、调试过程中，重要的是接线要正确。JYB-714 型液位控制器本身不大会有问题，其各引脚必须与各开关及电极一一对应，应认真核对。

## 7.4.4 灌入式干簧管液位控制器

电路如图 7-47 所示。它采用干簧管控制，可用于非导电液体的液位控制。

**(1) 控制目的和方法**

控制对象：泵电动机 M。

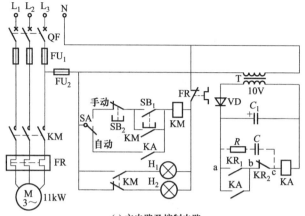

(a) 主电路及控制电路

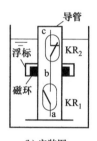

(b) 安装图

图 7-47　灌入式干簧管液位控制器电路

控制目的：使液罐内的液位维持在一定范围内；可手动和自动
　　　　　控制。

控制方法：根据液位升降，通过磁环，控制干簧管动作，进而
　　　　　控制泵的开、停。

保护元件：熔断器 FU$_1$（电动机短路保护）；FU$_2$（控制电路的
　　　　　短路保护）；热继电器 FR（电动机过载保护）；RC
　　　　　（消火花电路，保护干簧管触点）。

## (2) 电路组成

① 主电路。由断路器 QF、熔断器 FU$_1$、接触器 KM 主触点、

热继电器 FR 和电动机 M 组成。

② 控制电路。由熔断器 FU$_2$、"手动-自动"转换开关 SA、启动按钮 SB$_1$、停止按钮 SB$_2$、接触器 KM 和热继电器 FR 常闭触点组成。

③ 继电器 KA 控制电路。由变压器 T、二极管 VD、电容 $C_1$、继电器 KA 和干簧管 KR$_1$、KR$_2$ 及磁环组成。

④ 指示灯。H$_1$——泵运行指示（绿色）；H$_2$——泵停止指示（红色）。

**(3) 工作原理**

合上断路器 QF，将转换开关 SA 置于"自动"位置。220V 交流电经变压器 T 降压、二极管 VD 半波整流、电容 $C_1$ 滤波后，给继电器 KA 提供约 12V 直流电压。当液罐内液位下降到下限位时，干簧管 KR$_1$（常开型）被磁环感应而吸合，其常开触点闭合，继电器 KA 得电吸合并自锁，其常开触点闭合，接触器 KM 得电吸合，电动机 M 启动运行。泵将液体灌入液罐内。同时 KM 常开辅助触点闭合，绿色指示灯 H$_1$ 点亮，表示向液罐内灌液体。

当液位上升，磁环离开干簧管 KR$_1$ 后，虽然 KR$_1$ 触点断开，但由于 KA 常开触点是闭合的，所以 KA 和 KM 仍吸合，泵继续运行。

当液位上升到上限位时，干簧管 KR$_2$（转换型）被磁环感应而吸合，其常闭触点断开，KA 和 KM 相继失电释放，泵停止运行。同时红色指示灯 H$_2$ 点亮。当液位再次下降到下限位时，KR$_1$ 吸合，重复上述过程。

如果"自动"失灵，可将转换开关 SA 置于"手动"位置，由启动按钮 SB$_1$ 和停止按钮 SB$_2$ 手动控制泵的启、停。

由于干簧管触点电流小，不能直接带动交流接触器，所以要配直流灵敏继电器 KA。

图中，$R$、$C$ 为消火花元件。

**(4) 元件选择**

电气元件参数见表 7-43。

表 7-43 电气元件参数

| 序号 | 名称 | 代号 | 型号规格 | 数量 |
|---|---|---|---|---|
| 1 | 断路器 | QF | DZ5-50/330 | 1 |
| 2 | 熔断器 | $FU_1$ | RL1-100/80A | 3 |
| 3 | 熔断器 | $FU_2$ | RL1-15/2A | 1 |
| 4 | 热继电器 | FR | JR16-60 32A(整定电流26A) | 1 |
| 5 | 交流接触器 | KM | CJ20-63A 220V | 1 |
| 6 | 继电器 | KA | JQX-4F DC12V | 1 |
| 7 | 变压器 | T | 3V·A 220/10V | 1 |
| 8 | 干簧管 | $KR_1$ | JAG-4-H(常开型) | 1 |
| 9 | 干簧管 | $KR_2$ | JAG-4-Z(转换型) | 1 |
| 10 | 二极管 | VD | 1N4001 | 1 |
| 11 | 电解电容 | $C_1$ | CD11 100$\mu$F 25V | 1 |
| 12 | 电容 | C | 见图7-48 | 1 |
| 13 | 电阻 | R | 见图7-48 | 1 |
| 14 | 转换开关 | SA | LS2-2 | 1 |
| 15 | 按钮 | $SB_1$ | LA18-22(绿) | 1 |
| 16 | 按钮 | $SB_2$ | LA18-22(红) | 1 |
| 17 | 指示灯 | $H_1$ | AD11-25/40 220V(绿) | 1 |
| 18 | 指示灯 | $H_2$ | AD11-25/40 220V(红) | 1 |

## (5) 调试

先试验继电器 KA 控制电路。在变压器 T 初级接入 220V 交流电源，用万用表测量电容 $C_1$ 两端的电压，应约有 12V 直流电压。将磁环下移至干簧管 $KR_1$ 处，继电器 KA 应吸合并自锁；再将磁环上移到干簧管 $KR_2$ 处，KA 应释放。如果没有上述现象，应调整磁环与干簧管的距离。另外，在 KA 吸合及释放时，仔细观察其触点有无火花，若有，应适当调整消火花元件 R 和 C 的数值。

以上试验正常后，即可进行现场试验。连接好线路，先试验手动控制。合上断路器 QF，将转换开关 SA 置于"手动"位置，按下启动按钮 $SB_1$，泵应启动运行，绿色指示灯 $H_1$ 点亮；按下停止按钮 $SB_2$ 泵停止运行，红色指示灯 $H_2$ 点亮。

接着试验自动控制。将 SA 置于"自动"位置。如果液罐内的液位下降到最低点，KA、KM 均应吸合，泵运行，向液罐内灌液；当液位上升到最高点，KA、KM 均应释放，停止灌液。

干簧管触点消火花电路元件选择如图 7-48 所示。感性负载时选电容 $C_1$，电阻性负载时选电容 $C_2$。电动机为感性负载，因此应选 $C_1$。

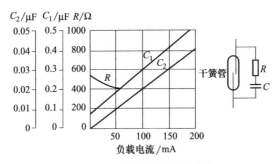

图 7-48　干簧管的消火花电路

## 7.4.5　抽出式干簧管液位控制器

抽出式干簧管液位控制电路的干簧管安装如图 7-49 所示，主电路及控制电路与图 7-47 相同。

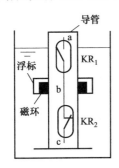

图 7-49　抽出式干簧管液位控制器电路的干簧管安装

如果液位已达到最高液位，磁环使干簧管 $KR_1$（常开型）触点闭合，继电器 KA 得电吸合并自锁，其常开触点闭合，接触器 KM 得电吸合，泵启动运行，向外抽液。当液位下降到最低液位时，磁环使干簧管 $KR_2$（转换型）触点断开，KA 失电释放，继而 KM 失电释放，泵停止运行。

调试方法类同图 7-47。先试验继电器 KM 控制电路，正常后再进行现场试验。先试验手动控制，后试验自动控制。

## 7.4.6　浮球液位控制器

电路如图 7-50 所示。浮球液位控制装置体积大、灵敏度较低、机械连杆若锈蚀易卡住而失灵。如果液罐内液体的液位波动较大，还会使限位开关 SQ 时通时断，影响泵的正常工作。但浮球能带动触点容量较大的限位开关，而且线路简单，易维护，所以应用较广泛。

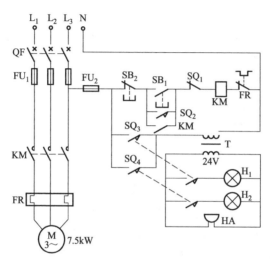

(a) 液位控制原理图

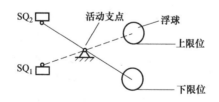

(b) 液位控制示意图

图 7-50  浮球液位控制器电路

### (1) 控制目的和方法

控制对象：泵电动机 M。

控制目的：使液罐内的液体维持在一定范围内；可手动和自动控制。

控制方法：采用浮球。

电子制作128例

保护元件：熔断器 $FU_1$（电动机短路保护）；$FU_2$（控制电路的短路保护）；热继电器 FR（电动机过载保护）。

**(2) 电路组成**

① 主电路。由断路器 QF、熔断器 $FU_1$、接触器 KM 主触点、热继电器 FR 和电动机 M 组成。

② 控制电路。由熔断器 $FU_2$、启动按钮 $SB_1$、停止按钮 $SB_2$、接触器 KM、限位开关 $SQ_1$、$SQ_2$ 和热继电器 FR 常闭触点及浮球组成。

③ 报警电路。指示灯 $H_1$——超低液位指示（红色）；$H_2$——超高液位指示（红色）；蜂鸣器 HA——报警。

**(3) 工作原理**

合上断路器 QF，当液面逐渐下降时，浮球在自身重量的作用下，随液体一起下降。当降至下限位时，浮球连杆顶住限位开关 $SQ_2$ 使之闭合，接触器 KM 得电吸合，泵启动运行，向容器内灌液。当液面上升至上限位时，连杆顶开限位开关 $SQ_1$ 使之断开，接触器 KM 失电释放，泵停止运行。

该装置设有报警电路。限位开关 $SQ_3$ 和 $SQ_4$ 装在 $SQ_2$ 和 $SQ_1$ 其后的位置上，用另一只浮球控制这两组触点的开闭。一旦 $QS_1$ 损坏短路，则浮球随液体上升到上限位，KM 不释放，泵不停转。液面将继续上升，另一只浮球会将 $SQ_4$ 接通，蜂鸣器 HA 发生报警信号，同时指示灯 $H_2$ 亮，表示高液位。这时操作人员可按停止按钮 $SB_2$，将泵关掉，并进行检修。同理，如果限位开关 $SQ_2$ 损坏断路，则控制失灵，$SQ_3$ 接通，发生报警信号，指示灯 $H_1$ 亮，表示低液位。这时操作人员可按启动按钮 $SB_1$ 来启动泵，并进行检修。

如果是属于抽出式液位自控，则只要将限位开关 $SQ_1$ 和 $SQ_2$ 位置对调即可。

**(4) 元件选择**

电气元件参数见表 7-44。

表7-44 电气元件参数

| 序号 | 名称 | 代号 | 型号规格 | 数量 |
|---|---|---|---|---|
| 1 | 断路器 | QF | DZ5-20/330 | 1 |
| 2 | 熔断器 | $FU_1$ | RL1-60/35A | 3 |
| 3 | 熔断器 | $FU_2$ | RL1-15/2A | 1 |
| 4 | 交流接触器 | KM | CJ20-40A 220V | 1 |
| 5 | 热继电器 | FR | JR16-60 22A(整定电流18A) | 1 |
| 6 | 限位开关 | $SQ_1 \sim SQ_4$ | LX19 | 4 |
| 7 | 按钮 | $SB_1$ | LA18-22(绿) | 1 |
| 8 | 按钮 | $SB_2$ | LA18-22(红) | 1 |
| 9 | 指示灯 | $H_1$、$H_2$ | XDC-24 24V(红) | 2 |
| 10 | 蜂鸣器 | HA | FM16 | 1 |
| 11 | 变压器 | T | 3V·A 220/24V | 1 |

## (5) 调试

调试工作主要是安装浮球及杠杆，调整上限位开关 $SQ_1$、下限位开关 $SQ_2$，以及上警戒限位 $SQ_3$ 和下警戒限位 $SQ_4$ 的位置。浮球动作要灵活，运动轨迹要确定，从而使限位开关动作可靠。

合上断路器 QF，先试验手动控制。按下启动按钮 $SB_1$，KM 吸合并自锁，泵启动运行，向液罐内灌液体；按下停止按钮 $SB_2$，泵停止运行。然后试验自动控制。当液位低至下限位时，限位开关 $SQ_2$ 应顶合，KM 吸合并自锁，泵运行，向液罐内灌液。如果泵不运行，说明上限位开关 $SQ_1$ 未接触好，或错接在常开触点上。当液位升至上限位时，限位开关 $SQ_1$ 应顶断，KM 失电释放，泵停止运行。

然后试验报警电路，先用手指分别按下超下限位开关 $SQ_3$ 和超上限位开关 $SQ_4$，指示灯 $H_1$ 和 $H_2$ 应亮，蜂鸣器 HA 发出报警声，如果不报警，应检查接线有无松脱，限位开关触点接触是否良好。

以上试验正常后，再试验自动越限报警。将上限位开关 $SQ_1$ 短路，下限位开关 $SQ_2$ 开路，按一下启动按钮 $SB_1$ 泵运行，向液罐内灌液，直至到浮球顶合 $SQ_3$，这时 $H_1$ 应亮并报警；按下停止按钮 SB₁，当液位下降，直至浮球顶合 SQ₄，这时 H₂ 应亮并报警。

各限位开关触点的灵活与可靠也是装置安全可靠运行的关键因素之一。

### 7.4.7 电接点压力表式液位控制器之一

用电接点压力表作液位自控的方法，不必采用电极（电极在水中易生锈，会造成失灵，且有些场合电极安装困难），而是将液体压力转变为电信号，间接反映液位的高低，从而控制液泵的启动和停止。

电路如图 7-51 所示。压力表 KP 安装在靠近液罐（如水箱等）底部的管路上。根据实际需要，事先将压力表的高点（上限）和低点（下限）整定好。

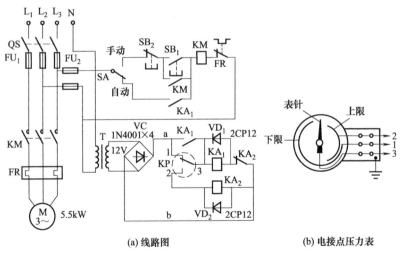

(a) 线路图          (b) 电接点压力表

图 7-51　电接点压力表式液位控制器电路之一

#### (1) 控制目的和方法

控制对象：水泵电动机 M。

控制目的：使液罐内的液位维持在一定范围内；可手动和自动
　　　　　控制。

控制方法：根据液位升降，通过电接点压力表 KP 压力变化，
进而控制继电器 $KA_1$ 和 $KA_2$ 的动作，实现泵的
开、停。

保护元件：熔断器 $FU_1$（电动机短路保护）；$FU_2$（控制电路
的短路保护）；热继电器 FR（电动机过载保护）；
二极管 $VD_1$、$VD_2$（保证继电器 $KA_1$、$KA_2$ 正确
动作）。

**(2) 电路组成**

① 主电路。由开关 QS、熔断器 $FU_1$、接触器 KM 主触点、热
继电器 FR 和电动机 M 组成。

② 控制电路。由熔断器 $FU_2$、"手动-自动"转换开关 SA、启
动按钮 $SB_1$、停止按钮 $SB_2$、接触器 KM 和热继电器 FR 常闭触点
组成。

③ 继电器 $KA_1$、$KA_2$ 控制电路。由变压器 T、继电器 $KA_1$、
$KA_2$、电接点压力表 KP 和二极管 $VD_1$、$VD_2$ 组成。

**(3) 工作原理**

合上电源开关 QS，将转换开关 SA 置于"自动"位置。当液
位下降时，电接点压力表 KP 的表针向下限接点移动，当表针与下
限位接点（即3、1点）接触时，中间继电器 $KA_1$ 得电吸合，其常
开触点闭合，接触器 KM 得电吸合，泵启动运行，向容器内进水，
水压便开始增高。当表针离开下限接点后，由于 $KA_1$ 的常开触点
闭合而自锁，所以 $KA_1$ 仍处于吸合状态，泵继续运行。

当液位上升到规定高度（上限位）时，压力表的表针与上限位
接点（即3、2点）接触，中间继电器 $KA_2$ 得电吸合，其常闭触点
断开，$KA_1$ 失电释放，继而接触器 KM 失电释放，泵停止运行。当
液位下降，液压减小，表针离开上限接点后，$KA_1$ 仍处于释放状
态，泵仍不运转。直到液位下降到使表针与下限位接点接触时，
$KA_1$ 得电吸合并自锁，泵再次启动运行，向容器内供水，重复上述
过程，使容器内的液位维持在上、下限的范围内。

### （4）元件选择

电气元件参数见表 7-45。

**表 7-45　电气元件参数**

| 序号 | 名称 | 代号 | 型号规格 | 数量 |
|---|---|---|---|---|
| 1 | 刀开关 | QS | HK1-60 | 1 |
| 2 | 熔断器 | FU$_1$ | RL1-60/35A | 3 |
| 3 | 熔断器 | FU$_2$ | RL1-15/2A | 2 |
| 4 | 交流接触器 | KM | CJ20-20A　380V | 1 |
| 5 | 热继电器 | FR | JR16-20　16A（整定电流 12A） | 1 |
| 6 | 继电器 | KA$_1$、KA$_2$ | 522 型　DC12V | 2 |
| 7 | 转换开关 | SA | LS2-2 | 1 |
| 8 | 变压器 | T | 3V·A　220/12V | 1 |
| 9 | 二极管 | VC、VD$_1$、VD$_2$ | 1N4001 | 6 |
| 10 | 电接点压力表 | KP | YX-150 型,1.5 级 0～0.4MPa | 1 |

### （5）调试

先试验电子控制电路。在变压器 T 初级接 220V 交流电源，用万用表测量 a、b 两端的电压，应约有 12V。然后调节电接点压力表 KP 表针，使接点 3、1 接触，这时继电器 KA$_1$ 应吸合，表针离开接点 1 后 KA$_1$ 仍应吸合。当表针与接点 2 接触时，继电器 KA$_2$ 应吸合，而 KA$_1$ 释放。当表针离开接点 2 后，KA$_2$ 即释放，KA$_1$ 仍处于释放状态。

电接点压力表 KP 的调整：如属于灌入式的水位控制，压力表的上限和下限可根据每 10m 高度为 0.1MPa 来选取。如用于 8 楼水箱供水，若水箱上水位与电接点压力表相距 6m，压力表上限调整为 0.06MPa；下水位与电接点压力表相距 2m，下限调整为 0.02MPa。

以上调整、试验正常后，即可到现场实际试验。先试验手动控制，手动正常后，再试验自动控制。试验自动控制时，将转换开关 SA 置于"自动"位置。当水箱无水或水很少时，电接点压力表 KP 的接点 3、1 接触，KA$_1$ 吸合，KM 吸合，水泵启动运行。随着水位升高，水压增大，直到 KP 的接点 3、2 接触，KA$_2$ 吸合、KA$_1$ 释放，KM 释放，水泵停止运行。当水位再次下降，水压减低，直到 KP 的接点 3、1 接触，水泵又启动运行。

## 7.4.8　电接点压力表式液位控制器之二

电路如图 7-52 所示。为了防止电接点压力表的接点因直接断、合继电器而粘连或烧毛，采用了双向晶闸管无触点开关。

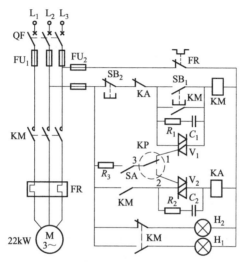

图 7-52　电接点压力表式液位控制器电路之二

### (1) 控制目的和方法

控制对象：水泵电动机 M。

控制目的：使液罐内的液位维持在一定范围内，可手动和自动控制。

控制方法：根据液位升降，通过电接点压力表 KP 压力变化，进而控制双向晶闸管 $V_1$ 和 $V_2$ 的导通或关断，以控制继电器 KA 和接触器 KM 的吸合与释放，实现泵的开、停。

保护元件：熔断器 $FU_1$（电动机短路保护）；$FU_2$（控制电路的短路保护）；热继电器 FR（电动机过载保护）；晶闸管 $V_1$、$V_2$（电接点压力表接点保护）；$R_1C_1$、$R_2C_2$（双向晶闸管阻容保护）。

(2) 电路组成

① 主电路。由断路器 QF、熔断器 $FU_1$、接触器 KM 主触点、热继电器 FR 和电动机 M 组成。

② 控制电路。由熔断器 $FU_2$、启动按钮 $SB_1$、停止按钮 $SB_2$、接触器 KM 和热继电器 FR 常闭触点组成。开关 SA 合上为"自动"，断开为"手动"。

③ 电子控制电路。由电阻 $R_3$、开关 SA、电接点压力表 KP、双向晶闸管 $V_1$、$V_2$ 和继电器 KA 组成。

④ 指示灯。$H_1$——水泵运行指示（绿色）；$H_2$——水泵停止指示（红色）。

(3) 工作原理

合上断路器 QF 和开关 SA。如果此时容器内无液体或液体很少，则电接点压力表 KP 的表针与下限接点（即 3、1 接点）接触，双向晶闸管 $V_1$ 触发导通，接触器 KM 得电吸合并自锁，泵启动运行，向容器内进液。KM 常开辅助触点闭合，运行指示点 $H_1$ 点亮。随着液位的升高，压力也越来越大，当压力上升到上限整定值时，表针与上限接点（即 3、2 点）接触，双向晶闸管 $V_2$ 触发导通，中间继电器 KA 得电吸合，其常闭触点断开，接触器 KM 失电释放，泵停止运行。KM 常闭辅助触点闭合，停止指示灯 $H_2$ 点亮。当液位下降至下限位时，$V_1$ 再次导通，泵再次启动运行，重复上述过程，使容器内的液位维持在上、下限位的范围内。

当自动失灵时，可以把开关 SA 打开，由启动按钮 $SB_1$ 和停止按钮 $SB_2$ 控制泵的启、停。

(4) 元件选择

电气元件参数见表 7-46。

表 7-46　电气元件参数

| 序号 | 名称 | 代号 | 型号规格 | 数量 |
|---|---|---|---|---|
| 1 | 断路器 | QF | DZ5-50/330 | 1 |
| 2 | 熔断器 | $FU_1$ | RL1-100/100A | 3 |
| 3 | 熔断器 | $FU_2$ | RL1-15/2A | 2 |

续表

| 序号 | 名称 | 代号 | 型号规格 | 数量 |
|------|------|------|----------|------|
| 4 | 交流接触器 | KM | CJ20-63A 380V | 1 |
| 5 | 热继电器 | FR | JR20-63 63A(整定电流55A) | 1 |
| 6 | 双向晶闸管 | $V_1$、$V_2$ | KS5A 1000V | 2 |
| 7 | 转换开关 | SA | LS2-2 | 1 |
| 8 | 电接点压力表 | KP | YX-150型 1.5级 0～0.4MPa | 1 |
| 9 | 金属膜电阻 | $R_1$、$R_2$ | RJ-100Ω 2W | 2 |
| 10 | 金属膜电阻 | $R_3$ | RJ-500Ω 1/2W | 1 |
| 11 | 电容器 | $C_1$、$C_2$ | CBB22 0.01μF 630V | 2 |
| 12 | 按钮 | $SB_1$ | LA18-22(绿) | 1 |
| 13 | 按钮 | $SB_2$ | LA18-22(红) | 1 |
| 14 | 指示灯 | $H_1$ | AD11-25/40 380V(绿) | 1 |
| 15 | 指示灯 | $H_2$ | AD11-25/40 380V(红) | 1 |

**(5) 调试**

电接点压力表 KP 的安装、调整同图 7-51。

先试验手动控制。将开关 SA 断开，按下启动按钮 $SB_1$，接触器 KM 吸合，泵启动运行，指示灯 $H_1$ 点亮，按下停止按钮 $SB_2$，接触器 KM 释放，泵停止运行，指示灯 $H_2$ 点亮。

然后试验自动控制。可暂不接入电动机 M，将开关 SA 闭合，调节电接点压力表 KP 表针，使接点 3、1 接触，接触器 KM 应吸合，指示灯 $H_1$ 亮，表针离开接点 1 后，KM 应仍吸合。当表针与接点 2 接触时，继电器 KA 应吸合，而 KM 释放，指示灯 $H_2$ 亮。当表针离开接点 2 后，KA 即释放，KM 仍处于释放状态。

以上调整、试验正常后，即可接入电动机 M 正式运行试验。试验方法同图 7-51。

## 7.4.9 灌入式晶闸管水位控制器之一

电路如图 7-53 所示。

**(1) 控制目的和方法**

控制对象：水泵电动机 M。

控制目的：使水箱内的水位维持在一定范围内。

控制方法：利用晶闸管控制；可手动和自动控制。

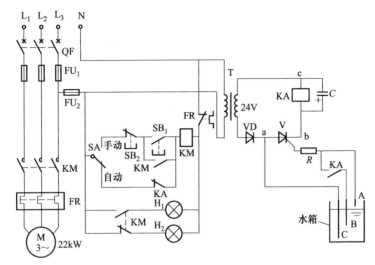

图 7-53 晶闸管水位控制器电路之一

保护元件：熔断器 FU₁（电动机短路保护）；FU₂（控制电路的短路保护）；热继电器 FR（电动机过载保护）。

**(2) 电路组成**

① 主电路。由断路器 QF、熔断器 FU₁、接触器 KM 主触点、热继电器 FR 和电动机 M 组成。

② 控制电路。由熔断器 FU₂、"手动-自动"转换开关 SA、启动按钮 SB₁、停止按钮 SB₂、接触器 KM 和热继电器 FR 常闭触点组成。

③ 继电器 KA 控制电路。由变压器 T、二极管 VD、晶闸管 V、继电器 KA、电阻 R、电容 C 和电极 A、B、C 组成。

④ 指示灯。H₁——水泵运行指示（绿色）；H₂——水泵停止指示（红色）。

**(3) 工作原理**

合上断路器 QF，将转换开关 SA 置于"自动"位置。220V 交流电经变压器 T 降压、二极管 VD 半波整流后，给晶闸管 V 提供约 12V 脉动的直流电压（加在晶闸管 V 阳极、阴极上），如果 V 导通，加在 KA 线圈上的电压是较恒定的（因为有电容 C 的作用），如果此时容器中无水，晶闸管 V 关闭，继电器 KA 释放，其常闭触点闭合，接触器 KM 得电吸合，水泵启动运行，向容器内灌水，绿色指示灯 H₁ 点亮。当水位达到电极 B 时，由于 KA 常开触点是断开的，所以晶闸管 V 仍关闭，水泵继续打水。当水位达到上限位时，水路把电极 A、C 接通，晶闸管 V 控制极获得电压而导通，KA 吸合，其常闭触点断开，KM 失电释放，水泵停止运行，红色指示灯 H₂ 点亮。

当水位下降，直至低于下限位时，晶闸管 V 失去控制极电压才关闭，水泵重新启动运行，重复上述过程。

### （4）元件选择

电气元件参数见表 7-47。

表 7-47　电气元件参数

| 序号 | 名称 | 代号 | 型号规格 | 数量 |
|---|---|---|---|---|
| 1 | 断路器 | QF | DZ5-50/330 | 1 |
| 2 | 熔断器 | FU₁ | RL1-100/100A | 3 |
| 3 | 熔断器 | FU₂ | RL1-15/2A | 1 |
| 4 | 交流接触器 | KM | CJ20-63A　220V | 1 |
| 5 | 热继电器 | FR | JR20-63　63A（整定电流 55A） | 1 |
| 6 | 继电器 | KA | 522 型　DC12V | 1 |
| 7 | 转换开关 | SA | LS2-2 | 1 |
| 8 | 变压器 | T | 3V·A　220/24V | 1 |
| 9 | 晶闸管 | V | KP1A　100V | 1 |
| 10 | 二极管 | VD | 1N4002 | 1 |
| 11 | 电阻 | R | RJ-100Ω　1/2W | 1 |
| 12 | 电解电容 | C | CD11　220μF50V | 1 |
| 13 | 按钮 | SB₁ | LA18-22（绿） | 1 |
| 14 | 按钮 | SB₂ | LA18-22（红） | 1 |
| 15 | 指示灯 | H₁ | AD11-25/40　220V（绿） | 1 |
| 16 | 指示灯 | H₂ | AD11-25/40　220V（红） | 1 |

### （5）调试

电极的制作同图 7-43。

先试验电子控制电路。在变压器 T 初级接 220V 交流电源，用万用表测量 a、c 两端的电压，应约有 12V。然后将电阻 R（靠近电极 A 一侧）的一端与 a 点碰连，继电器 KA 应可靠吸合，这时测量 KA 线圈的电压约有 12V 直流电压。若断开碰连，则 KA 应释放。将制作好的 3 根电极插入空水桶内，这时继电器 KA 处于释放状态。再慢慢向水桶内倒水，当水满至 C、A 电极时，KA 应吸合。如果不吸合，可将水多倒入些，使电极 A 多没入水中；若仍不行，可适当将各电极距离移近或增大电极面积及减小 R 阻值试试。

以上试验正常后，即可到现场实际试验。首先安装好电极并连接线路。先试验手动控制，手动正常后，再试验自动控制。当水箱内无水时，KA 释放，其常闭触点闭合，所以接触器 KM 得电吸合，水泵启动运行，绿色指示灯 $H_1$ 点亮。当水箱内水满至电极 B 时，由于 KA 常开触点断开，KA 仍处于释放状态，KM 仍吸合，继续灌水。当水满至电极 A 时，KA 吸合，KM 释放，水泵停止运行，红色指示灯 $H_2$ 点亮。将水箱内水放出，由于 KA 常开触点闭合，所以只有当水位下降到离开电极 B 时，晶闸管 V 才关断，KA 释放，KM 吸合，水泵又启动运行。

### 7.4.10　灌入式晶闸管水位控制器之二

电路如图 7-54 所示。该电路的特点是，检测电极上所带的电

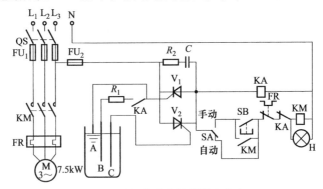

图 7-54　晶闸管水位控制器电路之二

压很低，只有几伏，十分安全。

(1) 控制目的和方法

控制对象：水泵电动机 M。

控制目的：使水箱内的水位维持在一定范围内。

控制方法：利用晶闸管控制；可手动和自动控制。

保护元件：熔断器 $FU_1$（电动机短路保护）；$FU_2$（控制电路的短路保护）；热继电器 FR（电动机过载保护）；$R_2$、$C$（晶闸管 $V_1$、$V_2$ 的阻容保护）。

(2) 电路组成

① 主电路。由铁壳开关 QS、熔断器 $FU_1$、接触器 KM 主触点、热继电器 FR 和电动机 M 组成。

② 控制电路。由熔断器 $FU_2$、"手动-自动"转换开关 SA、启动按钮 SB、接触器 KM、继电器 KA、晶闸管 $V_1$、$V_2$、热继电器 FR 常闭触点和电极 A、B、C 组成。

③ 指示灯。H——水泵运行指示（绿色）。

(3) 工作原理

合上电源开关 QS，将转换开关 SA 打到自动位置。如果此时水箱（水池）内的水位未到达上限位，晶闸管 $V_1$、$V_2$ 均关闭，继电器 KA 释放，其常闭触点闭合，接触器 KM 得电吸合，水泵启动运行，向水箱内灌水。当水位达到上限位时，水路把电极 A、C 接通，由晶闸管 $V_1$、$V_2$ 组成的无触点开关导通，继电器 KA 得电吸合，其常闭触点断开，接触器 KM 失电释放，水泵停止运行。当水位下降到低于上限位时，由于 KA 的常开触点已闭合，水路把电极 B、C 接通，$V_1$、$V_2$ 仍处于导通状态，水泵仍停止运行。当水位下降到低于下限位时，$V_1$、$V_2$ 得不到触发电压而关闭，KA 失电释放，其常闭触点闭合，接触器 KM 得电吸合，水泵启动运行，向水箱灌水。这时由于 KA 的常开触点已断开，所以水位上升到电极 B 后，晶闸管 $V_1$、$V_2$ 仍关闭。直到水位达到上限位时，$V_1$、$V_2$ 才再次导通，水泵才停止运行，重复上述过程。

图中在上限电极中接一个电阻 $R_1$ 的目的是，保证水位到达下限位时，继电器 KA 能迅速释放。

### （4）元件选择

电气元件参数见表 7-48。

**表 7-48  电气元件参数**

| 序号 | 名　称 | 代号 | 型号规格 | 数量 |
|------|--------|------|----------|------|
| 1 | 铁壳开关 | QS | HH3-60/40A | 1 |
| 2 | 熔断器 | FU₁ | RC1A-60/40A(配 QS) | 3 |
| 3 | 熔断器 | FU₂ | RL1-15/5A | 1 |
| 4 | 交流接触器 | KM | CJ20-16A  220V | 1 |
| 5 | 中间继电器 | KA | JZ7-44  220V | 1 |
| 6 | 转换开关 | SA | LS2-2 | 1 |
| 7 | 晶闸管 | V₁、V₂ | KP1A/600V | 2 |
| 8 | 热继电器 | FR | RJ14-20/2  14～22A | 1 |
| 9 | 金属膜电阻 | $R_1$ | RJ-3kΩ  1/2W | 1 |
| 10 | 金属膜电阻 | $R_2$ | RJ-250Ω  2W | 1 |
| 11 | 电容器 | $C$ | CBB22  0.47μF  400V | 1 |
| 12 | 按钮 | SB | LA18-22(绿) | 1 |
| 13 | 指示灯 | H | AD 11-25/40(绿) | 1 |

### （5）调试

先试验控制回路。在熔断器 FU₂ 电源侧和零线 N 间加入交流220V 电源。将转换开关置于"手动"位置，将晶闸管 V₁、V₂ 控制极断开，按动启动按钮 SB，这时接触器 KM 得电吸合，指示灯 H 点亮；再将 V₁、V₂ 控制极接通，中间继电器 KA 应吸合，KM 释放，指示灯 H 熄灭。

将 SA 置于"自动"位置，将 V₁、V₂ 控制极断开，KA 应释放，KM 吸合，H 点亮；若将 V₁、V₂ 控制极接通，KA 吸合，KM 释放，H 熄灭。

以上试验正常后，再接通电极进行液位控制试验。

## 7.4.11  干簧管晶闸管液位控制器

灌入式干簧管晶闸管液位控制电路的主电路和控制电路如图7-55（a）所示，继电器 KA 控制电路如图 7-55（b）所示。图中，干簧管和磁铁的安置可参考前面的例子。

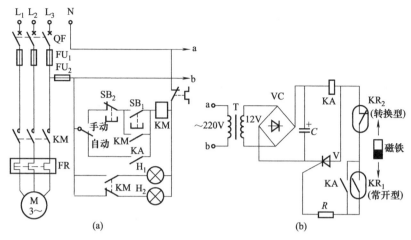

图 7-55　干簧管晶闸管液位控制器电路

## (1) 控制目的和方法

控制对象：水泵电动机 M。

控制目的：使液罐内的液位维持在一定范围内；可手动和自动
控制。

控制方法：根据液位升降，通过磁铁，控制干簧管动作，进而
控制晶闸管导通与关断，经继电器控制泵的启、停。

保护元件：熔断器 $FU_1$（电动机短路保护）；$FU_2$（控制电路的
短路保护）；热继电器 FR（电动机过载保护）。

## (2) 电路组成

主电路和控制电路同图 7-53。继电器 KA 控制电路由变压器 T、
整流桥 VC、电容 $C$、继电器 KA、晶闸管 V、电阻 $R$ 和干簧管
$KR_1$、$KR_2$ 及磁铁组成。

## (3) 工作原理

合上断路器 QF，将转换开关 SA 置于"自动"位置。220V 交
流电经变压器 T 降压、整流桥 VC 整流、电容 $C$ 滤波后，给晶闸管
V 及继电器 KA 提供约 12V 直流电压。当容器内无水、磁铁浮标落
到下限位时，干簧管 $KR_1$ 触点闭合，晶闸管 V 控制极获得电压而

导通，继电器 KA 得电吸合，其常开触点闭合，接触器 KM 得电吸合，泵启动运行，向容器内灌液。当液体上升，磁铁浮标离开干簧管 KR$_1$ 时，其触点断开，但由于继电器 KA 的常开触点已闭合，所以晶闸管 V 仍处于导通状态，泵仍运行。当液体上升到上限位时，磁铁浮标与干簧管 KR$_2$ 靠近，其触点断开，晶闸管 V 截止，KA 和 KM 相继失电释放，泵停止运行。当液体再次下降到下限位时，KR$_1$ 触点闭合，重复上述过程。

### (4) 元件选择

主电路的控制电路元件选择同图 7-53。继电器 KA 控制电路元件选择见表 7-49。

表 7-49　电子控制电路元件参数表

| 序号 | 名　　称 | 代号 | 型号规格 | 数量 |
|---|---|---|---|---|
| 1 | 变压器 | T | 3V·A　220/12V | 1 |
| 2 | 继电器 | KV | JQX-4　DC12V | 1 |
| 3 | 晶闸管 | V | KP1A　100V | 1 |
| 4 | 整流桥 | VC | QL0.5A　50V | 1 |
| 5 | 电阻 | $R$ | RJ-100Ω　1/2W | 1 |
| 6 | 电解电容 | $C$ | CD11　220μF　50V | 1 |
| 7 | 干簧管 | KR$_1$ | JAG-4-H(常开型) | 1 |
| 8 | 干簧管 | KR$_2$ | JAG-4-Z(转换型) | 1 |

### (5) 调试

先试验继电器 KA 控制电路。在变压器 T 初级接入 220V 交流电源，用万用表测量电容 $C$ 两端的电压，应约有 14V 直流电压(因为晶闸管 V 未导通，整流电路处于空载状态)。暂将 KR$_2$ 处用导线短接，KR$_1$ 处断开，KA 常开触点断开（不接），用电阻 $R$ 的一空端碰连晶闸管 V 的阳极，继电器 KA 应可靠吸合，若不吸合或吸合时触点抖动，可减小 $R$ 阻值试试。另外，电容 $C$ 的容量不可太小，如小于 100μF，则 KA 吸合时就有可能出现触点抖动。

以上试验正常后，即可连接好电路，接上干簧管进行实际试验。

## 7.4.12　干簧管双向晶闸管液位控制器

电路如图 7-56 所示。它属于灌入式液位控制电路。

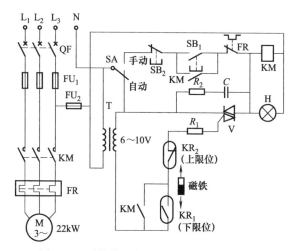

图 7-56 干簧管双向晶闸管液位控制器电路

**(1) 控制目的和方法**

控制对象：泵电动机 M。

控制目的：使液罐内的液位维持在一定范围内。

控制方法：根据液位升降带动磁铁，控制干簧管动作，使双向晶闸管导通与关断，进而控制泵的开、停；可手动和自动控制。

保护元件：熔断器 $FU_1$（电动机短路保护）；$FU_2$（控制电路的短路保护）；热继电器 FR（电动机过载保护）；$R_2$、$C$（阻容保护，保护双向晶闸管 V）。

**(2) 电路组成**

① 主电路。由断路器 QF、熔断器 $FU_1$、接触器 KM 主触点、热继电器 FR 和电动机 M 组成。

② 控制电路。由熔断器 $FU_2$、"手动-自动"转换开关 SA、启动按钮 $SB_1$、停止按钮 $SB_2$、接触器 KM 和热继电器 FR 常闭触点组成。

③ 电子控制电路。由变压器 T、双向晶闸管 V 和干簧管 $KR_1$、$KR_2$ 及磁铁组成。

④ 指示灯。H——泵运行指示（绿色）。

(3) 工作原理

合上断路器 QF，将转换开关 SA 置于"自动"位置。当液罐内液体下降到下限位时，干簧管 KR$_1$（常开型）被磁铁感应而吸合，其常开触点闭合，双向晶闸管 V 的控制极得到触发电压而导通，接触器 KM 得电吸合，泵启动运行，向液罐内灌液，同时指示灯 H 点亮。当液位上升，磁铁离开干簧管 KR$_1$ 后，虽然 KR$_1$ 触点断开，但由于 KM 常开辅助触点是闭合的，所以 KM 仍吸合，泵继续运行。

当液位上升到上限位时，干簧管 KR$_2$（转换型）被磁铁感应而吸合，其常闭触点断开，双向晶闸管 V 失去控制极电压而关断，接触器 KM 失电释放，泵停止运行，同时指示灯 H 熄灭。

当液位再次下降到下限位时，KR$_1$ 吸合，重复上述过程。

如果"自动"失灵，可将转换开关 SA 置于"手动"位置，由启动按钮 SB$_1$ 和停止按钮 SB$_2$ 手动控制泵的启、停。

如果是抽出式液位控制，则只要将干簧管 KR$_1$ 置于上限位，KR$_2$ 置于下限位即可，而控制线路不变。

(4) 元件选择

双向晶闸管 V 选用 KS1A 800A；$R_2$ 为 100Ω、2W；$C$ 为 0.01μF、400V；限流电阻 $R_1$ 为 1kΩ、1/2W；降压变压器 T 选用 3V·A、220/6～10V；其他元件选择同前。

(5) 调试

先试验电子控制电路。在变压器 T 初级接入 220V 交流电源，用万用表测量 T 次级电压，应有 6～10V 交流电压（注意，此电压不宜高于 10V，否则会损坏双向晶闸管 V 的控制极）。将磁铁下移至干簧管 KR$_1$ 处，接触器 KM 应吸合并自锁。若不吸合，应检查 KR$_1$、KR$_2$ 触点接触是否良好，也可减小 $R_1$ 阻值试试。正常后，再将磁铁上移到干簧管 KR$_2$ 处，KM 应释放。

以上试验正常后，即可进行现场试验。连接好线路，先试验手动控制，后试验自动控制。现场调试中必须调整好磁铁浮标与干簧管的距离，保证干簧管能可靠运作。

### 7.4.13 电极式双向晶闸管水位控制器

电路如图 7-57 所示。它属于抽出式水位自控线路。

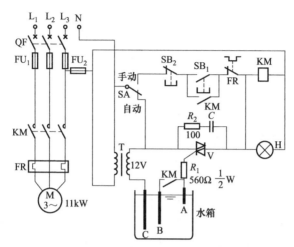

图 7-57 电极式双向晶闸管水位控制器电路

**(1) 控制目的和方法**

控制对象：水泵电动机 M。

控制目的：使水箱内的水位维持在一定范围内。

控制方法：采用双向晶闸管控制；可手动和自动控制。

保护元件：同图 7-56。

**(2) 电路组成**

与图 7-56 类同，只是用电极代替干簧管及磁铁。

**(3) 工作原理**

合上断路器 QF，将转换开关 SA 置于"自动"位置。当水箱内水位上升到电极 A 时，双向晶闸管 V 的控制极得到触发电压而导通，接触器 KM 得电吸合，水泵启动运行，向外抽水，同时指示灯 H 点亮。当水位下降到脱离电极 A 时，由于 KM 常开辅助触点闭合，所以 KM 仍吸合，水泵继续抽水。当水位下降到电极 B 以下时，双向晶闸管 V 失去控制极电压而关断，停止抽水，同时指示灯 H 熄灭。当水位慢慢上涨，又达到电极 A 时，KM 又吸合，水泵重新启动运行，重复上述过程，从而使水位维持在电极 A 与 B 之间。

(4) 元件选择

限流电阻 $R_1$ 选用 RJ-560Ω、1/2W，电阻 $R_2$ 选用 RJ-100Ω、2W，电容 $C$ 选用 CBB22 0.47μF、400V，双向晶闸管 V 选用 KS1A/600V，降压变压器 T 选用数伏安、220/12V；电极制作同图 7-43。

(5) 调试

先试验电子控制电路。在变压器 T 初级（通过熔断器 FU₂）接入 220V 交流电源，用万用表测量 T 次级电压，应有 12V 交流电压［注意，由于一般电极之间的水电阻约数千欧，所以为了可靠触发双向晶闸管，需有足够的控制极电流（数毫安至 20mA），所以变压器 T 的次级电压要比图 7-47 的取得高些。但如果含有盐、酸、碱的水，阻值极小，这时变压器 T 次级电压应取小于 10V］。将电极放置在空水桶内，慢慢向桶内灌水，当水满至电极 C、A 时，双向晶闸管 V 应导通，接触器 KM 应吸合，指示灯 H 点亮。如果不吸合，可将水多倒入些，使电极 A 多没入水中；若仍不行，可适当将电极距离移近或增大电极面积；另外还可减小 $R_1$ 阻值试试。以上试验正常后，将水桶中的水慢慢放出，当水位未离开电极 B 前，KM 不会释放。如果水位一离开电极 A，KM 就释放，说明 KM 常开辅助触点闭合不良。当水位离开电极 B 时，KM 应释放。如果不释放，有可能是电极安装有问题，应检查是否有水沿水箱壁与电极相连。这种情况，尤其在固定电极的绝缘板安装在水箱侧面（而非顶盖上）时容易发生。

以上试验正常后，即可进行现场试验，先试验手动控制，后试验自动控制。重要的是要调整好各电极之间的距离，在保证电极不可能相互短路的情况下，尽可能靠近些。

## 7.4.14　采用功率集成电路的液位控制器

电路如图 7-58 所示。它属于灌入式液位控制。

(1) 控制目的和方法

控制对象：泵电动机 M。

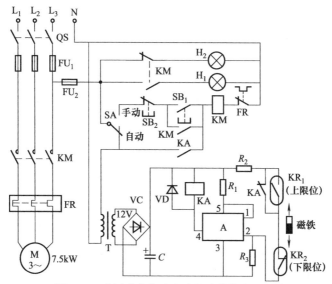

图 7-58　采用功率集成电路的液位控制器电路

控制目的：使液罐内的液位维持在一定的范围内。

控制方法：采用功率集成电路控制；可手动和自动控制。

保护元件：熔断器 FU₁（电动机短路保护）；FU₂（控制电路的短路保护）；热继电器 FR（电动机过载保护）；二极管 VD（保护功率集成电路 A 免受继电器 KA 反电势而损坏）。

**(2) 电路组成**

① 主电路。由开关 QS、熔断器 FU₁、接触器 KM 主触点、热继电器 FR 和电动机 M 组成。

② 控制电路。由熔断器 FU₂、"手动-自动"转换开关 SA、启动按钮 SB₁、停止按钮 SB₂、接触器 KM 和热继电器 FR 常闭触点组成。

③ 电子控制电路。由直流电源（由变压器 T、整流桥 VC 和电容 $C$ 组成）、功率集成电路 A、继电器 KA、二极管 VD 和电阻 $R_1 \sim R_3$，以及干簧管 KR₁、KR₂ 和磁铁等组成。

④ 指示灯。H₁——泵运行指示（绿色）；H₂——泵停止指示（红色）。

(3) 工作原理

合上电源开关 QS，将转换开关 SA 置于"自动"位置。220V
交流电源经变压器 T 降压、整流桥 VC 整流、电容 C 滤波后，给功
率集成电路 A 和继电器提供约 12V 直流电压。当液罐内液位处于
下限位时，磁铁使干簧管 KR₂（转换型）触点断开，功率集成电路
A 的 2 脚为低电平（约为 0V），A 导通（即 3 脚、4 脚短路），继电
器 KA 得电吸合，其常开触点闭合，接触器 KM 得电吸合，泵启动
运行，向液罐内灌液，同时绿色指示灯 H₁ 点亮。当液位上升，磁
铁浮标离开干簧管 KR₂ 时，其常闭触点复位，但由于 KA 的常闭触
点已断开，所以 A 的 2 脚仍为低电平，KA、KM 仍吸合，泵继续运
行。当液位上升到上限位时，磁铁使干簧管 KR₁（常开型）触点闭
合，A 的 2 脚为高电平（＞1.5V），A 截止，KA 和 KM 相继失电释
放，泵停止运行，同时红色指示灯 H₂ 点亮。当液位下降，磁铁离开
干簧管 KR₁ 时，其常开触点复位，由于 KA 常闭触点已闭合，使 A 的
2 脚仍为高电平，A 仍然截止。只有当液位低到下限位时，泵又重新
启动运行，向液罐内灌液，重复上述过程。

如果是抽出式液位控制，则只要将干簧管 KR₁（包括 KA 常闭
触点）置于下限位，KR₂ 置于上限位即可，而控制线路不变。

(4) 元件选择

电子控制电路元件参数见表 7-50，其他元件同图 7-43。

表 7-50　电器元件表（电子控制电路）

| 序号 | 名　称 | 代号 | 型号规格 | 数量 |
|---|---|---|---|---|
| 1 | 功率集成电路 | A | TWH8751 | 1 |
| 2 | 继电器 | KA | JQX-4F　DC12V | 1 |
| 3 | 变压器 | T | 3V·A　220/12V | 1 |
| 4 | 整流桥、二极管 | VC、VD | 1N4001 | 5 |
| 5 | 金属膜电阻 | $R_1$ | RJ-510Ω　1/2W | 1 |
| 6 | 金属膜电阻 | $R_2$ | RJ-100kΩ　1/2W | 1 |
| 7 | 金属膜电阻 | $R_3$ | RJ-2kΩ　1/2W | 1 |
| 8 | 电解电容器 | C | CD11 470μF　25V | 1 |
| 9 | 干簧管 | KR₁ | JAG-4-H(常开型) | 1 |
| 10 | 干簧管 | KR₂ | JAG-4-Z(转换型) | 1 |

### (5) 调试

先试验电子控制电路。在变压器 T 初级（通过熔断器 FU$_2$）接入 220V 交流电源，用万用表测量电容 C 两端的电压，应约有 16V 直流电压（因为空载），继电器 KA 不吸合，A 的 3 脚、4 脚之间的电压 $U_{3,4}$ 约为 14V。如果 KA 吸合，可适当增大 $R_3$ 的阻值，或减小 $R_2$ 的阻值。将磁铁靠近干簧管 KR$_2$，KA 应吸合，这时 $U_{3,4}$ 为 0V。即使移开磁铁，KA 仍然吸合，要是磁铁移开后，KA 就释放，说明 KR$_1$ 接在常闭触点，应改成常开型。然后将磁铁靠近干簧管 KR$_1$，KA 应释放。注意：KA 吸合后，电容 C 两端的电压约为 12V。实际上，C 两端电压的大小与负载、整流桥二极管额定电流及变压器容量等有关。若实际电压大于 12V，可在整流输出回路串一个降压电阻。

以上试验正常后，即可进行现场试验。先试验手动控制，后试验自动控制。观察接触器 KM 和泵工作情况，以及指示灯 H$_1$、H$_2$ 的指示情况。若有异常，应检查接线，尤其要检查磁铁浮标与干簧管的距离是否适当。

## 7.4.15　采用电极式功率集成电路的水位控制器

电路如图 7-59 所示。它属于灌入式水位自控电路。

该电路类同图 7-56，只是用电极代替干簧管及磁铁。

工作原理：合上断路器 QF，将转换开关 SA 置于"自动"位置。当水位处在电极 B 以下时，功率集成电路 A 的 2 脚为低电平（0V），A 导通，中间继电器 KA 得电吸合，其常开触点闭合，接触器 KM 得电吸合，水泵启动运行，向水箱进水，同时绿色指示灯 H$_1$ 亮。当水箱内的水位上升到电极 A 时，集成电路 A 的 2 脚为高电平（＞1.5V），A 截止，KA 和 KM 相继失电释放，水泵停止运行，红色指示灯 H$_2$ 亮。当水位下降到电极 A 以下时，由于 KA 常闭触点已闭合，使 A 的 2 脚仍为高电平，A 仍截止。只有当水位低于下限值（电极 B）时，水泵又重新启动运行，向水箱内进水，重复上述过程。

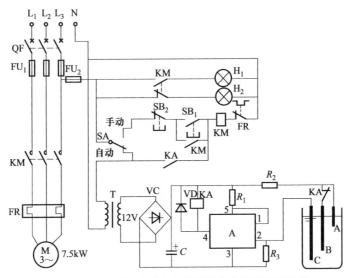

图 7-59　采用电极式功率集成电路的水位控制器电路

如果是抽出式水位控制，则只要将接在电极 B 的 KA 常闭触点改为常开触点即可。

电极制作同图 7-43。

调试：先测量电容 C 两端电压（同图 7-58）。将电极插入空水桶内，KA 应吸合。再慢慢向桶内灌水，当水满至电极 C、A 时，KA 应释放。如果 KA 不释放，可将水多倒入些，使电极 A 多没入水中或增大电极面积，还可减小 $R_2$ 的阻值，或增大 $R_3$ 的阻值试试。另外，减小电极之间的距离也有作用。以上试验正常后，将水桶中的水慢慢放出，当水位未离开电极 B 前，KA 不会吸合，否则可能 KA 常闭触点接触不良。当水位离开电极 B 时，KA 应吸合。

以上电子控制电路试验正常后，即可进行现场试验。试验方法同前。

## 7.4.16　水塔和蓄水池同时监测的自动上水控制器

有些地方给水塔供水时受到蓄水池（或水井）的水位制约，需要有一套具有同时监测水塔和蓄水池（或水井）的自动上水控制系统。即上水时除受水塔水位控制外，还同时受蓄水池水位控制，以避免因蓄水池无水或水位过低，使水泵空转造成烧坏水泵的事故，控制电路如图 7-60 所示。

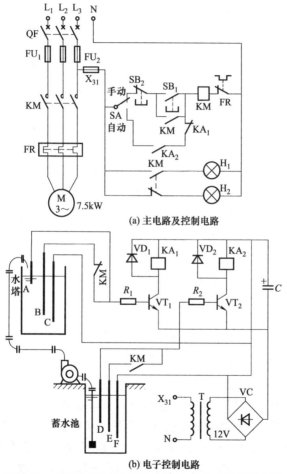

(a) 主电路及控制电路

(b) 电子控制电路

图 7-60 水塔和蓄水池同时监测的自动上水控制器电路

### (1) 控制目的和方法

控制对象：水泵电动机 M。

控制目的：自动上水；防止蓄水池无水或水位过低时水泵空转而烧坏。

控制方法：在水塔和蓄水池分别设置一套三极管监测控制装置，以判断水泵是否可以运行或停机；可手动和自动控制。

保护元件：熔断器 $FU_1$（电动机短路保护）；$FU_2$（控制电路的短路保护）；热继电器 FR（电动机过载保护）；二极管 $VD_1$、$VD_2$（保护三极管 $VT_1$ 和 $VT_2$ 免受继电器 $KA_1$ 和 $KA_2$ 反电势而损坏）。

**(2) 电路组成**

① 主电路。由断路器 QF、熔断器 $FU_1$、接触器 KM 主触点、热继电器 FR 和电动机 M 组成。

② 控制电路。由熔断器 $FU_2$、转换开关 SA、启动按钮 $SB_1$、停止按钮 $SB_2$、接触器 KM 和热继电器 FR 常闭触点组成。

③ 电子控制电路。由直流电源（由变压器 T、整流桥 VC 和电容 $C$ 组成）、三极管 $VT_1$、$VT_2$、继电器 $KA_1$、$KA_2$、电阻 $R_1$、$R_2$ 和电极 A、B、C 及 D、E、F 组成。

④ 指示灯。$H_1$——水泵运行指示（绿色）；$H_2$——水泵停止指示（红色）。

**(3) 工作原理**

1) 初步分析（逆着分析）

① 为了防止蓄水池无水或水位过低，水泵还在运转，必须当水位低于电极 E 时，KM 应释放→$KA_2$ 应释放→三极管 $VT_2$ 应截止。

② 为保持水塔中的水位在电极 A 与电极 B 范围内，当水位降到电极 B 以下，且蓄水池中的水在电极 E 和电极 D 之间（此时 $KA_2$ 处于吸合状态）时→KM 应吸合→$KA_1$ 应释放→三极管 $VT_1$ 应截止；当水位处于电极 B 与电极 A 之间时→KM 应先释放→$KA_1$ 应吸合→三极管 $VT_1$ 应导通。

2) 顺着分析　合上断路器 QF，将转换开关 SA 置于"自动"位置。220V 交流电源经变压器 T 降压、整流桥 VC 整流、电容 $C$

滤波后，给三极管及继电器提供约 12V 直流电压。当蓄水池的水位在上限位（D 点）以上、水塔水位在下限位（B 点）以下时，三极管 VT₁ 基极无偏压而截止，继电器 KA₁ 释放，其常闭触点闭合；由于水路把电极 D、F 接通，所以三极管 VT₂ 基极有正偏压而导通，继电器 KA₂ 得电吸合，其常开触点闭合，接触器 KM 得电吸合，水泵启动运行，向水塔进水。

当蓄水池的水被抽到 D 点以下时，由于 KM 的常开辅助触点已闭合，所以三极管 VT₂ 仍导通，水泵仍运行。只有当水位下降到蓄水池的下限位（E 点）以下时，VT₂ 基极失去偏压而截止，继电器 KA₂ 失电释放，其常开触点断开，接触器 KM 失电释放，水泵停止运行，从而使水泵不致被抽空。注意，安装电极 E 时，下端（E 点）一定要放在水泵底阀以下适当的位置。如 E 点低于水泵底阀，水泵就会被抽空。

当蓄水池的水位重新上升到 E 点时，由于 KM 的常开辅助触点已断开，所以三极管 VT₂ 仍截止。只有当水位上升到 D 点时，VT₂ 才又导通，KA₂ 和 KM 才相继得电吸合，水泵再次启动进水。

当水塔中的水位达到下限位（B 点）时，由于 KM 的常闭辅助触点已断开，所以三极管 VT₁ 基极无偏压而截止。只有当水塔中的水位上升到上限位（A 点）时，水路把电极 A、C 接通，三极管 VT₁ 基极得到正偏压而导通，中间继电器 KA₁ 得电吸合，其常闭触点断开，接触器 KM 失电释放，水泵停止运行。

当水塔中的水位下降到 A 点以下时，由于 KM 的常闭辅助触点已闭合，所以三极管 VT₁ 仍处于导通状态，KA₁ 仍吸合。当水塔中的水位下降到下限位（B 点）以下时，VT₁ 基极失去偏压而截止，KA₁ 失电释放，其常闭触点闭合。如果这时蓄水池水位又重新上升到 D 点以上，三极管 VT₂ 又导通，KA₂ 又吸合，水泵才开始启动运行，向水塔内送水，重复上述过程。

（4）元件选择

主电路和控制电路元件选择及电极的制作同图 7-43。电子控制电路元件参数见表 7-51。

表 7-51　电子控制电路元件参数表

| 序号 | 名　称 | 代号 | 型号规格 | 数量 |
|---|---|---|---|---|
| 1 | 变压器 | T | 3V·A　220/12V | 1 |
| 2 | 继电器 | KA₁、KA₂ | JQX-4F　DC12V | 2 |
| 3 | 三极管 | VT₁、VT₂ | 3DG130　$\beta \geqslant 50$ | 2 |
| 4 | 二极管 | VD₁、VD₂ | 1N4001 | 2 |
| 5 | 整流桥 | VC | QL0.5A/50V | 1 |
| 6 | 金属膜电阻 | $R_1$、$R_2$ | RJ-15kΩ　1/2W | 2 |
| 7 | 电解电容器 | C | CD11 470μF　25V | 1 |

### (5) 调试

先调试电子控制电路，分别对两组控制电路进行调试。VT₁ 这一组与图 7-43 相同，不再介绍，下面只介绍 VT₂ 这一组的调试方法。在变压器 T 初级（通过熔断器 FU₂）接入 220V 交流电源，用万用表测量电容 C 两端的电压，应约有 16V 直流电压（因为空载）。将电极放置在空水桶内，继电器 KA₂ 释放。慢慢向桶内灌水，当水满至 F、D 电极时，KA₂ 应吸合。若 KA₂ 不吸合，可减小 $R_2$ 的阻值，或减小电极之间的距离或增大电极面积。另外，三极管的 $\beta$ 值越大，动作也越灵敏。然后将 KM 常开触点处短接，再将桶内的水放出，当水位未离开电极 E 时，KA₂ 一直吸合。当水位降至电极 E 以下，KA₂ 才释放。

当两组控制电路试验都正常后，即可进行现场试验。首先应认真检查接线，确保接线正确无误，再要保证各继电器和接触器的常开触点和常闭触点不接错，各触点应接触良好。另外，电极的安装要正确，各电极之间的距离要适当（可参见图 7-43）。这是保证该控制系统正确工作的关键。

先试验手动控制，后试验自动控制。观察水塔和蓄水池水位情况；继电器 KA₁、KA₂、接触器 KM 和水泵工作情况，以及指示灯 H₁、H₂ 的指示情况。它们之间的关系应与工作原理所述的一致。

## 7.4.17　水满报警器之一

电路如图 7-61 所示。

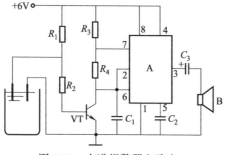

图 7-61 水满报警器电路之一

**（1）控制目的和对象**

控制对象：水位。

控制目的：水满报警。

控制方法：利用放置在水箱中的电极作探测元件，三极管 VT
作控制元件，555 时基集成电路作多谐振荡器，并
推动扬声器发声。

**（2）电路组成**

① 控制电路。由电极和三极管 VT 及电阻 $R_1$、$R_2$ 组成。

② 多谐振荡器（由 555 时基集成电路 A 及电阻、电容组成）
和扬声器 B。直流电源为 6V。

**（3）工作原理**

接通电源，当水位未满及两电极时，三极管 VT 得到基极偏压
$\left[\text{实际上 VT 的基极电流 } I_b = \dfrac{E_c - 0.3}{R_1 + R_2} = \dfrac{6 - 0.3}{100 + 51} = 0.038 \text{ (mA)}\right]$ 而
导通，555 时基集成电路 A 的 2 脚约为 0V（即三极管集-射结短接
了电容 $C_1$），多谐振荡器不工作，扬声器 B 不响。当水满时，两电
极被水接通，三极管 VT 失去基极偏压而截止，A 的 2 脚电压上升，
电容 $C_1$ 通过 $R_3$、$R_4$ 交替放电产生自激振荡，并从 A 的 3 脚输出
振荡信号 $\{振荡频率 \, f = 1.443/[(R_1 + R_2) \cdot C_1] \approx 1\text{kHz}\}$ 经电容
$C_3$ 耦合，驱动扬声器 B 发出报警声，告之水已满。

**（4）元件选择**

电气元件参数见表 7-52。

表 7-52　电气元件参数

| 序号 | 名　称 | 代号 | 型 号 规 格 | 数量 |
|---|---|---|---|---|
| 1 | 时基集成电路 | A | NE555、μA555、SL555 | 1 |
| 2 | 三极管 | VT | 3DG130　$\beta\geqslant80$ | 1 |
| 3 | 金属膜电阻 | $R_1$、$R_4$ | RJ-100kΩ　1/2W | 2 |
| 4 | 金属膜电阻 | $R_2$ | RJ-51kΩ　1/2W | 1 |
| 5 | 金属膜电阻 | $R_3$ | RJ-1kΩ　1/2W | 1 |
| 6 | 电容器 | $C_1$、$C_2$ | CL11 0.01μF　63V | 2 |
| 7 | 电解电容器 | $C_3$ | CD11 4.7μF　16V | 1 |
| 8 | 扬声器 | B | 8~16Ω 0.5~2W | 1 |
| 9 | 电极 | | 自制 | 2 |

**(5) 电极制作**

两电极可以用塑料铜导线制作，端头外露 1cm 裸线；也可用直径为 6~10mm 的不锈钢或铜棒制作。

两电极之间的距离保持在 50mm 左右，一般不超过 100mm。两电极之间距离太近，容易发生碰连；距离太远，水电阻太大，有可能不会报警（即三极管 VT 不会工作）。水质越清，水电阻越大，电极之间距离要近些。若电极过近，则可增大电极面积，使两电极保持一定距离。水中矿物质、杂质越多，则水电阻越小，电极之间距离可拉远些。

如果水箱为金属制，可省去一根电极，并将电路的接地端直接与水箱外壳连接即可。注意，连接必须可靠。

**(6) 调试**

调试的一个重要工作是正确确定两电极之间的距离，可按上述原则试验确定，并安装牢固。

如果水未满时就报警，可减小 $R_1$、$R_2$ 的阻值，或增大三极管 VT 的电流放大倍数 $\beta$，如 $\beta\geqslant100$。如果水满时不报警，则可能三极管 VT 已击穿或 555 时基集成电路 A 已损坏，可用替换法试试。改变 $C_3$ 容量可改变报警声的音调。

## 7.4.18　水满报警器之二

电路如图 7-62 所示。

**（1）控制目的和对象**

控制对象：水位。

控制目的：水满报警。

控制方法：利用放置在水箱
中的电极作探测
元件，由三极管
$VT_1$、$VT_2$ 组成自
激多谐振荡器，
推动扬声器发声。

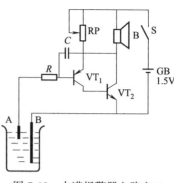

图 7-62　水满报警器电路之二

**（2）电路组成**

① 控制电路。由极和限流电阻 $R$ 及开关 $S$。

② 自激多谐振荡器（音频信号发生器）（由三极管 $VT_1$、$VT_2$、
电容 $C$ 和电位器 RP 组成）和扬声器 B。直流电源为 1.5V。

**（3）工作原理**

合上开关 S，当水位未满及两电极时，三极管 $VT_1$ 无基极偏流
而截止，振荡器不工作，扬声器 B 不响。当水满时，两电极被水
接通，三极管 $VT_1$ 得到基极偏流而导通，振荡器工作，扬声器 B
发出报警声，告之水已满。

装置在等待状态时，电池供给装置的电流小于 0.1μA，在报警时
约 2mA。即使两电极之间的水电阻达数百千欧，报警器也能工作。

**（4）元件选择**

电气元件参数见表 7-53。

表 7-53　电气元件参数

| 序号 | 名　称 | 代号 | 型号规格 | 数量 |
|---|---|---|---|---|
| 1 | 钮子开关 | S | KN5-1 | 1 |
| 2 | 三极管 | $VT_1$ | 3AX81、3CG130　$\beta \geqslant 50$ | 1 |
| 3 | 三极管 | $VT_2$ | 3DG130　$\beta \geqslant 50$ | 1 |
| 4 | 金属膜电阻 | $R$ | RJ-220kΩ　1/2W | 1 |
| 5 | 电位器 | RP | WS-0.5W　1.5kΩ | 1 |
| 6 | 电容器 | C | CBB22 1μF　63V | 1 |
| 7 | 扬声器 | B | 8～16Ω　0.5～2W | 1 |
| 8 | 电极 | | 自制 | 2 |

(5) **电极制作**

同图7-61。

(6) **调试**

先将电位器RP滑臂置于图7-62上端位置（阻值最大），合上开关S，并将电极A、B短接。逐渐减小RP的阻值，使扬声器B发出清楚的响声。然后减小限流电阻 R 的阻值，但不能损坏三极管(用手捏住三极管管壳，以判断管子温度，应以微温为宜)。

上述调整好后，再将电极置于盛水容器中现场调试。如果水满扬声器不报警，应将两电极距离缩小，必要时可调小电阻 R 的阻值。改变 C 的容量可改变报警声的音调。

装置实际上可不必设电源开关S，因为在等待状态下所需电流要比电池自放电电流还小。

## 7.4.19　低水位报警器之一

电路如图7-63所示。

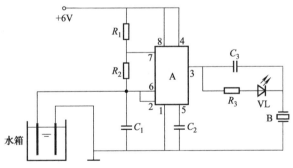

图7-63　低水位报警器电路之一

(1) **控制目的和方法**

控制对象：水位。

控制目的：缺水报警。

控制方法：利用放置在水箱中的电极作探测元件，555时基集
　　　　　成电路作多谐振荡器，并推动压电陶瓷蜂鸣器发声。

(2) **电路组成**

由电极、多谐振荡器（由 555 时基集成电路 A 及电阻、电容元件组成）和压电陶瓷蜂鸣器 B 组成。

直流电源为 6V。

(3) **工作原理**

接通电源，当水位满过两电极时，电容 $C_1$ 被水电阻并联（水电阻一般为数千欧以内），由 555 时基集成电路 A 等组成的多谐振荡器不工作，蜂鸣器 B 不响。当水位低于两电极时，电容 $C_1$ 通过电阻 $R_1$、$R_2$ 交替放电产生自激振荡，从 A 的 3 脚输出振荡信号，经电容 $C_3$ 耦合，驱动蜂鸣器 B 发出报警声，同时发光二极管 VL 点亮，告之水箱已缺水。

(4) **元件选择**

电气元件参数见表 7-54。

**表 7-54　电气元件参数**

| 序号 | 名　　称 | 代号 | 型 号 规 格 | 数量 |
|---|---|---|---|---|
| 1 | 时基集成电路 | A | NE555、μA555、SL555 | |
| 2 | 发光二极管 | VL | LED702、2EF601、BT201 | 1 |
| 3 | 压电陶瓷蜂鸣器 | B | FT-20T | 1 |
| 4 | 金属膜电阻 | $R_1$ | RJ-2kΩ　1/2W | 1 |
| 5 | 金属膜电阻 | $R_2$ | RJ-100kΩ　1/2W | 1 |
| 6 | 碳膜电阻 | $R_3$ | RT-1kΩ　1/2W | 1 |
| 7 | 电容器 | $C_1 \sim C_3$ | CL11 0.01μF　63V | 3 |
| 8 | 电极 | | 自制 | 2 |

(5) **电极制作**

同图 7-61。如果水箱为金属制，可省去一根电极，只要将电路的接地端直接与水箱外壳连接即可。

(6) **调试**

接通电源，当水位满过两电极时，蜂鸣器 B 不响。若 B 响，则应将两电极之间的距离靠近些。如果是金属水箱，只用一根电极，这时可将电极离水箱壁近一些。缺水时，水脱离电极，蜂鸣器 B 应响。若 B 不响，则应检查是否由于电极安装不妥，使残留的水经水箱壁与两电极连接。另外，时基集成电路 A 有问题，B 也不响，且发光二极管 VL 也不亮。

## 7.4.20  低水位报警器之二

电路如图 7-64 所示。

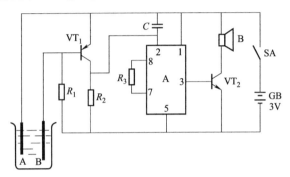

图 7-64　低水位报警器电路之二

**(1) 控制目的和方法**

控制对象：水位。

控制目的：缺水报警。

控制方法：利用放置在水箱中的电极作探测元件，KD9300 音乐集成电路作振荡器，并推动扬声器发声。

**(2) 电路组成**

由电极、KD9300 音乐集成电路、开关电路（由三极管 VT₁ 等组成）、放大电路（三极管 VT₂）、扬声器 B 和开关 SA 组成。

直流电源为 3V。

**(3) 工作原理**

合上开关 SA，当水满过两电极时，三极管 VT₁ 的基极与发射极经过水电阻相连，基极处于反向偏置而截止，集成电路 A 的 2 脚相当于悬空，A 不工作，扬声器 B 不发声。当水位下降至脱离电极时，三极管 VT₁ 的基极与发射极回路断开，基极处于正向偏置而导通，集成电路 A 的 2 脚与正电源相连，A 被触发而工作，发出音乐（报警）信号，并经三极管 $VT_2$ 放大，由扬声器 B 发出报警声。图 7-64 中电容 $C$ 起抗干扰作用，防止集成电路 A 误触发，一般也可不用。

**（4）元件选择**

电气元件参数见表 7-55。

**表 7-55　电气元件参数**

| 序号 | 名　　　称 | 代号 | 型 号 规 格 | 数量 |
|------|-----------|------|-------------|------|
| 1 | 钮子开关 | SA | KN5-1 | 1 |
| 2 | 音乐集成电路 | A | KD9300、CW9300、CW8403 | 1 |
| 3 | 三极管 | $VT_1$ | 3AX31、3CG130　$\beta \geqslant 80$ | 1 |
| 4 | 三极管 | $VT_2$ | 3DG130　$\beta \geqslant 60$ | 1 |
| 5 | 金属膜电阻 | $R_1$ | RJ-51k$\Omega$　1/2W | 1 |
| 6 | 金属膜电阻 | $R_2$ | RJ-120$\Omega$　1/2W | 1 |
| 7 | 金属膜电阻 | $R_3$ | RJ-68k$\Omega$　1/2W | 1 |
| 8 | 电容器 | $C$ | CBB22 0.1$\mu$F　63V | 1 |
| 9 | 扬声器 | B | 8～16$\Omega$　0.5～2W | 1 |
| 10 | 电极 | | 自制 | 2 |

**（5）调试**

将电极 A、B 短接，扬声器 B 应不发声，断开电极 A、B，扬声器应发声，然后将两电极放入水中调试。如果水满入两电极，扬声器会发声，则应将两电极距离拉远些。电极固定要妥当，当水位离开电极时，不要因两电极通过湿水及容器（水箱）外壁构成回路而使扬声器不发声。

## 7.4.21　冷凝塔断水报警器

化工、轻工等生产过程中都需要冷凝塔供水，一旦供水中断，往往会造成严重事故。因此很有必要安装冷凝塔断水报警器，其电路如图 7-65 所示。

**（1）控制目的和方法**

控制对象：继电器 KA，并由 KA 控制报警电铃及指示灯。

控制目的：防止冷凝塔断水。

控制方法：利用设置在水中的电极控制晶闸管 V 的工作，从

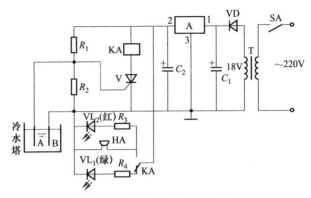

图 7-65　冷凝塔断水报警器电路

而控制继电器 KA 的吸合或释放。

**(2) 电路组成**

① 继电器 KA 控制电路。由晶闸管 V、电阻 $R_1$、$R_2$、继电器 KA 和电极 A、B 组成。

② 报警及指示电路。由蜂鸣器 HA、发光二极管 VL$_1$、VL$_2$、限流电阻 $R_3$、$R_4$ 和继电器 KA 触点组成。

③ 直流电源。由变压器 T、二极管 VD、三端固定稳压电源 A 和电容 $C_1$、$C_2$ 组成。

**(3) 工作原理**

接通电源，220V 交流电经变压器 T 降压、二极管 VD 半波整流、三端固定稳压电源 A 稳压、电容 $C_1$、$C_2$ 滤波后，给继电器 KA 控制电路提供 12V 直流电压。当水塔有水时，电阻 $R_2$ 被电极 A、B 之间的水电阻并联，由于水电阻较小，因此并联后电阻小，在晶闸管 V 控制极的分压也小，V 关断，中间继电器 KA 处于释放状态，其常闭触点闭合，表示正常供水的绿色发光二极管 VL$_1$ 点亮。当水塔断水时，$R_2$ 上的分压较大，能可靠触发晶闸管 V，V 导通，KA 得电吸合，其常闭触点断开，VL$_1$ 熄灭，而其常开触点闭合，表示断水的红色发光二极管 VL$_2$ 点亮，同时蜂鸣器 HA 发出报警声。欲解除报警，断开电源开关 SA 即可。

### (4) 元件选择

电气元件参数见表 7-56。

表 7-56　电气元件参数

| 序号 | 名　　　称 | 代号 | 型号规格 | 数量 |
|---|---|---|---|---|
| 1 | 开关 | SA | KN5-1 | 1 |
| 2 | 变压器 | T | 5V·A 220/18V | 1 |
| 3 | 三端固定稳压电源 | A | 7812 | 1 |
| 4 | 晶闸管 | V | KP1A 100V | 1 |
| 5 | 中间继电器 | KA | JRX-13F DC12V | 1 |
| 6 | 二极管 | VD | 1N4001 | 1 |
| 7 | 发光二极管 | $VL_1$、$VL_2$ | LED702、2EF601、BT201 | 2 |
| 8 | 金属膜电阻 | $R_1$ | RJ-20kΩ 1/2W | 1 |
| 9 | 金属膜电阻 | $R_2$ | RJ-10kΩ 1/2W | 1 |
| 10 | 碳膜电阻 | $R_3$,$R_4$ | RT-1.5kΩ 1/2W | 2 |
| 11 | 电解电容器 | $C_1$ | CD11 100$\mu$F 25V | 1 |
| 12 | 电解电容器 | $C_2$ | CD11 220$\mu$F 50V | 1 |
| 13 | 电极 | A、B | 自制 | 2 |
| 14 | 蜂鸣器 | HA | FM16 | 1 |

### (5) 计算与调试

① 计算。设水塔有水时，两电极 A、B 之间的水电阻 $R' = 1$kΩ，$R_1 = 20$kΩ，$R_2 = 10$kΩ，则 $R'$ 与 $R_2$ 的并联电阻为

$$R = \frac{R'R_2}{R' + R_2} = \frac{1 \times 10}{1 + 10} = 0.91 \ (k\Omega)$$

在 $R$ 上的分压为

$$U_R = \frac{E_c R}{R + R_1} = \frac{12 \times 0.9}{0.9 + 20} = 0.37 \ (V)$$

如此低的电压加在晶闸管 V 的控制极上，V 是不会导通的。

如果水塔断水，则 $R' = \infty$，加在 $R_2$ 上的分压为

$$U_{R_2} = \frac{E_c R_2}{R_1 + R_2} = \frac{12 \times 10}{20 + 10} = 4 \ (V)$$

此电压能可靠触发晶闸管 V，使其导通。

② 调试。首先按图 7-43 所示方法制作好电极并调整好电极 A、B 之间的距离。用冷凝塔的水先在水桶内试验。将制作好的电极

(暂不接入电路) 放入水桶内，水应没入电极5cm以上，用万用表测量两电极的电阻，一般在数百欧至数千欧之间，调整电极距离，使电阻越小越好，但电极之间距离太近容易碰连，一般电阻调到1kΩ以下即可。为了减小电阻，并保持两电极间的足够距离，也可用金属板作电极，以增大电极与水的接触面积。

将装配好的电极接入电路。接通电源，用万用表测量电容 $C_1$ 两端的电压，应有 12V 直流电压。将电极插入盛有水的水桶内，中间继电器 KA 应可靠释放，绿色发光二极管 VL$_1$ 点亮，将电极脱离水，KA 应可靠吸合，红色发光二极管 VL$_2$ 点亮，同时蜂鸣器 HA 发出报警声。如果 KA 不能可靠吸合，可适当增大 $R_2$ 的阻值。但要注意晶闸管 V 控制极电压不可大于 10V，应控制在 8V 以内，以确保晶闸管的安全。

如果没有 220/18V 的变压器，而只有 220/12～16V 的，则可用整流桥代替二极管 VD。

# 7.5 形形色色的报警器

### 7.5.1 设警戒导线的防盗报警器之一

电路如图 7-66 所示。

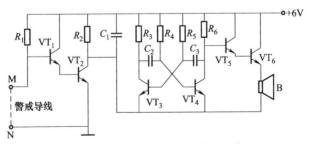

图 7-66 设警戒导线的防盗报警器电路之一

**(1) 控制目的和方法**

控制对象：防盗报警器（扬声器 B）。

控制目的：防盗报警。

控制方法：利用警戒导线，当导线被碰断时，发出报警声。

**(2) 电路组成**

① 电子开关电路。由三极管 $VT_1$、$VT_2$ 电阻 $R_1$、$R_2$ 组成。

② 自激多谐振荡器。由三极管 $VT_3$、$VT_4$、电阻 $R_3 \sim R_6$、电容 $C_2$、$C_3$ 组成。

③ 功率放大器（由复合器 $VT_5$、$VT_6$ 组成）及扬声器 B。

直流电源为 6V。

**(3) 工作原理**

平时由于 M、N 有警戒导线相连，三极管 $VT_1$ 无基极偏压而截止，$VT_2$ 也截止，振荡器和功率放大器均无直流工作电压而停止工作。当警戒导线被碰断时，三极管 $VT_1$ 得到基极偏压而导通，继而 $VT_2$ 导通，振荡器和功率放大器得到直流工作电压，振荡器的振荡信号经电阻 $R_6$ 送到功率放大器，经放大后推动扬声器 B 发出报警声。

**(4) 元件选择**

电气元件参数见表 7-57。

表 7-57 电气元件参数

| 序号 | 名　　称 | 代号 | 型号规格 | 数量 |
|---|---|---|---|---|
| 1 | 三极管 | $VT_1 \sim VT_5$ | 3DG6　$\beta \geqslant 50$ | 5 |
| 2 | 三极管 | $VT_6$ | 3DG130　$\beta \geqslant 50$ | 1 |
| 3 | 金属膜电阻 | $R_1$ | RJ-57kΩ　1/2W | 1 |
| 4 | 金属膜电阻 | $R_2$ | RJ-30kΩ　1/2W | 1 |
| 5 | 金属膜电阻 | $R_3$、$R_6$ | RJ-1kΩ　1/2W | 2 |
| 6 | 金属膜电阻 | $R_4$ | RJ-38kΩ　1/2W | 1 |
| 7 | 金属膜电阻 | $R_5$ | RJ-71kΩ　1/2W | 1 |
| 8 | 瓷介电容器 | $C_1$ | CT1　20pF　63V | 1 |
| 9 | 瓷介电容器 | $C_2$、$C_3$ | CT1　0.02μF　63V | 2 |
| 10 | 扬声器 | B | 8～16Ω　0.5～2W | 1 |

**(5) 调试**

先试验电子开关电路。暂断开三极管 $VT_2$ 的输出连线，用万用表监测 VT$_2$ 集电极（对地）的直流电压。接通电源，当 M、N 用导线短接时，VT$_2$ 集电极电压应约为6V；当M、N连线断开时，该电压变为约0V。

然后将 VT$_2$ 的输出连线恢复，接通电源，当 M、N 用导线短接时，扬声器 B 应不响；M、N 导线断开时，扬声器 B 应发声。若不响，则应检查三极管 VT$_3$～VT$_6$ 及扬声器 B 是否良好。

### 7.5.2　设警戒导线的防盗报警器之二

电路如图 7-67 所示。

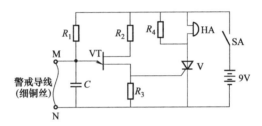

图 7-67　设警戒导线的防盗报警器电路之二

**(1) 控制目的和方法**

控制对象：防盗报警器（蜂鸣器 HA）。

控制目的：防盗报警。

控制方法：利用单结晶体管弛张振荡器，控制晶闸管 V（作无触点开关）来实现。

**(2) 电路组成**

① 触发电路。由单结晶体管 VT、电阻 $R_1$～$R_3$ 和电容 $C$ 组成弛张振荡器。

② 报警电路。由晶闸管 V 和蜂鸣器 HA 组成。

直流电源为 9V。

**(3) 工作原理**

接通电源。平时由于 M、N 有警戒导线相连，电容 $C$ 被短路，弛张振荡器不工作，无触发脉冲输出，晶闸管 V 关断，蜂鸣器 HA

不响。当警戒导线被碰断时，直流电压经电阻 $R_1$ 向电容 $C$ 充电，当 $C$ 上的电压达到单结晶体管 VT 的峰值电压 $U_P$ 时，VT 即导通，电容 $C$ 上的电荷经 VT 的 $eb_1$ 结和电阻 $R_3$ 放电；当 $C$ 上的电压降到 VT 的谷点电压 $U_V$ 时，停止放电，VT 截止，直流电压又经 $R_1$ 向电容 $C$ 充电……如此反复进行，于是在 $R_3$ 上产生一系列脉冲，触发晶闸管 V，并使其导通，蜂鸣器 HA 发出报警声。关断开关 SA，报警声才解除。

**（4）元件选择**

电气元件参数见表 7-58。

**表 7-58　电气元件参数**

| 序号 | 名　称 | 代号 | 型号规格 | 数量 |
|---|---|---|---|---|
| 1 | 钮子开关 | SA | KN5-1 | 1 |
| 2 | 晶闸管 | V | KP1A　100V | 1 |
| 3 | 单结晶体管 | VT | BT33　$\eta \geq 0.6$ | 1 |
| 4 | 碳膜电阻 | $R_1$ | RT-100kΩ　1/2W | 1 |
| 5 | 碳膜电阻 | $R_2$ | RT-100Ω　1/2W | 1 |
| 6 | 碳膜电阻 | $R_3$ | RT-51Ω　1/2W | 1 |
| 7 | 碳膜电阻 | $R_4$ | RT-150Ω　1/2W | 1 |
| 8 | 电容器 | $C$ | CL11　0.22μF　63V | 1 |
| 9 | 蜂鸣器 | HA | FMQ-35　DC9V | 1 |

**（5）调试**

用导线短接 M、N，合上开关 SA 蜂鸣器 HA 应不响；断开 M、N 连接导线，HA 应响。如果不响，则应检查单结晶体管 VT 是否良好，分压比 $\eta$ 是否太小，晶闸管 V 是否良好，可用替换法试试。另外，电容 $C$ 的容量不可太小，如小于 0.068μF，则不易触发；电阻 $R_3$ 阻值太小也不易触发晶闸管 V。$C$ 的容量在 0.1～1μF 范围内，1μF 以下的电容采用无极性电容。

## 7.5.3　设警戒导线的防盗报警器之三

电路如图 7-68 所示。

**（1）控制目的和方法**

控制对象：防盗报警器（扬声器 B）。

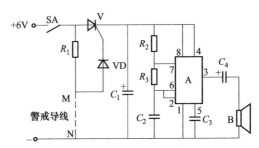

图 7-68　设警戒导线的防盗报警器电路之三

控制目的：防盗报警。

控制方法：利用晶闸管 V 作无触点开关，555 时基集成电路作
多谐振荡器，并推动扬声器发声。

**（2）电路组成**

① 开关电路。由警戒导线和晶闸管 V 组成。

② 多谐振荡器（由 555 时基集成电路 A 及电阻、电容组成）
和扬声器 B。

直流电源为 6V。

**（3）工作原理**

接通电源，平时由于 M、N 有警戒导线相连，晶闸管 V 控制极
没有触发电流而关断，多谐振荡器不工作，扬声器 B 不响。流过
电阻 $R_1$ 的电流仅为 6V/3.3kΩ = 1.8mA。当警戒导线被碰断时，晶
闸管 V 控制极得到触发电流而导通，多谐振荡器接通电源，从 3 脚
输出振荡信号，经电容 $C_4$ 耦合，推动扬声器 B 发出报警声。关断
开关 SA，报警声才解除。

**（4）元件选择**

电气元件参数见表 7-59。

表 7-59　电气元件参数

| 序号 | 名　　称 | 代号 | 型 号 规 格 | 数量 |
|---|---|---|---|---|
| 1 | 钮子开关 | SA | KN5-1 | 1 |
| 2 | 时基集成电路 | A | NE555、µE555、SL555 | 1 |
| 3 | 晶闸管 | V | KP1A　100V | 1 |

续表

| 序号 | 名　　称 | 代号 | 型　号　规　格 | 数量 |
|---|---|---|---|---|
| 4 | 二极管 | VD | 1N4001 | 1 |
| 5 | 碳膜电阻 | $R_1$ | RT-3.3kΩ  1/2W | 1 |
| 6 | 碳膜电阻 | $R_2$ | RT-5.1kΩ  1/2W | 1 |
| 7 | 碳膜电阻 | $R_3$ | RT-100kΩ  1/2W | 1 |
| 8 | 电解电容器 | $C_1$、$C_4$ | CD11  100$\mu$F  16V | 2 |
| 9 | 瓷介电容器 | $C_2$、$C_3$ | CT1  0.01$\mu$F  63V | 2 |
| 10 | 扬声器 | B | 8~16Ω  0.5~2W | 1 |

**(5) 调试**

用万用表监测电容 $C_1$ 两端的电压 $U_{C_1}$，合上开关 SA，当 M、N 有导线连接时，$U_{C_1}=0$V；当导线断开时，$U_{C_1}=6$V，扬声器 B 应发声。若 B 不响，则可适当减小 $R_1$ 阻值试试；如果 B 响，应尽量增大 $R_1$ 阻值（因为这可减小平时不报警时的工作电流），但要有余裕，以免电源电压下降时不工作。

如果 6V 直流电源是由蓄电池提供，电容 $C_1$ 可以取消；如果 6V 直流电源是由 220V 交流电经整流后提供，则 $C_1$ 不可取消。

调整 $C_4$ 的容量可改变报警声调。

## 7.5.4 采用 JK 系列专用集成电路的接近开关

接近开关是一种无接触式物体检测开关，可用于报警等多种用途。采用我国生产的仿西门子公司 TCA205 和 TCA305 电路的 JK 系列接近开关专用集成电路的接近开关电路如图 7-69 和图 7-70 所示。

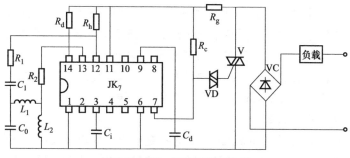

图 7-69　JK$_7$ 的接近开关电路

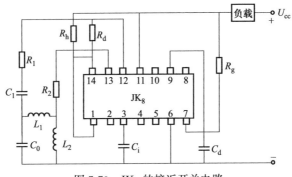

图 7-70　JK$_8$ 的接近开关电路

**(1) 控制目的和方法**

控制对象：负载（如报警器等）。

控制目的：金属物体接近时，接通负载电源。

控制方法：采用 JK 系列接近开关专用集成电路，属高频振荡
型接近开关。

**(2) 电路组成**

① 主电路（见图 7-69）。由整流桥 VC、双向晶闸管 V（兼作
控制元件）和负载组成。

② 接近开关专用集成电路。采用 JK 系列。

③ 振荡元件及 JK 集成电路的外围元件。由电感 $L_1$、$L_2$、电
容 $C_0$、$C_1$、$C_i$、$C_d$ 及电阻 $R_1$、$R_2$、$R_d$、$R_h$、$R_g$、$R_c$ 组成。

**(3) 工作原理**

当金属物体接近感应线圈时，JK 集成电路接收到感应信号，
并经内部振荡器，将振荡信号整流，经施密特电路输送给驱动器，
经适当延时后，将电压信号加于三极管基极，并使其导通，从 JK
的 7 脚输出触发信号，经双向触发二极管 VD 输入到双向晶闸管 V
的控制极，并使其导通，从而接通负载电源。

**(4) 元件选择**

双向晶闸管 V 和整流桥 VC 的容量根据负载功率决定；双向触
发二极管 VD 可选用 2CS 型，其他元件参数见表 7-60～表 7-62。

### 表 7-60  TCA205 集成电路主要技术数据

| 特性值($U_s=12V$,$T_a=25℃$) | | 符号 | 最小值 | 典型值 | 最大值 |
|---|---|---|---|---|---|
| 工作电流/mA | TCA205WⅠ，TCA205WⅡ | $I_s$ | — | 1 | 2 |
| | TCA20A | $I_s$ | — | 3 | 5 |
| 输出饱和电压 /V | $I_Q=I_{\overline{Q}}=5mA$ | $U_{OL}$ | | 0.8 | 1.0 |
| | $I_Q=I_{\overline{Q}}=50mA$ | $U_{OL}$ | | 1.25 | 1.5 |
| 漏电流/μA | $U_s=30V$ | $I_{OH}$ | | | 100 |
| 动作距离调整电阻/kΩ | | $R_A$ | 3 | | |
| 回差调节电阻/kΩ | | $R_H$ | 0 | | |
| 振荡频率/MHz | | $f_{osc}$ | 0.015 | | 1.5 |
| 开关频率(不接电容器)/kHz | | $f$ | | | 5 |
| 接通延时(TCA205WⅡ除外)/ms | | $t$ | | 200 | |
| 积分电容(仅 TCA205A 才接)/nF | | $C_2$ | 0 | | 10 |
| 最大检测距离/mm | | | 0.5×线圈直径 | | |
| 最小回差/mm | | | 动作距离的 3% | | |
| 电源电压/V | | $U_{cc}$ | 4.75～30 | | |
| 环境温度/℃ | | $T_a$ | −25～+85 | | |

注：TCA205A 为 14 脚双列直插式；TCA205WⅠ 和 TCA205WⅡ 为 8 脚扁平封装。

### 表 7-61  TCA305 的技术数据

| | | | 试验条件 | 最小值 | 典型值 | 最大值 |
|---|---|---|---|---|---|---|
| 极限值 | 电源电压 $U_s$/V | 30 | | | | |
| | 输出电压 $U_Q$/V | 30 | | | | |
| | 输出电流 $I_Q$/mA | 35 | | | | |
| | 积分电容 $C_1$/μF | 10 | | | | |
| 工作范围 | 电源电压 $U_s$/V | 5～30 | | | | |
| | 振荡频率 $f_{osc}$/MHz | 0.15～1.5 | | | | |
| | 环境温度 $T_a$/℃ | −25～+85 | | | | |
| 特性 | $U_s=12V$,$T_a=25℃$ | | 试验条件 | 最小值 | 典型值 | 最大值 |
| | 开路时的电源电流 $I_s$/mA | | 各脚开路 | | 0.6 | 1.0 |
| | 输出端低电平电压 $U_{QL}$/V | | $I_{QL}=5mA$ | | 0.15 | 0.25 |
| | | | $I_{QL}=16mA$ | | | 0.4 |
| | 输出端高电平时的反向电流 $I_{QH}$/μA | | $U_{QH}=30V$ | | | 10 |
| | 脚 3 上的门限电压 $U_{s2}$/V | | | | 2.1 | |
| | 脚 3 上的回差值/V | | | 0.4 | 0.5 | 0.6 |
| | 动作距离调节电阻 $R_A$/kΩ | | $R_H→∞$ | 1 | | 50 |
| | 回差调节电阻 $R_H$/kΩ | | $R_A→∞$ | 1 | | 50 |
| | 接通延时 $t_r$/ms | | | 200 | 300 | 400 |
| | 开关频率(无 $C_1$ 时)$f_s$/kHz | | | | | 5 |

表 7-62　JK 系列接近开关电路元件参数参考数据

| 元件参数＼型号 | | $JK_4$ | $JK_6$ | $JK_7$ | $JK_8$ |
|---|---|---|---|---|---|
| 磁芯尺寸/mm | | $\phi25\times8.9$ | $\phi22\times8$ | $\phi18\times7.5$ | $\phi22\times8$ |
| 线圈/匝 | $L_0$ | 100 | | | |
| | $L_1$ | | 7 | 7 | 7 |
| | $L_2$ | | 28 | 28 | 28 |
| | 线径(多股线) | $10\times0.1$ | $28\times0.07$ | $15\times0.07$ | $28\times0.07$ |
| $C_1/\mu F$ | | | 0.01 | 0.01 | 0.01 |
| $C_0/\mu F$ | | 0.033 | 0.0022 | 0.0022 | 0.0022 |
| $C_i/\mu F$ | | 1 | 1 | 1 | 1 |
| $C_d/\mu F$ | | | | 10 | |
| $R_1/k\Omega$ | | | 1.5 | 1.8 | 1.8 |
| $R_2/k\Omega$ | | | 30 | 30 | 30 |
| $R_d/k\Omega$ | | 25 | 30 | 25 | 30 |
| $R_h/k\Omega$ | | 3.3 | 8.2 | 3.6 | 8.2 |
| $R_g/k\Omega$ | | | | 4.7 | 4.7 |

**(5) 调试**

装置的调试主要是确定各电感、电容和电阻的参数，可参见表 7-60～表 7-62 进行调整。

对于图 7-69，由于其元件都处在电网电压下，因此在安装、调试、使用时都必须注意安全。

## 7.5.5　触摸式防盗报警器

电路如图 7-71 所示。

**(1) 控制目的和方法**

控制对象：防盗报警器（扬声器 B）。

控制目的：防盗报警，报警声经过一段延时后停止。

控制方法：利用手触摸到感应片 M 产生的信号使单稳态触发器工作，并带动开关电路和声音模拟电路使扬声器发出报警声。

**(2) 电路组成**

① 单稳态触发电路。由 555 时基集成电路 $A_1$、电阻 $R_1$、电容

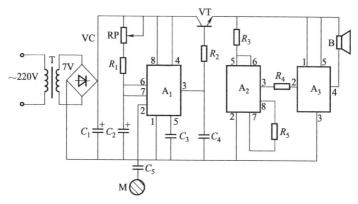

图 7-71　触摸式防盗报警器电路

$C_2$、$C_3$ 和电位器 RP 组成。

② 开关电路。由三极管 VT 和电阻 $R_2$ 组成。

③ 四音响模拟集成电路。采用 KD-9561 型。

④ 音频功率放大电路（功率开关集成电路 TWH8751）$A_3$ 和扬声器 B。

⑤ 直流电源。采用单相全波整流电路，由变压器 T、整流桥 VC、电容 $C_1$ 组成。

**(3) 工作原理**

220V 交流电经变压器 T 降压、整流桥 VC 整流、电容 $C_1$ 滤波后，给各集成电路提供 6～7V 直流电压。当用手触摸感应片 M 时，其感应信号经电容 $C_5$ 耦合，输入 555 时基集成电路 $A_1$ 的 2 脚，单稳态电路变为暂稳态状态，并由 3 脚输出高电平，三极管 VT（相当于一个开关）得到基极偏压而导通，接通集成电路 $A_2$ 和 $A_3$ 的工作电源。四音响模拟集成电路 $A_2$ 的 3 脚输出报警信号，经音频功率放大电路 $A_3$ 放大后推动扬声器 B 发出报警笛声。经过一段延时后，555 时基集成电路 $A_1$ 恢复稳态状态，其 3 脚输出低电平，三极管 VT 截止，切断集成电路 $A_2$、$A_3$ 的工作电源回路，扬声器 B 停止报警。报警器又重新处于预警状态。

### (4) 元件选择

电气元件参见表 7-63。

**表 7-63  电气元件参数**

| 序号 | 名　称 | 代号 | 型号规格 | 数量 |
|---|---|---|---|---|
| 1 | 时基集成电路 | $A_1$ | NE555、μA555、SL555 | 1 |
| 2 | 四音响模拟集成电路 | $A_2$ | KD-9561 | 1 |
| 3 | 功率开关集成电路 | $A_3$ | TWH8751 | 1 |
| 4 | 三极管 | VT | 3DG130 $\beta \geqslant 30$ | 1 |
| 5 | 变压器 | T | 3V·A 220/7V | 1 |
| 6 | 整流桥 | VC | QL0.5A/50V | 1 |
| 7 | 金属膜电阻 | $R_1$ | RJ-91kΩ 1/2W | 1 |
| 8 | 金属膜电阻 | $R_2$ | RJ-3kΩ 1/2W | 1 |
| 9 | 金属膜电阻 | $R_3$ | RJ-2kΩ 1/2W | 1 |
| 10 | 金属膜电阻 | $R_4$ | RJ-1kΩ 1/2W | 1 |
| 11 | 金属膜电阻 | $R_5$ | RJ-240kΩ 1/2W | 1 |
| 12 | 电位器 | RP | WS-0.5W 1MΩ | 1 |
| 13 | 电解电容器 | $C_1$ | CD11 220μF 16V | 1 |
| 14 | 电解电容器 | $C_2$ | CD11 100μF 16V | 1 |
| 15 | 瓷介电容器 | $C_3$ | CT1 0.01μF | 1 |
| 16 | 瓷介电容器 | $C_4$ | CT1 0.022μF | 1 |
| 17 | 扬声器 | B | 8～16Ω 0.5～2W | 1 |

### (5) 调试

暂不接入集成电路 $A_1$～$A_3$。接通电源，用万用表测量电容 $C_1$ 两端的电压，应约有 9V 直流电压（因空载状态）。

接入 $A_1$～$A_3$，接通电源，用万用表测量 $A_1$ 的 3 脚（即电容 $C_4$ 两端）的电压 $U_{C4}$，当手未触及感应片金属 M 时，$U_{C4} \approx 0V$，扬声器 B 不响；当手触及 M 时，$U_{C4} \approx 7V$，扬声器 B 应发响。如果不响，可用万用表测量三极管 VT 的发射极（对地）电压，是否约有 7V 左右的电压。若此电压没有或很小，可减小 $R_2$ 阻值试试。若仍不行，则可能是三极管 VT 或集成电路 $A_1$ 或 $A_3$ 有问题，可用替换法试验。

报警声延时时间为 $t = 1.1(R_1 + RP) \cdot C_2$，可调节 RP 加以改变，一般可延时几十秒至几分钟。

## 7.5.6 指触保护及报警器

电路如图 7-72 所示。它可用作安全保护或防盗装置。若将图中狗叫声模拟集成电路 $A_2$ 改为"捉贼呀!"语言电路（LQ46）并省去电机回路，便可用于防盗。

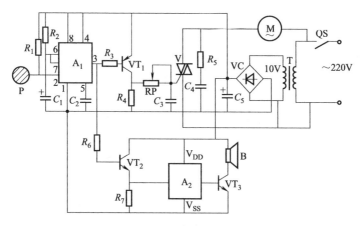

图 7-72　指触保护及报警器电路

**(1) 控制目的和方法**

控制对象：电动机 M 及报警器（扬声器 B)。

控制目的：安全保护及报警；电动机调速。

控制方法：采用 555 时基集成电路组成的单稳态电路，一路控制双向晶闸管 V 进而控制电动机；另一路控制模拟声集成电路 $A_2$ 发出报警声。

保护元件：$R_4$、$C_4$（阻容保护，保护双向晶闸管 V 免受过电压而损坏)。

**(2) 电路组成**

① 主电路。由双向晶闸管 V（兼作控制元件）和电动机 M 组成。

② 单稳态电路。由 555 时基集成电路 $A_1$、电阻 $R_1$、$R_2$ 和电容 $C_1$、$C_2$ 及触摸片 P (如电风扇的金属网罩)组成。

③ 放大及调速控制电路。由三极管 $VT_1$、电阻 $R_3$、$R_4$、电容 $C_3$ 和电位器 RP 组成。

④ 报警电路。由 NS5608 狗叫声模拟集成电路 $A_2$ 和三极管

VT$_2$、VT$_3$、电阻 $R_6$、$R_7$ 和扬声器 B 组成。

⑤ 直流电源。由变压器 T、整流桥 VC 和电容 $C_5$ 组成。

(3) 工作原理

接通电源，220V 交流电经变压器 T 降压、整流桥 VC 整流、电容 $C_5$ 滤波后，给控制电路提供约 12V 直流电压。

触摸片 P 是电风扇的金属网罩或者是与门锁等其他需要防盗的金属物体（作防盗报警器时）。当没人触及 P 时，由 555 时基集成电路组成的单稳态电路 A$_1$ 为稳态，其 3 脚输出低电平（约 0V），三极管 VT$_1$（PNP 型）得到基极电流而导通，双向晶闸管 V 得到控制极触发电压而导通，电动机 M 启动运行。调节电位器 RP，可改变导通角的大小，从而改变电动机的转速。

当有人触及触摸片 P 时，人体感应信号加到 555 时基集成电路 A$_1$ 的触发端 2 脚，单稳态电路被触发翻转，从而进入暂稳阶段，A$_1$ 的 3 脚输出高电平（约 11V），三极管 VT$_1$ 失去基极负偏压而截止，双向晶闸管 V 关断，电动机 M 停转。同时 A$_1$ 的 3 脚高电平还使三极管 VT$_2$（NPN 型）得到基极电流而导通，从而使模拟声集成电路 A$_2$ 得电工作，并从 A$_2$ 的输出端反复输出事先已储存的狗叫声等语言信号，经三极管 VT$_3$ 放大后推动扬声器 B 发出报警声。当手离开触摸片 P，经一段延时后，A$_1$ 的 3 脚输出低电平，电动机自动恢复运转，而报警也解除。

(4) **元件选择**

电气元件参数见表 7-64。

表 7-64 电气元件参数

| 序号 | 名 称 | 代号 | 型号规格 | 数量 |
|---|---|---|---|---|
| 1 | 开关 | QS | HZ10-10/1 6A | 1 |
| 2 | 变压器 | T | 3V·A 220/10V | 1 |
| 3 | 双向晶闸管 | V | KS5A 600V | 1 |
| 4 | 时基集成电路 | A$_1$ | NE555、μA555、SL555 | 1 |
| 5 | 狗声模拟集成电路 | A$_2$ | NS5608 | 1 |
| 6 | 三极管 | VT$_1$ | 3CG130 $\beta \geqslant 50$ | 1 |
| 7 | 三极管 | VT$_2$、VT$_3$ | 3DG130 $\beta \geqslant 50$ | 2 |

续表

| 序号 | 名　　称 | 代号 | 型 号 规 格 | 数量 |
|---|---|---|---|---|
| 8 | 二极管 | VC | 1N4001 | 4 |
| 9 | 金属膜电阻 | $R_1$、$R_2$ | RJ-100kΩ　1/2W | 2 |
| 10 | 金属膜电阻 | $R_3$、$R_6$ | RJ-10kΩ　1/2W | 2 |
| 11 | 金属膜电阻 | $R_5$ | RJ-100kΩ　2W | 1 |
| 12 | 金属膜电阻 | $R_4$、$R_7$ | RJ-5.1kΩ　1/2W | 2 |
| 13 | 电位器 | RP | WS-0.5W　4.7kΩ | 1 |
| 14 | 电解电容器 | $C_1$ | CD11　50μF　25V | 1 |
| 15 | 整介电容器 | $C_2$ | CT1　0.01μF　63V | 1 |
| 16 | 电容器 | $C_3$、$C_4$ | CBB22　0.1μF　63V | 2 |
| 17 | 电触电容器 | $C_5$ | CD11　220μF　25V | 1 |
| 18 | 扬声器 | B | 8～16Ω　0.5～2W | 1 |

**(5) 调试**

暂断开电位器 RP 连线，先试验单稳态电路和报警电路。接通电源，用万用表测量电容 $C_5$ 两端的电压，应约有 14V 直流电压(因空载状态)。用万用表监测 555 时基集成电路 $A_1$ 的 3 脚电压。当人手未触碰金属片 P 时，3 脚电压约为 0V；当人手触碰 P 时，3 脚电压变为约 11V，同时扬声器 B 发出报警声。如果 B 不发声或声音很小，可减小限流电阻 $R_6$ 的阻值。再用万用表测量电阻 $R_4$ 两端的电压，应约有 10V 直流电压。如果此电压太低，可减小限流电阻 $R_3$ 的阻值。

手离开金属片 P 后，经过一段延时，停止报警。单稳态电路的暂稳时间由 $R_2$ 和 $C_1$ 的数值决定，即

$$t = 1.1R_2C_1$$

调节电阻 $R_2$ 或电容 $C_1$ 的数值，即可改变报警延时时间。如表中参数，延时约 5s，若 $R_2$ 为 510kΩ，则延时约 26s。

以上调试正常后，将电位器 RP 接通。调节 RP 即可改变电动机的转速。减小 RP 或减小电容 $C_3$ 的容量，都会增加电动机的转速。但 $C_3$ 一般不能小于 0.068pF，否则有可能不能触发双向晶闸管。

在电动机正常运行时，用手触及金属片 P，电动机应马上停

转，并发出报警声。手离开 P 后，经一段延时后报警停止，电动机
又自动运行。

必须指出，在安装时，触摸片 P 应与地面保持良好绝缘。如 P
为电风扇金属罩网，则罩网与地面应保持良好绝缘。触摸片 P 与报
警器之间的连线不宜过长，而且要采用单芯金属屏蔽线，其外编织
套应连接电源负极，以免受外界杂波信号干扰而产生误报警。

### 7.5.7　延时报警器

电路如图 7-73 所示。它可用于防盗报警。

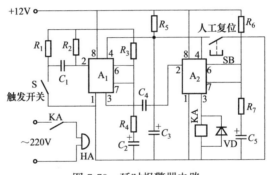

图 7-73　延时报警器电路

**(1) 控制目的和方法**

控制对象：报警器（电铃 HA）。

控制目的：延时报警。

控制方法：采用两块 555 时基集成电路，各自组成两组单稳态
　　　　　电路实现延时报警，可人工复位，停止报警。

保护元件：二极管 VD（保护 555 时基集成电路 $A_2$ 免受继电器
　　　　　KA 反电势而损坏）。

**(2) 电路组成**

① 主电路。由继电器 KA 常开触点和电铃 HA 组成。

② 两组单稳态电路。由 555 时基集成电路 $A_1$ 和 $A_2$ 及其各自
的外围元件（电阻、电容元件）组成。

③ 其他电路。a. 触发开关 S；b. 执行元件——继电器 KA；c. 人工复位按钮 SB。

直流电源为 12V。实际上报警器的工作电压在 6～12V 范围均能工作，只是电压低时，对电阻元件阻值稍作调整、继电器 KA 的工作电压相应改变即可。

**(3) 工作原理**

接通电源，555 时基集成电路 $A_1$ 的 2 脚为高电平，同时 12V 直流电压 $E_c$ 分别经电阻 $R_3$、$R_4$ 和 $R_6$、$R_7$ 对电容 $C_2$、$C_5$ 充电，当电容两端的电压达到 $2/3E_c$（即 8V）时，单稳态电路复位，$A_1$ 和 $A_2$ 的 3 脚均输出低电平（约 0V），同时电容 $C_2$、$C_5$ 通过 555 时基集成电路内部的放电三极管迅速放电，3 脚输出状态不变，单稳态电路处于稳定态，即装置处于预警状态。

当人为使触发开关 S（可以是干簧管触点、继电器触点等）闭合时，$A_1$ 因其 2 脚因得到低电平脉冲信号（经电容 $C_1$ 耦合）而置位，3 脚输出高电平（约 11V），12V 电源又经 $R_3$、$R_4$ 对 $C_2$ 充电，当 $A_1$ 的 6 脚电压达到 $2/3E_c$（即 8V）时（此前 $A_1$ 的 2 脚又早已变为高电位），$A_1$ 的 3 脚由高电平转变为低电平，从而触发脉冲经电容 $C_4$ 耦合使 555 时基集成电路 $A_2$ 触发而置位，其 3 脚输出高电平，继电器 KA 得电吸合，其常开触点闭合，电铃 HA 发出报警声，经过一段时间延时后，$A_2$ 复位，电路又恢复预警状态。按下人工复位按钮 SB，可在报警声未停止前将报警解除。

**(4) 元件选择**

电气元件参数见表 7-65。

表 7-65　电气元件参数

| 序号 | 名　称 | 代号 | 型号规格 | 数量 |
|---|---|---|---|---|
| 1 | 时基集成电路 | $A_1$、$A_2$ | NE555、$\mu$A555、SL555 | 2 |
| 2 | 继电器 | KA | JQX-10F　DC12V | 1 |
| 3 | 二极管 | VD | 1N4001 | 1 |
| 4 | 金属膜电阻 | $R_1$、$R_2$、$R_5$ | RJ-10kΩ　1/2W | 3 |
| 5 | 金属膜电阻 | $R_3$ | RJ-150kΩ　1/2W | 1 |
| 6 | 碳膜电阻 | $R_4$、$R_7$ | RT-100Ω　1/2W | 2 |

| 序号 | 名 称 | 代号 | 型 号 规 格 | 数量 |
|---|---|---|---|---|
| 7 | 碳膜电阻 | $R_6$ | RT-1.8MΩ　1/2W | 1 |
| 8 | 电容器 | $C_1$、$C_4$ | CBB22　0.1$\mu$F　63V | 2 |
| 9 | 电解电容器 | $C_2$、$C_5$ | CD11　33$\mu$F　25V | 2 |
| 10 | 电解电容器 | $C_3$ | CD11　100$\mu$F　25V | 1 |
| 11 | 触发开关 | S | 可以是干簧管等 | 1 |
| 12 | 按钮 | SB | KGA6 | 1 |
| 13 | 电铃 | HA | SCF0.3　220V　8W | 1 |

**(5) 调试**

先试验由 555 时基集成电路 $A_1$ 等组成的单稳态电路。暂断开电容 $C_4$ 的接线，接通电源，用万用表测量 $A_1$ 的 8 脚和 4 脚的电压，应有 12V 直流电压。用万用表监测 $A_1$ 的 3 脚电压，3 脚为低电平（约 0V），关闭一下触发开关 S，3 脚将变为高电平，即约 11V 直流电压。此电压约经过 5s（$t_1 = 1.1R_3C_2 = 1.1 \times 150 \times 10^3 \times 33 \times 10^{-6} = 5s$）变为 0V。在此电压尚未变为 0V 前按一下人工复位按钮 SB，即可变为 0V。

以上试验正常后，将电容 $C_4$ 接线恢复。接通电源，用万用表测量 555 时基集成电路 $A_2$ 的 8 脚和 4 脚电压，应有 12V 直流电压。用万用表监测 $A_2$ 的 3 脚电压，此时 3 脚电压约为 0V。关闭一下触发开关 S，同时用秒表计时，约经过 5s，$A_2$ 的 3 脚变为高电平（约 11V），同时电铃 HA 发出报警声。约经过 65s（$t_2 = 1.1R_6C_5 = 1.1 \times 1.8 \times 10^6 \times 33 \times 10^{-6} = 65s$），$A_2$ 的 3 脚电压变为 0V，停止报警。在此电压尚未变为 0V 前按一下 SB，即可变为 0V。

如果按下人工复位按钮 SB，装置无反应，则是 SB 接触不良引起的。如果闭合触发开关 S，$A_2$ 输出无变化，则可能是电容 $C_4$ 开路，或 555 时基集成电路有问题，可用替换法试试。

改变 $R_3$、$C_2$ 的数值，可改延时报警的时间；改变 $R_6$、$C_5$ 的数值，可改变报警声持续时间。具体可根据需要调整。

## 7.5.8　采用运算放大器的报警保护器

电路如图 7-74 所示。

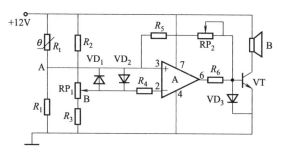

图 7-74 采用运算放大器的报警保护器电路

**(1) 控制目的和方法**

控制对象：报警器（扬声器 B）。

控制目的：超温报警。

控制方法：采用负温度系数热敏电阻 $R_t$ 作感温元件，用运算
放大器 A 作超温检测元件，通过三极管 VT 功放，
推动扬声器 B 发出报警声。

保护元件：二极管 $VD_1$、$VD_2$（钳位，保护运算放大器 A 免受
过高电压输入而损坏）；$VD_3$（钳位，保护三极管
VT 免受过高基极偏压而损坏）；电阻 $R_4$（限流，
保护运算放大器 A 免受过流损坏）。

**(2) 电路组成**

① 测量比较桥。由电阻 $R_1 \sim R_3$、电位器 $RP_1$ 和热敏电阻 $R_t$
组成。

② 超温检测电路。由运算放大器 A、电阻 $R_4$、$R_6$ 和电位器
$RP_2$ 组成。

③ 功率放大管 VT 和扬声器 B。

直流电源为 12V。

**(3) 工作原理**

由电阻 $R_2$、$R_3$ 和电位器 $RP_1$ 提供基准电位，调节 $RP_1$ 使正常
时 A 点电压小于 B 点电压，即 $U_A < U_B$，运算放大器 A 的 6 脚输出
低电平（约 0V），三极管 VT 无基极偏压而截止，扬声器 B 不响。当

温度超过设定值时，负电阻系数热敏电阻 $R_t$ 阻值变小，使 $U_A > U_B$，运算放大器 A 的 6 脚输出高电平（约为 12V），三极管 VT 得到基极偏压而导通，扬声器 B 发出超温报警声。

**（4）元件选择**

电气元件参数见表 7-66。

表 7-66   电气元件参数

| 序号 | 名　称 | 代号 | 型号规格 | 数量 |
|---|---|---|---|---|
| 1 | 运算放大器 | A | μA741 | 1 |
| 2 | 开关三极管 | VT | 3DK4  $\beta \geqslant 50$ | 1 |
| 3 | 开关二极管 | $VD_1 \sim VD_3$ | 2CK10 | 3 |
| 4 | 金属膜电阻 | $R_1$、$R_2$ | RJ-10kΩ  1/2W | 1 |
| 5 | 金属膜电阻 | $R_3$ | RJ-5.1kΩ  1/2W | 1 |
| 6 | 金属膜电阻 | $R_4$ | RJ-220Ω  1/2W | 1 |
| 7 | 金属膜电阻 | $R_5$ | RJ-100kΩ  1/2W | 1 |
| 8 | 金属膜电阻 | $R_6$ | RJ-3.3kΩ  1/2W | 1 |
| 9 | 电位器 | $RP_1$ | WS-0.5W  4.7kΩ | 1 |
| 10 | 电位器 | $RP_2$ | WS-0.5W  1MΩ | 1 |
| 11 | 负电阻系数热敏电阻 | $R_t$ | MF12 型  10kΩ | 1 |
| 12 | 扬声器 | B | 8～16Ω  0.25～1W | 1 |

**（5）调试**

暂断开电阻 $R_6$，用万用表监测运算放大器 A 的 6 脚电压 $U_6$，将热敏电阻 $R_t$ 置于所设定的温度 $t_s$ 下。接通电源，调节电位器 $RP_1$，使 $U_6$ 刚好为高电平，即约 12V；而当 $R_t$ 处的温度小于 $t_s$ 时，$U_6 = 0V$。

以上试验正常后，接通 $R_6$，试验功放及报警电路。即当温度大于 $t_s$ 时，扬声器 B 应响；当温度小于 $t_s$ 时，B 不响。若无此现象，可减小 $R_6$ 阻值试试。若仍不行，应检查三极管 VT 及扬声器 B 是否良好。$R_5$ 和 $RP_2$ 是运算放大器 A 的负反馈电阻，调节 $RP_2$，可改变 A 的放大倍数，即输入-输出特性曲线的斜率，也即改变了装置的灵敏度。

## 7.5.9  简单的红外线报警器

电路如图 7-75 所示。

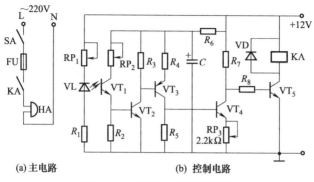

图 7-75　简单的红外线报警器

**(1) 控制目的和对象**

控制对象：继电器 KA，并由 KA 控制防盗报警电铃 HA。

控制目的：防盗报警。

控制方法：利用红外发光管发出不可见光，当光被人体遮住后，即报警。

保护元件：熔断器 FU（主电路短路保护）；二极管 VD（保护三极管 $VT_5$ 免受继电器 KA 反电势而损坏）。

**(2) 电路组成**

① 主电路。由开关 SA、熔断器 FU、继电器 KA 触点和电铃 HA 组成。

② 控制电路。由红外光发射与接收电路（由红外发光二极管 VL、光电三极管 $VT_1$ 组成）、开关电路（由三极管 $VT_2$ ～ $VT_5$ 组成）和执行元件——继电器 KA 组成。

直流电源为 12V。

**(3) 工作原理**

接通电源，红外发光二极管 VL 即发出红外光，光敏三极管 $VT_1$ 接收到红外光后，其内阻下降（导通），三极管 $VT_2$ 得到基极偏压而导通，$VT_3$（注意是 PNP 型管）得到基极负偏压而导通，$VT_4$ 通过电阻 $R_4$ 和 $VT_3$ 的集-射极内阻得到基极偏压而导通，$VT_5$ 由于基极正偏压过小而截止，继电器 KA 处于释放状态，其常开触点断开，警铃 HA 不响。当红外光被人体遮挡后，光敏三极管 $VT_1$ 内阻变得很大，三极管 $VT_2$、$VT_3$、$VT_4$ 截止，$VT_5$ 导通，继电器 KA 吸合，其常开触点闭合，电铃 HA 发出报警声。

三极管 $VT_1 \sim VT_3$ 的直流工作电源由 12V 直流电源经电阻 $R_6$ 降压、电容 C 滤波后提供（约 10V）。

**（4）元件选择**

电气元件参数见表 7-67。

表 7-67　电气元件参数

| 序号 | 名　　称 | 代号 | 型号规格 | 数量 |
|---|---|---|---|---|
| 1 | 钮子开关 | SA | KN5-1 | 1 |
| 2 | 熔断器 | FU | 50T　1A | 1 |
| 3 | 电铃 | HA | SCF0.3　220V　8W | 1 |
| 4 | 继电器 | KA | JRX-13F　DC12V | 1 |
| 5 | 红外发光二极管 | VL | 控制距离数米内用 HG410 系列，控制距离大时（如 10m）用 HG500 系列或 AG520 系列 | 1 |
| 6 | 光敏三极管 | $VT_1$ | 3DU 系列 | 1 |
| 7 | 二极管 | VD | 1N4001 | 1 |
| 8 | 三极管 | $VT_2$ | 3DG6　$\beta \geqslant 50$ | 1 |
| 9 | 三极管 | $VT_3$ | 3CG130　$\beta \geqslant 30$ | 1 |
| 10 | 三极管 | $VT_4$ | 3DG130　$\beta \geqslant 50$ | 1 |
| 11 | 三极管 | $VT_5$ | 3DG130　$\beta \geqslant 50$ | 1 |
| 12 | 碳膜电阻 | $R_1$ | RT-35Ω　1/2W | 1 |
| 13 | 金属膜电阻 | $R_2$、$R_8$ | RJ-5.1kΩ　1/2W | 2 |
| 14 | 金属膜电阻 | $R_3$、$R_5$、$R_7$ | RJ-1kΩ　1/2W | 3 |
| 15 | 金属膜电阻 | $R_4$ | RJ-100Ω　1/2W | 1 |
| 16 | 碳膜电阻 | $R_6$ | RT-470Ω　1/2W | 1 |
| 17 | 电位器 | $RP_1$ | WS-0.5W　100Ω | 1 |
| 18 | 电位器 | $RP_2$ | WS-0.5W　68kΩ | 1 |
| 19 | 电位器 | $RP_3$ | WS-0.5W　2.2kΩ | 1 |
| 20 | 电解电容器 | C | CD11　100μF　16V | 1 |

**（5）调试**

先调试红外发光二极管部分。将万用表直流 100mA 挡串入 VL 回路，接通电源，调节电位器 $RP_1$，使直流电流不超过 30mA。此电流过大，会使发光二极管 VL 寿命减短，甚至烧坏。但太小，装置的灵敏度会降低。

　　然后调试接收和开关电路。暂断开 $R_8$，用万用表直流电压挡接在三极管 $VT_4$ 的集电极与地之间，测量 $U_c$ 电压。接通电源，光敏三极管 $VT_1$ 受到 VL 发出的红外光照时，$U_c$ 电压约为 0V；无光照时，$U_c$ 约为 12V。若无上述现象，可调节 $RP_2$ 试试。若仍不行，则应检查 $R_5$ 上的电压，$VT_1$ 受光照时，$R_5$ 上的电压 $U_{R_5}$ 约为 5V，无光照时，$U_{R_5} \approx 0V$。若 $U_{R_5}$ 不是上述情况，则应检查接线是否有问题，$RP_2$ 是否良好，三极管和光敏三极管是否良好，可用替换法试试。

　　以上试验正常后，恢复 $R_8$ 接线，并调节电位器 $RP_3$，使继电器 KA 正常工作。

　　注意，各三极管的电流放大倍数 $\beta$ 大些，灵敏度高些，工作也可靠些。

### 7.5.10　采用光敏二极管的光控防盗报警器

　　电路如图 7-76 所示。

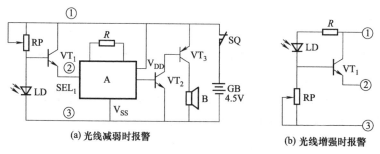

(a) 光线减弱时报警　　　　(b) 光线增强时报警

图 7-76　采用光敏二极管的光控防盗报警器电路

**(1) 控制目的和对象**

控制对象：扬声器 B。

控制目的：防盗报警。

控制方法：利用光敏二极管 LD（也可用光敏电阻仪）作光线
　　　　　探测元件，可实现光线减弱或光线增强时报警。

**(2) 电路组成**

① 探测控制电路。由光敏二极管 LD 和作开关用的三极管 VT$_1$ 组成；限位开关 SQ 为触发报警开关。

② 报警集成电路。采用专用报警集成电路 A。

③ 放大发声电路。由三极管 VT$_2$、VT$_3$ 和扬声器 B 组成。

直流电源为 4.5V。

**(3) 工作原理**

图 7-76 (a) 中，装置采用 KD9561 专用集成电路 (四音模拟声电路)，接成"警笛声"。当保护区房门关上时，限位开关 SQ 被顶开，报警电路无电源而不工作。当白天打开柜门时，虽然限位开关 SQ 闭合，但光敏二极管 LD 受光照，电流大，内阻小，三极管 VT$_1$ 因无足够的基极偏压而截止，集成电路 A 的 SEL$_1$ 脚处于悬空状态，报警器不工作。当黑夜打开保护区房门时，光敏二极管 LD 无较强光线照射，电流小，内阻大，三极管 VT$_1$ 得到足够的基极偏压而导通，集成电路 A 的 SEL$_1$ 脚与电源接通，KD9561 发出报警信号，信号经三极管 VT$_2$、VT$_3$ 功率放大后，扬声器 B 发出响亮的报警声。

对于图 7-76 (b)，其工作原理与图 7-76 (a) 类似，只不过在普通光照时，发光二极管 LD 电流较小，其内阻较大，三极管 VT$_1$ 无足够的基极偏压而截止，装置不工作；当光照增强时，光敏二极管 LD 电流显著增大，其内阻很小，三极管 VT$_1$ 得到足够的基极偏压而导通，装置发出报警声。

**(4) 元件选择**

电气元件参数见表 7-68。

表 7-68　电气元件参数

| 序号 | 名　称 | 代号 | 型号规格 | 数量 |
|---|---|---|---|---|
| 1 | 专用报警集成电路 | A | KD9561 | 1 |
| 2 | 三极管 | VT$_1$、VT$_2$ | 3DG6、3DG8 $\beta \geqslant 100$ | 2 |
| 3 | 三极管 | VT$_3$ | 3AX81、3AX63 $\beta \geqslant 50$ | 1 |
| 4 | 光敏二极管 | LD | 2DU2、3DU5 | 1 |

续表

| 序号 | 名　　称 | 代号 | 型　号　规　格 | 数量 |
|---|---|---|---|---|
| 5 | 金属膜电阻[图(a)] | R | RJ-240kΩ　1/2W | 1 |
| 6 | 金属膜电阻[图(b)] | R | RJ-220Ω　1/2W | 1 |
| 7 | 电位器 | RP | WS-0.5W　220kΩ | 1 |
| 8 | 限位开关 | SQ | 任何一种自复位常闭触点微动开关 | 1 |
| 9 | 扬声器 | B | 8～16Ω　0.5～2W | 1 |

**(5) 调试**

　　将微动开关 SQ 安装在保护区房门的适当位置，能使关上门时触点断开，打开门时触点闭合。在白天普通光照的情况下，调节电位器 RP，使报警器处于临界发声状态。然后打开房门，将光照遮挡，报警器应发出报警声。

　　制作时，光敏二极管的质量是关键，可用万用表的 1k 挡测量其阻值，将黑表笔接其负极，红表笔接其正极，在白天普通光线下，其阻值为数百千欧，然后增加照度，其阻值应降至数千欧。若无这种变化，应检查光敏二极管的极性是否接反，否则此管不可使用。同样，光敏三极管或光敏电阻也可用上述方法检查。

## 7.5.11　感应防盗报警器之一

　　电路如图 7-77 所示。

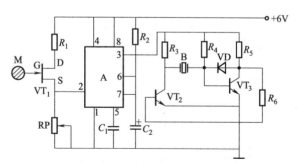

图 7-77　感应防盗报警器电路之一

**(1) 控制目的和方法**
控制对象：防盗报警器 (蜂鸣器 B)。

控制目的：防盗报警。报警声经一段延时后停止。

控制方法：利用人体感应，当人体距感应片不超过 1m 时即报警。

(2) 电路组成

① 感应信号放大电路。由感应片 M、场效应管 $VT_1$、电阻 $R_1$ 和电位器 RP 组成。

② 单稳态电路。由 555 时基集成电路 A 及阻容元件组成。

③ 振荡电路。由三极管 $VT_2$、$VT_3$、二极管 VD、电阻 $R_3 \sim R_6$ 和压电陶瓷蜂鸣器 B 组成。

直流电源为 6V。

(3) 工作原理

接通电源，无人接近感应片 M 时，场效应管 $VT_1$ 的漏-源极电阻 $R_{DS}$ 很小，555 时基集成电路 A 的 2 脚电位高于 $1/3E_c$ (2V)，A 的 3 脚输出为低电平，蜂鸣器 B 不响。当有人接近感应片 M 时，$VT_1$ 的 $R_{DS}$ 阻值很大，相当于 $VT_1$ 截止，A 的 2 脚电位变低（$\leqslant 1/3E_c$），A 的 3 脚输出高电平，蜂鸣器 B 发出报警声。经过约 40s 延时后，单稳态电路的暂稳态结束，A 的 3 脚变为低电平，蜂鸣器停止报警。

(4) 元件选择

电气元件参数见表 7-69。

表 7-69　电气元件参数

| 序号 | 名　　称 | 代号 | 型号规格 | 数量 |
|---|---|---|---|---|
| 1 | 时基集成电路 | A | NE555、μA555、SL555 | 1 |
| 2 | 场效应管 | $VT_1$ | 3DJ6 | 1 |
| 3 | 三极管 | $VT_2$、$VT_3$ | 9014　$\beta \geqslant 50$ | 2 |
| 4 | 二极管 | VD | 2CP10 | 1 |
| 5 | 金属膜电阻 | $R_1$ | RJ-12kΩ　1/2W | 1 |
| 6 | 金属膜电阻 | $R_2$ | RJ-1.1MΩ　1/2W | 1 |
| 7 | 碳膜电阻 | $R_3$ | RT-1kΩ　1/2W | 1 |
| 8 | 碳膜电阻 | $R_4$ | RT-220kΩ　1/2W | 1 |
| 9 | 碳膜电阻 | $R_5$ | RT-2kΩ　1/2W | 1 |
| 10 | 碳膜电阻 | $R_6$ | RT-680Ω　1/2W | 1 |
| 11 | 电位器 | RP | WS-0.5W　6.8kΩ | 1 |

续表

| 序号 | 名 称 | 代号 | 型 号 规 格 | 数量 |
|------|-------|------|------------|------|
| 12 | 电容器 | $C_1$ | CBB22 0.01$\mu$F 63V | 1 |
| 13 | 电解电容器 | $C_2$ | CD11 33$\mu$F 16V | 1 |
| 14 | 蜂鸣器 | B | FT-20T | |
| 15 | 感应片 | M | 200mm×150mm 金属片 | 1 |

### (5) 调试

暂断开 555 时基集成电路 A 的 3 脚输出连线，用万用表测量 3 脚对地的直流电压。当人体远离感应片 M 时，3 脚电压约为 0V；当人体离感应片约 1m 时，3 脚电压约为 6V，经过约 40s 延时后，3 脚电压又变为 0V。

然后恢复 A 的 3 脚接线，进行报警发声部分试验。当 A 的 3 脚为高电平时，B 应报警，若 B 无声，则应检查三极管 $VT_2$、$VT_3$ 及蜂鸣器 B 是否良好，可用替换法试试。

调节电位器 RP，可改变装置的灵敏度，灵敏度尽可能高些，但又不能太高，以免容易发生误报警。

报警延时时间 $t = 1.1 R_2 C_2$，所以可调整 $R_4$ 和 $C_2$ 的数值加以改变。

## 7.5.12 感应防盗报警器之二

电路如图 7-78 所示。

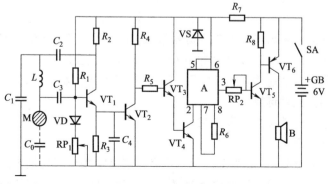

图 7-78 感应防盗报警器电路之二

## (1) 控制目的和方法

控制对象：防盗报警器（扬声器 B）。

控制目的：防盗报警。

控制方法：利用人体感应，当人体距感应片 M 不超过 80mm 时即报警。

## (2) 电路组成

① 三点式电容振荡器。由电感 $L$、电容 $C_1$、感应片 M（与门锁相连）与地之间的分布电容 $C_0$ 和三极管 $VT_1$ 组成。

② 开关电路。由三极管 $VT_2$～$VT_4$ 等组成。

③ 四声模拟集成电路 A。采用 CW9561 型。

④ 放大电路（由 $VT_5$、$VT_6$ 组成）和扬声器 B。

直流电源为 6V。

## (3) 工作原理

从交流来看，电容 $C_1$ 与 $C_0$ 串联，无人手接近感应片 M 时，$C_1$ 较小，$C_0$ 两端的高频电压较大（因为电压正比于容抗 $X$，而容抗 $X = 1/\omega C$，容抗反比于电容），该电压经过电容 $C_3$ 耦合到三极管 $VT_1$ 的基极，足以维持三点式振荡器振荡，$VT_1$ 导通。三极管 $VT_2$ 获得足够的基极偏压而导通，复合管 $VT_3$、$VT_4$ 的基极偏压约为零而截止，切断 CW9561 集成电路 A 的电源，A 不工作，A 的 3 脚无信号输出，扬声器 B 不响。当手接近感应片 M 时，电容 $C_0$ 增大，$C_0$ 两端的高频电压变小，且不足以维持 $VT_1$ 导通，$VT_1$ 截止，$VT_2$ 也因失去基极偏压而截止，于是复合管 $VT_3$、$VT_4$ 得到基极偏压而导通，集成电路 A 的电源被接通，A 工作，其 3 脚输出警笛信号，经 $VT_5$ 和 $VT_6$ 放大后推动扬声器 B 发出报警声。

图中，稳压管 VS 使 A 及 $VT_1$～$VT_4$ 工作电压稳定在 5V。

## (4) 元件选择

电气元件参数见表 7-70。

## (5) 调试

暂将电阻 $R_5$ 处断开，用万用表监测 $VT_2$ 集电极对地电压 $U_c$。接通电源，当手靠近感应片 M 约 80mm 时，$U_c \approx 0V$；当手离开感

表 7-70　电气元件参数

| 序号 | 名　称 | 代号 | 型号规格 | 数量 |
|---|---|---|---|---|
| 1 | 四声模拟集成电路 | A | CW9561 | 1 |
| 2 | 三极管 | $VT_1$ | 9014　$\beta \geqslant 100$ | 1 |
| 3 | 三极管 | $VT_2 \sim VT_4$ | 9014　$\beta \geqslant 50$ | 3 |
| 4 | 三极管 | $VT_5$、$VT_6$ | 3AX81　$\beta \geqslant 50$ | 2 |
| 5 | 稳压管 | VS | 2CW53　$U_z=4 \sim 5.8V$ | 1 |
| 6 | 二极管 | VD | 2CP12 | 1 |
| 7 | 金属膜电阻 | $R_1$ | RJ-51kΩ　1/2W | 1 |
| 8 | 金属膜电阻 | $R_2$ | RJ-5.1kΩ　1/2W | 1 |
| 9 | 金属膜电阻 | $R_3$ | RJ-3.3kΩ　1/2W | 1 |
| 10 | 金属膜电阻 | $R_4$、$R_5$ | RJ-10kΩ　1/2W | 2 |
| 11 | 金属膜电阻 | $R_6$ | RJ-240kΩ　1/2W | 1 |
| 12 | 碳膜电阻 | $R_7$ | RT-1kΩ　1/2W | 1 |
| 13 | 碳膜电阻 | $R_8$ | RT-12kΩ　1/2W | 1 |
| 14 | 电位器 | $RP_1$ | WS-0.5W　30kΩ | 1 |
| 15 | 电位器 | $RP_2$ | WS-0.5W　10kΩ | 1 |
| 16 | 云母电容器 | $C_1$ | CY　51pF | 1 |
| 17 | 云母电容器 | $C_2$、$C_4$ | CY　6800pF | 2 |
| 18 | 云母电容器 | $C_3$ | CY　13pF | 1 |
| 19 | 感应片 | M | 200mm×150mm 金属片 | 1 |
| 20 | 电感线圈 | L | 用 $\phi$0.31mm 漆包线在外径为 10mm 有机玻璃管上密绕 20 匝 | 1 |

应片 M 时，$U_c \approx 5V$。若无上述现象，则应调整 $C_1$、$C_3$ 的容量及线圈 $L$ 的匝数。

以上试验正常后，再接通 $R_5$，试验 CW9561 集成电路 A 和扬声器 B 的报警情况。

装置的灵敏度可通过电位器 $RP_1$ 调节。旋动 $RP_1$ 使扬声器发声，然后将 $RP_1$ 稍调回一点使 B 刚好不发声为止。注意，灵敏度不可太高，否则易失控。报警声的大小可通过电位器 $RP_2$ 调节。

## 7.5.13　集中控制呼救报警器

电路如图 7-79 所示。它可用于医院病床呼叫，也可用于多层楼房、宿舍、仓库等场所的防盗报警。图中只画出了 3 路监控位

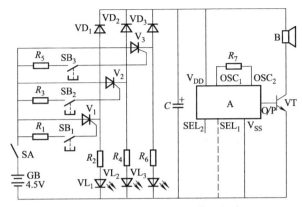

图 7-79　集中控制呼救报警器电路

置，实际可以是很多路。

(1) 控制目的和方法

控制对象：报警器（扬声器 B）。

控制目的：可在不同位置控制报警，并有位置显示。

控制方法：采用晶闸管控制，模拟声集成电路报警，发光二极管作位置显示。

(2) 电路组成

① 控制电路。由按钮 SB$_1$～SB$_3$、晶闸管 V$_1$～V$_3$ 和电阻 R$_1$、R$_3$、R$_5$ 及二极管 VD$_1$～VD$_3$ 组成。

② 四声模拟集成电路 A。采用 CW9561 型。

③ 放大三极管 VT 和扬声器 B。

④ 指示灯。由对应于呼叫地点的发光二极管 VL$_1$～VL$_3$ 组成。直流电源为 4.5V。

(3) 工作原理

接通电源，当某处有人按动按钮（假设 SB$_1$）时，晶闸管 V$_1$ 得到控制极触发电流而导通，4.5V 直流电压便经 V$_1$ 和二极管 VD$_1$ 加到回声模拟集成电路 A，A 获得电源而工作。A 产生的报警音频信号经三极管 VT 放大后推动扬声器 B 发出报警声。同时 4.5V 电源经电阻 R$_2$ 限流使发光二极管 VL$_1$ 点亮，指示出所监控的位置。

如果几处都有人按动按钮，线路照样能工作，相应的发光二极管均会点亮。欲解除报警，只要断开一下电源开关 SA，并再合上即可。

CW9561（或 KD9561）集成电路能模拟枪声、警笛声、救护车声、消防车声 4 种声音。模拟声响种类决定于选声端 SEL$_1$ 和 SEL$_2$ 管脚电平的高低，详见表 7-71。

表 7-71 选声端电平与模拟声响

| 模拟声响种类 | 选声端电平 | |
|---|---|---|
| | SEL$_1$ | SEL$_2$ |
| 机枪声 | 悬空 | 高电平 |
| 警笛声 | 悬空 | 悬空 |
| 救护车声 | 低电平 | 悬空 |
| 消防车声 | 高电平 | 悬空 |

如图 7-79 所示接线，为救护车声。

### (4) 元件选择

电气元件参数见表 7-72。

表 7-72 电气元件参数

| 序号 | 名 称 | 代号 | 型 号 规 格 | 数量 |
|---|---|---|---|---|
| 1 | 模拟声集成电路 | A | CW9561 KD9561 | 1 |
| 2 | 晶闸管 | V$_1$～V$_3$ | KP1A 100V | 3 |
| 3 | 二极管 | VD$_1$～VD$_3$ | 1N4001 | 3 |
| 4 | 三极管 | VT | 9013 $\beta \geqslant 50$ | 1 |
| 5 | 发光二极管 | VL$_1$～VL$_3$ | LED702、2EF601、BT201 | 3 |
| 6 | 碳膜电阻 | R$_1$、R$_3$、R$_5$ | RT-1.5kΩ 1/2W | 3 |
| 7 | 碳膜电阻 | R$_2$、R$_4$、R$_6$ | RT-360Ω 1/2W | 3 |
| 8 | 碳膜电阻 | R$_7$ | RT-240kΩ 1/2W | 1 |
| 9 | 电解电容器 | C | CD11 4.7μF 10V | 1 |
| 10 | 扬声器 | B | 8～16Ω 0.5～1W | 1 |
| 11 | 开关 | SA | KN5-1 | 1 |
| 12 | 按钮 | SB$_1$～SB$_3$ | KGA6 | 3 |

### (5) 调试

先试验四声模拟集成电路 A 和报警电路。断开开关 SA，用 4.5V 电池加在 A 的 V$_{DD}$（正极）和 V$_{SS}$（负极）之间，扬声器 B 应立即发出报警声。然后合上开关 SA，逐一试验每个位置按钮，如果按下某个按钮，不报警，发光二极管也不亮，说明该晶闸管未导通，可适当减小相应的限流电阻阻值。发光二极管的亮度由各自的限流电阻决定。如表 7-72 所列参数，流过发光二极管的电流为 $I = (E_c - U_F)/R = (4.5\sim1.7)/360 = 8.1$（mA），亮度已够了。

## 7.5.14  可燃气体报警器之一

电路如图 7-80 所示。它适用于煤气、液化石油气、天然气等可燃气体的报警。

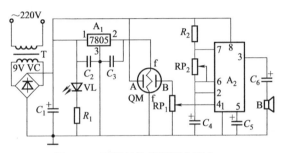

图 7-80  可燃气体报警器电路之一

### (1) 控制目的和方法

控制对象：煤气等可燃气体。

控制目的：当气体浓度超过时发出报警信号。

控制方法：采用气敏传感器作传感元件，555 时基集成电路作多谐振荡器，并推动扬声器 B 发声。

### (2) 电路组成

① 气体检漏电路。由气敏传感器 QM 和电位器 $RP_1$ 组成。

② 多谐振荡器（由 555 时基集成电路 $A_2$、电阻 $R_2$、电位器 $RP_2$ 和电容 $C_4$、$C_5$ 组成）和扬声器 B。

③ 直流电源。由变压器 T、整流桥 VC、电容 $C_1 \sim C_3$ 和三端固定集成稳压器 $A_1$ 组成。

④ 指示灯。发光二极管 VL——直流工作电源指示。$R_1$ 为限流电阻。

**（3）工作原理**

接通电源。220V 交流电经变压器 T 降压、整流桥 VC 整流、电容 $C_1$ 滤波后，给集成电路 $A_2$ 提供约 10V 直流电压；另外，经电容 $C_1$ 滤波后的电压再经三端固定稳压器 $A_1$，给气敏传感器 QM 提供 5V 直流电压。

正常时，无泄漏气体，气敏传感器 QM 的 A、B 之间电导率很小（电阻很大），555 时基集成电路 $A_2$ 的 4 脚为低电平（<0.7V）（调节电位器 $RP_1$ 决定），振荡器不工作，扬声器 B 不响。当煤气等可燃气体达到一定浓度时，气敏传感器 QM 的 A、B 之间的电导率迅速增加（电阻很小），555 时基集成电路 A 的 4 脚变为高电平，多谐振荡器工作，扬声器 B 发出报警声。

**（4）元件选择**

电气元件参数见表 7-73。

**表 7-73　电气元件参数**

| 序号 | 名　称 | 代号 | 型　号　规　格 | 数量 |
|---|---|---|---|---|
| 1 | 气敏传感器 | QM | QM-N5 型 | 1 |
| 2 | 三端固定集成稳压器 | $A_1$ | 7805 | 1 |
| 3 | 时基集成电路 | $A_2$ | NE555、μA555、SL555 | 1 |
| 4 | 变压器 | T | 3V·A　220/9V | 1 |
| 5 | 整流桥 | VC | QL0.5A/50V | 1 |
| 6 | 发光二极管 | VL | LED702、2EF601、BT201 | 1 |
| 7 | 碳膜电阻 | $R_1$ | RT-1.5kΩ　1/2W | 1 |
| 8 | 碳膜电阻 | $R_2$ | RT-36kΩ　1/2W | 1 |
| 9 | 电位器 | $RP_1$ | WS-0.5W　2.2kΩ | 1 |
| 10 | 电位器 | $RP_2$ | WS-0.5W　150kΩ | 1 |
| 11 | 电解电容器 | $C_1$ | CD11　470μF　25V | 1 |
| 12 | 电容器 | $C_2$ | CBB22　0.33μF　63V | 1 |
| 13 | 电容器 | $C_3$ | CBB22　0.1μF　63V | 1 |
| 14 | 电解电容器 | $C_4$、$C_5$ | CD11　22μF　16V | 2 |
| 15 | 扬声器 | B | 8～16Ω　0.25～2W | 1 |

**（5）调试**

接通电源，用万用表测量电容 $C_1$ 两端的电压，应有约 10V 直流电压，而三端固定集成稳压器 $A_1$ 输出端为5V。气敏元件加热丝 f-f 需通电预热数分钟。

调节电位器 $RP_1$，使 555 时基集成电路 A 的 4 脚电压小于 0.7V，这时报警器不工作。然后将少量待测气体喷在气敏传感器 QM 附近，调节 $RP_1$ 使扬声器报警。调节 $RP_1$，可改变装置的灵敏度；调节 $RP_2$，可改变报警声调。

## 7.5.15  可燃气体报警器之二

电路如图 7-81 所示。

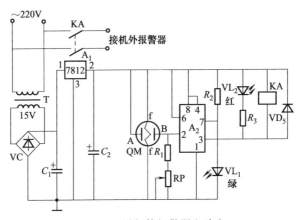

图 7-81  可燃气体报警器电路之二

**(1) 控制目的和方法**

控制对象：煤气等可燃气体。

控制目的：当气体浓度超过时发出报警信号。

控制方法：采用气敏传感器作烟雾传感元件，555 时基集成电路作开关电路，通过继电器触点接通机外报警器。

保持元件：二极管 $VD_5$（保护 555 时基集成电路免受继电器 KA 反电势而损坏）。

**(2) 电路组成**

① 气体检漏电路。由气敏传感器 QM、电阻 $R_1$ 和电位器 RP 组成。

② 开关电路。由 555 时基集成电路 $A_2$、电阻 $R_1$、$R_2$ 和电位器 RP 组成。

③ 执行元件。继电器 KA。

④ 直流电源。由变压器 T、整流桥 VC、电容 $C_1$、$C_2$ 和三端固定集成稳压器 $A_1$ 组成。

⑤ 指示灯。发光二极管 $VL_1$——气体正常指示（绿色）；$VL_2$——气体异常，报警指示（红色）。

**(3) 工作原理**

接通电源，220V 交流电经变压器 T 降压、整流桥 VC 整流、电容 $C_1$ 滤波、三端固定集成稳压器 $A_1$ 稳压、$C_2$ 滤波后，给 555 时基集成电路 $A_2$ 和继电器 KA 提供 12V 直流电压。正常时，无泄漏气体，气敏传感器 QM 的 A、B 之间电导率很小（阻值很大），555 时基集成电路 $A_2$ 的 2 脚为低电平（低于 1/3 电源电压，即低于 4V），3 脚输出为高电平，继电器 KA 处于释放状态，不报警。这时绿色发光二极管 $VL_1$ 点亮，红色 $VL_2$ 熄灭。当煤气等可燃气体达到一定浓度时，气敏传感器 QM 的 A、B 之间的电导率迅速增加（电阻很小），$A_2$ 的 2 脚为高电平（大于 4V），3 脚输出为低电平（约 0V），继电器 KA 得电吸合，其常开触点闭合，接通机外报警系统。同时绿色发光二极管 $VL_1$ 熄灭、红色发光二极管 $VL_2$ 点亮。

**(4) 元件选择**

电气元件参数见表 7-74。

表 7-74　电气元件参数

| 序号 | 名　称 | 代号 | 型 号 规 格 | 数量 |
|---|---|---|---|---|
| 1 | 气敏传感器 | QM | QM-N5 型 | 1 |
| 2 | 三端固定集成稳压器 | $A_1$ | 7812 | 1 |
| 3 | 时基集成电路 | $A_2$ | NE555、µA555、SL555 | 1 |
| 4 | 变压器 | T | 3V·A　220/15V | 1 |
| 5 | 整流桥 | VC | QL0.5A/50V | 1 |
| 6 | 继电器 | KA | JQX-4F　DC12V | 1 |
| 7 | 发光二极管 | $VL_1$、$VL_2$ | LED702、2EF601、BT201 | 2 |

续表

| 序号 | 名 称 | 代号 | 型 号 规 格 | 数量 |
|---|---|---|---|---|
| 8 | 二极管 | VD | 1N4001 | 1 |
| 9 | 碳膜电阻 | $R_1$ | RT-130Ω 1/2W | 1 |
| 10 | 金属膜电阻 | $R_2$、$R_3$ | RJ-1kΩ 1/2W | 2 |
| 11 | 电位器 | RP | WS-0.5W 2.2kΩ | 1 |
| 12 | 电解电容器 | $C_1$ | CD11 470μF 25V | 1 |
| 13 | 电解电容器 | $C_2$ | CD11 100μF 16V | 1 |

**(5) 调试**

接通电源，用万用表测量电容 $C_2$ 两端的电压，应有 12V 直流电压。调节电位器 RP，使 555 时基集成电路 $A_2$ 的 2 脚电压低于 4V，这时继电器 KA 不吸合，报警器不工作，绿色发光二极管 $VL_1$ 亮。待气敏元件加热丝 f-f 充分预热后，再将少量待测气体喷在气敏传感器 QM 附近，调节 RP，使继电器 KA 吸合，并报警。这时绿色发光二极管 $VL_1$ 熄灭，红色发光二极管 $VL_2$ 点亮。

## 7.5.16 可燃气体报警器之三

电路如图 7-82 所示。它适用于煤气、液化石油气、天然气等可燃气体的报警。

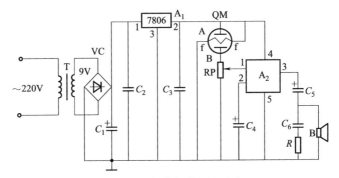

图 7-82 可燃气体报警器电路之三

**(1) 控制目的和方法**

控制对象：煤气等可燃气体。

控制目的：当气体浓度超过时发出报警信号。

控制方法：采用气敏传感器作传感元件，KD28 集成电路作音频振荡器，并推动扬声器 B 发声。

**(2) 电路组成**

① 气体检漏电路。由气敏传感器 QM 和电位器 RP 组成。

② 单频振荡器（由 KD28 集成电路 $A_2$ 和电容 $C_4$ 组成）及电容 $C_5$、$C_6$ 和电阻 $R$、扬声器 B。

③ 直流电源。由变压器 T、整流桥 VC、电容 $C_1 \sim C_3$ 和三端固定集成稳压器 $A_1$ 组成。

**(3) 工作原理**

接通电源，220V 交流电经变压器 T 降压、整流桥 VC 整流、电容 $C_1$ 滤波后，经三端固定集成稳压器 $A_1$，给气敏传感器 QM 和集成电路 $A_2$ 提供 6V 直流电压。

正常时，无泄漏气体，气敏传感器 QM 的 A、B 之间电导率很小（电阻很大），调节电位器 RP，使集成电路 $A_2$ 复位，不产生振荡，扬声器 B 不报警。当煤气等可燃气体达到一定浓度时，气敏传感器 QM 的 A、B 之间的电导率迅速增加（电阻很小），RP 上的分压较大，从而使集成电路 $A_2$ 置位，产生音频振荡，信号从 $A_2$ 的 3 脚输出，经电容 $C_5$ 耦合，推动扬声器 B 发出报警声。当可燃气体的浓度下降后，线路恢复正常状态。

图中，电容 $C_2$ 为三端固定集成稳压器 $A_1$ 的输入电容，用于改善纹波特性；电容 $C_3$ 为 $A_1$ 的输出电容，主要作用是改善负载的瞬态响应。

**(4) 元件选择**

电气元件参数见表 7-75。

**(5) 调试**

接通电源，用万用表测量电容 $C_1$ 两端的电压，应约有 10V 直流电压，而三端固定集成稳压器 $A_1$ 输出端为 6V。气敏元件加热丝 f-f 需通电预热数分钟。若为 QN 型气敏传感器，则需预热 15min。

表 7-75　电气元件参数

| 序号 | 名　称 | 代号 | 型　号　规　格 | 数量 |
|------|--------|------|----------------|------|
| 1 | 气敏传感器 | QM | QM-N5 型 | 1 |
| 2 | 三端固定集成稳压器 | $A_1$ | 7806 | 1 |
| 3 | 集成电路 | $A_2$ | KD28 | 1 |
| 4 | 变压器 | T | 3V·A　220/9V | 1 |
| 5 | 整流桥 | VC | 1N4001 | 4 |
| 6 | 碳膜电阻 | $R$ | RT-100Ω　1/2W | 1 |
| 7 | 电位器 | RP | WS-0.5W　5.1kΩ | 1 |
| 8 | 电解电容器 | $C_1$ | CD11　470μF　25V | 1 |
| 9 | 电容器 | $C_2$ | CL11　0.33μF　63V | 1 |
| 10 | 电容器 | $C_3$、$C_6$ | CL11　0.1μF　63V | 2 |
| 11 | 电解电容器 | $C_4$、$C_5$ | CD11　100μF　16V | 2 |
| 12 | 扬声器 | B | 8～16Ω　0.25～2W | 1 |

调节电位器 RP，使扬声器 B 不报警。然后将少量待测气体喷在气敏传感器 QM 附近，调节 RP 使扬声器报警。调节 RP 可改变装置的灵敏度。调整电容 $C_5$ 及 $C_6$ 和电阻 $R$ 的数值，可改变报警声的音调。

气敏传感器 QM 应根据不同气体安装在不同位置。密度小的气体应装在室内的高处，密度大的气体应装在室内的低处，也就是说，应将报警器安装在易接触到可燃气体的地方。

## 7.5.17　带排气的可燃气体报警器

电路如图 7-83 所示。

### (1) 控制目的和方法

控制对象：煤气等可燃气体。

控制目的：当气体浓度超过时发出报警信号，同时自动开启排气扇，及时排除有害气体，防止事故发生。

控制方法：采用气敏传感器作传感元件，三极管作无触点开关，模拟声集成电路经三极管放大推动扬声器报警；用中间继电器控制排风扇运行。

保护元件：二极管 $VD_3$（保护三极管 $VT_3$ 免受继电器 KA 反电势而损坏）。

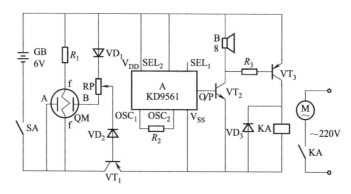

图 7-83　带排气的可燃气体报警器电路

**（2）电路组成**

① 排风扇电路。由中间继电器 KA 触点和排风扇 M 组成。

② 气体检漏电路。由气敏传感器 QM、电阻 $R_1$、二极管 VD$_1$ 和电位器 RP 组成。

③ 四声模拟集成电路采用 KD9561 型。

④ 放大三极管 VT$_2$、VT$_3$ 和扬声器 B 及中间继电器 KA。

⑤ 开关电路。由三极管 VT$_1$ 和二极管 VD$_2$ 组成。

直流电源为 6V。

**（3）工作原理**

接通电源，正常时，无泄漏气体，气敏传感器 QM 的 A、B 之间电阻很大，三极管 VT$_1$（PNP 型）得不到基极负偏压而截止，模拟声集成电路 A 无工作电源而不工作，装置不报警，也不排风。当煤气等可燃气体达到一定浓度时，气敏传感器 QM 的 A、B 之间电阻很小，6V 电源电压经 RP 和 A、B 之间的电阻分压，使三极管 VT$_1$ 基极得到足够的负偏压，VT$_1$ 导通，模拟声集成电路 A 得到电源而工作，报警信号经三极管 VT$_2$ 放大推动扬声器 B 发声。同时，由于三极管 VT$_3$（PNP 型）得到基极负偏压而导通，中间继电器 KA 得电吸合，其常开触点闭合，排风扇运行。

**（4）元件选择**

电气元件参数见表 7-76。

表 7-76 电气元件参数

| 序号 | 名　称 | 代号 | 型 号 规 格 | 数量 |
|---|---|---|---|---|
| 1 | 气敏传感器 | QM | QM-N5 型 | 1 |
| 2 | 四声模拟集成电路 | A | KD9561 | 1 |
| 3 | 中间继电器 | KA | JQX-10F DC6V | 1 |
| 4 | 开关 | SA | KN5-1 | 1 |
| 5 | 三极管 | $VT_1$ | 9012　$\beta \geqslant 30$ | 1 |
| 6 | 三极管 | $VT_3$ | 9012　$\beta \geqslant 50$ | 1 |
| 7 | 三极管 | $VT_2$ | 9014　$\beta \geqslant 50$ | 1 |
| 8 | 二极管 | $VD_1 \sim VD_3$ | 1N4001 | 3 |
| 9 | 金属膜电阻 | $R_1$ | RJ-24Ω　1W | 1 |
| 10 | 碳膜电阻 | $R_2$ | RT-240kΩ　1W | 1 |
| 11 | 碳膜电阻 | $R_3$ | RT-1kΩ　1/2W | 1 |
| 12 | 电位器 | RP | WS-0.5W　4.7kΩ | 1 |
| 13 | 扬声器 | B | 8~16Ω　0.25~1W | 1 |

**(5) 调试**

接通电源，先将气敏传感器加热丝 f-f 预热数分钟。正常时，扬声器 B 不报警，用万用表监测三极管 $VT_1$ 的发射极和 $VT_3$ 的发射极之间电压 $U$ 应为 0V。然后将少量待测气体喷在气敏传感器 QM 附近，调节电位器 RP 使扬声器报警。这时万用表监测的电压 $U>5V$。调节 RP 可改变装置的灵敏度。

在扬声器发出报警声的同时，中间继电器 KA 应可靠吸合，排风机应启动运行。若 KA 不吸合或吸合不可靠，可减小 $R_3$ 阻值试试。

当待测气体浓度减弱后，停止报警和排风。

## 7.5.18 市电欠电压报警器

电路如图 7-84 所示。

**(1) 控制目的和方法**

控制对象：报警器（扬声器 B）。

控制目的：欠电压报警。

控制方法：采用三极管和晶闸管组成的电路控制。

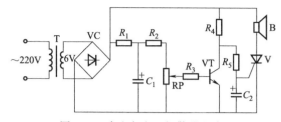

图 7-84　市电欠电压报警器电路

**(2) 电路组成**

① 采样电路。由电阻 $R_1$、$R_2$、电位器 RP、电容 $C_1$、电阻 $R_3$ 和三极管 VT 组成。

② 直流电源。由变压器 T、整流桥 VC 组成。

③ 控制元件（晶闸管 V）和扬声器 B。

**(3) 工作原理**

接通电源，220V 市电经变压器 T 降压、整流桥 VC 整流后，一路作为三极管 VT 及晶闸管 V 的工作电压，一路经电阻 $R_1$ 降压、电容 $C_1$ 滤波、$R_2$、RP 分压，提供给三极管 VT 的基极偏压。该电压随电网电压波动而变化。当电网电压降低到某设定值（如 180V）时，由于 VT 基极偏压降低，使其集电极电流减小（相当其内阻增大），致使晶闸管 V 得到足够的控制极电压而触发导通，扬声器 B 发出报警声。当电网电压恢复正常后，在电源电压过零时，晶闸管 V 关断，停止报警。

**(4) 元件选择**

电气元件参数见表 7-77。

表 7-77　电气元件参数

| 序号 | 名　称 | 代号 | 型号规格 | 数量 |
|---|---|---|---|---|
| 1 | 晶闸管 | V | KP1A　100V | 1 |
| 2 | 三极管 | VT | 3DG130　$\beta \geqslant 30$ | 1 |
| 3 | 整流桥 | VC | 1N4001 | 4 |
| 4 | 变压器 | T | 3V·A　220/6V | 1 |
| 5 | 金属膜电阻 | $R_1$ | RJ-51Ω　1/2W | 1 |

| 序号 | 名　称 | 代号 | 型　号　规　格 | 数量 |
|------|--------|------|----------------|------|
| 6 | 金属膜电阻 | $R_2$、$R_4$ | RJ-3.3kΩ　1/2W | 1 |
| 7 | 金属膜电阻 | $R_3$ | RJ-10kΩ　1/2W | 1 |
| 8 | 金属膜电阻 | $R_5$ | RJ-2.2kΩ　1/2W | 1 |
| 9 | 电解电容器 | $C_1$、$C_2$ | CD11　470μF　16V | 2 |
| 10 | 电位器 | RP | WS-0.5W　500Ω | 1 |
| 11 | 扬声器 | B | 8～16Ω　0.25～1W | 1 |

**(5) 调试**

调试需一台单相调压器,将调压器输出与变压器 T 的输入端相连。接通电源,调节调压器使其输出为低压设定值(如180V),调节电位器 RP,使扬声器 B 发声。如果调节 RP 无效,则先用万用表测量一下整流桥 VC 输出电压,应约有 6V 直流电压,而 RP 两端电压约有 1V 左右。如果 RP 上电压太小,可适当减小 $R_2$ 的阻值。

另外,三极管 VT 的 $\beta$ 值越大,装置的灵敏度越高。为了防止电压波动大引起不必要的报警,可增大电容 $C_1$ 及 $C_2$ 的容量。

## 7.5.19　市电过电压报警器

电路如图 7-85 所示。

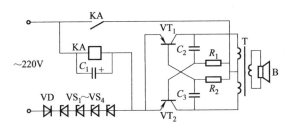

图 7-85　市电过电压报警器电路

**(1) 控制目的和方法**

控制对象:报警器(扬声器 B)。

控制目的:过电压报警。

控制方法：利用稳压管当电压升高一定值后能击穿的特性来实现。

(2) **电路组成**

① 测量及控制电路。由二极管 VD、稳压管 $VS_1 \sim VS_4$ 和继电器 KA 及电容 $C_1$ 组成。

② 自激多谐振荡器（由三极管 $VT_1$、$VT_2$ 和变压器 T 及阻容元件组成）和扬声器 B。

(3) **工作原理**

当市电为 220V 时，适当选择稳压管 $VS_1 \sim VS_4$ 的稳压值，使它们串联后的稳压值近似等于二极管 VD 的半波电压，这时回路中流过的电流很小，远小于继电器 KA 的吸合电流，KA 释放，切断报警回路。当市电电压升高到设定值（如 240V）时，稳压管 $VS_1 \sim VS_4$ 击穿，流过继电器 KA 线圈的电流足以使 KA 吸合，其常开触点闭合，由三极管 $VT_1$、$VT_2$ 等组成的自激多谐振荡器开始工作，扬声器 B 发出报警声。

稳压管与继电器线圈串联，可以保证继电器的动作有较高的稳定性，适当选取稳压管的稳压值和继电器的类型，可以得到所希望的动作电压。

电容 $C_1$ 的作用是当过电压时，加在继电器 KA 两端的电压为直流，而非半波脉动直流，使 KA 吸合更可靠。

(4) **元件选择**

电气元件参数见表 7-78。

表 7-78  电气元件参数

| 序号 | 名　称 | 代号 | 型 号 规 格 | 数量 |
|---|---|---|---|---|
| 1 | 三极管 | $VT_1$、$VT_2$ | 3AX81 $\beta \geqslant 30$ | 2 |
| 2 | 二极管 | VD | 1N4007 | 1 |
| 3 | 稳压管 | $VS_1 \sim VS_4$ | 2CW143 $U_z = 20 \sim 24V$ | 4 |
| 4 | 继电器 | KA | JRX-4 DC24V | 1 |
| 5 | 变压器 | T | 半导体收音机的输出变压器 | 1 |
| 6 | 碳膜电阻 | $R_1$、$R_2$ | RT-10kΩ 1/2W | 2 |
| 7 | 电解电容器 | $C_1$ | CD11 220μF 50V | 2 |
| 8 | 电容器 | $C_2$、$C_3$ | CL11 0.1μF 63V | 1 |
| 9 | 扬声器 | B | 8～16Ω 0.5～2W | 1 |

### (5) 调试

为了达到希望的过电压动作值，正确选择稳压管的稳压值和继电器 KA 的类型很重要。

将单相调压器接在装置的输入端，接通电源，调节调压器至正常电压，继电器 KA 应释放，扬声器不响。当电压调至希望的过电压值（如 240V），KA 吸合，B 发出报警声。如果 240V 时，KA 仍不吸合，则再往上调压，看看到多少伏电压时才能吸合，以便做到心中有数。通过调换稳压管（选择不同稳压值的管子）或增减管子数，使达到希望的过电压动作值。改变 $C_2$、$C_3$ 的容量，可改变报警声调。

由于装置元件都处在电网电压下，因此在安装、调试、使用时必须注意安全。

### 7.5.20 停电报警器

当电网停电或熔断器熔断时，装置立即发出报警声，延时几分钟后才停止报警，其电路如图 7-86 所示。

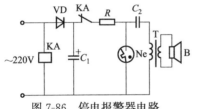

图 7-86 停电报警器电路

#### (1) 控制目的和方法

控制对象：报警器（扬声器 B）。

控制目的：停电报警。

控制方法：利用电容器储能的特性来实现。

#### (2) 电路组成

① 监测和储能电路。由继电器 KA、二极管 VD 和电容 $C_1$ 组成。

② 弛张振荡器（由电容 $C_2$、氖泡 Ne 和变压器 T 等组成）和扬声器 B。

#### (3) 工作原理

电网有电时，继电器 KA 吸合，其常闭触点断开，切断报警回路。同时电源经二极管 VD 向电容 $C_1$ 充电。当电网停电时，继电器 KA 失电释放，其常闭触点闭合，电容 $C_1$ 通过限流电阻 R 向由氖泡 Ne、电容 $C_2$ 和变压器 T 等组成的弛张振荡回路放电,扬声器 B 发出报警声,经过一段延时后,停止报警。

**(4)元件选择**

电气元件参数见表 7-79。

**表 7-79 电气元件参数**

| 序号 | 名称 | 代号 | 型号规格 | 数量 |
|---|---|---|---|---|
| 1 | 继电器 | KA | JRX-13F AC220V | 1 |
| 2 | 二极管 | VD | 1N4007 | 1 |
| 3 | 碳膜电阻 | $R$ | RT-1.5MΩ 1/2W | 1 |
| 4 | 电解电容器 | $C_1$ | CD11 220μF 400V | 1 |
| 5 | 电容器 | $C_2$ | CL11 6800pF 63V | 1 |
| 6 | 氖泡 | Ne | 启辉电压不大于 100V | 1 |
| 7 | 变压器 | T | 半导体收音机的输出变压器 | 1 |
| 8 | 扬声器 | B | 8~16Ω 0.5~2W | 1 |

**(5)调试**

接通电源,继电器 KA 应吸合,扬声器 B 不响。用万用表测量电容 $C_1$ 两端的电压,约有 300V 直流电压。断开电源,KA 释放,扬声器 B 发出报警声。如果 B 不响或声音很轻,可调整电容 $C_2$ 的容量,还可更换不同启辉电压的氖泡试试。

报警持续时间约 5min。若要延长报警时间,可增大电容 $C_1$ 的容量。

由于装置元件都处在电网电压下,因此在安装、调试、使用时必须注意安全。

## 7.5.21 停电、来电报警器

电路如图 7-87 所示。

**(1)控制目的和方法**

控制对象:报警器(扬声器 B)。

控制目的:停电、来电自动报警,报警声可持续 10~30s。

控制方法:利用电容上电压不能突变及充放电特性和三极管的开关特性来实现。

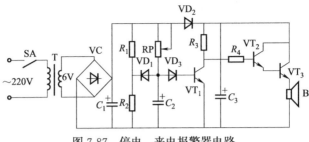

图 7-87　停电、来电报警器电路

**(2) 电路组成**

① 直流电源 (采样电压)。由变压器 T、整流桥 VC 和电容 $C_1$ 组成。

② 鉴别电路。由电容 $C_2$、三极管 $VT_1$ 和二极管等元件组成。

③ 发声电路。由复合三极管 $VT_2$、$VT_3$ 及扬声器 B 及限流电阻 $R_4$ 组成。

**(3) 工作原理**

接通电源，220V 市电经变压器 T 降压、整流桥 VC 整流、电容 $C_1$ 滤波，并通过电位器 RP 向电容 $C_2$ 充电。由于电容两端电压不能突变，所以三极管 $VT_1$ 无基极偏压而截止，复合管 $VT_2$、$VT_3$ 导通，扬声器 B 发出声响，告诉送电开始。随着 $C_2$ 两端电压的升高，使 $VT_1$ 导通，$VT_2$、$VT_3$ 失去基极偏压而截止，送电报警结束。这时电容 $C_3$ 已充足电，为停电报警做好准备。

当停电时，电容 $C_2$ 通过二极管 $VD_1$、电阻 $R_2$ 迅速放电，$VT_1$ 截止。电容 $C_3$ 开始经电阻 $R_3$、$R_4$ 及复合管 ($VT_2$、$VT_3$) 的集—射结放电，$VT_2$、$VT_3$ 因此而导通，扬声器 B 发出报警声。当电容 $C_3$ 放电到电压很低时 (约 0.5V)，$VT_2$、$VT_3$ 截止，停电报警结束。

**(4) 元件选择**

电气元件参数见表 7-80。

**(5) 调试**

接通电源，待稳定后用万用表测量电容 $C_1$ 两端和 $C_2$ 两端的电压，应均有 7V 左右的直流电压。

表 7-80 电气元件参数

| 序号 | 名称 | 代号 | 型号规格 | 数量 |
|---|---|---|---|---|
| 1 | 三极管 | $VT_1 \sim VT_3$ | 3DG6 $\beta \geqslant 50$ | 3 |
| 2 | 二极管 | $VD_1 \sim VD_3$ | 1N4001 | 3 |
| 3 | 整流桥 | VC | QL0.5A/50V | 1 |
| 4 | 变压器 | T | 3V·A 220/6V | 1 |
| 5 | 金属膜电阻 | $R_1$ | RJ-2kΩ 1/2W | 1 |
| 6 | 金属膜电阻 | $R_2$ | RJ-510Ω 1/2W | 1 |
| 7 | 金属膜电阻 | $R_3$ | RJ-15kΩ 1/2W | 1 |
| 8 | 金属膜电阻 | $R_4$ | RJ-2kΩ 1/2W | 1 |
| 9 | 电解电容器 | $C_1$ | CD11 100μF 16V | 1 |
| 10 | 电解电容器 | $C_2$、$C_3$ | CD11 470μF 16V | 2 |
| 11 | 电位器 | RP | WS-0.5W 1MΩ | 1 |

合上开关 SA，发出来电报警声，报警时间可根据需要调节电位器 RP 及增减电容 $C_2$ 的容量而改变。如果合上开关 SA，扬声器不报警，可减小 $R_4$ 阻值，再重新试验试试。若仍不行，可用万用表接在 $VT_1$ 管子的集电极、发射极，监测直流电压 $U$。正常时，合上 SA 后，$U \approx 6 \sim 7V$，经过一段延时后，变为 0.7V 左右。若无上述现象，应更换三极管 $VT_1$。

断开开关 SA，扬声器也应发出报警声，报警时间可增减电容 $C_3$ 的容量加以改变。

## 7.5.22 市电欠电压、过电压保护器

电路如图 7-88 所示。

**(1) 控制目的和方法**

控制对象：欠电压、过电压保护器（继电器 KA）。

控制目的：市电欠电压、过电压时，及时切断电源，保护负载。

控制方法：利用稳压管过压击穿、低电压截止的特性和三极管的开关特性来实现。

保护元件：二极管 VD（保护三极管 $VT_2$ 免受继电器 KA 反电势而损坏）。

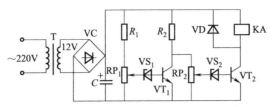

图 7-88 市电欠电压、过电压保护器电路

**(2) 电路组成**

① 测量控制电路。由电阻 $R_1$、电位器 $RP_1$、稳压管 $VS_1$、三极管 $VT_1$ 和电阻 $R_2$、电位器 $RP_2$、稳压管 $VS_2$ 组成。

② 直流电源（采样电压）。由变压器 T、整流桥 VC 和电容 $C$ 组成。

③ 放大三极管 $VT_2$ 和执行元件——继电器 KA。

**(3) 工作原理**

接通电源，220V 市电经变压器 T 降压、整流桥 VC 整流、电容 $C$ 滤波后，在分压器 $R_1$、$RP_1$ 和 $R_2$、$RP_2$ 两端产生一个随电网电压波动而变化的直流电压。当电网电压正常时，在最低允许值下，调节电位器 $RP_1$，使稳压管 $VS_2$ 击穿，三极管 $VT_2$ 导通，继电器 KA 得电吸合，其常开触点闭合，接通负载电路（图中未画出）。

当电网电压低于最低允许值（即下限设定值）时，稳压管 $VS_2$ 截止，三极管 $VT_2$ 截止，KA 失电释放，切断负载电路。调节 $RP_2$，可改变下限设定值。

在电网电压在最高允许值（即上限设定值）下，调节电位器 $RP_1$，使稳压管 $VS_1$ 不击穿，三极管 $VT_1$ 截止。这样，当电网电压超过上限值时，稳压管 $VS_1$ 击穿，三极管 $VT_1$ 导通，从而使三极管 $VT_2$ 失去基极偏压而截止，继电器 KA 失电释放，切断负载电路。调节 $RP_1$，可改变上限设定值。

**(4) 元件选择**

电气元件参数见表 7-81。

表 7-81 电气元件参数

| 序号 | 名称 | 代号 | 型号规格 | 数量 |
|---|---|---|---|---|
| 1 | 变压器 | T | 3V·A 220/12V | 1 |
| 2 | 三极管 | VT$_1$ | 3DG6 $\beta \geqslant 50$ | 1 |
| 3 | 三极管 | VT$_2$ | 3DG130 $\beta \geqslant 50$ | 1 |
| 4 | 稳压管 | VS$_1$、VS$_2$ | 2CW56 $U_z=7\sim8.8$V | 2 |
| 5 | 整流桥、二极管 | VC、VD | 1N4001 | 5 |
| 6 | 金属膜电阻 | $R_1$ | RJ-1kΩ 1/2W | 1 |
| 7 | 金属膜电阻 | $R_2$ | RJ-820Ω 1/2W | 1 |
| 8 | 电位器 | RP$_1$、RP$_2$ | WS-0.5W 4.7kΩ | 2 |
| 9 | 电解电容器 | $C$ | CD11 470μF 25V | 1 |
| 10 | 继电器 | KA | JRX-13F DC12V | 1 |

**(5) 调试**

接通电源，用万用表测量电容 $C$ 两端的电压，应约有 15V 左右直流电压。最低和最高电压调节需用单相调压器接入装置输入端进行。电位器 RP$_1$、RP$_2$ 的调整方法已在工作原理中作了叙述。

若改用其他稳压值的稳压管，则 RP$_1$、RP$_2$ 调节的位置将随之改变，并同样可达到欠电压、过电压保护。

## 7.5.23 市电欠电压、过电压和停电延时启动的保护器

电路如图 7-89 所示。

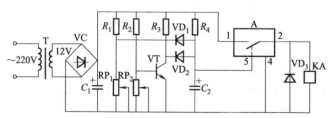

图 7-89 市电欠电压、过电压和停电延时启动的保护器电路

**(1) 控制目的和方法**

控制对象：保护器（继电器 KA）。

控制目的：市电欠电压、过电压时，及时切断电源；停电后恢

复供电时，延时接通电源。

控制方法：利用二极管门电路和三极管开关特性及大功率开关集成电路 A 来实现。

保持元件：二极管 $VD_3$（保护大功率开关集成电路 A 免受继电器 KA 反电势而损坏）。

**(2) 电路组成**

① 测量控制电路。由电阻 $R_1$、$R_2$、电位器 $RP_1$、$RP_2$、三极管 VT 和二极管 $VD_1$、$VD_2$ 组成。

② 延时电路。由电阻 $R_4$ 和电容 $C_2$ 组成。

③ 开关电路（大功率集成电路 A）和执行元件（继电器 KA）。

④ 直流电源（采样电压）。由变压器 T、整流桥 VC 和电容 $C_1$ 组成。

**(3) 工作原理**

接通电源，220V 市电经变压器 T 降压、整流桥 VC 整流、电容 $C_1$ 滤波后，提供两组分压器（$R_1$、$RP_1$ 和 $R_2$、$RP_2$）一个随电网电压波动而变化的直流电压。检测信号由 TWH8778 大功率集成电路 A 的 5 脚输入，欠电压信号由分压器 $R_1$、$RP_1$ 提供，过电压信号由分压器 $R_2$、$RP_2$ 提供。二极管 $VD_1$、$VD_2$ 对欠电压和过电压信号组成与门电路。电网电压在正常范围时，与门输入端均呈高电平，A 的 1、2 脚导通，继电器 KA 得电吸合，其常开触点闭合，接通负载电路（图中未画出）。

当电网电压低于下限设定值时，$R_1$、$RP_1$ 分压减小，二极管 $VD_1$ 导通，A 由导通变为截止，1、2 脚断开，KA 失电释放，切断负载电路。当电网电压超过上限设定值时，$R_2$、$RP_2$ 分压增高，三极管 VT 基极得到足够的偏压而导通，致使二极管 $VD_2$ 导通，A 由导通变为截止，KA 释放，切断负载电路。

电阻 $R_4$ 和电容 $C_2$ 组成停电延时启动电路。当停电时，$C_2$ 通过二极管 $VD_1$ 和 $RP_1$ 迅速放电。若又马上恢复供电，则直流电源通过电阻 $R_4$ 向 $C_2$ 充电，直到 $C_2$ 上的电压达到足够高时，开关集成电路 A 才导通。

## (4) 元件选择

电气元件参数见表 7-82。

表 7-82　电气元件参数

| 序号 | 名称 | 代号 | 型号规格 | 数量 |
| --- | --- | --- | --- | --- |
| 1 | 大功率开关集成电路 | A | TWH8778 | 1 |
| 2 | 开关三极管 | VT | 3DK2　$\beta \geqslant 50$ | 1 |
| 3 | 开关二极管 | $VD_1$、$VD_2$ | 2CK20 | 2 |
| 4 | 二极管 | $VD_3$ | 1N4001 | 1 |
| 5 | 整流桥 | VC | GL0.5A/50V | 1 |
| 6 | 继电器 | KA | JTX DC12V | 1 |
| 7 | 变压器 | T | 3V·A　220/12V | 1 |
| 8 | 金属膜电阻 | $R_1 \sim R_3$ | RJ-10kΩ　1/2W | 3 |
| 9 | 电位器 | $RP_1$、$RP_2$ | WS-0.5W　1kΩ | 2 |
| 10 | 电解电容器 | $C_1$、$C_2$ | CD11 470μF　25V | 2 |

## (5) 调试

将单相调压器接入装置的输入端，接通电源，调节调压器使输出电压为 220V，用万用表测量电容 $C_1$ 两端的电压，应约有 14V 直流电压，继电器 KA 应吸合。欠电压动作值可调节 $RP_1$ 加以改变；过电压动作值可调节 $RP_2$ 加以改变。

切断电源，再接通电源，继电器 KA 应延时一段时间后再吸合。这段延时时间由 $R_4$ 和 $C_2$ 决定，改变它们的数值，即可改变延时时间。在表 7-82 所列参数时，延时约 3min。

判断大功率集成电路 A 的好坏方法是：如果接通 220V 电源，A 的 1、4 脚之间和 2、4 脚之间的电压均为 12V；断开电源，2、4 脚之间的电压为 0V，则表明 A 是好的。当然，首先需确认电容 $C_2$ 是良好的。

## 7.5.24　停电后再来电禁止再接通电路

停电后再来电禁止再接通电路，可以避免使用中的电器、电网断电后而忘记关电，再来电时引起事故的发生。利用继电器或接触器可方便地实现，如图 7-90 所示，但继电器线圈要消耗电能，而且当负载功率很大时，就需要用接触器控制，既笨重，又有噪声。如果采用双向晶闸管作为无触点开关，即可解决问题，电路如图 7-91 所示。

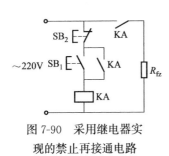

图 7-90　采用继电器实
现的禁止再接通电路

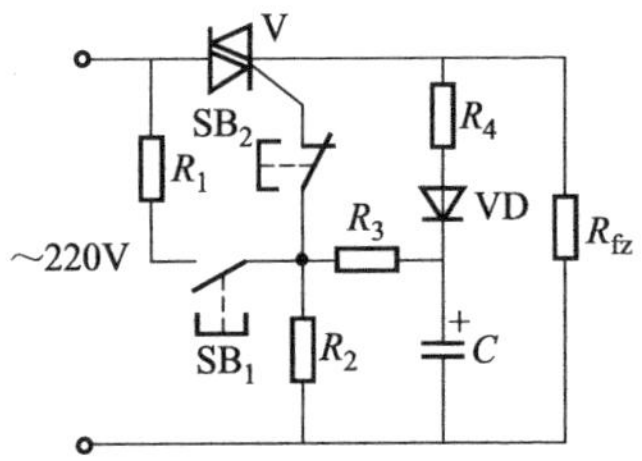

图 7-91　采用双向晶闸
管实现的禁止再接通电路

**（1）控制目的和方法**

控制对象：负载（电器）。

控制目的：停电后再来电，禁止负载再接通，以免引起事故。

控制方法：利用双向晶闸管作无触点开关，并利用电容储能的
　　　　　特性来实现。

**（2）电路组成**

① 主电路。由双向晶闸管 V（兼作控制元件）和负载 $R_{fz}$（如电器）组成。

② 控制电器。由二极管 VD、电容 $C$、电阻 $R_1 \sim R_3$、双向晶闸管 V、启动按钮 $SB_1$ 和停止按钮 $SB_2$ 组成。

**（3）工作原理**

接通电源，由于双向晶闸管 V 没有触发电流而关断。当欲使负载 $R_{fz}$ 通电，按下启动按钮 $SB_1$，电源经电阻 $R_1$ 给 V 提供触发电压，V 导通，松开 $SB_1$ 后，因电容 $C$ 已经 $R_4$ 和二极管 VD 充满了电荷，所以在电流过零时，$C$ 放电维持 V 继续导通。

当欲使负载 $R_{fz}$ 断电，按一下停止按钮 $SB_2$，则电容 $C$ 上的电荷便经电阻 $R_3$、$R_2$ 迅速放电，使双向晶闸管 V 失去触发电流而关断。

当电网停电后再来电时，因电容 $C$ 在电网停电时电荷已经 $R_3$、$R_3$ 迅速放电完，故再来电时双向晶闸管 V 得不到触发电流而关断，从而实现禁止再接通的目的。

**（4）元件选择**

电气元件参数见表 7-83。

表 7-83　电气元件参数

| 序号 | 名称 | 代号 | 型号规格 | 数量 |
|------|------|------|----------|------|
| 1 | 双向晶闸管 | V | 见计算 | 1 |
| 2 | 二极管 | VD | 1N4007 | 1 |
| 3 | 碳膜电阻 | $R_1$ | RT-100kΩ　1W | 1 |
| 4 | 碳膜电阻 | $R_2$ | RT-4.70kΩ　1/2W | 1 |
| 5 | 碳膜电阻 | $R_3$ | RT-100kΩ　2W | 1 |
| 6 | 碳膜电阻 | $R_4$ | RT-15kΩ　1W | 1 |
| 7 | 电解电容器 | $C$ | CD11 1μF　400V | 1 |
| 8 | 按钮 | SB$_1$ | KGA6(绿) | 1 |
| 9 | 按钮 | SB$_2$ | KGA6(红) | 1 |

**（5）计算与调试**

① 双向晶闸管 V 的选择。双向晶闸管的额定电流（指电流有效值）$I_{T1}$ 按下式选择：

$$I_{T1} \geqslant (2 \sim 2.5) I_{fz}$$

式中　$I_{fz}$——负载电流，A。

双向晶闸管的额定电压（断态重复峰值电压）$U_{DRM}$ 按下式选择：

$$U_{DRM} \geqslant (1.5 \sim 2) U_R$$

式中　$U_R$——加在双向晶闸管上的电压峰值（V），对于该电路为

$$U_R = \sqrt{2} \times 220 = 311 \ (V)。$$

由于双向晶闸管 V 未设阻容保护，为保险起见，元件额定电压宜选高些，如选用 800V。

② 调试。接通电源，按下启动按钮 SB$_1$，负载 $R_{fz}$ 应得电，用万用表测量输出电压，应约有 220V。如果输出无电压或电压较小，可减小 $R_1$ 的阻值。如果按下 SB$_1$，输出电压正常，而松开 SB$_1$ 后输出电压为零，则可适当减小 $R_3$ 的阻值。但 $R_3$ 不可太小，以免

因过大的控制极电流而损坏双向晶闸管。

按下停止按钮 $SB_2$，输出电压为零。接通电源后再断开电源，输出电压为零。

在电路正常接通工作的情况下，电容 $C$ 两端的电压应不小于220V。电容 $C$ 的容量不可太小，否则无法维持双向晶闸管 V 的导通。

## 7.5.25 高压发电机励磁绕组过电压保护装置

发电机励磁绕组的直流电压由三相晶闸管整流后提供。在非正确同期、失步、系统故障等情况下，均会在直流侧造成有危害整流元件及励磁绕组绝缘的过电压，为此必须限制过电压，通常采用如图 7-92 所示的保护电路。图中，BQ 为励磁绕组。

**(1) 控制目的和方法**

控制对象：直流侧过电压。

控制目的：抑制直流过电压，保持整流元件和励磁绕组 BQ 的绝缘。

控制方法：采用晶闸管吸收电路。另外还采用压敏电阻作后备保护。

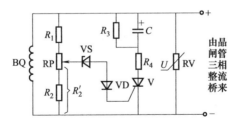

图 7-92　直流侧晶闸管过电压保护装置电路

**(2) 电路组成**

① 采样电路。由电阻 $R_1$、$R_2$ 和电位器 RP 组成。

② 晶闸管吸收电路。由晶闸管 V、稳压管 VS、二极管 VD、电阻 $R_3$、$R_4$ 和电容 $C$ 组成。

③ 后备保护。压敏电阻 RV。

### (3) 工作原理

正常励磁电压下，在 $R_2'$ 上的分压 $U_p$ 低于稳压管 VS 的稳压值 $U_z$，晶闸管 V 无触发电流处于关断状态，阻容吸收不起作用。当直流侧发生过电压时，$U_p$ 电压大大增加，$U_p > U_z$，稳压管 VS 击穿，晶闸管 V 被触发导通，过电压被电阻 $R_3$、$R_4$ 消耗，被电容 $C$ 吸收。过电压峰值过去后，$C$ 上的电压高于励磁电压，晶闸管 V 被此差值负电压关断。$R_3$ 提供电容 $C$ 放电回路。

压敏电阻 RV 作为后备过电压保持元件。

### (4) 元件选择

电气元件参数见表 7-84。

**表 7-84 电气元件参数表**

| 序号 | 名称 | 代号 | 型号规格 | 数量 |
|---|---|---|---|---|
| 1 | 晶闸管 | V | KP100A 800V | 1 |
| 2 | 稳压管 | VS | 2CW113 $U_z$=16～19V | 1 |
| 3 | 二极管 | VD | 1N4007 | 1 |
| 4 | 线绕电阻 | $R_1$ | RX20-1kΩ 15W | 1 |
| 5 | 金属膜电阻 | $R_2$ | RJ-51Ω 2W | 1 |
| 6 | 电位器 | RP | WX3-51Ω 5W | 1 |
| 7 | 板形电阻 | $R_3$ | ZB$_2$-8Ω | 1 |
| 8 | 板形电阻 | $R_4$ | ZB$_2$-3.5Ω | 1 |
| 9 | 电解电容器 | C | 2 只 SXC,470μF,500V 并联 | 2 |
| 10 | 氧化锌压敏电阻 | RV | 见计算 | 1 |

### (5) 计算与调试

① 压敏电阻 RV 的选择。作为过电压后备保护元件，其标称电压 $U_{1mA}$ 应大于晶闸管过电压保护动作整定值 $U_{dz}$，通常取 $U_{1mA} \geqslant 1.2U_{dz}$；RV 的通流容量应足够大，可选用 MY31 型 10kA 氧化锌压敏电阻（螺柱型）。

② 晶闸管过电压保护动作整定值的选取。根据发电机的具体情况加以确定。一般可按下式计算：

$$U_{dz} = (2.5\sim5)U_{le}$$

式中 $U_{dz}$——过电压保护整定值，V；

$U_{le}$——发电机励磁绕组额定电压，V。

对于旧发电机，励磁绕组绝缘水平较低的，可取较小系数，如2.5～3；对于新发电机，励磁绕组绝缘水平较高的，可取较大系数，如4～5。

总之，动作整定值应低于晶闸管整流桥的反向阻断电压，低于励磁绕组绝缘允许的耐压水平，并有一定裕度，这样才能起到保护作用。

③ 调试。先制作一台试验装置（需一台 1kV·A、0～250V 的单相调压器、500V 的直流电压表等），按图 7-93 连接好线路。合上开关 QS，调节调压器直至直流电压表读数达到所需求的值（即 $U_{dz}$ 值）时，电压表读数下跌则为整定好了。如不合适，应调节 RP。在高压段（＞150V）停的时间应尽量短，以防电阻 $R_1$ 过热。

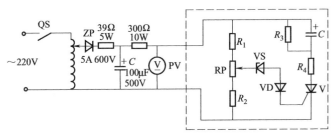

图 7-93　过电压保护装置动作整定接线图

注意：电容 C 的耐压值必须大于 $U_{dz}$ 值，否则电容会击穿损坏。

调整好后，应将电位器锁定（用红漆标注好滑臂的位置，并点死）。这时将过电压保持装置（包括氧化锌压敏电阻 RV）直接与励磁柜内的接线及发电机励磁绕组连接即可投入使用，不必再作调整。

# 7.6　充电、电镀、调压装置

## 7.6.1　GCA 系列硅整流充电机

GCA-6010-36 型硅整流充电机电路如图 7-94 所示。它可输出

60A、0～36V 直流。

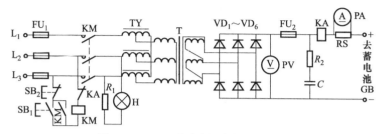

图 7-94 GCA 系列硅整流充电机电路

**(1) 控制目的和方法**

控制对象：蓄电池 GB。

控制目的：输出直流电压和电流，可调。

控制方法：采用三相整流桥，通过调压器实现直流电压的调节。

保护元件：熔断器 FU$_1$（主电路短路保护）；FU$_2$［直流电路（二极管）短路保护］；过电流继电器 KA［直流电路（二极管）过电流保护］；$R_2$、$C$［直流电路（二极管）过电压保护］。

**(2) 电路组成**

① 主电路。由熔断器 FU$_1$、接触器 KM 主触点三相调压器 TY、整流变压器 T、整流二极管 VD$_1$～VD$_6$、快速熔断器 FU$_2$ 和分流器 RS 及蓄电池 GB 组成。

② 控制电路。由启动按钮 SB$_1$、停止按钮 SB$_2$、接触器 KM 和过电流继电器 KA 常闭触点组成。

③ 指示灯及仪表。H——电源指示灯；PA、PV——直流电流、电压表。

**(3) 工作原理**

按下启动按钮 SB$_1$，接触器 KM 得电并自锁，其主触点闭合，接通三相调压器 TY，指示灯 H 点亮。调节 TY，即可改变整流变压器的二次电压，该电压经三相桥式整流 VD$_1$～VD$_6$，输出可调节的直流电压（电流）。

当充电电流超过设定值时，过电流继电器 KA 吸合，其常闭触点断开，接触器 KM 失电释放，切断电源，起到保护作用。

### （4）元件选择

电气元件参数见表 7-85。

**表 7-85 电气元件参数**

| 序号 | 名称 | 代号 | 型号规格 | 数量 |
|---|---|---|---|---|
| 1 | 三相调压器 | TY | TSGC2-3 380/(0~430)V | 1 |
| 2 | 三相变压器 | T | Yd11 3kV·A 380/28V | 1 |
| 3 | 二极管 | $VD_1 \sim VD_6$ | ZP50A 200V | 6 |
| 4 | 熔断器 | $FU_1$ | RT14-16/10A | 3 |
| 5 | 快速熔断器 | $FU_2$ | RS3 60A | 1 |
| 6 | 交流接触器 | KM | CJ20-10A 380V | 1 |
| 7 | 过电流继电器 | KA | JL3(动作电流 70A) | 1 |
| 8 | 按钮 | $SB_1$ | LA18-22(绿) | 1 |
| 9 | 按钮 | $SB_2$ | LA18-22(红) | 1 |
| 10 | 指示灯 | H | NDL1 型 AC380V (包括外接电阻 $R_1=68k\Omega$) | 1 |
| 11 | 金属膜电阻 | $R_2$ | RJ-100Ω 2W | 1 |
| 12 | 电容器 | C | CBB22 0.47μF 63V | 1 |
| 13 | 直流电压表 | PV | 81C6-V 50V | 1 |
| 14 | 直流电流表 | PA | 81C6-A 75A/75mV (带分流器 RS) | 1 |

### （5）调试

接通电源，按下启动按钮 $SB_1$，接触器 KM 吸合并自锁，指示灯 H 点亮。在空载状态下，调节调压器 TY，直流电压表 PV 能从 0V 升至 40V。

然后接上蓄电池进行充电试验。试验时密切注意 PV、PA 表的指示。按蓄电池的充电要求充电。注意蓄电池有无过热等异常情况。

电流继电器 KA 的动作值一般按充电电流的 1.1 倍整定。

## 7.6.2 晶闸管充电机之一

电路如图 7-95 所示。

**(1) 控制目的和方法**

控制对象：蓄电池 GB。

控制目的：快速充电，0～50A 连续可调。

控制方法：采用单相半波晶闸管整流电路，通过单结晶体管触发电路改变导通角，从而改变充电电流的大小。

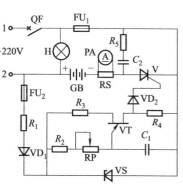

图 7-95　晶闸管充电机电路之一

保护元件：熔断器 $FU_1$ (蓄电池过载保护)；$FU_2$ (控制电路的短路保护)；$R_5$、$C_2$ (阻容保护，保护晶闸管免受过电压损坏)。

**(2) 电路组成**

① 主电路。由断路器 QF、熔断器 $FU_1$、晶闸管 V (兼作控制元件) 和蓄电池 GB 组成。

② 直流同步电源。由电阻 $R_1$、二极管 $VD_1$ 和稳压管 VS 组成。

③ 触发电路。由单结晶体管 VT、电阻 $R_2 \sim R_4$、电位器 RP 和电容 $C_1$ 组成的弛张振荡器。

④ 电源指示灯 H 和直流电流表 PA (作监视充电电流用)。

**(3) 工作原理**

接通电源，220V 交流电经电阻 $R_1$ 降压、二极管 $VD_1$ 半波整流、稳压管 VS 削波，为触发电路提供直流同步电压。该电压经电阻 $R_2$、电位器 RP 对电容 $C_1$ 充电。当 $C_1$ 两端的电压达到单结晶体管 VT 的峰值电压 $U_p$ 时，VT 导通，$C_1$ 通过 VT 的 $eb_1$ 结及电阻 $R_4$ 放电；于是 $C_1$ 两端电压迅速下降，当降到单结晶体管 VT 谷点电压 $U_v$ 时，VT 关断。然后 RC 电路再次充电重复上述过程。于是

在电阻 $R_4$ 两端输出一系列脉冲，使晶闸管 V 在电源 2 端为正时导通。调节电位器 RP，可以改变电容 $C_1$ 的充电时间，从而控制晶闸管导通角的大小，即控制直流输出电压的大小。

### （4）元件选择

电气元件参数见表 7-86。

**表 7-86    电气元件参数**

| 序号 | 名称 | 代号 | 型号规格 | 数量 |
|---|---|---|---|---|
| 1 | 断路器 | QF | DZ15-63　63A(单极) | 1 |
| 2 | 快速熔断器 | $FU_1$ | RS3　60A | 1 |
| 3 | 熔断器 | $FU_2$ | 50T　1A | 1 |
| 4 | 晶闸管 | V | KP100A　800V | 1 |
| 5 | 单结晶体管 | VT | BT33　$\eta \geqslant 0.6$ | 1 |
| 6 | 稳压管 | VS | 2CW64　$U_z=18\sim21V$ | 2 |
| 7 | 二极管 | $VD_1$、$VD_2$ | 1N4004 | 1 |
| 8 | 线绕电阻 | $R_1$ | RX1-3kΩ　10W | 1 |
| 9 | 金属膜电阻 | $R_2$ | RJ-10kΩ　1W | 1 |
| 10 | 金属膜电阻 | $R_3$ | RJ-400Ω　1/2W | 1 |
| 11 | 金属膜电阻 | $R_4$ | RJ-100Ω　1/2W | 1 |
| 12 | 金属膜电阻 | $R_5$ | RJ-100Ω　2W | 1 |
| 13 | 电容器 | $C_1$ | CBB22　0.47μF　160V | 1 |
| 14 | 电容器 | $C_2$ | CBB22　0.22μF　630V | 1 |
| 15 | 直流电流表 | PA | 59C₂　75A | 1 |

### （5）调试

暂用一只 220V、40W 以上的白炽灯代替蓄电池 GB。合上断路器 QF，用万用表测量稳压管 VS 两端的电压，应约有 18V 直流电压，然后调节电位器 RP，灯泡应能从熄灭慢慢变亮至最亮。如果不能调到熄灭，则应增大 $R_2$ 的阻值；如果不能调到最大亮度（灯泡两端电压达不到 210V），则应减小 $R_2$ 的阻值，也可减小电容 $C_1$ 的容量试试，如用 0.1μF；如果灯泡两端电压能达到 210V 而不能达到 0V，则应改用阻值更大的电位器 RP。

以上调试正常后，再用欲充电的蓄电池正式试验，并注意观察电流表 PA 的指示。

调试中，直流同步电压，在蓄电池这类反电势负载中，不能过小，应不小于 14V。否则触发电压过小，晶闸管触发不了。但也不能过大（如大于 30V），否则会损坏控制极。

由于装置元件都处在电网电压下，因此在安装、调试、使用时必须注意安全。

### 7.6.3　晶闸管充电机之二

电路如图 7-96 所示。它可对 6～12V 蓄电池进行充电。

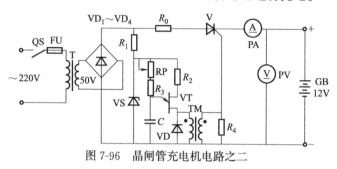

图 7-96　晶闸管充电机电路之二

（1）**控制目的和方法**

控制对象：蓄电池 GB。

控制目的：输出直流电压和电流，可调。

控制方法：采用晶闸管单相桥整流，通过改变晶闸管的导通角来实现。

保护元件：熔断器 FU（装置的短路保护）。

（2）**电路组成**

① 主电路。由开关 QS、熔断器 FU、整流变压器 T、二极管 $VD_1$～$VD_4$、晶闸管 V（兼作控制元件）和蓄电池 GB 组成。

② 直流同步电源。由二极管 $VD_1$～$VD_4$、电阻 $R_1$ 和稳压管 VS 组成。

③ 触发电路。由单结晶体管 VT、电阻 $R_2$～$R_4$、电位器 RP、二极管 VD、电容 $C$ 和脉冲变压器 TM 组成的弛张振荡器。

④ 指示仪表。PA——直流电流表；PV——直流电压表。

（3）**工作原理**

接通电源，220V 交流电经变压器 T 降压，供给由二极管

VD₁~VD₄ 和晶闸管 V 组成的单相桥整流电路，改变晶闸管的导通角，便可调节输出电压，即改变充电电压和电流。由整流桥 VC 输出的脉动直流电压经电阻 $R_1$ 限流、稳压管 VS 削波后，给触发电路提供约 20V 直流同步电压（梯形波）。该电压经电阻 $R_3$ 和电位器 RP 向电容 $C$ 充电，当 $C$ 上电压达到单结晶体管 VT 的峰值电压 $U_P$ 时，VT 导通，$C$ 上的电荷经 VT 的 eb₁ 结和脉冲变压器 TM 一次绕组放电，并从二次绕组输出脉冲。当 $C$ 上电压下降到 VT 的谷点电压 $U_V$ 时，VT 截止，电容 $C$ 又将充电，如此反复进行。调节 RP 可改变 $C$ 的充电速率，从而改变晶闸管 V 的导通角，也就改变了充电电压和电流。该充电机的最大充电电流可达 20A，$R_0$ 为限流电阻，以限制最大充电电流不超过 20A。

**（4）元件选择**

电气元件参数见表 7-87。

表 7-87　电气元件参数

| 序号 | 名称 | 代号 | 型号规格 | 数量 |
|---|---|---|---|---|
| 1 | 开关 | QS | DZ12-60/1　10A | 1 |
| 2 | 熔断器 | FU | RL1-15/6A | 1 |
| 3 | 变压器 | T | 1.5kV·A　220/50V | 1 |
| 4 | 晶闸管 | V | KP30A　300V | 1 |
| 5 | 二极管 | VD₁~VD₄ | ZP30A　300V | 4 |
| 6 | 二极管 | VD₅ | 1N4001 | 1 |
| 7 | 单结晶体管 | VT | BT33　$\eta \geqslant 0.6$ | 1 |
| 8 | 稳压管 | VS | 2CW114　$U_z$=18~21V | 1 |
| 9 | 金属膜电阻 | $R_1$ | RJ-1kΩ　2W | 1 |
| 10 | 金属膜电阻 | $R_2$ | RJ-390Ω　1/2W | 1 |
| 11 | 金属膜电阻 | $R_3$ | RJ-2.2kΩ　1/2W | 1 |
| 12 | 碳膜电阻 | $R_4$ | RT-39kΩ　1/2W | 1 |
| 13 | 电位器 | RP | WH118　47kΩ　2W | 1 |
| 14 | 电容器 | $C$ | CBB22　0.22μF　160V | 1 |
| 15 | 脉冲变压器 | TM | 自制，见计算 | 1 |
| 16 | 直流电压表 | PV | 59C₂　20V | 1 |
| 17 | 直流电流表 | PA | 59C₂　30A | 1 |

**（5）计算与调试**

① 脉冲变压器 TM 的设计。铁芯采用高 μ 值的铁氧体，初级为 φ0.21 漆包线 30 匝，次级为 φ0.21 漆包线 45 匝。也可以采

用 6mm×10mm 硅钢片铁芯，用 φ0.21 漆包线，初、次级均为
300 匝。

② 调试。先用 1000~3000W、220V 电炉丝代替蓄电池，接通
电源，用万用表测量变压器 T 次级电压，应为 50V；测量稳压管
VS 两端的电压，应约有 20V 直流电压，若用示波器看为梯形波。
调节电位器 RP，电压表 PV 和电流表 PA 都能从零逐渐变大。调节
RP 使 PV 指示最大可达 14.5V（若用于 12V 蓄电池充电）。减小 $R_3$
和 $C$ 的数值能使输出电压升高，但 $R_3$ 太小时，调小 RP 会使输出
电压由最大突然跌至零。若用示波器看 $C$ 两端的电压波形为锯齿
波；看脉冲变压器 TM 次级电压为一系列尖脉冲。

以上试验正常后，拆除电炉丝，接入欲充电的蓄电池进行充电
试验。调节 RP 可调节蓄电池的充电电压和充电电流。可根据实际
需要进行调整。

### 7.6.4 KGCA 系列晶闸管充电机

电路如图 7-97 所示。

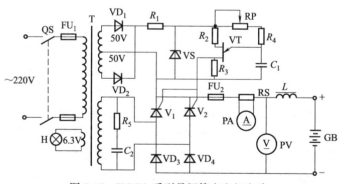

图 7-97　KGCA 系列晶闸管充电机电路

### (1) 控制目的和方法

控制对象：蓄电池 GB。

控制目的：输出直流电压和电流，可调。

控制方法：采用单相全控桥整流，通过改变晶闸管的导通角来

实现。

保护元件：熔断器 FU$_1$（主电路短路保护）；FU$_2$［直流电路（晶闸管及整流二极管）过电流保护］；R$_5$、C$_2$（交流二次侧过电压保护，用以保护晶闸管和整流二极管）。

**(2) 电路组成**

① 主电路。由开关 QS、熔断器 FU$_1$、整流变压器 T、整流二极管 VD$_3$、VD$_4$、晶闸管 V$_1$、V$_2$（兼作控制元件）、快速熔断器 FU$_2$、分流器 RS 和平波电抗器 L 及蓄电池 GB 组成。

② 直流同步电源。由整流变压器 T 的 2 组 50V 绕组、二极管 VD$_1$、VD$_2$、降压电阻 R$_1$ 和稳压管 VS 组成。

③ 触发电路。由单结晶体管 VT、电阻 R$_2$～R$_4$、电位器 RP 和电容 C$_1$ 组成的弛张振荡器。

④ 指示灯及仪表。H——电源指示灯；PA、PV——直流电流表、直流电压表。

**(3) 工作原理**

接通电源，220V 交流电源经变压器 T 降压，供给由 2 只二极管 VD$_3$、VD$_4$ 和 2 只晶闸管 V$_1$、V$_2$ 组成的单相半控桥整流电路，改变晶闸管的导通角，便可调节输出电压。触发电路由单结晶体管 VT 等组成的弛张振荡器，调节电位器 RP，便可改变晶闸管 V$_1$ 和 V$_2$ 的导通角。触发电路的直流同步电压，由带中间抽头的变压器 T 次级绕组，经 2 只二极管 VD$_1$ 和 VD$_2$ 整流、电阻 R$_1$ 限流、降压、稳压管 VS 削波而得到。不论电源正半周或负半周，在 VS 两端均有梯形波出现。在电源正半周时，二极管 VD$_1$ 导通，单结晶体管弛张振荡器输出脉冲触发晶闸管 V$_1$、V$_2$，使 V$_1$、V$_2$ 导通，二极管 VD$_4$ 也导通；在电源负半周时，二极管 VD$_2$ 导通，振荡器输出脉冲触发晶闸管 V$_1$、V$_2$，使 V$_1$、V$_2$ 导通，二极管 VD$_3$ 也导通。

**(4) KGCA 系列晶闸管充电机型号、规格及元件参数**

型号、规格见表 7-88；元件参数见表 7-89。

表 7-88 KGCA 系列晶闸管充电机型号、规格

| 型号 | 交流输入 | | | | 直流输出 | | 电路形式 | 外形尺寸/mm |
|---|---|---|---|---|---|---|---|---|
| | 相数 | 变压器 | | | 电流/A | 电压/V | | |
| | | 容量/kV·A | 变化/(V/V) | | | | | |
| KGCA-15/0-18 | 1 | 0.38 | 220/23 | | 15 | 0~18 | | 435×275×340 |
| KGCA-15/0-36 | 1 | 0.75 | 220/45 | | 15 | 0~36 | | 435×275×340 |
| KGCA-15/0-72 | 1 | 1.5 | 220/90 | | 15 | 0~72 | | 435×275×340 |
| KGCA-15/0-90 | 1 | 2 | 220/115 | | 15 | 0~90 | | 435×275×340 |
| KGCA-15/0-110 | 1 | 2.5 | 220/135 | | 15 | 0~110 | 单相半控桥 | 525×305×395 |
| KGCA-30/0-36 | 1 | 1.5 | 220/45 | | 30 | 0~36 | | 435×275×340 |
| KGCA-30/0-72 | 1 | 3 | 220/90 | | 30 | 0~72 | | 525×305×395 |
| KGCA-30/0-90 | 1 | 4 | 220/115 | | 30 | 0~90 | | 525×305×395 |
| KGCA-30/0-110 | 1 | 4.5 | 220/135 | | 30 | 0~110 | | 525×305×395 |

表 7-89（a） 电气元件参数表之一

| 代号 | 名　称 | 型号规格 |
|---|---|---|
| $FU_1$、$FU_2$ | 螺旋式熔断器 | 见表 7-89(b) |
| $VD_1$、$VD_2$ | 整流二极管 | 2CP23 |
| VS | 稳压管 | 2CW22J |
| VT | 单结晶体管 | BT33F $\eta \geqslant 0.6$ |
| $V_1$、$V_2$ | 晶闸管 | 见表 7-89(b) |
| $VD_3$、$VD_4$ | 整流二极管 | 见表 7-89(b) |
| $R_1$ | 金属膜电阻 | RJ-1kΩ 2W |
| $R_2$ | 金属膜电阻 | RJ-390Ω 1/4W |
| $R_3$ | 金属膜电阻 | RJ-100Ω 1/4W |
| RP | 电位器 | 27kΩ 3W |
| $R_4$ | 金属膜电阻 | RJ-360Ω 1/4W |
| $R_5$ | 线绕电阻 | RX1-50Ω 10W |
| $C_1$ | 电容器 | CBB22 0.47μF 63V |
| $C_2$ | 电容器 | CBB22 1μF 630V |
| T | 变压器 | 见表 7-89(b) |
| L | 电感 | 自制 |
| S | 转换开关 | 见表 7-89(b) |
| PV | 直流电压表 | 见表 7-89(b) |
| PA | 直流电流表 | 见表 7-89(b) |
| RS | 分流器 | 与表 PA 配套 |
| H | 指示灯 | C9H 6.3V |

表7-89（b） 电气元件参数表之二

| 元件 型号规格 | RL₁系列螺旋式熔断器 | | 变压器 | | 81C6-A 直流电流表/A | 81C6-V 直流电压表/V | 转换开关 | 晶闸管 V₁、V₂ | 整流二极管 VD₃、VD₄ |
|---|---|---|---|---|---|---|---|---|---|
| | FU₁ 额定电流/A | FU₂ 额定电流/A | 容量/kV·A | 变比/(V/V) | | | | | |
| KGCA-15/0-18 | 15 | 40 | 0.38 | 220/33 | 0~30 | 0~50 | 250V,10A | 20A/100V | 20A/100V |
| KGCA-15/0-36 | 15 | 40 | 0.75 | 220/45 | 0~30 | 0~100 | 250V,10A | 20A/100V | 20A/100V |
| KGCA-15/0-72 | 15 | 40 | 1.5 | 220/90 | 0~30 | 0~100 | 250V,10A | 20A/200V | 20A/150V |
| KGCA-15/0-90 | 15 | 40 | 2 | 220/115 | 0~30 | 0~150 | 250V,10A | 20A/300V | 20A/200V |
| KGCA-15/0-110 | 15 | 40 | 2.5 | 220/135 | 0~30 | 0~150 | 250V,20A | 20A/300V | 20A/200V |
| KGCA-15/0-165 | 15 | 40 | 3.2 | 220/190 | 0~30 | 0~200 | 250V,20A | 20A/400V | 20A/250V |
| KGCA-15/0-230 | 15 | 40 | 5 | 220/300 | 0~30 | 0~300 | 250V,20A | 20A/700V | 20A/600V |
| KGCA-30/0-36 | 20 | 50 | 1.5 | 220/45 | 0~50 | 0~100 | 250V,10A | 50A/100V | 20A/100V |
| KGCA-30/0-72 | 20 | 50 | 3 | 220/90 | 0~50 | 0~100 | 250V,20A | 50A/200V | 15A/150V |
| KGCA-30/0-90 | 20 | 50 | 4 | 220/115 | 0~50 | 0~150 | 250V,20A | 50A/300V | 50A/200V |
| KGCA-30/0-110 | 20 | 50 | 4.5 | 220/135 | 0~50 | 0~150 | 250V,20A | 50A/300V | 50A/200V |

注：变压器次级另绕有6.3V指示灯线圈。

(5) 调试

暂在输出端接电压适当的 100W 白炽灯（如变压器 T 二次电压为 190V，可用 220V 灯泡）代替蓄电池。合上开关 QS，用万用表测量变压器 T 的二次各绕组的电压，应正常，然后测量稳压管 VS 两端的电压，应约有 18V 直流电压。若用示波器看为梯形波。调节电位器 RP，输出电压表 PV 能从 0V 升到最大值，而灯泡也从熄灭到很亮的变化。如果直流电压最大值不够大，可适当减小 $R_4$ 的阻值。但 $R_4$ 阻值也不可太小，否则会失控，即输出电压突然从最大跌到 0V。必要时也可减小电容 $C_1$ 的容量，但一般不应小于 0.068μF。

上述调试正常后，将白炽灯拿掉，接上蓄电池进行充电试验。试验注意事项同前。

快速熔断器 FU$_2$ 可按下式选择：

$$I_{re} = 1.5 I_F$$

式中  $I_{re}$——快速熔断器额定电流，A；

$I_F$——晶闸管额定正向整流电流，A。

### 7.6.5 晶闸管自动充电机

电路如图 7-98 所示。

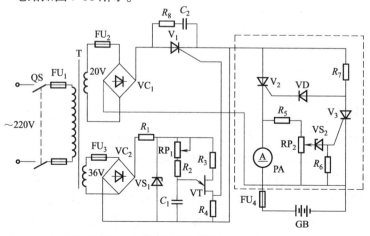

图 7-98  晶闸管自动充电机电路

(1) **控制目的和方法**

控制对象：蓄电池 GB。

控制目的：输出直流电压和电流，并能自动调整充电电流，充电分两个阶段进行：第一阶段用大电流，第二阶段用小电流，充—停—充反复进行。

控制方法：采用单相全波晶闸管整流电路，通过电子控制电路，自动调节晶闸管的导通角来实现。

保护元件：熔断器 $FU_1$（整个充电装置的短路保护）；$FU_2$（主电路短路保护）；$FU_3$（控制电路短路保护）；$FU_4$[负载（蓄电池）过电流保护]；$R_8$、$C_2$（晶闸管 $V_1$ 过电压保护）。

(2) **电路组成**

① 主电路。由整流变压器 T 的 20V 绕组、熔断器 $FU_2$、整流桥 $VC_1$、晶闸管 $V_1$、$V_2$、$V_3$（兼作控制元件）、限流电阻 $R_7$ 和熔断器 $FU_4$ 及蓄电池 GB 组成。

② 直流同步电源。由变压器 T 的 36V 绕组、整流桥 $VC_2$、限流电阻 $R_1$ 和稳压管 $VS_1$ 组成。

③ 晶闸管 $V_1$ 的触发电路。由单结晶体管 VT、电阻 $R_2 \sim R_4$、电位器 $RP_1$ 和电容 $C_1$ 组成的弛张振荡器。

④ 充电自动控制电路。见图中虚框部分。

⑤ 指示仪表。PA——直流电流表指示充电电流。

(3) **工作原理**

合上电源开关 QS，220V 交流电经变压器 T 降压，20V 电压加在整流桥 $VC_1$ 两臂，由 $VC_1$ 和晶闸管 $V_1$ 组成单相全波整流电路，改变 $V_1$ 的导通角，便可调节输出电压的大小。

导通角由触发电路振荡频率决定。220V 交流电经变压器 T 降压（36V）、整流桥 $VC_2$ 整流、电阻 $R_1$ 限流、稳压管 $VS_1$ 削波，给单结晶体管 VT 等组成的弛张振荡器提供约 20V 直流同步电压。调节电位器 $RP_1$，即可改变振荡频率，其输出在电阻 $R_4$ 两端产生脉冲信号，触发晶闸管 $V_1$，达到调压的目的。其中弛张振荡器的工作原理见图 7-98。

充电自动控制电路的工作原理：第一阶段用大电流，第二阶段用小电流（通常为大电流的 1/2）。当蓄电池电压升到最大值（如6V 蓄电池升到 7.5V 左右；12V 蓄电池升到 15V 左右）时，第一阶段充电结束，改为小电流充电，直到充电结束，自动停止充电。上述过程是这样实现的：

经晶闸管 $V_1$ 调压的直流电压，通过电阻 $R_7$、二极管 VD，触发晶闸管 $V_2$，使其导通，装置处于大电流充电状态（第一阶段）。随着充电时间的增加，蓄电池电压不断上升，直到最大值。这时由电阻 $R_5$ 和电位器 $RP_2$ 组成的分压器上电压增高，并促使稳压管 $VS_2$ 击穿，晶闸管 $V_3$ 控制极得到触发电流而导通，从而使二极管 VD 正极电压接近 0V，晶闸管 $V_2$ 控制极得不到触发电流而截止，停止对蓄电池充电。

随后，蓄电池电压会自动下降（这是蓄电池本身性质决定的）。当电压低于最大值时，稳压管 $VS_2$ 截止，晶闸管 $V_3$ 截止，蓄电池重新被充电。这样充一停一充反复进行，将恒充变成间歇充电，在相同时间内，充电量约减少 1/2，即蓄电池进入小电流充电状态（即第二阶段）。

电位器 $RP_2$ 的鉴别阈值可根据需要调整。

随着蓄电池电量的增加，充电时间相对缩短，而停充时间相对延长，电流表 PA 指示逐渐趋向 0A。

（4）元件选择

电气元件参数见表 7-90。

表 7-90　电气元件参数

| 序号 | 名称 | 代号 | 型号规格 | 数量 |
|---|---|---|---|---|
| 1 | 开关 | QS | DZ12-60/2　20A | 1 |
| 2 | 熔断器 | $FU_1$ | 50T　3A | 2 |
| 3 | 熔断器 | $FU_2$ | RL1-15/15A | 1 |
| 4 | 熔断器 | $FU_3$ | 50T　1A | 1 |
| 5 | 熔断器 | $FU_4$ | RL1-15/15A | 1 |
| 6 | 变压器 | T | 200V·A　220/20V、36V | 1 |
| 7 | 晶闸管 | $V_1 \sim V_3$ | KP10A　50V | 3 |
| 8 | 稳压管 | $VS_1$、$VS_2$ | 2CW114　$U_z$=18～21V | 2 |

续表

| 序号 | 名称 | 代号 | 型号规格 | 数量 |
|---|---|---|---|---|
| 9 | 单结晶体管 | VT | BT33　$\eta \geqslant 0.6$ | 1 |
| 10 | 整流桥 | $VC_1$ | ZP5A　50V | 4 |
| 11 | 二极管 | VD | 1N4001 | 1 |
| 12 | 整流桥 | $VC_2$ | 1N4002 | 4 |
| 13 | 金属膜电阻 | $R_1$ | RJ-1.5kΩ　2W | 1 |
| 14 | 金属膜电阻 | $R_2$ | RJ-2.2kΩ　1/2W | 1 |
| 15 | 金属膜电阻 | $R_3$ | RJ-470Ω　1/2W | 1 |
| 16 | 金属膜电阻 | $R_4$ | RJ-120Ω　1/2W | 1 |
| 17 | 金属膜电阻 | $R_5$ | RJ-51Ω　1/2W | 1 |
| 18 | 金属膜电阻 | $R_6$ | RJ-1kΩ　1/2W | 1 |
| 19 | 线绕电阻 | $R_7$ | RX1-100Ω　10W | 1 |
| 20 | 金属膜电阻 | $R_8$ | RJ-27Ω　2W | 1 |
| 21 | 电位器 | $RP_1$ | WS-0.5W　47kΩ | 1 |
| 22 | 电位器 | $RP_2$ | WX3-680Ω　3W | 1 |
| 23 | 电容器 | $C_1$ | CBB22　0.33$\mu$F　160V | 1 |
| 24 | 电容器 | $C_2$ | CBB22　0.22$\mu$F　250V | 1 |
| 25 | 直流电流表 | PA | 81C6-A 10A | 1 |

## (5) 调试

暂在输出端接一个 24V、60W 白炽灯代替蓄电池。合上开关 QS，用万用表测量变压器二次侧二绕组的电压，分别为 20V 和 36V。测量稳压管 $VS_1$ 两端的电压，应约有 20V 直流电压。若用示波器看为梯形波。调节电位器 $RP_1$，如果正常的话，灯泡能从熄灭到很亮的变化。如果灯泡不亮，可适当减小 $R_7$，阻值试试。如果灯泡不能调到很亮，可减小 $R_2$、$C_1$ 数值。如果在调节 $RP_1$ 时发现灯泡亮度突变，说明 $RP_1$ 滑臂接触不良，应更换 $RP_1$。如果将 $RP_1$ 慢慢调小，灯泡慢慢变亮，至最亮后又突然熄灭，说明弛张振荡器失控，应适当增大 $R_2$ 的阻值。

为了监视装置的最大输出电压，可在输出端并一只直流电压表。

上述试验正常后，接上蓄电池进行充电试验。看有没有如工作原理中所说的两个阶段的充电过程，以及充满电后自动停止充电。如果有异常，则毛病仅出现在充电自动控制电路（图中虚框部分）。如晶闸管 $V_3$ 在第一阶段结束不能导通（即不能停止充电），可适当减小 $R_5$ 的阻值。

调节电位器 $RP_2$，可改变蓄电池充电电压（电流）的鉴别值，具体应根据需要调整。

调整 $R_6$ 的阻值和稳压管 $VS_2$ 的稳压值，对改变鉴别值也有影响。$VS_2$ 稳压值越小，鉴别值越低，即蓄电池充到最高电压的值越小。

### 7.6.6 晶闸管交流稳压器

电路如图 7-99 所示。

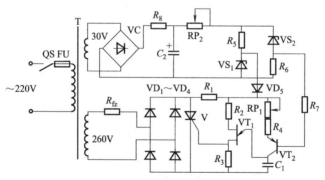

图 7-99 晶闸管交流稳压器电路

**(1) 控制目的和方法**

控制对象：负载 $R_{fz}$ 两端的交流电压。

控制目的：使交流电压自动维持在恒定值，如维持在 220V。

控制方法：通过电压取样比较电路，控制单结晶体管触发电路，自动改变晶闸管的导通角来实现。

**(2) 电路组成**

① 主电路。由整流变压器 T 的 260V 绕组、二极管 $VD_1$～$VD_4$、

晶闸管 V（兼作控制元件）和负载 $R_{fz}$ 组成。

② 触发电路。由单结晶体管 $VT_1$、三极管 $VT_2$、电阻 $R_2$～$R_4$、电位器 $RP_1$ 和电容 $C_1$ 组成的弛张振荡器。

③ 电压取样比较电路。由整流变压器 T 的 30V 绕组、整流桥 VC、电阻 $R_8$、电位器 $RP_2$、电容 $C_2$、稳压管 $VS_1$、$VS_2$ 和电阻 $R_5$、$R_6$ 组成。

**(3) 工作原理**

接通电源，220V 交流电经变压器 T 的 260V 绕组升压，经负载 $R_{fz}$、二极管 $VD_1$～$VD_4$ 整流后加在晶闸管 V 的阳阴极之间，该脉动直流电压经电阻 $R_1$ 降压后供触发电路。在电网电压的每个半周内，电容 $C_1$ 被充电（三极管 $VT_2$ 作为可变电阻用，其工作情况由电压取样比较电路的桥臂两端输出电压决定），当 $C_1$ 上的电压达到单结晶体管 $VT_1$ 峰点电压 $U_P$ 时，$VT_1$ 导通，$C_1$ 上的电压经 $VT_1$ 的 $eb_1$ 结和电阻 $R_3$ 放电并在 $R_3$ 两端形成一个正向脉冲，晶闸管 V 被触发导通，这样就有电流流过晶闸管及负载。晶闸管导通后，由于其阳极与阴极之间的电压降大大减小，使触发电路不能工作。电网电压过零点时晶闸管关断，等到下一个半周时，电容 $C_1$ 又重新被充电，重复上述过程。

改变三极管 $VT_2$ 的导通内阻，可以改变 $C_1$ 的充电速度，进而可改变晶闸管的导通角的大小，从而自动调整电压的变化。电压取样比较电路是这样工作的：220V 交流电经变压器 T 的 30V 绕组降压，整流桥 VC 整流、电阻 $R_8$ 限流、电容 $C_2$ 滤波后，在 $C_2$ 上形成一个与电网电压成正比变化的直流电压。当电网电压为 220V 时，电桥平衡，桥臂两端无输出电压，取样比较电路对三极管 $VT_2$ 无影响；当电网电压升高时，取样比较电路为 $VT_2$ 基极提供的偏压使其内阻变大，电容 $C_1$ 充电速率变慢，晶闸管 V 导通角变小，输出电压减小；相反，当电网电压降低时，取样比较电路为 $VT_2$ 基极提供的偏压又使其内阻变小，$C_1$ 充电速率变快，V 导通角变大，输出电压增大。于是使负载 $R_{fz}$ 两端的电压维持稳定。

必须指出：负载两端的电压并非完全正弦波。

## (4) 元件选择

电气元件参数见表 7-91。

**表 7-91　电气元件参数**

| 序号 | 名称 | 代号 | 型号规格 | 数量 |
|---|---|---|---|---|
| 1 | 开关 | QS | DZ12-60/1　50A | 1 |
| 2 | 熔断器 | FU | RL1-60/50A | 1 |
| 3 | 晶闸管 | V | KP30A　600V | 1 |
| 4 | 二极管 | $VD_1 \sim VD_4$ | ZP30A　600V | 4 |
| 5 | 三极管 | $VT_2$ | 3CG130　$\beta \geqslant 50$ | 1 |
| 6 | 单结晶体管 | $VT_1$ | BT33　$\eta \geqslant 0.6$ | 1 |
| 7 | 稳压管 | $VS_1, VS_2$ | 2DW231　$U_z = 5.8 \sim 6.6V$ | 2 |
| 8 | 二极管 | $VD_5$ | 1N4001 | 1 |
| 9 | 整流桥 | VC | QL1A/100V | 1 |
| 10 | 金属膜电阻 | $R_1$ | RJ-51kΩ　1/2W | 1 |
| 11 | 金属膜电阻 | $R_2$ | RJ-300Ω　1/2W | 1 |
| 12 | 金属膜电阻 | $R_3$ | RJ-120Ω　1/2W | 1 |
| 13 | 金属膜电阻 | $R_4$ | RJ-2.2kΩ　1/2W | 1 |
| 14 | 金属膜电阻 | $R_5, R_6$ | RJ-510Ω　1/2W | 2 |
| 15 | 金属膜电阻 | $R_7$ | RJ-1kΩ　1/2W | 1 |
| 16 | 碳膜电阻 | $R_8$ | RT-1kΩ　2W | 1 |
| 17 | 电位器 | $RP_1$ | WH118型　150kΩ　1W | 1 |
| 18 | 电位器 | $RP_2$ | WH118型　1.5kΩ　2W | 1 |
| 19 | 电容器 | $C_1$ | CBB22　0.22μF　63V | 1 |
| 20 | 电解电容器 | $C_2$ | CD11　100μF　50V | 1 |
| 21 | 变压器 | T | 1kV·A　220/260V、30V | 1 |

## (5) 调试

① 晶闸管 V 和二极管 $VD_1 \sim VD_4$ 的选择。V 和 $VD_1 \sim VD_4$ 的容量由负载功率决定。如负载额定电流为 15A，则 V 和 $VD_1 \sim VD_4$ 可选用额定电流为 30A 的。

② 调试。暂断开二极管 $VD_5$，用 1kW、220V 的电炉丝作负载。合上开关 QS，用万用表测量变压器 T 两个次级电压，应分别为 260V 和 30V（当市电为 220V 时）。若有一台 500~1000W、0~250V 的调压器接入 T 的一次调压更好。用万用表监测负载两端的电压，调节电位器 $RP_1$，使负载两端的电压为 220V 交流电压。然后用万用表测量电容 $C_2$ 两端的电压，调节 $RP_2$，该电压应有 10~20V 变化，而相应的取样比较电路桥臂两端输出电压有 1~3V 变

化。若此电压出入较大，可调整 $R_8$ 的阻值。

以上调试正常后，断开电源，恢复二极管 VD$_5$ 接线，再接通电源。调节 RP$_2$，使桥臂两端电压约 2V，再调节 RP$_1$ 使负载两端的电压为 220V。然后将调压器电压升高或降低，看负载两端的电压是否为 220V，若偏高或偏低，再适当调节 RP$_1$ 和 RP$_2$。

$R_7$ 为三极管 VT$_2$ 的限流电阻，对调压也有一定影响，必要时也可调整。

## 7.6.7 蓄电池快速充电机

若用大电流对铅酸蓄电池连续充电，则电解液很快产生气泡，温升骤增，时间长了会使电解液沸腾、极板变形，造成蓄电池很快损坏。因此铅酸蓄电池普遍采用慢速常规充电法，即用 1/10 的额定容量电流值充电，但充电时间很长。蓄电池快速高效充电指先用高于一般常规充电电流的 10 倍至几十倍电流充电，而当蓄电池的电压上升到规定数值（电解液汽化点）时，蓄电池内的极化现象已较严重，则立刻停止充电。然后让蓄电池瞬时大电流放电，蓄电池的电压迅速下降，极化现象迅速消失，再用大电流继续充电，如此反复循环，充电速度快，能提高蓄电池的使用寿命，且节电20％～25％。快速高效充电机电路如图 7-100（a）所示，它可用于 12V 蓄电池充电。

（1）**控制目的和方法**

控制对象：蓄电池 GB。

控制目的：快速充电。

控制方法：采用单相全波晶闸管整流电路，通过 555 时基集成电路 A 实现自动快速充电（充、放电过程自动进行）。

保护元件：熔断器 FU（整个充电装置的短路保护）；二极管 VD$_6$（保护三极管 VT 免受继电器 KA 反电势而损坏）。

（2）**电路组成**

① 主电路。由开关 QS、熔断器 FU、整流变压器 T、整流桥

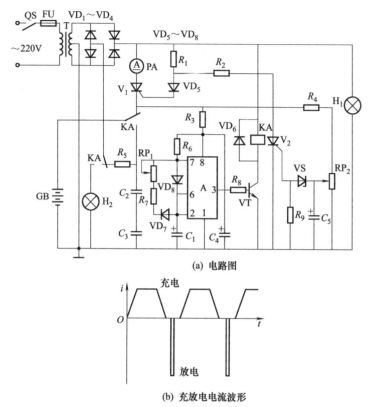

(a) 电路图

(b) 充放电电流波形

图 7-100 蓄电池快速充电机电路

$VD_1 \sim VD_4$ 和晶闸管 $V_1$（兼作控制元件）及蓄电池 GB 组成。

② 充、放电控制电路。由 555 时基集成电路 A、三极管 VT 和继电器 KA 等组成。

③ 停止充电控制电路。由晶闸管 $V_2$、稳压管 VS、电容 $C_5$、电阻 $R_9$、$R_2$、$R_4$ 和电位器 $RP_2$ 组成。

④ 指示灯。$H_1$——充电指示（绿色）；$H_2$——放电指示（红色）。

**(3) 工作原理**

充电时，由于蓄电池 GB 电压低，555 时基集成电路 A 的 3 脚输出低电平,三极管 VT 截止,继电器 KA 释放,而蓄电池电压经 $R_4$、$RP_2$ 分压,分压电压较低,稳压管 VS 截止,晶闸管 $V_2$ 处于关断状态。这时蓄电池处于充电状态。同时电容 $C_2$、$C_3$ 被充电(通过二极管 $VD_1$、$VD_3$ 整流后充电)。充电指示灯 $H_1$ 点亮。

随着蓄电池的电压升高,达到某一值时,由于555时基集成电路 A 的工作电源升高,A 的 3 脚输出高电平,三极管 VT 导通,继电器 KA 得吸合,其常开触点闭合,蓄电池向电容 $C_2$、$C_3$ 迅速放电。此时放电指示灯 $H_2$ 点亮。当蓄电池充足后,其电压经 $R_4$、$RP_2$ 分压,稳压管 VS 击穿,晶闸管 $V_2$ 导通,旁路了晶闸管 $V_1$ 的触发电流,$V_1$ 关断,停止充电。

**(4) 元件选择**

电气元件参数见表 7-92。

表 7-92    电气元件参数

| 序号 | 名称 | 代号 | 型号规格 | 数量 |
|---|---|---|---|---|
| 1 | 变压器 | T | 300V·A  220/15V×2 | 1 |
| 2 | 晶闸管 | $V_1$、$V_2$ | KP10A  100V | 2 |
| 3 | 二极管 | $VD_1 \sim VD_4$ | ZP10A  100V | 4 |
| 4 | 二极管 | $VD_5 \sim VD_8$ | 1N4001 | 4 |
| 5 | 时基集成电路 | A | NE555、$\mu$A555、SL555 | 1 |
| 6 | 三极管 | VT | 3DC130  $\beta \geqslant 50$ | 1 |
| 7 | 稳压管 | VS | 2CW53  $U_z = 4 \sim 5.8V$ | 1 |
| 8 | 线绕电阻 | $R_1$、$R_2$ | RX1-30$\Omega$  5W | 2 |
| 9 | 金属膜电阻 | $R_3$ | RJ-120$\Omega$  1W | 1 |
| 10 | 金属膜电阻 | $R_4$ | RJ-47$\Omega$  1W | 1 |
| 11 | 碳膜电阻 | $R_5$ | RT-15$\Omega$  2W | 1 |
| 12 | 金属膜电阻 | $R_6$ | RJ-6.8k$\Omega$  1/2W | 1 |
| 13 | 金属膜电阻 | $R_7$ | RJ-25k$\Omega$  1/2W | 1 |
| 14 | 金属膜电阻 | $R_8$、$R_9$ | RJ-1k$\Omega$  1/2W | 2 |
| 15 | 电位器 | $RP_1$ | WX5-11  3M$\Omega$ | 1 |
| 16 | 电位器 | $RP_2$ | WX5-11  510$\Omega$ | 1 |
| 17 | 电解电容器 | $C_1$、$C_4$、$C_5$ | CD11  100$\mu$F  25V | 3 |
| 18 | 电解电容器 | $C_2$、$C_3$ | SXC  12000$\mu$F  25V | 2 |
| 19 | 继电器 | KA | JQX-10F  DC12V | 1 |
| 20 | 指示灯 | $H_1$、$H_2$ | XZ12V | 2 |

### (5) 调试

暂在输出端接一个 12V、60W 白炽灯，断开三极管 VT 的发射极。合上电源开关 QS，用万用表测量变压器二次侧两绕组的电压，应约有 15V 交流电压；灯泡全亮，说明整流桥和晶闸管 $V_1$ 工作正常。然后断开电阻 $R_2$ 接线，接通 VT 的发射极，试验 555 时基集成电路。调节电位器 $RP_1$ 能使继电器 KA 吸合和释放，即表明 555 时基集成电路工作正常。

将 $R_2$ 接线恢复，用一组良好的 12V 蓄电池接入输出端。调节电位器 $RP_2$，能使继电器 KA 吸合和释放，表明停止充电控制电路 (晶闸管 $V_2$ 等) 工作正常。

以上调试正常后，再用欲充电的蓄电池进行实际试验。调节 $RP_1$，能改变放电时间间隔。调试时，注意充放电时间间隔要调到与蓄电池中的电化学反应速度相适应。当蓄电池的电压低时，电化学反应快，因此时间间隔要短一些；而蓄电池接近充足时，间隔应长一些。当蓄电池充足时，调节 $RP_2$，使晶闸管 $V_2$ 刚好导通，$V_1$ 关断。这时用万用表测量 $V_2$ 阳极和阴极间的电压约为 0.8V 直流电压。

555 时基集成电路组成矩形脉冲发生器，其占空比可调节范围高达 90%，且充放电回路是分开的。在表 7-92 所列参数下，放电时间约 0.5s，充电时间为 1.75~210s。由此可见，蓄电池放电时间比它的充电时间少得多 [见图 7-100 (b)]。

## 7.6.8　无极性蓄电池充电器

充电机在使用时，常常因不慎将蓄电池极性接反造成损坏。无极性蓄电池充电线路可不考虑蓄电池的极性，只要把蓄电池接入充电器的两个端子上就能充电。其电路如图 7-101 所示。

### (1) 控制目的和方法

控制对象：蓄电池 GB。

控制目的：无极性充电，防止蓄电池极性接反而损坏蓄电池。

控制方法：采用 2 只双向晶闸管，通过巧妙接线来实现。

保护元件：熔断器 FU（充电装置短路保护）。

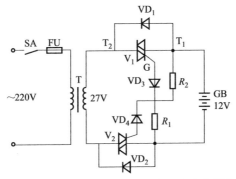

图 7-101　无极性的蓄电池充电器电路

**(2) 电路组成**

① 主电路。由开关 SA、熔断器 FU、整流变压器 T、二极管 $VD_1$、$VD_2$ 和双向晶闸管 $V_1$、$V_2$（兼作控制元件）及蓄电池 GB 组成。

② 控制电路。由二极管 $VD_3$、$VD_4$ 和限流电阻 $R_1$、$R_2$ 及双向晶闸管 $V_1$、$V_2$ 组成。

**(3) 工作原理**

当蓄电池按图所示上正下负连接时，电流由蓄电池正极经双向晶闸管 $V_1$ 的 $T_1$ 极至控制极 G，再经二极管 $VD_3$、电阻 $R_1$ 到蓄电池负极。这样，当交流电正半周时，$V_1$ 就导通。这时电源通过双向晶闸管 $V_1$ 和二极管 $VD_2$ 给蓄电池充电。注意：若使用单向晶闸管，则不能工作。

当蓄电池接成上负下正时，电流由蓄电池正极经双向晶闸管 $V_2$ 的 $T_1$ 极、至控制极 G，再经二极管 $VD_4$、电阻 $R_2$ 到蓄电池负极。这样，当交流电负半周时，$V_2$ 就导通，电源经 $V_2$ 和二极管 $VD_1$ 给蓄电池充电。

这样，不论蓄电池如何连接，充电器都能正常工作。但要注意，整流变压器次级有直流成分电流通过，磁化电流增大，因此变压器的设计容量要大些。

## （4）元件选择

电气元件参数见表 7-93。

表 7-93　电气元件参数

| 序号 | 名称 | 代号 | 型号规格 | 数量 |
|---|---|---|---|---|
| 1 | 变压器 | T | 50V·A　220/27V | 1 |
| 2 | 开关 | SA | KN5-1 | 1 |
| 3 | 熔断器 | FU | 50T　1A | 1 |
| 4 | 双向晶闸管 | $V_1$、$V_2$ | KP3A　200V | 2 |
| 5 | 二极管 | $VD_1$、$VD_2$ | 1N5402 | 2 |
| 6 | 二极管 | $VD_3$、$VD_4$ | 1N4001 | 2 |
| 7 | 金属膜电阻 | $R_1$、$R_2$ | RJ-220Ω　1/2W | 2 |

## （5）调试

只要确定双向晶闸管 $V_1$、$V_2$ 是良好的，接线正确，装置即可使用。必要时调整一下电阻 $R_1$、$R_2$，使 $V_1$、$V_2$ 能可靠导通。

## 7.6.9　小型镍镉电池自动充电器

电路如图 7-102 所示。它可对 6 节或 7 节 200mA·h 的 9V 镍镉电池充电，也可对 4 节或 5 节 500mA·h 的 6V 镍镉电池充电。

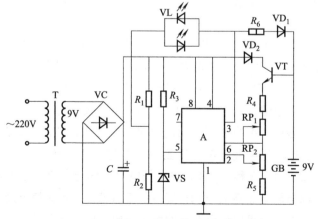

图 7-102　小型镍镉电池自动充电器电路

(1) **控制目的和方法**

控制对象：小型镍镉电池 GB。

控制目的：自动充电，可以让电池长期留在充电器里，需要取出使用时它总是充满的，既不会过度充电也不会过度放电。

控制方法：采用 555 时基集成电路等实现自动控制。

(2) **电路组成**

① 供电电源。由整流变压器 T、整流桥 VC 和滤波电容 $C$ 组成。

② 电池电压监测电路。由三极管 VT、二极管 $VD_2$、电阻 $R_4$、$R_5$ 和电位器 $RP_1$、$RP_2$ 组成。

③ 控制电路。由 555 时基集成电路 A、稳压管 VS、二极管 $VD_1$ 和电阻 $R_3$、$R_6$ 等组成。

④ 指示灯电路。双色发光二极管 VL 指示充电器的工作状态。充电时红色发光二极管亮；静态时绿色发光二极管亮。

(3) **工作原理**

555 时基集成电路 A 的基准电压由稳压管 VS 置定到 4.7V。如果 2 脚电位低于基准电压的 1/2（即 4.7V/2＝2.35V），则 3 脚输出高电平。

时基集成电路 A 通过三极管 VT 组成的监测电路监测电池电压。电池电流流过 VT 的基-射极在电阻 $R_4$、电位器 $RP_1$、$RP_2$ 和电阻 $R_5$ 上产生分压。$RP_1$ 调定的窗口上限值加到 A 的 6 脚，$RP_2$ 调定的窗口下限值加到 A 的 2 脚。当电池电压过低时，2 脚的分压低于窗口下限值，A 的 3 脚输出高电平，并经电阻 $R_6$、二极管 $VD_1$ 向电池充电。当电池电压上升到 $RP_1$ 置定的上限值（即电池充足的电压值）时，A 翻转，3 脚输出低电平，停止充电。当电池电压由于内部自放电而降低于 $RP_2$ 置定的下限值时，A 又使电池再次开始充电。这样就可以让电池长期留在充电器里，需要取出使用时它总是充满的，既不会过度充电也不会过度放电。

## （4）元件选择

电气元件参数见表 7-94。

**表 7-94 电气元件参数**

| 序号 | 名称 | 代号 | 型号规格 | 数量 |
|---|---|---|---|---|
| 1 | 变压器 | T | 3V·A 220/9V | 1 |
| 2 | 时基集成电路 | A | NE555、μA555、SL555 | 1 |
| 3 | 三极管 | VT | 3DG6 $\beta \geqslant 60$ | 1 |
| 4 | 整流桥、二极管 | VC、$VD_1$ | 1N4001 | 5 |
| 5 | 开关二极管 | $VD_2$ | 1N4148 | 1 |
| 6 | 稳压管 | VS | 2CW53 $U_z = 4 \sim 5.8V$ | 1 |
| 7 | 发光二极管 | VL | 红绿双色 | 1 |
| 8 | 碳膜电阻 | $R_1$、$R_2$ | RT-820Ω 1/2W | 2 |
| 9 | 金属膜电阻 | $R_3$ | RJ-1kΩ 1/2W | 1 |
| 10 | 金属膜电阻 | $R_4$、$R_5$ | RJ-10kΩ 1/2W | 2 |
| 11 | 碳膜电阻 | $R_6$ | RT-100Ω 1W | 1 |
| 12 | 电位器 | $RP_1$、$RP_2$ | WS-0.5W 51kΩ | 2 |
| 13 | 电解电容器 | C | CD11 220μF 16V | 1 |

## （5）调试

接通电源，用万用表测量电容 C 两端的电压，应约有 10V 直流电压。给 6 节或 7 节 200mA·h 的 9V 镍镉电池充电时，充电电流为 20mA。此时应调节 $RP_1$，使充电器在充电 14h 后断开，再调节 $RP_2$，使窗口下限值约低于上限值 1V。

对 4 节或 5 节 500mA·h 的 6V 镍镉电池充电时，充电电流为 55mA。调节 $RP_1$ 使充电器 14h 后断开，再调节 $RP_2$，使窗口下限值低于上限值 0.8V。

充电时，发光二极管 VL 中的红色发光二极管亮；电池充满电时，VL 中的绿色发光二极管亮。

## 7.6.10 12V 便携式充电器

电路如图 7-103 所示。它可对 10 节 500mA·h 镍镉蓄电池或 6 节 2V 铅酸蓄电池充电。

### （1）控制目的和方法

控制对象：蓄电池 GB。

控制目的：恒流充电；当电源断电时，能防止电池通过充电器
　　　　　放电；能避免电池极性接反。

控制方法：通过恒流电路和二极管、三极管组成的保护电路来
　　　　　实现。

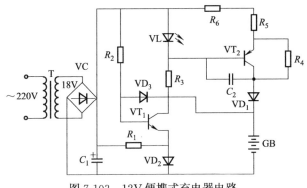

图 7-103　12V便携式充电器电路

**(2) 电路组成**

① 供电电源。由整流变压器 T、整流桥 VC 和滤波电容 $C_1$
组成。

② 预充电电路。由电阻 $R_2$、$R_6$、$R_5$、$R_4$ 和二极管 $VD_3$、
$VD_1$ 组成。

③ 常规充电电路。由三极管 $VT_2$ 电阻 $R_6$、$R_5$、$R_2$ 和二极管
$VD_1$、$VD_3$ 组成。

④ 恒流源电路。由三极管 $VT_2$、发光二极管 VL 和电阻 $R_5$、
$R_6$ 组成。

⑤ 保护元件。二极管 $VD_1$、$VD_3$——当电源断电时，能防止电
池通过充电器放电。

**(3) 工作原理**

当接上放电完毕的镍镉电池（每节电压不足 0.3V）时，电源
通过电阻 $R_2$、二极管 $VD_3$、电阻 $R_6$、$R_5$、$R_4$ 和二极管 $VD_1$ 对蓄
电池进行 6mA 左右的预充电。当每节电池的电压升到 0.3~0.5V
时，三极管 $VT_1$ 基极电位升高而导通，于是 $VT_2$ 也导通，发光二

极管 VL 点亮，电源开始对蓄电池进行常规充电。在此电流下，500mA·h 的镍镉蓄电池约需充电 12h。

当蓄电池极性接反时，三极管 $VT_1$、$VT_2$ 均截止，电池与电源的串联电压（约 35V）只能通过预充电回路形成 3.5mA 左右（最大不超过 12mA）的电流，因而不会烧坏蓄电池和电子元件。此时发光二极管 VL 熄灭，表示蓄电池可能接触不良或极性接反了。

**(4) 元件选择**

电气元件参数见表 7-95。

表 7-95　电气元件参数

| 序号 | 名称 | 代号 | 型号规格 | 数量 |
|---|---|---|---|---|
| 1 | 变压器 | T | 3V·A 220/18V | 1 |
| 2 | 三极管 | $VT_1$ | BC546 | 1 |
| 3 | 三极管 | $VT_2$ | BD140 | 1 |
| 4 | 整流桥、二极管 | VC、$VD_3$ | 1N4001 | 5 |
| 5 | 二极管 | $VD_1$、$VD_2$ | 1N4148 | 2 |
| 6 | 发光二极管 | VL | LED702、2EF601、BT201 | 1 |
| 7 | 金属膜电阻 | $R_1$、$R_2$ | RJ-10kΩ 1/2W | 2 |
| 8 | 金属膜电阻 | $R_3$ | RJ-1kΩ 1W | 1 |
| 9 | 金属膜电阻 | $R_4$ | RJ-5kΩ 1/2W | 1 |
| 10 | 金属膜电阻 | $R_5$、$R_6$ | RJ-12Ω 1/2W | 2 |
| 11 | 电解电容器 | $C_1$ | CD11 220μF 25V | 1 |
| 12 | 瓷介电容器 | $C_2$ | CT1 10pF | 1 |

**(5) 调试**

暂不接电池，接通电源，用万用表测量变压器 T 次级电压，应有 18V 交流电压，再测量电容 $C_1$ 两端的电压，应约有 20V 直流电压。然后接入放电完毕的蓄电池，并在蓄电池回路串入万用表直流 mA 挡。接通电源，监视万用表指示，应有约 6mA 左右的直流电流，如果此电流太小或太大，可适当调整 $R_2$、$R_4$ 的阻值。随着电池充电电压的升高，到一定值时，发光二极管 VL 会点亮，这时万用表的指示电流将升到约 60mA 左右。如果此电流太小，可适当减小 $R_5$、$R_6$ 的阻值或减小 $R_3$ 的阻值。反之，若电流太大，可适当增大 $R_5$、$R_6$、$R_3$ 的阻值。如果蓄电池电压升高后，发光二极管 VL 仍不亮，充电电流仍不变大，说明三极管 $VT_1$ 有问题，可更换一个试试。

　　电路中各二极管极性切不可接错，否则电路不能正常工作。因此如果调试中发现不正常时，应首先检查一下二极管及发光二极管的极性有否接反了。

　　判断三极管 VT$_1$ 电路工作是否正常还可事先按下法试验：接通电源，在输出端接入 12V 正常的蓄电池，发光二极管 VL 点亮，说明 VT$_1$ 电路正常；否则，VT$_1$ 电路不正常。

## 7.6.11　500A/6V 单相晶闸管调压电镀电源

　　电路如图 7-104 所示。

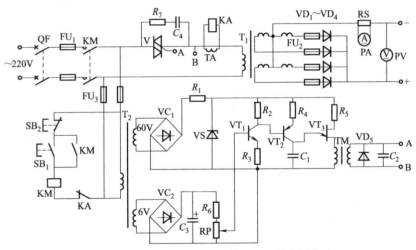

图 7-104　500A/6V 单相晶闸管调压电镀电源电路

### (1) 控制目的和方法

控制对象：电镀槽。

控制目的：可调节电镀槽直流电压的大小。

控制方法：采用双向晶闸管交流调压。

保护元件：熔断器 FU$_1$（电源总熔断器，作装置短路保护）；
　　　　　　FU$_2$（整流二极管过电流保护）；FU$_3$（控制电路短路保护）；KA〔装置交流侧（即主电路）过电流保

护]；$R_7$、$C_4$（双向晶闸管过电压保护）。

**（2）电路组成**

1）**主电路** 由断路器 QF、熔断器 $FU_1$、接触器 KM 主触点、双向晶闸管 V（兼作控制元件）、整流变压器 $T_1$、熔断器 $FU_2$、整流二极管 $VD_1$～$VD_4$ 和分流器 RS 组成。

2）**控制电路** 由熔断器 $FU_3$、启动按钮 $SB_1$、停止按钮 $SB_2$、接触器 KM、过电流继电器 KA 常闭触点组成。

3）**电子控制电路** 由三部分组成。

① 直流同步电源：由变压器 $T_2$ 二次侧 60V 绕组、整流桥 $VC_1$、限流电阻 $R_1$ 和稳压管 VS 组成。

② 主令电源：由变压器 $T_2$ 二次侧 6V 绕组、整流桥 $VC_2$、滤波电容 $C_3$ 和分压电阻 $R_6$ 及主令电位器（调压电位器）RP 组成。

③ 触发电路。由三极管 $VT_1$ 和由 $VT_2$、单结晶体管 $VT_3$ 及阻容元件等组成的弛张振荡器。

4）**指示仪表**

直流电流表 PA——指示电镀槽电流大小。

直流电压表 PV——指示电镀槽电压大小。

**（3）工作原理**

合上断路器 QF，按下启动按钮 $SB_1$，接触器 KM 得电吸合并自锁，其主触点闭合，主电路通入 220V 电源，同时经变压器 $T_2$ 降压，给触发电路和主令电源输入交流电压。

60V 交流电压经整流桥 $VC_1$ 整流、电阻 $R_1$ 限流和稳压管削波，提供给触发电路以直流同步电源（其目的是与双向晶闸管两极的单相电源保持同步，以便准确移相）。6V 交流电压经整流桥 $VC_2$ 整流、电容 $C_3$ 滤波，输出约 7V 直流电压，该电压经 $R_6$、RP 分压，从主令电位器 RP 送出给定电压，调节 RP，即可改变电镀槽电压的大小，其工作原理如下。

调节 RP，即改变放大三极管 $VT_1$ 基极偏压，从而改变其集电极电流，也即改变三极管 $VT_2$（作可变电阻用）的基极偏压，使 $VT_2$ 集-射极电阻发生相应变化，弛张振荡器的振荡频率也发生相应变化，振荡脉冲信号经脉冲变压器 TM 加在双向晶闸管 V 的控制极，从而实现移相。调节 RP 即改变移相角，使双向晶闸管 V 的输出交流电压发生变化，即整流变压器 $T_1$ 的一次电压发生变化，达到电镀槽直流电压调节的目的。

图中，二极管 $VD_5$ 的作用是短路负脉冲，保证只有正脉冲输入到双向晶闸管 V 控制极。电容 $C_2$ 的作用是旁路高频干扰信号，防止误触发。

另外，当主电路发生短路、过负荷时，经电流互感器 TA 检测，过电流继电器 KA 吸合，其常闭触点断开，接触器 KM 失电释放，切断电源，起到保护作用。

**(4) 元件选择**

电气元件参数见表 7-96。

**(5) 调试**

负载用数根 3kW、220V 电炉丝并联代替，合上断路器 QF，按下启动按钮 $SB_1$，接触器 KM 应吸合。用万用表测量电容 $C_3$ 两端的电压，应约有 7V；测量电位器 RP 滑臂对固定端电压（调节滑臂），应有 0～6V 可调。然后测量稳压管 VS 两端的电压，应有 18V 左右直流电压。如果用示波器，可以看到该电压为梯形波。

正常情况下，调节 RP，电压表 PV 可有 0～6V 以上变化。如果输出最大电压偏小，则可减小 $R_3$ 阻值及 $R_4$ 阻值和电容 $C_1$ 容量试试。但 $R_4$ 不能过小，否则会失控，即调节 RP 时，输出电压达到最大值后，一下子又跌至零。$C_1$ 的容量一般也不宜小于 0.1μF，否则有可能触不开双向晶闸管 V。另外需注意，脉冲变压器 TM 极性不能搞错。若发现双向晶闸管 V 不能触发，无电压输出，可将 TM 一次绕组或二次绕组两个端头对调一下试试，也许问题就出在这里。

最后将输出接上电镀槽进行现场调试。只要上述试验正常，现场调试就简单。注意认真监视 PV、PA 表的指示及观察整流二极管 $VD_1$～$VD_4$ 的发热情况。若为风机冷却，则应检查风机的风向及其运行情况。

表 7-96 电气元件参数

| 序号 | 名称 | 代号 | 型号规格 | 数量 |
|---|---|---|---|---|
| 1 | 断路器 | QF | DZ15-40/40A | 1 |
| 2 | 熔断器 | $FU_1$ | $RL_1$-25/20A | 2 |
| 3 | 快速熔断器 | $FU_2$ | RS3　250A　400V | 4 |
| 4 | 熔断器 | $FU_3$ | $RL_1$-15/2A | 2 |
| 5 | 接触器 | KM | CJ20-40A　AC220V | 1 |
| 6 | 过电流继电器 | KA | JT4-11L　15A | 1 |
| 7 | 电流互感器 | TA | LQR-0.5　10/5A | 1 |
| 8 | 双向晶闸管 | V | KP20A　600V | 1 |
| 9 | 整流二极管 | $VD_1 \sim VD_4$ | ZP200A　50V | 4 |
| 10 | 分流器 | RS | 75mV(配 700/5A) | 1 |
| 11 | 直流电流表 | PA | 41L3　700/5A | 1 |
| 12 | 直流电压表 | PV | 42L3　10V | 1 |
| 13 | 三极管 | $VT_1$ | 3DG6　$\beta \geqslant 50$ | 1 |
| 14 | 三极管 | $VT_2$ | 3CG130　$\beta \geqslant 100$ | 1 |
| 15 | 单结晶体管 | $VT_3$ | BT33　$\beta \geqslant 0.6$ | 1 |
| 16 | 整流桥 | $VC_1$ | 1N4004 | 4 |
| 17 | 整流桥、二极管 | $VC_2$、$VD_5$ | 1N4001 | 5 |
| 18 | 稳压管 | VS | 2CW114　$U_z$=18~21V | 1 |
| 19 | 金属膜电阻 | $R_1$ | RJ-2k$\Omega$　2W | 1 |
| 20 | 金属膜电阻 | $R_2$ | RJ-5.6k$\Omega$　1/2W | 1 |
| 21 | 金属膜电阻 | $R_3$ | RJ-4.7k$\Omega$　1/2W | 1 |
| 22 | 金属膜电阻 | $R_4$ | RJ-1.5k$\Omega$　1/2W | 1 |
| 23 | 金属膜电阻 | $R_5$ | RJ-300$\Omega$　1/2W | 1 |
| 24 | 金属膜电阻 | $R_6$ | RJ-2.7k$\Omega$　1/2W | 1 |
| 25 | 线绕电阻 | $R_7$ | RX1-100$\Omega$　8W | 1 |
| 26 | 电位器 | RP | WX3-27k$\Omega$　3W | 1 |
| 27 | 电容器 | $C_1$ | CBB22　0.1$\mu$F　63V | 1 |
| 28 | 电容器 | $C_2$ | CBB22　0.047$\mu$F　63V | 1 |
| 29 | 电容器 | $C_4$ | CBB22　0.1$\mu$F　400V | 1 |
| 30 | 电解电容器 | $C_3$ | CD11　100$\mu$F　16V | 1 |
| 31 | 同步变压器 | $T_2$ | 15V·A　220/60V、6V | 1 |
| 32 | 脉冲变压器 | TM | 铁芯 6×10mm²　300∶300 匝 | 1 |
| 33 | 整流变压器 | $T_1$ | 6kV·A　220/6V×4 | 1 |
| 34 | 按钮 | $SB_1$ | LA18-22(绿) | 1 |
| 35 | 按钮 | $SB_2$ | LA18-22(红) | 1 |

## 7.6.12 KGDS 型单相晶闸管低温镀铁电源

低温镀铁是一种在常温下以不对称交流电起镀，然后过渡到直流电镀的镀铁工艺。其电路如图 7-105 所示。

该电源装置的技术参数如下。

交流输入电压：50Hz、380V；输入电流：25A；输入功率：23.7kV·A。

直流输出电压：0~16V（平均值）；输出电流：0~1000A（平均值）；输出功率：16kV·A。

交流输出电流：正半波 500A（整流平均值）；负半波 500A

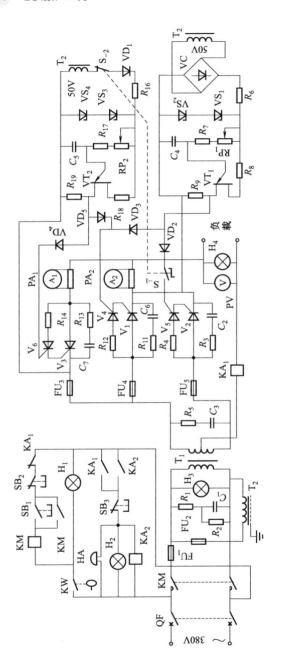

图 7-105　KGDS 型单相晶闸管低温镀铁电源电路

（整流平均值）。交流输出电压；正半波 0～8V（整流平均值）；负半波 0～8V（整流平均值）。

单相低温镀铁电源装置有多种形式，有输入 220V、380V 的。从输出电流来分有 200A、300A、500A、750A、1000A 等，上面是其中的一种。

（1）控制目的和方法

控制对象：低温镀铁设备（负载）。

控制目的：可向负载供给单相工频正负半波对称或不对称交流电，也可供给直流电，电流大小可调。

控制方法：采用晶闸管调压电路。

保护元件：熔断器 $FU_1$（主电路短路保护）；$FU_2$（电子控制电路短路保护）；快速熔断器 $FU_3$～$FU_5$（晶闸管短路保护）；过流继电器 $KA_1$（镀铁设备过载保护）；水压继电器 KW（晶闸管水冷系统缺水或水压不足保护）；$C_3$、$R_5$（低压侧瞬时过电压吸收保护）；$C_2$ 和 $R_3$、$C_6$ 和 $R_{11}$、$C_7$ 和 $R_{13}$（晶闸管过电压保护）。

（2）电路组成

① 主电路。由断路器 QF、接触器 KM 主触点、熔断器 $FU_1$、电源变压器 $T_1$、快速熔断器 $FU_3$～$FU_5$ 和晶闸管 $V_1$～$V_3$（兼作控制元件）组成。

② 控制电路。由启动按钮 $SB_1$、停止按钮 $SB_2$、接触器 KM 和水压继电器 KW 组成。

③ 指示及报警电路。由继电器 $KA_1$、电铃 HA 和指示灯 $H_1$～$H_4$ 及报警解除按钮 $SB_3$ 组成。$H_1$——冷却水指示；$H_2$——过电流指示；$H_3$——电源指示；$H_4$——负载电压指示。

④ 直流同步电源（二组）。由同步变压器 $T_2$ 提供，一组由整流桥 VC、降压电阻 $R_6$、稳压管 $VS_1$、$VS_2$ 组成；另一组由二极管 $VD_1$、降压电阻 $R_{16}$、稳压管 $VS_3$、$VS_4$ 组成。

⑤ 触发电路。分别由两组单结晶体管弛张振荡器组成。一组由单结晶体管 $VT_1$、电阻 $R_7$、$R_8$、$R_9$、电位器 $RP_1$ 和电容 $C_4$ 组

成；另一组由 VT$_2$、R$_{17}$、R$_{18}$、R$_{19}$、RP$_2$ 和 C$_5$ 组成，并通过小晶闸管 V$_4$～V$_6$ 控制 V$_1$～V$_3$。

(3) 工作原理

当晶闸管 V$_1$、V$_3$ 导通时，为交流输出，V$_1$ 为正半波输出，V$_3$ 为负半波输出；V$_1$、V$_2$ 导通时，为直流输出。

同步变压器 T$_2$ 有两组次级线圈，分别供给两弛张振荡器以直流同步电源。一组经整流桥 VC 整流、R$_6$ 降压及 VS$_1$、VS$_2$ 削波后，提供 VT$_1$ 弛张振荡器电源，脉冲信号经 R$_9$ 输出。若将转换开关 S 置于"直流电源"位置（即 S$_{-1}$ 闭合，S$_{-2}$ 断开），则触发小晶闸管 V$_4$、V$_5$，V$_4$、V$_5$ 导通后，即触发晶闸管 V$_1$、V$_2$，使它们导通，这样 V$_1$、V$_2$ 两端只有约 1V 的压降，流过 V$_4$、V$_5$ 的电流将小于其维持电流而自行关断。直到下个周期，单结晶体管触发时再导通。V$_1$、V$_2$ 导通，供给电镀用直流电源，电流大小可通过电位器 RP$_1$ 调节。

同理，若将 S 置于"交流电源"位置（即 S$_{-2}$ 闭合，S$_{-1}$ 断开），同步变压器 T$_2$ 另一组次级线圈电压，经 VD$_1$ 半波整流、R$_{16}$ 降压和稳压管 VS$_3$、VS$_4$ 削波后，提供 VT$_2$ 弛张振荡器电源，脉冲信号经 R$_{19}$ 输出，晶闸管 V$_3$ 导通，因此时 S$_{-1}$ 断开，V$_2$ 关断，V$_1$ 触发导通，使镀槽得到交流电源。调节电位器 RP$_1$ 和 RP$_2$，便可改变正负晶闸管的导通角，从而可任意调整交流不对称比。

当负载过电流时，过电流继电器 KA$_1$ 吸合，其常闭触点断开，KM 失电释放，切断电源，而 KA$_1$ 的常开触点闭合，继电器 KA$_2$ 得电吸合并自锁，电铃 HA 发出报警声，指示灯 H$_2$ 点亮。若要解除报警，按一下解除按钮 SB$_3$ 即可。

(4) 元件选择

电气元件参数见表 7-97。

(5) 调试

负载用数根 3kW、220V 电炉丝并联代替，暂将接水压继电器触点处短接，按下启动按钮 SB$_1$，接触器 KM 应吸合，指示灯 H$_1$ 点亮，H$_3$ 也点亮。

表 7-97　电气元件参数

| 序号 | 名称 | 代号 | 型号规格 | 数量 |
|---|---|---|---|---|
| 1 | 晶闸管 | $V_1 \sim V_3$ | KP500A　100V | 3 |
| 2 | 晶闸管 | $V_4 \sim V_6$ | KP5A　100V | 3 |
| 3 | 交流接触器 | KM | CJ20-75A　380V | 1 |
| 4 | 中间继电器 | $KA_2$ | JZ7-44　380V | 1 |
| 5 | 过电流继电器 | $KA_1$ | J44-11Z　1000A | 1 |
| 6 | 熔断器 | $FU_1$ | RL1-60/60A | 1 |
| 7 | 熔断器 | $FU_2$ | BCF 芯子 1A | 1 |
| 8 | 快速熔断器 | $FU_3 \sim FU_5$ | RS3　800A　500V | 3 |
| 9 | 整流变压器 | $T_1$ | 25kV·A　380/20V×2 | 1 |
| 10 | 同步变压器 | $T_2$ | 50V·A　380/50V×2 | 1 |
| 11 | 整流桥 | VC | QL1A　100V | 1 |
| 12 | 二极管 | $VD_1 \sim VD_5$ | 1N4002 | 6 |
| 13 | 稳压管 | $VS_1 \sim VS_4$ | 2CM07　$U_z = 8.5 \sim 9.5V$ | 4 |
| 14 | 单结晶体管 | $VT_1$、$VT_2$ | BT35　$\eta \geqslant 0.6$ | 2 |
| 15 | 被釉电阻 | $R_1$ | RXYC-20Ω　25W | 1 |
| 16 | 金属膜电阻 | $R_2$ | RJ-39kΩ　2W | 1 |
| 17 | 线绕电阻 | $R_3$、$R_{11}$、$R_{13}$ | RX3-50Ω　5W | 3 |
| 18 | 线绕电阻 | $R_4$、$R_{12}$、$R_{14}$ | RX1-51Ω　8W | 3 |
| 19 | 被釉电阻 | $R_5$ | RXYC-20Ω　10W | 1 |
| 20 | 金属膜电阻 | $R_6$、$R_{16}$ | RJ-1.5kΩ　2W | 2 |
| 21 | 金属膜电阻 | $R_7$、$R_{17}$ | RJ-2.5kΩ　1/2W | 2 |
| 22 | 金属膜电阻 | $R_8$、$R_{18}$ | RJ-390Ω　1/2W | 2 |
| 23 | 金属膜电阻 | $R_9$、$R_{19}$ | RJ-150Ω　1/2W | 2 |
| 24 | 电位器 | $RP_1$、$RP_2$ | WX14-12 型　47kΩ | 2 |
| 25 | 电容器 | $C_1$ | CBB22　2μF　630V | 1 |
| 26 | 电容器 | $C_2$、$C_6$、$C_7$、$C_4$ | CBB22　0.47μF　160V | 4 |
| 27 | 电容器 | $C_3$ | CBB22　4μF　250V | 1 |
| 28 | 按钮 | $SB_1 \sim SB_3$ | LA18-22 | 3 |
| 29 | 直流电流表 | $PA_1$ | $59C_2$　500A | 1 |
| 30 | 直流电流表 | $PA_2$ | $59C_2$　1000A | 1 |
| 31 | 直流电压表 | PV | $59C_2$　±30V | 1 |
| 32 | 指示灯 | $H_1 \sim H_3$ | AD11-25/40　380V | 1 |
| 33 | 指示灯 | $H_4$ | AD11-25/40　36V | 1 |
| 34 | 转换开关 | S | LW5-15　D0401/2 | 1 |
| 35 | 电铃 | HA | SCF0.3　AC380V | 1 |
| 36 | 水压继电器 | KW | YJ-1-26　0~20MPa | 1 |
| 37 | 插座 | | CZJX-Y-22 | 1 |

首先检查同步变压器 $T_2$ 的极性和二次线圈电压，应约有 50V 交流电压。然后用万用表分别测量 $VS_1$、$VS_2$ 及 $VS_3$、$VS_4$ 串联电压，应约有 18V 直流电压。若用示波器看，电压波形为梯形。

将转换开关 S 置于"直流电源"位置，晶闸管 $V_1$、$V_2$ 应导通，电压表 PV 应有指示，指示灯 $H_4$ 点亮。由于负载电流很小，电流表指示不明显。调节电位器 RP₁，输出直流电压能从 0～17V 变化。若小于 17V，则应减小 $R_7$ 或 $C_4$ 的数值。

然后将 S 置于"交流电源"位置，晶闸管 V₁、V₃ 应导通，调节 RP₂，输出交流电压能从 0～17V 变化。若小于 17V，则应减小 $R_{17}$ 或 $C_5$ 的数值。

以上调试正常后，将装置的输出接上电镀槽，恢复水压继电器 KW 触点进行现场调试。通过电流继电器 KA₁ 的动作整定电流视负载大小而定，一般不超过额定负载电流的 1.2 倍。调试时注意认真监视 PV、PA₁、PA₂ 表的指示及观察晶闸管 V₁～V₃ 的发热情况。尤其要保证冷却水水道的顺畅及水压的正常。

## 7.6.13  1.5kW 汽油发电机晶闸管自动稳压装置

电路如图 7-106 所示。

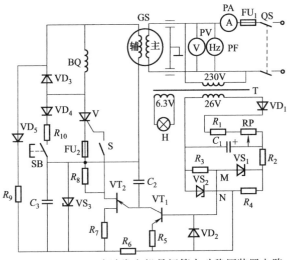

图 7-106  1.5kW 汽油发电机晶闸管自动稳压装置电路

**(1) 控制目的和方法**

控制对象：汽油发电机励磁绕组 BQ 的电流（或电压）。

控制目的：自动调节励磁电流，使发电机机端电压维持不变。

控制方法：根据发电机端电压的变化，通过励磁调节器，自动改变晶闸管导通角的大小，维持机端电压不变。

保护元件：熔断器 $FU_1$（主电路短路保护）；快速熔断器 $FU_2$（晶闸管 V 的短路保护）；二极管 $VD_2$（钳位作用，保护三极管 $VT_1$ 免受过高的基极偏压而损坏）。

**（2）电路组成**

① 主电路。由开关 QS、熔断器 $FU_1$、发电机 GS（主、辅绕组）、励磁绕组 BQ、晶闸管 V（兼作控制元件）、快速熔断器 $FU_2$ 和续流二极管 $VD_3$ 组成。

② 测量桥电路。由变压器 T、二极管 $VD_1$、电阻 $R_1 \sim R_4$、电位器 RP（调压用）、电容 $C_1$ 和稳压管 $VS_1$、$VS_2$ 组成。

③ 触发电路。由三极管 $VT_1$（作可变电阻用）和单结晶体管 $VT_2$ 及电阻 $R_5 \sim R_8$、电容 $C_2$ 组成的弛张振荡器。

④ 同步电源。由二极管 $VD_5$、电阻 $R_9$、电容 $C_3$ 和稳压管 $VS_3$ 组成。

⑤ 起励和灭磁回路。起励回路由二极管 $VD_4$、电阻 $R_{10}$ 和起励按钮 SB 组成；灭磁采用开关 S。

**（3）工作原理**

当汽油发电机启动至接近额定转速时，按下起励按钮 SB，励磁绕组 BQ 经二极管 $VD_4$、限流电阻 $R_{10}$ 构成回路，励磁电流增大，发电机起励升压。松开 SB，发电机进入自动励磁工作状态。调节电位器 RP，使机端电压升至额定电压。

当发电机输出电压下降时，经变压器 T 降压、二极管 $VD_1$ 半波整流、电容 $C_1$ 滤波后的电压也成正比例下降，由电阻 $R_3$、$R_4$ 和稳压管 $VS_1$、$VS_2$ 组成的测量桥的输出电压 $|U_{MN}|$ 增大，即三极管 $VT_1$ 基极偏压更负，其内阻变小，由单结晶体管 $VT_2$ 等组成的弛张振荡器脉冲频率加快，晶闸管 V 的导通角增大，使励磁电流增加，从而使发电机输出电压升高，回复到规定值附近。反之，当发电机输出电压升高时，$|U_{MN}|$ 减小，$VT_1$ 内阻变大，V 导通角减小，励磁电流减小，同样维持输出电压不变。

触发电路的直流同步电源由磁场电压经二极管 $VD_5$ 半波整流、电

阻 $R_9$ 降压、电容 $C_3$ 滤波（抗干扰作用）和稳压管 $VS_3$ 削波后提供。

续流二极管 $VD_3$ 的作用有两个：一是使励磁电压（电流）平直，如果没有它，励磁电压（电流）将是脉动的；二是能保护晶闸管 V 等电子元件。当晶闸管 V 关断时，励磁绕组将产生很高的自感电势，对电子元件造成威胁，有了 $VD_3$，能将此电能释放掉。

### （4）元件选择

电气元件参数见表 7-98。

表 7-98　电气元件参数

| 序号 | 名称 | 代号 | 型号规格 | 数量 |
|------|------|------|----------|------|
| 1 | 开关 | QS | DZ12-60/2　20A | 1 |
| 2 | 熔断器 | $FU_1$ | RL1-25/10A | 1 |
| 3 | 快速熔断器 | $FU_2$ | RS3　6A | 1 |
| 4 | 晶闸管 | V | KP5A　600V | 1 |
| 5 | 二极管 | $VD_3 \sim VD_5$ | 1N4007 | 3 |
| 6 | 二极管 | $VD_1$、$VD_2$ | 1N4002 | 2 |
| 7 | 三极管 | $VT_1$ | 3CG130　$\beta \leqslant 40$ | 1 |
| 8 | 单结晶体管 | $VT_2$ | BT33　$\eta \geqslant 0.6$ | 1 |
| 9 | 稳压管 | $VS_1$、$VS_2$ | 2CW57　$U_z = 8.5 \sim 9.5V$ | 2 |
| 10 | 稳压管 | $VS_3$ | 2CW61　$U_z = 12.5 \sim 14V$ | 1 |
| 11 | 金属膜电阻 | $R_1$ | RJ-680Ω　2W | 1 |
| 12 | 金属膜电阻 | $R_2$ | RJ-200Ω　2W | 1 |
| 13 | 金属膜电阻 | $R_3$、$R_4$ | RJ-5.1kΩ　1/2W | 2 |
| 14 | 金属膜电阻 | $R_5$ | RJ-390Ω　1/2W | 1 |
| 15 | 金属膜电阻 | $R_6$ | RJ-8.2kΩ　1/2W | 1 |
| 16 | 金属膜电阻 | $R_7$ | RJ-510Ω　1/2W | 1 |
| 17 | 金属膜电阻 | $R_8$ | RJ-200Ω　1/2W | 1 |
| 18 | 金属膜电阻 | $R_9$ | RJ-43kΩ　1W | 1 |
| 19 | 线绕电阻 | $R_{10}$ | RX1-51Ω　10W | 1 |
| 20 | 电解电容器 | $C_1$ | CD11　50μF　50V | 1 |
| 21 | 电容器 | $C_2$ | CBB22　0.1μF　63V | 1 |
| 22 | 电容器 | $C_3$ | CBB22　0.22μF　63V | 1 |
| 23 | 变压器 | T | 50V·A　230/26V、6.3V | 1 |
| 24 | 开关 | S | AN4 | 1 |
| 25 | 按钮 | SB | LA18-22(绿) | 1 |
| 26 | 交流电压表 | PV | 42L6-V　500V | 1 |
| 27 | 交流电流表 | PA | 42L6-A　10A | 1 |
| 28 | 频率表 | PF | 42L6-Hz　45~55Hz | 1 |
| 29 | 多圈电位器 | RP | WXD4-23-3W　680Ω | 1 |
| 30 | 指示灯 | H | XZ6.3V | |

### (5) 调试

合上电源开关 QS,启动汽油发电机并升至额定转速,将开关 S 合上。将电位器 RP 调至 3～4 圈左右（该电位器为 10 圈）,按下起励按钮 SB,发电机即可起励升压至一定值（如机端输出电压为 180V）,然后调节 RP,机端电压平稳上升,当 RP 调到 10 圈时,机端电压应能升到 260V。

如果按下 SB,电压升不起来,应检查发电机是否失磁,可用 3V 干电池对励磁绕组充磁。如果按下 SB,机端电压能上去,松开 SB 后,机端电压又下降至零,说明触发电路无触发脉冲输出,应检查变压器 T 的接线是否牢固,触发电路板与插座接触是否良好,有无虚焊现象,开关 S 是否真正闭合,电位器 RP 是否良好等。

如果调节 RP 过程中,机端电压突然跳动,说明 RP 滑臂触点接触不良,应更换电位器。如果机端电压上升不到 260V（注意:转速要达额定值,即频率表指示 50Hz）,可增大 $R_1$ 的阻值。

灭磁时,断开开关 S,晶闸管 V 关断,励磁电流降至零,机端电压也降至零,这时要迅速关断原动机,使发电机转速降至零,然后切断开关 SA。

调试过程中要注意机组的运行情况,有无异响和烧焦、冒烟、放电等情况,一旦有异常现象,应立即关机检查。另外要注意监视各表的指示情况。如果发现过电流、过电压而又调不下来,应断开 S 灭磁,并迅速关机。

## 7.6.14 JZT-I 型滑差电机晶闸管控制装置

滑差电机即交流电磁调速异步电动机,是一种交流无级调速电机。它具有机械特性硬度较高、结构简单、工作可靠及调速范围广的特点。JZT-I 型滑差电机晶闸管控制装置电路如图 7-107 所示。

### (1) 控制目的和方法

控制对象:滑差电机的励磁绕组 BQ 的电流（或电压）。

控制目的:励磁绕组电流连续可调,从而平滑调节滑差电机的转速。

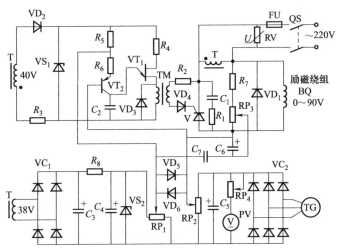

图 7-107　JZT-I 型滑差电机晶闸管控制装置电路

控制方法：采用单结晶体管组成的弛张振荡器作触发电路，改
变晶闸管的导通角来改变励磁绕组两端电压来实
现。采用速度负反馈以增加电机机械特性的硬度，
使电机转速不因负载的变动而改变。

保护元件：熔断器 FU（装置的短路保护）；硒堆（或压敏电
阻）RV（交流侧过电压保护）；$R_1$、$C_1$（阻容保
护，保护晶闸管免受换相过电压而损坏）；二极管
$VD_5$、$VD_6$（钳位作用，保护三极管 $VT_2$ 免受过大
的基极偏压而损坏）。

**(2) 电路组成**

① 主电路。由开关 QS、熔断器 FU、晶闸管 V（兼作控制元
件）、续流二极管 $VD_1$ 和励磁绕组 BQ 组成。

② 触发电路。由单结晶体管 $VT_1$、三极管 $VT_2$、脉冲变压
器 TM、二极管 $VD_3$、$VD_4$，及电阻 $R_2$、$R_4 \sim R_6$、电容 $C_2$
组成。

③ 触发电路的同步电源。由变压器 T 的 40V 次级绕组、二极

管 $VD_2$、稳压管 $VS_1$ 和电阻 $R_3$ 组成。

④ 主令电压电路。由变压器 T 的 38V 次级绕组、整流桥 $VC_1$、电容 $C_3$、$C_4$、电阻 $R_8$、稳压管 $VS_2$ 和主令电位器 $RP_1$ 组成。

⑤ 测速负反馈电路。由测速发电机（它反映负载侧即电磁耦合器的转速）、整流桥 $VC_2$、电位器 $RP_2$ 和电容 $C_5$ 组成。

⑥ 电压微分负反馈电路。由电阻 $R_7$、电位器 $RP_3$ 和电容 $C_6$、$C_7$ 组成。

直流电压表 PV（表盘刻度为转速）指示测速发电机转速。

**（3）工作原理**

主电路采用单相半控整流电路，续流二极管 $VD_1$ 为励磁绕组提供放电回路，使励磁电流连续。

接通电源，220V 交流电经变压器 T 降压，一组 38V 绕组电源经整流桥 $VC_1$ 整流、电阻 $R_8$ 及电后 $C_3$、$C_4$ 滤波（π 型滤波器）、稳压管 $VS_2$ 稳压后，将约 18V 直流电压加在主令电位器 $RP_1$ 上，以提供主令电压；另一组 40V 电源经二极管 $VD_2$ 半波整流、电阻 $R_3$ 降压、稳压管 $VS_1$ 削波后，给触发电路提供约 18V 直流同步电压。

速度负反馈电压在电位器 $RP_2$ 上取得。给定电压（由 $RP_1$ 调节）与速度负反馈电压及电压微分负反馈电压比较后，输入三极管放大器 $VT_2$ 的基极，当 $VT_2$ 基极偏压改变时，弛张振荡器的振荡频率随之改变，也就改变了晶闸管 V 的导通角，从而使励磁绕组中的电流得以改变，使电动机转速相应改变。采用电压微分负反馈电路的目的，是防止系统产生振荡。

**（4）元件选择**

电气元件参数见表 7-99。

**（5）调试**

① 暂不接入励磁绕组 BQ，而改接 100W、110V 的灯泡，把电位器 $RP_2$ 滑臂调至最下端，这样暂不试验测速负反馈和电压微分负反馈电路，而先试验触发电路。

② 合上开关 QS，用万用表测量变压器两组次级电压，应分别为 40V 和 38V。再测量稳压管 $VS_1$、$VS_2$ 的电压，应约有 18V 直流电压。

表 7-99　电气元件参数

| 序号 | 名称 | 代号 | 型号规格 | 数量 |
|---|---|---|---|---|
| 1 | 开关 | QS | DZ12-60/2　10A | 1 |
| 2 | 熔断器 | FU | RL1-25/5A | 1 |
| 3 | 变压器 | T | 50V·A　220/40V、38V | 1 |
| 4 | 交流测速发电机 | TG | 滑差电机自带 | 1 |
| 5 | 压敏电阻 | RV | MY31-470V　5kA | 1 |
| 6 | 晶闸管 | V | KP5A　600V | 1 |
| 7 | 三极管 | $VT_2$ | 3CG130　$\beta \geqslant 50$ | 1 |
| 8 | 单结晶体管 | $VT_1$ | BT33　$\eta \geqslant 0.6$ | 1 |
| 9 | 二极管 | $VD_1$ | ZP5A　600V | 1 |
| 10 | 二极管<br>整流桥 | $VD_2 \sim VD_6$<br>$VC_1$、$VC_2$ | 1N4004 | 15 |
| 11 | 稳压管 | $VS_1$、$VS_2$ | 2CW113　$U_2 = 16 \sim 19V$ | 2 |
| 12 | 金属膜电阻 | $R_1$ | RJ-100Ω　2W | 1 |
| 13 | 碳膜电阻 | $R_2$ | RT-30Ω　1/2W | 1 |
| 14 | 碳膜电阻 | $R_3$、$R_8$ | RT-1kΩ　2W | 2 |
| 15 | 金属膜电阻 | $R_4$ | RJ-430Ω　1/2W | 1 |
| 16 | 金属膜电阻 | $R_5$ | RJ-4.7kΩ　1/2W | 1 |
| 17 | 金属膜电阻 | $R_6$ | RJ-510Ω　1/2W | 1 |
| 18 | 金属膜电阻 | $R_7$ | RJ-10kΩ　2W | 1 |
| 19 | 电容器 | $C_2$ | CB822　0.22μF　63V | 1 |
| 20 | 电容器 | $C_1$ | CB822　0.1μF　500V | 1 |
| 21 | 电解电容器 | $C_3$、$C_5$ | CD11　50μF　50V | 2 |
| 22 | 电解电容器 | $C_4$ | CD11　50μF　25V | 1 |
| 23 | 电解电容器 | $C_6$ | CD11　10μF　50V | 1 |
| 24 | 电容器 | $C_7$ | CB22　1μF　160V | 1 |
| 25 | 电位器 | $RP_1$ | WH118　1.5kΩ　2W | 1 |
| 26 | 电位器 | $RP_2$ | WH118　1kΩ　2W | 1 |
| 27 | 电位器 | $RP_3$ | WH118　68kΩ　2W | 1 |
| 28 | 电位器 | $RP_4$ | WX14-11　10kΩ　1W | 1 |
| 29 | 脉冲变压器 | TM | 铁芯$6 \times 10mm^2$,300:300 | 1 |

③ 用示波器观察稳压管 $VS_1$ 两端的电压波形，应为间隔的梯

形波。调节主令电位器 $RP_1$，用示波器观察电容 $C_2$。两端的脉冲波形为锯齿波，调节 $RP_1$，锯齿波可由半个（或没有）至 $6 \sim 8$ 个变化，这时灯泡应从熄灭至最亮变化。

如果电容 $C_2$ 上有锯齿波而灯泡不亮，可用万用表测量 $RP_1$ 滑臂与固定端电压，能否有 $0 \sim 18V$ 直流电压。若有此变化范围，则故障很可能是同步变压器 40V 绕组或脉冲变压器 TM 绕组极性反了，调换两接线头即可。

④ 以上试验正常后，撤掉灯泡，接入滑差电机（包括励磁绕组），作正式调试。先将主令电位器 $RP_1$ 调至零值，合上开关 QS，慢慢调节 $RP_1$ 使主令电压升高，耦合器将逐渐升速，当转速达到电动机额定转速时，再将 $RP_2$ 慢慢调小，转速也将逐渐减小，直至停转。

⑤ 速度反馈电位器 $RP_2$ 的整定。耦合器转速一般不应超过电动机额定转速 5%。逐渐增大主令电压（调节 $RP_1$），同时观察耦合器转速，并适时调节负反馈量（调节 $RP_2$），使 $RP_1$ 达到最大值时，耦合器转速符合规定要求。

⑥ 电压微分负反馈电位器 $RP_3$ 的整定。如果在调试中（滑差电机空载及带额定负载时）发现有振荡现象（表现为耦合器转速不稳定、电动机定子电流不断摆动），可适当调节 $RP_3$，使其稳定下来，必要时需调整电容 $C_6$、$C_7$ 的容量。

如果在调节 $RP_1$ 时，耦合器不断升速，励磁电流不断增大，可能是测速负反馈错接成正反馈了，只要将 $RP_3$ 的接线纠正即可。

必须指出，实际线路中，为保证耦合器从零开始升速，主令电位器 $RP_1$ 在耦合器启动时应在零位（即无主令电压），因此有一个与 $RP_1$ 在机械上有联系的微动开关 S，此开关的触点与控制电路中的接触器（图中未画出）线圈串联一起，只有 S 闭合后接触器才能吸合并自锁，主触点闭合（代替图中的开关 QS），JZT-I 控制装置才能投入运行。

# 7.7 定时器

## 7.7.1 延时接通的定时器

电路如图 7-108 所示。延时时间可达数分钟。

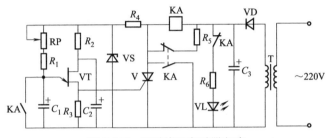

图 7-108　延时接通定时器电路

**(1) 控制目的和方法**

控制对象：定时器（继电器 KA）。

控制目的：接通电源后，延时一段时间，中间继电器 KA 吸合，接通负载。

控制方法：采用单结晶体管 VT 组成的弛张振荡器作为延时触发电路，控制晶闸管 V 导通，推动继电器 KA 工作。

**(2) 电路组成**

① 定时电路。由单结晶体管 VT、电阻 $R_1 \sim R_3$、电位器 RP、电容 $C_1$、$C_2$ 和继电器 KA 常开触点组成。

② 执行电路。由晶闸管 V 和中间继电器 KA 组成。

③ 直流电源。由变压器 T、整流二极管 VD、电容 $C_2$、电阻 $R_4$ 和稳压管 VS 组成。

④ 指示灯。VL——发光二极管作为延时时间显示。

**(3) 工作原理**

接通电源，220V 交流电经变压器 T 降压、二极管 VD 半波整流、电容 $C_3$ 滤波、电阻 $R_4$ 降压、稳压管 VS 稳压，给单结晶体管弛张振荡器提供约 18V 的直流电压。由于电容 $C_1$ 两端电压不能突变，为 0V，单结晶体管 VT 截止，晶闸管 V 控制极无触发电压而关闭，继电器 KA 处于释放状态，发光二极管 VL 发亮，延时开始。直流电源电压经电阻 $R_1$、电位器 RP 向电容 $C_1$ 充电，经过一段延时后，$C_1$ 上电压达到单结晶体管 VT 的峰点电压 $U_P$ 时，VT 突然导通，发出一个正脉冲，使晶闸管 V 导通，继电器 KA 得电吸合，接通负载电路（图中未画出）。同时 KA 的常开触点闭合，短接了 $C_1$，为下次工作做好准备。这时发光二极管 VL 熄灭，表示延时结束。

延时时间 $t$ 符合以下公式，即

$$t \approx RC \ln \frac{1}{1-\eta} \quad \text{(s)}$$

式中　　$R$——图中的 $R_1 + RP$ 的值，$\Omega$；

$\quad\quad\quad C$——图中 $C_1$ 的值，F；

$\quad\quad\quad \eta$——单结晶体管的分压比，可从器件手册中查得，一般为 0.5～0.7。

上式表明，这种延时器的延时精度与电源无关，只要选择漏电小的电容及温度稳定性好的电阻（如金属膜电阻）、电位器，调整第二基极温度补偿电阻 $R_2$ 的阻值，使电路处于零温度系数下，这种延时器就能获得较高的延时精度和良好的重复性。

(4) 元件选择

电气元件参数见表 7-100。

表 7-100　电气元件参数

| 序号 | 名称 | 代号 | 型号规格 | 数量 |
|------|------|------|----------|------|
| 1 | 晶闸管 | V | KP1A/100V | 1 |
| 2 | 单结晶体管 | VT | BT31～33　$\eta \geq 0.5$ | 1 |
| 3 | 稳压管 | VS | 2CW63　$U_z = 16 \sim 19V$ | 1 |
| 4 | 二极管 | VD | 1N4002 | 2 |
| 5 | 发光二极管 | VL | LED702、2EF601、BT201 | 1 |
| 6 | 变压器 | T | 10V·A　220/28V | 1 |
| 7 | 金属膜电阻 | $R_1$ | RJ-1.5k$\Omega$　1/2W | 1 |
| 8 | 金属膜电阻 | $R_2$ | RJ-820$\Omega$　1/2W | 1 |

| 序号 | 名称 | 代号 | 型号规格 | 数量 |
|---|---|---|---|---|
| 9 | 金属膜电阻 | $R_3$ | RJ-47Ω  1/2W | 1 |
| 10 | 金属膜电阻 | $R_4$ | RJ-510Ω  1W | 1 |
| 11 | 金属膜电阻 | $R_5$ | RJ-510Ω  2W | 1 |
| 12 | 金属膜电阻 | $R_6$ | RJ-4kΩ  1/2W | 1 |
| 13 | 电位器 | RP | WX11型 470kΩ  3W | 1 |
| 14 | 电解电容器 | $C_1$ | CD11  68μF  25V | 1 |
| 15 | 电解电容器 | $C_2$ | CD11  4.7μF  25V | 1 |
| 16 | 电解电容器 | $C_3$ | CD11  100μF  50V | 1 |
| 17 | 继电器 | KA | JRX-13F  DC24V | 1 |

**(5) 调试**

安装时，不可将继电器 KA 的各常开、常闭触点弄错。接通电源，用万用表测量电容 $C_3$ 两端的电压应约为 24V。测量稳压管 VS 两端的电压约为 18V。

调节电位器 RP，可改变延时时间。温度补偿电阻 $R_2$ 的阻值可取 220~820Ω，一般不必调试。若要检验温度补偿效果，可用加热的电烙铁靠近电阻 $R_2$ 和离开 $R_2$，比较两者的延时时间，如果两者延时时间接近，说明 $R_2$ 的温度补偿效果好。

## 7.7.2　延时断开的定时器

电器如图 7-109 所示。延时时间可达数分钟。

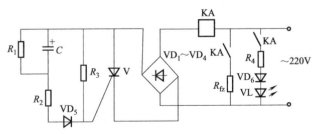

图 7-109　延时断开的定时器电路

**(1) 控制目的和方法**

控制对象：定时器（继电器 KA）。

控制目的：接通电源后，中间继电器 KA 立即吸合，接通负载，延时一段时间后，KA 释放，切断负载。

控制方法：利用电容的充电特性，控制晶闸管 V 的导通与关闭，进而控制继电器 KA 的吸合与释放。

### (2) 电路组成

① 定时电路。由电容 $C$、电阻 $R_1 \sim R_3$ 及二极管 $VD_5$ 组成。

② 执行电路。由晶闸管 V 和中间继电器 KA 组成。

③ 指示灯。VL——发光二极管作为延时时间显示。

### (3) 工作原理

接通电源，220V 交流电经继电器 KA 线圈、$VD_1 \sim VD_4$ 桥式整流，在晶闸管 V 的阳极与阴极间建立一个脉动电压。同时该电压对电容 $C$ 充电，于是晶闸管控制极就有电流通过，V 立即导通，继电器 KA 得电吸合，其两副常开触点闭合，一副接通负载，一副接通发光二极管 VL，VL 发亮，表示延时开始。以上过程在接通电源后瞬间完成。随着电容 $C$ 充电电流的减小，经过一段延时后，晶闸管 V 不能再触发导通而关闭，继电器 KA 失电释放，切断负载，同时发光二极管 VL 熄灭，表示延时结束。

电阻 $R_1$ 的作用是当延时结束后，为电容 $C$ 提供一放电回路，以便电路复原。

### (4) 元件选择

电气元件参数见表 7-101。

表 7-101　电气元件参数

| 序号 | 名称 | 代号 | 型号规格 | 数量 |
|---|---|---|---|---|
| 1 | 晶闸管 | V | KP1A/600V | 1 |
| 2 | 二极管 | $VD_1 \sim VD_4$ | 1N4005 | 4 |
| 3 | 二极管 | $VD_5$、$VD_6$ | 2CP31 | 2 |
| 4 | 金属膜电阻 | $R_1$ | RJ-220kΩ　1/2W | 1 |
| 5 | 金属膜电阻 | $R_2$ | RJ-6.8kΩ　1/2W | 1 |
| 6 | 金属膜电阻 | $R_3$ | RJ-320kΩ　1/2W | 1 |
| 7 | 金属膜电阻 | $R_4$ | RJ-12kΩ　2W | 1 |
| 8 | 电解电容器 | $C$ | CD11　47μF　450V | 1 |
| 9 | 继电器 | KA | JQ-3、JQX-10F、DZ-100　AC220V | 1 |
| 10 | 发光二极管 | VL | LED702、2EF601、BT201 | 1 |

### (5) 调试

调节电容 $C$ 的容量及电阻 $R_2$、$R_3$ 的阻值，可改变延时时间。电阻 $R_1$ 的阻值对延时时间也有所影响，阻值越大，影响越小。

为使延时准确，电容 $C$ 需选用漏电电流很小的优质电解电容。

由于装置元件都处在电网电压下，因此在安装、调试、使用时必须注意安全。

## 7.7.3 高精度长延时定时器之一

电路如图 7-110 所示，定时时间可自由设定，可靠性很高。

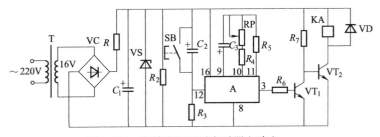

图 7-110 高精度长延时定时器电路之一

### (1) 控制目的和方法

控制对象：定时器（继电器 KA）。

控制目的：长延时，准确可靠。

控制方法：采用 CD4060 14 位二进制串行计数器 A 作为计数定时元件，通过三极管放大，推动继电器 KA 工作。

保护元件：二极管 VD（保护三极管 $VT_2$ 免受中间继电器 KA 反电势而损坏）。

### (2) 电路组成

① 计数定时电路。由 CD4060 计数器 A、电阻 $R_3 \sim R_5$、电位器 RP、电容 $C_2$、$C_3$ 和复位按钮 SB 组成。

② 放大推动电路。由限流电阻 $R_6$、电阻 $R_7$ 和三极管 $VT_1$、$VT_2$ 组成。中间继电器 KA 为执行元件。

③ 直流电源。由变压器 T、整流桥 VC、电阻 $R_1$、$R_2$ 及电容

$C_1$ 和稳压管 VS 组成。

(3) **工作原理**

接通电源，220V 交流电经变压器 T 降压、整流桥 VC 整流、电阻 $R_1$ 降压、电容 $C_1$ 滤波、稳压管 VS 稳压后，给计数器 A、三极管 $VT_1$、$VT_2$ 和继电器提供约 12V 直流电压。由电容 $C_3$、电阻 $R_4$、$R_5$、电位器 RP 和计数器 A 内部非门组成的 $RC$ 振荡电路，振荡频率在 A 内部进行 14 级二分频后，从 3 脚输出高电平，延时时间可长达 $T = 18842(RP + R_4) \cdot C_3$（s），其中 RP 和 $R_4$ 的单位为 $\Omega$，$C_3$ 单位为 F。一接通电源，电容 $C_2$ 使 A 清零，A 的 3 脚输出低电平（约 0V），三极管 $VT_1$ 截止，$VT_2$ 从 $R_7$ 得到基极电流而导通，中间继电器 KA 得电吸合，其触点动作，接通受控电器的电源。同时 A 开始计时，当达到定时时间后，A 的 3 脚输出高电平（约 12V），三极管 $VT_1$ 得到基极偏压而导通，$VT_2$ 截止，继电器 KA 失电释放，切断受控电器的电源。

若要中途停止定时，可按下复位按钮 SB，A 的 12 脚高电平，计数器清零，计数器下次工作便可重新开始计时延时。电阻 $R_2$ 为电容 $C_1$ 提供放电回路。

(4) **元件选择**

电气元件参数见表 7-102。

表 7-102 电气元件参数

| 序号 | 名称 | 代号 | 型号规格 | 数量 |
|---|---|---|---|---|
| 1 | 串行计数器 | A | CD4060 | 1 |
| 2 | 三极管 | $VT_1$、$VT_2$ | 3DG130 $\beta \geqslant 50$ | 2 |
| 3 | 整流桥 | VC | QL1A/50A | 1 |
| 4 | 二极管 | VD | 1N4001 | 1 |
| 5 | 稳压管 | VS | 2CW110 $U_z = 11 \sim 12.5V$ | 1 |
| 6 | 变压器 | T | 3V·A 220/16V | 1 |
| 7 | 继电器 | KA | JRX-13F DC12V | 1 |
| 8 | 碳膜电阻 | $R_1$ | RT-150$\Omega$ 1W | 1 |
| 9 | 金属膜电阻 | $R_2$、$R_3$ | RJ-47k$\Omega$ 1/2W | 2 |
| 10 | 金属膜电阻 | $R_4$ | RJ-1k$\Omega$ 1/2W | 2 |
| 11 | 金属膜电阻 | $R_5$ | RJ-1.5M$\Omega$ 1/2W | 1 |
| 12 | 金属膜电阻 | $R_6$ | RJ-20k$\Omega$ 1/2W | 1 |
| 13 | 金属膜电阻 | $R_7$ | RJ-6.8k$\Omega$ 1/2W | 1 |

续表

| 序号 | 名称 | 代号 | 型号规格 | 数量 |
|---|---|---|---|---|
| 14 | 电位器 | RP | WS-0.5W 560kΩ | 1 |
| 15 | 电解电容器 | $C_1$ | CD11 100μF 25V | 1 |
| 16 | 电解电容器 | $C_2$ | CD11 1μF 16V | 1 |
| 17 | 电解电容器 | $C_3$ | CD11 4.7μF 16V | 1 |
| 18 | 按钮 | SB | KGA6 | 1 |

### (5) 关于 CD4060 简介及电路调试

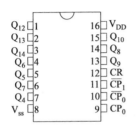

图 7-111 CD4060 的管脚排列图

$\overline{CP_1}$—时钟输入端；

$CP_0$—时钟输出端；

$\overline{CP_0}$—反相时钟输出端；

$Q_4 \sim Q_{10}$，$Q_{12} \sim Q_{14}$—计数器输出端

① 14 位二进制串行计数器 CD4060 简介　CD4060 由一振荡器和 14 级二进制串行计数器位组成，振荡器的结构可以是 *RC* 或晶振电路。CR 为高电平时，计数器清零且振荡器使用无效。所有的计数器位均为主从触发器。$\overline{CP_1}$（和 $CP_0$）的下降沿计数器以二进制进行计数。在时钟脉冲线上使用施密特触发器对时钟上升和下降时间无限制。

CD4060 的管脚排列如图 7-111 所示，功能表见表 7-103。

表 7-103　CD4060 功能表

| 输入 | | 功能 |
|---|---|---|
| $\overline{CP_1}$ | CR | |
| × | H | 清除 |
| ↓ | L | 计算 |
| ↑ | L | 保持 |

② 调试　接通电源，用万用表测量稳压管 VS 两端的电压，应约有 12V 直流电压。这时中间继电器 KA 应吸合，测量计数器 A 的 3 脚电压约有 12V。

试验 CD4060 工作是否正常：将 RP 调到零。如果 CD4060 工作正常，延时应为 $t = 18842 R_4 C_3 = 18842 \times 1000 \times 4.7 \times 10^{-6} \approx 90$（s）。

接通电源，按一下按钮 SB，继电器 KA 应吸合，同时用秒表计时，当到达约90s时，KA 应释放。在延时中途按一下 SB，KA 释放后又吸合，又经过约90s，KA 才释放。

调节电位器 RP 可改变延时时间。可以在电位器刻度盘上做上记号，标出试验确定的延时时间。当延时时间到达时 KA 释放。将 KA 常开触点串入电子钟的干电池回路，即可用电子钟记录延时时间。改变 $C_6$、$C_4$ 和 RP 数值，可改变振荡周期，即可改变延时时间。如表所示数值下，定时时间在90s～1.4h 内可自由设定。

### 7.7.4 高精度长延时定时器之二

电路如图 7-112 所示，定时时间可自由设定，可靠性很高。

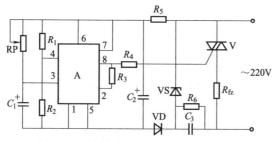

图 7-112 高精度长延时定时器电路之二

**(1) 控制目的和方法**

控制对象：定时器（负载）。

控制目的：长延时，准确可靠。

控制方法：采用集成电路 M51849L 作为延时控制元件，通过双向晶闸管 V，直接控制负载 $R_{fz}$ 的通断。

**(2) 电路组成**

① 计数定时电路。由集成电路 M51849L、电阻 $R_1$、$R_2$、电位器 RP 和电容 $C_1$ 组成。

② 控制电路。双向晶闸管 V（执行元件）。

③ 直流电源。由电容 $C_2$、$C_3$、二极管 VD、电阻 $R_5$ 和稳压管 VS 组成。

### (3) 工作原理

接通电源，220V 交流电经电容 $C_3$ 降压、稳压管 VS 削波、二极管 VD 整流、电阻 $R_5$ 限流、电容 $C_2$ 滤波后，给集成电路 A 提供 12V 直流电源。刚接通电源时，由于电容 $C_1$ 两端电压不能突变，为 0V，A 的输入 3 脚为低电平，输出 8 脚也为低电平，双向晶闸管 V 被负脉冲触发导通，负载 $R_{fz}$ 得电工作，延时开始。同时，12V 电源通过电位器 RP 向电容 $C_1$ 充电，经过一段延时后，A 的 3 脚达到一定的电压，于是 A 的输出 8 脚变为高电平，双向晶闸管 V 无触发电流而关闭，切断负载回路，延时结束。

如果做成定时开启负载，只要将负载 $R_{fz}$ 及双向晶闸管 V 倒接即可。

集成电路 M51849L 输出可达 30mA，能直接驱动小功率晶闸管。

### (4) 元件选择

电气元件参数见表 7-104。

表 7-104　电气元件参数

| 序号 | 名称 | 代号 | 型号规格 | 数量 |
|---|---|---|---|---|
| 1 | 集成电路 | A | M51849L | 1 |
| 2 | 双向晶闸管 | V | KS10A　600V | 1 |
| 3 | 二极管 | VD | 1N4004 | 1 |
| 4 | 稳压管 | VS | 2CW111　$U_z$=13.5～17V | 1 |
| 5 | 电位器 | RP | WS-0.5W　470kΩ | 1 |
| 6 | 金属膜电阻 | $R_1$ | RJ-100kΩ　1/2W | 1 |
| 7 | 金属膜电阻 | $R_2$ | RJ-200kΩ　1/2W | 1 |
| 8 | 金属膜电阻 | $R_3$ | RJ-5.1kΩ　1/2W | 1 |
| 9 | 金属膜电阻 | $R_4$ | RJ-82Ω　1/2W | 1 |
| 10 | 金属膜电阻 | $R_5$ | RJ-1.2kΩ　2W | 1 |
| 11 | 金属膜电阻 | $R_6$ | RJ-1MΩ　1/2W | 1 |
| 12 | 电解电容器 | $C_1$ | CD11　470μF　25V | 1 |
| 13 | 电解电容器 | $C_2$ | CD11　100μF　25V | 1 |
| 14 | 电容器 | $C_3$ | CBB22　0.33μF　600V | 1 |

### (5) 调试

接通电源，用万用表测量电容 $C_2$ 两端的电压，应约有 12V 直流电压。若此电压相差较大，可调换稳压管 VS 或改变电阻 $R_5$ 的阻值加以调整。

调节电位器 RP 及电容 $C_1$ 的容量，可调节延时时间。

为使延时准确，电容 $C_1$ 必须选用漏电电流很小的优质电解电容。

由于装置元件都处在电网电压下，因此在安装、调试、使用时必须注意安全。

### 7.7.5 高精度实用定时器

电路如图 7-113 所示。它采用半波型电容降压整流电路，没有变压器，因此显得简单、经济，但它的输出电压容易受市电波动影响，这时定时器的延时精度有很大影响。为此本电路巧妙地运用两只稳压器，使定时器的延时误差保持在 2％以下。

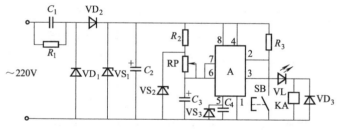

图 7-113 高精度实用定时器电路

**(1) 控制目的和方法**

控制对象：定时器（继电器 KA）。

控制目的：采用简单的电容降压整流电路情况下，在市电波动时，能保持定时器延时时间的准确性。

控制方法：采用 555 时基集成电路，并巧妙地运用稳压管来实现。

保护元件：二极管 $VD_3$（保护 555 时基集成电路免受电器 KA 反电势而损坏）。

**(2) 电路组成**

① 延时电路。由 555 时基集成电路 A、稳压管 $VS_2$、$VS_3$、电

阻 $R_2$、$R_3$、电位器 RP 和电容 $C_3$、$C_4$ 及启动定时按钮（又称复位按钮）SB 组成。

② 直流电源。由电容 $C_1$、二极管 VD$_1$、VD$_2$、稳压管 VS$_1$ 和电容 $C_2$ 组成。

③ 执行元件。继电器 KA。

④ 指示灯。发光二极管 VL。

**(3) 工作原理**

① 半波型电容降压整流电路的工作原理　图中 $C_1$ 是降压电容，$C_2$ 是输出滤波电容，稳压管起输出电压的稳定作用。当输入电源电压为正半周时，电容 $C_1$ 经二极管 VD$_2$、稳压管 VS$_1$ 被充满左正右负的电荷，电容 $C_2$ 也被充上上正下负的电荷，$C_2$ 两端的电压等于稳压管 VS$_1$ 的稳压值。当输入电源电压为负半周时，$C_1$ 上的电荷经二极管 VD$_1$ 泄放。与此同时，$C_2$ 向负载放电（相对负载而言，$C_2$ 容量较大时，此放电过程缓慢，所以负载电压也较稳定）。当电源第二个正半周来到时，$C_1$ 再次充电，重复上述过程。

电阻 $R_1$ 的作用见图 7-15 中的电阻 $R_1$。

② 定时器工作原理　由 555 时基集成电路 A 接成单稳态多谐振荡器。接通电源，A 获得约 12V 的直流电压。按下启动定时按钮 SB，使 A 的 2 脚低电位，555 时基集成电路置位，A 的 3 脚输出高电平（约 11V），继电器 KA 得电吸合，同时发光二极管 VL 点亮，表示在延时工作状态。松开 SB 后，A 仍处于置位状态。12V 电源经电阻 $R_2$、电位器 RP 向电容 $C_3$ 充电，当 $C_3$ 两端电压达到 2/3$E_c$（$E_c$ 为电源电压 12V）时，A 的状态翻转，A 的 3 脚为低电平（约 0V），继电器 KA 释放，发光二极管 VL 熄灭，完成一个定时过程。A 的 5 脚为电压控制器，它决定阈值电平的高低，5 脚增设稳压管 VS$_3$，当电源电压发生变化时，可保证阈值电压稳定，从而提高延时精度。稳压管 VS$_2$ 用于稳定电容充电电压，能进一步提高精度。

定时时间为 $t = 1.1(R_2 + RP)C_3$。

**（4）元件选择**

电气元件参数见表 7-105。

**（5）调试**

接通电源，用万用表测量电容 $C_2$ 两端的电压，应约有 12V 直流电压。测量稳压管 $VS_2$ 和 $VS_3$ 两端电压，应分别约有 8V 和 6V 直流电压。按下启动定时按钮 SB，继电器 KA 应吸合，发光二极管 VL 点亮。用万用表测量 A 的 3 脚电压约为 11V。调节 RP，可改变延时时间。如表 7-105 所列参数下，调节 RP，延时时间可在 6～60s 内变化。

表 7-105　电气元件参数

| 序号 | 名称 | 代号 | 型号规格 | 数量 |
|---|---|---|---|---|
| 1 | 时基集成电路 | A | NE555、μA555、SL555 | 1 |
| 2 | 稳压管 | $VS_1$ | 2CW138　$U_z$=11～12.5V | 1 |
| 3 | 稳压管 | $VS_2$ | 2CW106　$U_z$=7～8.8V | 1 |
| 4 | 稳压管 | $VS_3$ | 2CW104　$U_z$=5.5～6.5V | 1 |
| 5 | 二极管 | $VD_1$、$VD_2$ | 1N4007 | 2 |
| 6 | 二极管 | $VD_3$ | 1N4001 | 1 |
| 7 | 发光二极管 | VL | LED702、2EF601、BT201 | 1 |
| 8 | 碳膜电阻 | $R_1$ | RT-510kΩ　1/2W | 1 |
| 9 | 金属膜电阻 | $R_2$ | RJ-47kΩ　1/2W | 1 |
| 10 | 金属膜电阻 | $R_3$ | RJ-22kΩ　1/2W | 1 |
| 11 | 电位器 | RP | WX14-12　100kΩ | |
| 12 | 电容 | $C_1$ | CBB22　1μF　630V | 1 |
| 13 | 电解电容 | $C_2$、$C_3$ | CD11　100μF　25V | 2 |
| 14 | 电容 | $C_4$ | CDB22　0.01μF　63V | 1 |
| 15 | 继电器 | KA | JRX-13F　DC12V | |
| 16 | 按钮 | SB | KGA6 | 1 |

为使延时准确，电容 $C_3$ 必须选用漏电电流很小的优质电解电容。

由于装置元件都处在电网电压下，因此在安装、调试、使用时必须注意安全。

## 7.7.6 循环定时器之一

循环定时器能循环接通和关闭被控设备的电源,其用途很大,如用于排气扇控制,食品搅拌机定时搅拌控制,电动机间歇运动控制等。其电路如图 7-114 所示。

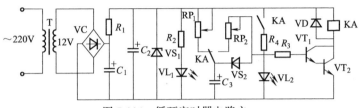

图 7-114 循环定时器电路之一

**(1) 控制目的和方法**

控制对象:定时器(继电器 KA)。

控制目的:使继电器吸合一段时间,又释放一段时间,周而复始。

控制方法:利用电容的充放电特性,通过复合三极管控制继电器动作。

保护元件:二极管 VD(保护复合三极管 $VT_1$、$VT_2$ 免受继电器 KA 反电势而损坏)。

**(2) 电路组成**

① 循环定时电路。由电位器 $RP_1$、$RP_2$、电容 $C_3$ 和稳压管 $VS_2$ 及继电器 KA 触点组成。

② 控制执行电路。由复合三极管 $VT_1$、$VT_2$ 和继电器 KA 组成。

③ 直流电源。由变压器 T、整流桥 VC、电容 $C_1$、$C_2$、电阻 $R_1$ 和稳压管 $VS_1$ 组成。

④ 指示灯。发光二极管 $VL_1$——电源指示(红色);$VL_2$——继电器 KA 吸合指示(绿色)。

**(3) 工作原理**

接通电源,220V 交流电经变压器 T 降压、整流桥 VC 整流、

π型滤波器（由电容 $C_1$、$C_2$ 和电阻 $R_1$ 组成）滤波、稳压管 $VS_1$ 稳压后，给定子及控制电路提供约 12V 直流电压。同时红色发光二极管 $VL_1$ 点亮。12V 直流电源经电位器 $RP_1$ 和继电器 KA 的常闭触点向电容 $C_3$ 充电。KA 延时吸合开始。当 $C_3$ 上的电压升到约 7.5V（此电压为稳压管 $VS_2$ 稳压值、$R_1$ 上的压降和复合三极管 be 结压降之和）时，$VS_2$ 击穿，$VT_1$、$VT_2$ 得到基极电流而导通，继电器 KA 得电吸合。其常开触点闭合，绿色发光二极管 $VL_2$ 点亮。KA 的常闭触点断开、常开触点闭合，$C_3$ 上的电荷经电位 $RP_2$、电阻 $R_3$ 和复合三极管 be 结放电，使 $VT_1$、$VT_2$ 继续保持导通状态，KA 仍吸合。随着放电的进行，$C_3$ 上的电压不断下降，当降到约 1.5V（这时复合三极管 be 结压降已小于 $0.5 \times 2 = 1V$）时，$VT_1$、$VT_2$ 由导通变为截止，继电器 KA 失电释放，其常开触点断开，绿色发光二极管 $VL_2$ 熄灭。同时 12V 电源又通过 $RP_1$ 和 KA 的常闭触点向电容 $C_3$ 充电，重复上述过程，这样 KA 就能循环重复吸合和释放，实现循环定时控制。

**（4）元件选择**

电气元件参数见表 7-106。

表 7-106　电气元件参数

| 序号 | 名称 | 代号 | 型号规格 | 数量 |
|---|---|---|---|---|
| 1 | 变压器 | T | 5V·A　220/12V | 1 |
| 2 | 继电器 | KA | JRX-13F　DC12V　触点型式：4Z | 1 |
| 3 | 三极管 | $VT_1$、$VT_2$ | 3DG130　$\beta \geqslant 50$ | 2 |
| 4 | 二极管 | VD | 1N4001 | 1 |
| 5 | 整流桥 | VC | QL0.5A/50V | 1 |
| 6 | 稳压管 | $VS_1$ | 2CW110　$U_z = 11 \sim 12.5V$ | 1 |
| 7 | 稳压管 | $VS_2$ | 2CW54　$U_z = 5.5 \sim 6.5V$ | 1 |
| 8 | 发光二极管 | $VL_1$、$VL_2$ | LED702，2EF601，BT201 | 2 |
| 9 | 碳膜电阻 | $R_1$ | RT-20Ω　1/2W | 1 |
| 10 | 碳膜电阻 | $R_2 \sim R_4$ | RT-1.5kΩ　1/2W | 3 |
| 11 | 电位器 | $RP_1$ | WS-0.5W　2.2MΩ | 1 |
| 12 | 电位器 | $RP_2$ | WS-0.5W　470kΩ | 1 |
| 13 | 电解电容器 | $C_1 \sim C_3$ | CD11　470$\mu$F　25V | 3 |

## (5) 调试

接通电源,用万用表测量稳压管 VS$_1$ 两端的电压,约有 12V 直流电压。红色发光二极管 VL$_1$ 点亮。经过一段延时,继电器 KA 应吸合。绿色发光二极管 VL$_2$ 点亮。若 KA 不吸合,应检查电解电容 $C_3$ 是否有漏电现象。因为 $C_3$ 有漏电,它两端的电压就无法充到 7.5V,复合三极管就不会导通。为此可用万用表检测 $C_3$ 两端的电压。另外,也可适当减小 $R_3$ 的阻值试试。

继电器 KA 能吸合后,经过一段时间,KA 应释放,VL$_2$ 熄灭。

调节电位器 RP$_1$,可改变 KA 释放的时间;调节 RP$_2$,可改变 KA 吸合的时间。定时循环的准确度与电解电容 $C_3$ 的质量关系很大,$C_3$ 应选用漏电电流很优质的电解电容。如表 7-106 所列参数下,继电器 KA 吸合时间可在 20min 内连续可调;KA 释放时间可在 15min 内连续可调。改变 $C_3$、RP$_1$、RP$_2$ 及稳压管 VS$_2$ 的稳压值,均可改变定时时间。

如果变压器次级电压是 14V 的,电容 $C_1$、$C_2$ 可选用 220μF、25V,电阻 $R_1$ 选用 36Ω、1/2W。为减小变压器损耗,此电路的发光二极管的工作电流不必选大,如限流电阻 $R$ 取 1.5kΩ,则流过发光二极管的电流为

$$I_F = \frac{E_c - U_F}{R} = \frac{12 - 1.2}{1.5} = 7.2 \ (\text{mA})$$

已有足够的亮度。

### 7.7.7 循环定时器之二

电路如图 7-115 所示。

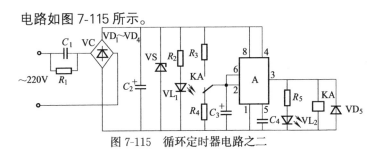

图 7-115 循环定时器电路之二

(1) 控制目的和方法

控制对象：定时器（继电器 KA）。

控制目的：使继电器吸合一段时间，又释放一段时间，周而复始。

控制方法：采用 555 时基集成电路进行控制。

保护元件：二极管 $VD_5$（保护 555 时基集成电路免受继电器 KA 反电势而损坏）。

(2) 电路组成

① 单稳压触发器。由 555 时基集成电路 A、电阻 $R_3$、$R_4$、电容 $C_3$、$C_4$ 和继电器 KA 触点组成。

② 直流电源。由电容 $C_1$、$C_2$、整流桥 VC、稳压管 VS 组成。

③ 执行元件。继电器 KA。

④ 指示灯。发光二极管 $VL_1$——电源指示（红色）；$VL_2$——继电器 KA 吸合指示（绿色）。

(3) 工作原理

接通电源，220V 交流电经电容 $C_1$ 降压、整流桥 VC 整流、电容 $C_2$ 滤波、稳压管 VS 稳压后，给单稳态触发电路提供约 12V 直流电压，同时红色发光二极管 $VL_1$ 点亮。在接通电源瞬间，因电容 $C_3$ 两端电压为零，555 时基集成电路 A 置位，A 的 3 脚输出高电平（约 11V），继电器 KA 得电吸合，同时绿色发光二极管 $VL_2$ 点亮，表示继电器 KA 处于吸合状态。KA 的常闭触点断开，常开触点闭合，此时 12V 直流电源经电阻 $R_3$ 向电容 $C_3$ 充电，随着充电电压的升高，A 的 2 脚电位也不断升高，当 2 脚电位升到 $2/3E_c$（$E_c$ 为直流电压 12V）时，555 时基集成电路复位，3 脚输出低电平（约 0V），继电器 KA 失电释放，同时绿色发光二极管 $VL_2$ 熄灭。同时 KA 常开触点断开、常闭触点闭合，于是 $C_3$ 上的电荷通过 $R_4$ 放电，555 时基集成电路 A 的 2 脚电位不断下降，当 2 脚电位降到 $1/3E_c$ 时，555 时基集成电路又被置位，3 脚输出高电平，KA 又得电吸合，如此反复循环。可见 $R_3$ 阻值决定继电器 KA 吸合时间，$R_4$ 阻值决定 KA 释放时间。

电阻 $R_1$ 的作用见图 7-15 中的电阻 $R_1$。

### (4) 元件选择

电气元件参数见表 7-107。

表 7-107　电气元件参数

| 序号 | 名称 | 代号 | 型号规格 | 数量 |
|---|---|---|---|---|
| 1 | 时基集成电路 | A | NE555、μA555、SL555 | 1 |
| 2 | 稳压管 | VS | 2CW110　$U_z$=11~12.5V | 1 |
| 3 | 二极管 | $VD_1 \sim VD_4$ | 1N4007 | 4 |
| 4 | 二极管 | $VD_5$ | 1N4001 | 1 |
| 5 | 碳膜电阻 | $R_1$ | RT-470kΩ　1/2W | 1 |
| 6 | 碳膜电阻 | $R_2$、$R_5$ | RT-1.5kΩ　1/2W | 2 |
| 7 | 金属膜电阻 | $R_3$ | RJ-470kΩ　1/2W | 1 |
| 8 | 金属膜电阻 | $R_4$ | RJ-360kΩ　1/2W | 1 |
| 9 | 电容器 | $C_1$ | CJ41　0.68μF　630V | 1 |
| 10 | 电解电容器 | $C_2$ | CD11　220μF　25V | 1 |
| 11 | 电解电容器 | $C_3$ | CD11　220μF　16V | 1 |
| 12 | 电容器 | $C_4$ | CBB22　0.01μF　160V | 1 |
| 13 | 发光二极管 | $VL_1$、$VL_2$ | LE0702、2EF601、BT201 | 2 |
| 14 | 继电器 | KA | JZC-22F　DC12V | 1 |

### (5) 计算与调试

① 延时时间计算。

继电器 KA 吸合时间为

$$t_1 = 0.693R_3C_3 = 0.693 \times 470 \times 10^3 \times 220 \times 10^{-6} \approx 72(s)$$

继电器 KA 释放时间为

$$t_2 = 0.693R_4C_3 = 0.693 \times 360 \times 10^3 \times 220 \times 10^{-6} \approx 55(s)$$

为延时准确，电容 $C_3$ 必须选用漏电电流很小的优质电解电容。

② 调试。接通电源，用万用表测量稳压管 VS 两端电压，应约有 12V 直流电压。两发光二极管 $VL_1$、$VL_2$ 均点亮，继电器 KA 应吸合。切断电源。为缩短延时时间，暂用两只 62kΩ 电阻代替 $R_3$ 和 $R_4$。再接通电源，用秒表记录延时时间，用万用表监测 555 时基电路 A 的 3 脚电压，3 脚应约有 11V 直流电压，KA 应吸合，约经过 10s 后，KA 释放，A 的 3 脚电压约为 0V；再经过约 10s 后，

KA 又吸合。

由于装置元件都处在电网电压下，因此在安装、调试、使用时必须注意安全。

### 7.7.8 自动周期开关

所谓自动周期开关电路是一种接通电源后，自动重复地完成通、断、通、断动作的开关电路，常用于需要自动间歇控制电动机运转的场合。电路如图 7-116 所示。

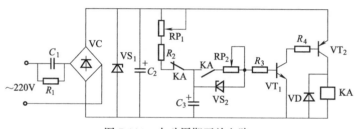

图 7-116 自动周期开关电路

**(1) 控制目的和方法**

控制对象：继电器 KA。

控制方法：利用电容的充电、放电特性和三极管的开关特性来实现。

保护元件：二极管 VD（保护三极管 $VT_2$ 免受继电器 KA 反电势而损坏）。

**(2) 电路组成**

① 延时电路（电容充电、放电电路）。由电阻 $R_2$、电位器 $RP_1$ 和电容 $C_3$ 组成充电电路；由电阻 $R_3$、电位器 $RP_2$、稳压管 $VS_2$、电容 $C_3$ 和三极管 $VT_1$ 组成放电电路。

② 控制执行电路。由三极管 $VT_2$ 和继电器 KA 组成。

③ 直流电源。由电容 $C_1$、整流桥 VC、稳压管 $VS_1$ 和电容 $C_2$ 组成。

**(3) 工作原理**

接通电源，220V 交流电经电容 $C_1$ 降压、整流桥 VC 整流、稳压

管 $VS_1$ 稳压、电容 $C_2$ 滤波后，提供给电路约 12V 直流电源。直流电源通过电阻 $R_2$、电位器 $RP_1$ 向电容 $C_3$ 充电，由于电容两端的电压不能突变，所以开始时三极管 $VT_1$、$VT_2$ 截止，继电器 KA 处于释放周期。当 $C_3$ 充电电压逐渐升高到大于稳压管 $VS_2$ 的击穿值（约 7V）时，$VS_2$ 击穿，$VT_1$、$VT_2$ 导通，继电器 KA 得电吸合。同时 $C_3$ 通过 $R_3$、$RP_2$ 放电。经过一段延时后（此时 KA 处于导通周期），$C_3$ 放电完毕，电路又翻转为截止周期，重复上述过程。

电阻 $R_1$ 的作用见图 7-15 中的电阻 $R_1$。

### （4）元件选择

电气元件参数见表 7-108。

表 7-108　电气元件参数

| 序号 | 名称 | 代号 | 型号规格 | 数量 |
|---|---|---|---|---|
| 1 | 三极管 | $VT_1$ | 3DG130　$\beta \geqslant 50$ | 1 |
| 2 | 三极管 | $VT_2$ | 3CG130　$\beta \geqslant 50$ | 1 |
| 3 | 稳压管 | $VS_1$ | 2CW61　$U_z = 12.5 \sim 14V$ | 1 |
| 4 | 稳压管 | $VS_2$ | 2CW55　$U_z = 6.2 \sim 7.5V$ | 1 |
| 5 | 二极管 | VD | 1N4001 | 1 |
| 6 | 整流桥 | VC | 1N4007 | 4 |
| 7 | 碳膜电阻 | $R_1$ | RT-1MΩ　1/2W | |
| 8 | 金属膜电阻 | $R_2$ | RJ-1kΩ　1/2W | 1 |
| 9 | 金属膜电阻 | $R_3$ | RJ-30kΩ　1/2W | 1 |
| 10 | 金属膜电阻 | $R_4$ | RJ-10kΩ　1/2W | 1 |
| 11 | 电位器 | $RP_1$ | WS-0.5W 560kΩ | 1 |
| 12 | 电位器 | $RP_2$ | WS-0.5W 1MΩ | 1 |
| 13 | 电容器 | $C_1$ | CBB22 0.47μF 630V | 1 |
| 14 | 电解电容器 | $C_2$ | CD11　50μF 25V | 1 |
| 15 | 电解电容器 | $C_3$ | CD11　22μF 16V | 1 |
| 16 | 继电器 | KA | JQX-4　DC12V | 1 |

### （5）调试

接通电源，用万用表测量电容 $C_2$ 两端的电压，应约有 12V 直流电压。

调节电位器 $RP_1$，可得到继电器 KA 的释放时间范围为 0.1～20s；调节电位器 $RP_2$，可得到 KA 的吸合时间范围为 3～40s。若要延长或缩短释放、吸合时间，可通过减小或增大电容 $C_3$ 的容量来达到。

如果继电器 KA 吸合不够可靠，可减小 $R_4$ 的阻值，也可增大三极管 $VT_2$ 的 $\beta$ 值。

由于装置元件都处在电网电压下，因此在安装、调试、使用时必须注意安全。

### 7.7.9　电动机自动间歇控制器

电路如图 7-117 所示。

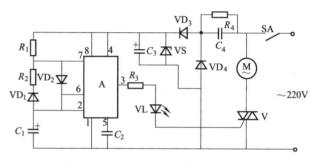

图 7-117　电动机自动间歇控制器电路

**(1) 控制目的和方法**

控制对象：串励式小型电动机。

控制目的：电动机自动间歇运行。

控制方法：采用 555 时基集成电路等组成的无稳态电路来实现。

**(2) 电路组成**

① 主电路。由开关 SA、双向晶闸管 V（兼作控制元件）和电动机 M 组成。

② 无稳压电路。由 555 时基集成电路 A、二极管 $VD_1$、$VD_2$、电阻 $R_1$、$R_2$ 和电容 $C_1$、$C_2$ 组成。

③ 直流电源。由电容 $C_4$、二极管 $VD_3$、$VD_4$、稳压管 VS 和电容 $C_3$ 组成。

④ 控制元件（双向晶闸管 V）和指示灯（发光二极管 VL）。

**（3）工作原理**

接通电源，220V 交流电经电容 $C_4$ 降压、二极管 $VD_3$ 半波整流、稳压管 VS 稳压、电容 $C_3$ 滤波后，提供给电器 12V 直流电源 $E_c$。二极管 $VD_4$ 的作用是为电源负半波提供一条通路（经电容 $C_4$），由于电容两端电压不能突变，A 的 2 脚为低电平，3 脚输出为高电平，发光二极管 VL 点亮，双向晶闸管 V 触发导通，电动机 M 启动运行。同时 $C_1$ 通过 $R_1$ 和二极管 $VD_2$ 被充电。当 $C_1$ 上的电压达到 $2E_c/3$（约 8V）时，A 的 3 脚输出低电平，发光二极管 VL 熄灭，双向晶闸管 V 关闭，电动机停止运行。同时 $C_1$ 通过 $R_2$、二极管 $VD_1$ 和时基集成电路 A 的 7 脚经内部放电管放电。当 $C_1$ 上的电压降到 $E_c/3$（4V）时，A 又置位，3 脚输出高电平，电动机又运行。随后 $C_1$ 又充电，重复上述过程。

电阻 $R_1$ 的作用见图 7-15 中的电阻 $R_1$。

**（4）元件选择**

电气元件参数见表 7-109。

表 7-109　电气元件参数

| 序号 | 名称 | 代号 | 型号规格 | 数量 |
|------|------|------|----------|------|
| 1 | 开关 | SA | KN5-1 | 1 |
| 2 | 双向晶闸管 | V | KS2A　600V | 1 |
| 3 | 时基集成电路 | A | NE555、μA555、SL555 | 1 |
| 4 | 稳压管 | VS | 2CW110　$U_z=11\sim12.5V$ | 1 |
| 5 | 二极管 | $VD_1$、$VD_2$ | 1N4148 | 2 |
| 6 | 二极管 | $VD_3$、$VD_4$ | 1N4004 | 2 |
| 7 | 发光二极管 | VL | LED702、2EF601、BT201 | 1 |
| 8 | 金属膜电阻 | $R_1$ | RJ-300kΩ　1/2W | 1 |
| 9 | 金属膜电阻 | $R_2$ | RJ-200kΩ　1/2W | 1 |
| 10 | 金属膜电阻 | $R_3$ | RJ-470kΩ　1/2W | 1 |
| 11 | 碳膜电阻 | $R_4$ | RT-510kΩ　1/2W | 1 |
| 12 | 电解电容器 | $C_1$ | CD11　100μF　25V | 1 |
| 13 | 电容器 | $C_2$ | CL11　0.01μF　63V | 1 |
| 14 | 电解电容器 | $C_3$ | CD11　220μF　25V | 1 |
| 15 | 电容器 | $C_4$ | CBB22　0.68μF　630V | 1 |

### (5) 调试

为了元件安全起见，暂不接入 555 时基集成电路 A 和电动机 M。接通电源，用万用表测量电容 $C_3$ 两端的电压，应约有 12V 直流电压。然后断开电源，接入集成电路 A，用万用表监测 A 的 3 脚电压。接通电源，A 的 3 脚约有 11V 直流电压，延时一段时间后，该电压变为约 0V，又延时一段时间后，该电压又变为约 11V，如此重复变化着，这说明无稳态电路正常。

接着接通电动机 M，合上电源，这时发光二极管 VL 应一段时间亮、一段时间熄灭，电动机也同步运行及停止。调整电阻 $R_1$、$R_2$ 或电容 $C_1$ 的数值，便可改变电动机运行与停止的时间。如采用表 7-109 所列参数，运行时间为 50s、停转时间为 15s。在电动机运转时，用万用表测量电动机两端的电压，应约有 210～220V 左右。若该电压较低，应减小 $R_3$ 的阻值。

如果无稳态电路工作正常，而发光二极管 VL 不亮，电动机也不转，则可减小 $R_3$ 阻值试试。若仍不行，则双向晶闸管 V 有问题，可替换一只试试。

由于装置元件都处在电网电压下，因此在安装、调试、使用时必须注意安全。

## 7.7.10 电风扇简易自然风模拟器

电路如图 7-118 所示。它可使电风扇时转时停，风量由停→逐渐增大→逐渐减小→停，如此反复循环，与自然风近似，使人感到舒适。

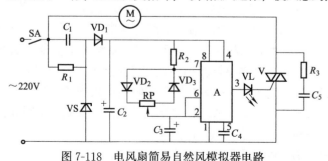

图 7-118 电风扇简易自然风模拟器电路

**(1) 控制目的和方法**

控制对象：电风扇 M。

控制目的：模拟自然风。

控制方法：采用555时基集成电路等组成的自激多谐振荡器进行控制。

保护元件：$R_3$、$C_5$（阻容保护，保护双向晶闸管 V 免受过电压而损坏）。

**(2) 电路组成**

① 主电路。由开关 SA、双向晶闸管 V（兼作控制元件）和电风扇 M 组成。

② 自激多谐振荡器。由555时基集成电路 A、二极管 $VD_2$、$VD_3$、电阻 $R_2$、电位器 RP 和电容 $C_3$、$C_4$ 组成。

③ 直流电源。由电容 $C_1$、$C_2$、稳压管 VS 和二极管 $VD_1$ 组成。

**(3) 工作原理**

接通电源，20V 交流电经电容 $C_1$ 降压、稳压管 VS 稳压（正半周起稳压作用，负半周时为电容 $C_1$ 提供放电回路），二极管 $VD_1$ 半滤整流、电容 $C_2$ 滤波后，给自激多谐振荡器提供 12V 直流电压。电容 $C_3$ 通过电阻 $R_2$、二极管 $VD_2$ 及电位器 RP 被充电，在 $C_3$ 两端电压小于 $1/3E_c$（$E_c$ 为直流电压 12V），即 4V 时，555 时基集成电路 A 的 2 脚、6 脚为低电平，3 脚输出高电平（约 11V），发光二极管 VL 点亮，并触发双向晶闸管 V，接通电风扇 M 电源，M 启动运行，风量逐渐增大。当电容 $C_3$ 上的电压逐渐升高到 $2/3E_c$（即 8V）时，A 的 2 脚、6 脚为高电平，A 的 3 脚变成低电平（约 0V），发光二极管 VL 熄灭，双向晶闸管 V 关断，切断电风扇电源，电风扇风量逐渐减小，直至停止运行。这时电容 $C_3$ 通过二极管 $VD_3$、电位器 RP 及 A 的 7 脚经内部放电管放电。当 $C_2$ 上的电压降至 $1/3E_c$ 时，A 又回复到初始状态。如此反复循环，使电风扇时开时停，产生自然风的效果。

电阻 $R_1$ 的作用见图 7-15 中的电阻 $R_1$。

(4) 元件选择

电气元件参数见表 7-110。

**表 7-110 电气元件参数**

| 序号 | 名称 | 代号 | 型号规格 | 数量 |
|---|---|---|---|---|
| 1 | 开关 | SA | KN5-1 | 1 |
| 2 | 时基集成电路 | A | NE555、$\mu$A555、SL555 | 1 |
| 3 | 双向晶闸管 | V | KS3A 600V | 1 |
| 4 | 稳压管 | VS | 2CW600 $U_z = 11.5 \sim 12.5V$ | 1 |
| 5 | 二极管 | $VD_1$ | 1N4007 | 1 |
| 6 | 二极管 | $VD_2$、$VD_3$ | 1N4001 | 2 |
| 7 | 发光二极管 | VL | LED702、2EF601、BT201 | 1 |
| 8 | 碳膜电阻 | $R_1$ | RT-1M$\Omega$ 1/2W | |
| 9 | 金属膜电阻 | $R_2$ | RJ-5.1k$\Omega$ 1/2W | 1 |
| 10 | 金属膜电阻 | $R_3$ | RJ-100$\Omega$ 2W | 1 |
| 11 | 电位器 | RP | WH118 100k$\Omega$ | 1 |
| 12 | 电容器 | $C_1$ | CBB22 0.47$\mu$F 630V | 1 |
| 13 | 电解电容器 | $C_2$ | CD11 22$\mu$F 25V | 1 |
| 14 | 电解电容器 | $C_3$ | CD11 50$\mu$F 25V | 1 |
| 15 | 电容器 | $C_4$ | CBB22 0.01$\mu$F 63V | 1 |
| 16 | 电容器 | $C_5$ | CBB22 0.1$\mu$F 400V | 1 |

(5) 调试

暂用 40W 220V 白炽灯代替电风扇 M。接通电源,用万用表测量电容 $C_2$ 两端的电压,应约有 12V 直流电压。调节电位器 RP,灯泡应闪烁,其闪烁周期可按 0.693($R_2 + 2RP'$)$C_3$ 估算(RP′为电位器 RP 靠近二极管 $VD_2$ 一侧的阻值)。如表 7-110 所列参数,调节 RP,可使闪烁周期在约 0.2~31s 之间连续变化。

以上调试正常后,再接入电风扇调试,直至满意为止。

由于装置元件都处在电网电压下,因此在安装、调试、使用时必须注意安全。

### 7.7.11 自动间歇排气控制器

电路如图 7-119 所示。它适用于卫生间等处排气扇控制。

**(1) 控制目的和方法**

控制对象：排风扇 M。

控制目的：自动间歇排气。

控制方法：采用 555 时基集成电路等组成的自激多谐振荡器进
行时间控制。

保护元件：二极管 VD₅（保护 555 时基集成电路免受继电器
KA 反电势而损坏）。

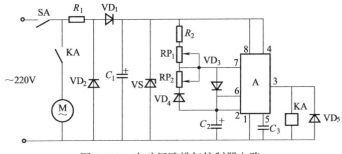

图 7-119　自动间隙排气控制器电路

**(2) 电路组成**

① 主电路。由开关 SA、中间继电器 KA 触点和排风扇 M
组成。

② 自激多谐振荡器。由 555 时基集成电路 A、二极管 VD₃、
VD₄、电阻 $R_2$、电位器 RP₁、RP₂ 和电容 $C_3$ 组成。

③ 直流电源。由电阻 $R_1$、二极管 VD₁、VD₂、电容 $C_1$ 和稳压
管 VS 组成。

④ 执行元件。继电器 KA。

**(3) 工作原理**

接通电源，220V 交流电经电阻 $R_1$ 降压、二极管 VD₁ 半波整
流、电容 $C_1$ 滤波和稳压管 VS 稳压后，给自激多谐振荡器提供

12V 直流电压。二极管 $VD_2$ 的作用是为电源负半周提供一条通路 (经电阻 $R_1$)。在开关 SA 合上不久，电容 $C_2$ 两端的电压小于 $1/3E_c$ ($E_c$ 为直流电压 12V) 即 4V 时，555 时基集成电路 A 的 2 脚、6 脚为低电平，3 脚输出高电平 (约 11V)，继电器 KA 得电吸合，其常开触点闭合，排气扇 M 启动运转。随着电源经 $R_2$、$RP_1$ 和二极管 $VD_3$ 给 $C_2$ 的充电，$C_2$ 上的电压逐渐升高，当达到 $2/3E_c$ (即 8V) 时，A 的 2 脚、6 脚为高电平，A 的 3 脚变成低电平 (约 0V)，KA 失电释放，其常开触点断开，排气扇 M 停止运行。这时电容 $C_2$ 通过二极管 $VD_4$、电位器 $RP_2$ 及 A 的 7 脚经内部放电管放电。当 $C_2$ 上的电压降至 $1/2E_c$ 时，A 又回复到初始状态，即 2、6 脚为低电平，3 脚为高电平，KA 吸合，M 运转。如此反复循环，使排气扇自动间歇运行。

**(4) 元件选择**

电气元件参数见表 7-111。

表 7-111　电气元件参数

| 序号 | 名称 | 代号 | 型号规格 | 数量 |
|---|---|---|---|---|
| 1 | 开关 | SA | KN5-1 | 1 |
| 2 | 时基集成电路 | A | NE555、μA555、SL555 | 1 |
| 3 | 稳压管 | VS | 2CW138　$U_z=11.5\sim12.5V$ | 1 |
| 4 | 二极管 | $VD_1$、$VD_2$ | 1N4005 | 2 |
| 5 | 二极管 | $VD_3\sim VD_5$ | 1N4001 | 3 |
| 6 | 金属膜电阻 | $R_1$ | RJ-12kΩ　2W(两只串联) | 2 |
| 7 | 金属膜电阻 | $R_2$ | RJ-1MΩ　1/2W | 1 |
| 8 | 电位器 | $RP_1$、$RP_2$ | WH118　10MΩ | 2 |
| 9 | 电解电容器 | $C_1$ | CD11　220μF　16V | 1 |
| 10 | 电解电容器 | $C_2$ | CD11　470μF　16V | 1 |
| 11 | 电容器 | $C_3$ | CL11　0.01μF　63V | 1 |
| 12 | 继电器 | KA | JRX-13F　DC12V | 1 |

**(5) 调试**

合上开关 SA，用万用表测量稳压管 VS 两端的电压，应约有

12V 直流电压，继电压 KA 应吸合，排气扇 M 运转。这时测量 555 时基集成电路 A 的 3 脚约有 11V 地流电压。经过一段延时后，KA 失电释放，M 停转。这时 A 的 3 脚电压约为 0V。

调节电位器 RP₁，可改变排气扇 M 的运行时间；调节 RP₂，可改变 M 的停转时间。

由于装置元件都处在电网电压下，因此在安装、调试、使用时必须注意安全。

## 7.7.12  时间累计计时器

电路如图 7-120 所示。它可按设定计数，如 1min 计 1 个数，则最大计数可达 16666.65h，即 694 天。

(1) 控制目的和方法

控制对象：计数器 P。

控制目的：时间累计。

控制方法：采用 555 时基集成电路组成的自激多谐振荡举，触发双向晶闸管，带动计数器进行计数。

保护元件：$R_4$、$C_5$（阻容保护，保护双向晶闸管免受过电压而损坏）。

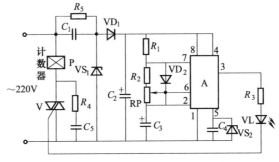

图 7-120  时间累计计时器电路

(2) 电路组成

① 主电路。由双向晶闸管 V（兼作控制元件）和计数器 P 组成。

② 自激多谐振荡器。由 555 时基集成电路 A、二极管 $VD_2$、电阻 $R_1$、$R_2$、电位器 RP、稳压管 $VS_2$ 和电容 $C_3$、$C_4$ 组成。

③ 直流电源。由电容 $C_1$、$C_2$、稳压管 $VS_1$ 和二极管 $VD_1$ 组成。

④ 指示灯。发光二极管 VL——计数瞬间点亮。

**(3) 工作原理**

直流电源采用半波型电容降压整流电路,其中稳压管 $VS_1$ 有双重作用,正半周时起稳压作用,负半周时为电容 $C_1$ 提供放电回路。接通电源,220V 交流电经电容 $C_1$ 降压、稳压管 $VS_1$ 稳压、二极管 $VD_1$ 半波整流、电容 $C_2$ 滤波后,给自激多谐振荡器提供约 12V 直流电压 $E_c$。该电压 $E_c$ 通过电阻 $R_1$ 和二极管 $VD_2$ 向电容 $C_3$ 充电。当 $C_3$ 刚充电时,A 的 2 脚为低电平(约 0V),A 的 3 脚输出高电压(约 11V),这一电压维持时间很短,随着 $C_3$ 的充电,当 $C_3$ 上的电压达到 $2/3E_c$ 时,A 的 3 脚变为低电平,于是集成电路内部放电管导通,$C_3$ 经电位器 RP、电阻 $R_2$ 和 A 的 7 脚经内部放电管放电,直到电容 $C_3$ 两端电压达到 $1/3E_c$ 时,A 的 3 脚又变为高电平,如此重复循环。电容 $C_3$ 的充电时间(即为双向晶闸管 V 触发导通、计数器 P 动作及发光二极管 VL 点亮的时间)为

$$t_1 = 0.693R_1C_3 = 0.693 \times 6.8 \times 10^3 \times 220 \times 10^{-6} \approx 1(s)$$

自激多谐振荡器总的振荡周期为

$$T = 0.693[R_1 + 2(R_2 + RP')]C_3$$

最长可达

$$T_{max} = 0.693[R_1 + 2(R_2 + RP)]C_3$$
$$= 0.693 \times [6.8 + 2 \times (120 + 270)] \times 10^3 \times 220 \times 10^{-6}$$
$$\approx 120(s) = 2(min)$$

最短为

$$T_{min} = 0.693(R_1 + 2R_2)C_3$$
$$= 0.693 \times (6.8 + 2 \times 120) \times 10^3 \times 220 \times 10^{-6}$$
$$= 37.6(s)$$

调节电位器 RP,可使振荡周期 $T = 1min$。

图中，稳压管 $VS_2$ 的作用是，当电源电压发生变化时，可保护阈值电压稳定，从而提高精度。

电阻 $R_5$ 的作用见图7-15中的电阻 $R_1$。

### (4) 元件选择

电气元件参数见表7-112。

表7-112　电气元件参数

| 序号 | 名称 | 代号 | 型号规格 | 数量 |
|---|---|---|---|---|
| 1 | 时基集成电路 | A | NE555、μA555、SL555 | 1 |
| 2 | 双向晶闸管 | V | KP1A　600V | 1 |
| 3 | 稳压管 | $VS_1$ | 2CW110　$U_z=11\sim12.5V$ | 1 |
| 4 | 稳压管 | $VS_2$ | 2CW54　$U_z=5.5\sim6.5V$ | 1 |
| 5 | 二极管 | $VD_1$ | 1N4007 | 1 |
| 6 | 二极管 | $VD_2$ | 1N4001 | 1 |
| 7 | 发光二极管 | VL | LED702、2EF601、BT201 | 1 |
| 8 | 计数器 | P | JFM5-61S(设有手动复位清零) | 1 |
| 9 | 金属膜电阻 | $R_1$ | RJ-6.8kΩ　1/2W | 1 |
| 10 | 金属膜电阻 | $R_2$ | RJ-330kΩ　1/2W | 1 |
| 11 | 金属膜电阻 | $R_3$ | RJ-560Ω　1/2W | 1 |
| 12 | 金属膜电阻 | $R_4$ | RJ-100Ω　2W | 1 |
| 13 | 碳膜电阻 | $R_5$ | RT-510kΩ　1/2W | 1 |
| 14 | 电位器 | RP | WS-0.5W　270kΩ | 1 |
| 15 | 电容器 | $C_1$ | CBB22　0.68μF　630V | 1 |
| 16 | 电解电容器 | $C_2$ | CD11　220μF　25V | 1 |
| 17 | 电解电容器 | $C_3$ | CD11　220μF　16V | 1 |
| 18 | 电容器 | $C_4$ | CBB22　0.01μF　63V | 1 |
| 19 | 电容器 | $C_5$ | CBB22　0.1μF　400V | 1 |

### (5) 调试

接通电源，用万用表测量电容 $C_2$ 两端的电压，应约有12V直流电压。用万用表监测555时基集成电路A的3脚电压，将电位器调到最大值（即阻值全部被短路），约经过 37s 万用表指针摆动一下，发光二极管 VL 点亮一下，计数器 P 动作一次（跳动一个数字）。调节 RP，可改变延时时间，即发光二极管点亮的间隔时间。

为了保证时间累计时的准确性，除电容 $C_3$ 必须选用漏电电流很小的优质电容外，应用示波器测量脉宽（1s）和振荡周期（1min），可配合高精度秒表进行测量。

由于装置元件都处在电网电压下，因此在安装、调试、使用时必须注意安全。

# 7.8　各种控制器及励磁调节装置

## 7.8.1　单按钮控制通断的继电器之一

在一些只能用一只按钮控制电器通断的特殊场合，可以采用图 7-121 电路来实现。该电路能实现电动机单方向启动运行和停止。

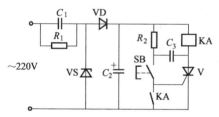

图 7-121　单按钮控制通断的继电器电路之一

**(1) 控制目的和方法**

控制对象：继电器 KA。

控制目的：用一只按钮控制 KA 的吸合与释放。

控制方法：利用晶闸管及其在反向电压下会关断的特性来实现。

**(2) 电路组成**

① 直流工作电源。由电容 $C_1$、稳压管 VS、二极管 VD 和电容 $C_2$ 组成。

② 控制电路。由按钮 SB、晶闸管 V、继电器 KA、电阻 $R_2$ 和电容 $C_3$ 组成。

(3) 工作原理

接通电源，交流电源经电容 $C_1$ 降压、稳压管 VS 进行正半周稳压、负半周对电容 $C_1$ 放电、二极管 VD 整流、电容 $C_2$ 滤波稳压，得到的直流电压为晶闸管 V 和直流继电器 KA 提供工作电压。

启动时，按下按钮 SB，晶闸管 V 经电阻 $R_2$ 触发导通，继电器 KA 得电吸合。由于加在晶闸管阳极与阴极上的电压是直流电，所以松开 SB 后，晶闸管仍保持导通状态。继电器 KA 常开触点闭合，电动机启动运行（图中未画出）。KA 另一常开触点闭合，为停机做好准备。这时电容 $C_3$ 上被充电成左正右负的电压。

当第二次按下按钮 SB 时，电容 $C_3$ 上的电压给晶闸管 V 以反向电压，致使其截止，继电器 KA 失电释放，其常开触点断开，电动机停转，电路回复到初始状态。

电阻 $R_1$ 的作用见图 7-15 中的电阻 $R_1$。

(4) 元件选择

电气元件参数见表 7-113。

表 7-113　电气元件参数

| 序号 | 名称 | 代号 | 型号规格 | 数量 |
|---|---|---|---|---|
| 1 | 晶闸管 | V | KP1A　100V | 1 |
| 2 | 稳压管 | VS | 2CW65　$U_z$＝20～24V | 1 |
| 3 | 二极管 | VD | 1N4004 | 1 |
| 4 | 碳膜电阻 | $R_1$ | RT-510kΩ　1/2W | 1 |
| 5 | 金属膜电阻 | $R_2$ | RJ-3kΩ　1/2W | 1 |
| 6 | 电容器 | $C_1$ | CBB22　0.47μF　630V | 1 |
| 7 | 电解电容器 | $C_2$ | CD11　100μF　50V | 1 |
| 8 | 电容器 | $C_3$ | CBB22　0.1μF　160V | 1 |
| 9 | 继电器 | KA | DZ-100　DC24V | 1 |
| 10 | 按钮 | SB | LA18-22(黄) | 1 |

(5) 调试

接通电源，用万用表测量电容 $C_2$ 两端的电压，应约有 24V 直流电压。按下按钮 SB，继电器 KA 应吸合。若不吸合或动作不可靠，则可减小 $R_2$ 的阻值，以保证继电器 KA 所需的吸合电流。然后再次按下按钮 SB，继电器 KA 应释放。若不释放，可增大 $C_3$ 的容量试试。

由于装置元件都处在电网电压下，因此在安装、调试、使用时必须注意安全。

### 7.8.2 单按钮控制通断的继电器之二

电路如图 7-122 所示。

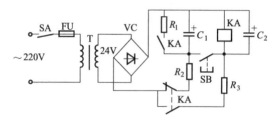

图 7-122 单按钮控制通断的继电器电路之二

**(1) 控制目的和方法**

控制对象：继电器 KA。

控制目的：用一只按钮控制 KA 的吸合与释放。

控制方法：利用电容储能及充、放电特性来实现。

保护元件：熔断器 FU（整个电路的短路保护）。

**(2) 电路组成**

① 直流电源。由降压变压器 T 和整流桥 VC 组成。

② 控制电路。由按钮 SB、电容 $C_1$、$C_2$ 及电阻 $R_1$、$R_2$、$R_3$ 和继电器 KA 组成。

**(3) 工作原理**

合上电源开关 SA，220V 交流电源经变压器 T 降压、整流桥 VC 整流后，得到一直流电压，并经电阻 $R_2$ 向电容 $C_1$ 充电。此时按下按钮 SB，$C_1$ 立即通过继电器 KA 线圈放电，使 KA 吸合，其常闭触点断开、常开触点闭合，从而维持 KA 继续吸合状态。同时电容 $C_1$ 向电阻 $R_1$ 放电，为下一个动作做好准备。

第二次按下按钮 SB 时，直流电压通过电阻 $R_3$ 向电容 $C_1$ 充电，由于此时的 $C_1$ 两端电压已为零，所以 $R_3$ 两端电压降增加，加在继电器 KA 线圈上的电压减小（瞬间为 0V），致使 KA 失电释放。

该线路关断 KA 后到下一次接通 KA，中间需要间隔不足 1s，这是因为 $C_1$ 的充电时间常数 $(R_1//R_2)$ $C_1 = (470kΩ//470kΩ) \times 220 \times 10^{-6}F = 0.52s$。

### （4）元件选择

电气元件参数见表 7-114。

表 7-114　电气元件参数

| 序号 | 名称 | 代号 | 型号规格 | 数量 |
|------|------|------|----------|------|
| 1 | 开关 | SA | KN5-1 | 1 |
| 2 | 熔断器 | FU | 50T　2A | 1 |
| 3 | 变压器 | T | 3V·A　220/24V | 1 |
| 4 | 整流桥 | VC | 1N4004 | 4 |
| 5 | 继电器 | KA | DZ-100　DC24V | 1 |
| 6 | 金属膜电阻 | $R_1$、$R_2$ | RJ-470kΩ　1/2W | 2 |
| 7 | 金属膜电阻 | $R_3$ | RJ-360Ω　1/2W | 1 |
| 8 | 电解电容器 | $C_1$ | CD11　220μF　50V | 1 |
| 9 | 电解电容器 | $C_2$ | CD11　50μF　50V | 1 |
| 10 | 按钮 | SB | LA18-22（黄） | 1 |

### （5）调试

接通电源，用万用表测量整流桥 VC 的输出电压，应约有 22V 直流电压（因暂无电容滤波）。按下按钮 SB，继电器 KA 应吸合。若不吸合，应检查 KA 常闭触点接触是否良好。松开 SB 后，隔约 1s 后再按按钮 SB，KA 应释放。若不释放，应检查 KA 常开触点接触是否良好。若接触良好，则应增大 $R_3$ 的阻值。另外，电容 $C_1$、$C_2$ 的质量要好，漏电电流要小。

## 7.8.3　交流接触器无声运行节电器

电容式无声运行电路如图 7-123 所示。

### （1）控制目的和方法

控制对象：交流接触器 KM。

控制目的：无声运行，节电，降低线圈温升。

控制方法：增加一套简单的整
流电路，把交流操
作、运行改为直
流操作、运行。

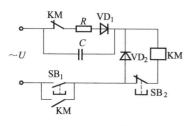

图 7-123　交流接触器无声
运行节电器电路

**(2) 电路组成**

在原交流接触器 KM 控制电
路中增加了二极管 $VD_1$、$VD_2$、电
阻 $R$ 和电容 $C$。

**(3) 工作原理**

接通电源，按下启动按钮 $SB_1$，交流电流经二极管 $VD_1$ 半波整
流、电阻 $R$ 限流、接触器 KM 线圈构成回路，KM 得电吸合并自
锁，其常闭辅助触点断开，电容 $C$ 串入电路起降压作用。正半波
时，电源电压经电容 $C$ 加到 KM 线圈上；负半波时，电源电压加
在电容 $C$ 上，这时 KM 线圈上产生自感电动势，二极管 $VD_2$ 为自
感电流提供通路，线圈电流的方向不变，即放松按钮 $SB_1$ 后，交
流接触器进入直流运行。

**(4) 元件选择**

① 启动限流电阻 $R$

$$R = \frac{0.45U}{I_x} - R_0$$

$$P_R = (0.01 \sim 0.015)I_x^2 R$$

式中　$R$——启动限流电阻，$\Omega$；

　　　$P_R$——启动限流电阻的功率，W；

　　　$I_x$——交流接触器 KM 的吸合电流，即保证接触器正常启动
　　　　　所需的电流 (A)，一般 $I_x = 10I_b$（交流操作时的保持
　　　　　电流 $I_b$ 可由产品目录查得）；

　　　$U$——电源交流电压，V；

　　　$R_0$——接触器线圈电阻与二极管内阻之和，$\Omega$。

② 电容 $C$

$$C = (6.5 \sim 8)I_z$$

$$U_C \geqslant 2\sqrt{2}\,U$$

式中    $C$——电容 $C$ 的电容量，μF；

$U_C$——电容 $C$ 的耐压值，V；

$I_z$——接触器线圈直流工作电流（A），$I_z = (0.6 \sim 0.8)I_b$。

额定电流大的接触器，其电容器电容量取上式中小的系数。

③ 整流二极管 $VD_1$、$VD_2$

$$I_{VD_1} = I_{VD_2} \geqslant 5 I_b$$

$$U_{VD1} > \sqrt{2}\,U,\ U_{VD2} \geqslant 2\sqrt{2}\,U$$

式中    $I_{VD_1}$，$I_{VD_2}$——二极管 $VD_1$ 和 $VD_2$ 的额定电流，A；

$U_{VD_1}$，$U_{VD_2}$——二极管 $VD_1$ 和 $VD_2$ 的耐压值，V。

配额定电压 380V 交流接触器的节电器元件参数见表 7-115。

表 7-115    配额定电压 380V 交流接触器的节电器元件参数

| 元件符号<br>接触器规格 | $C$ | $VD_1$ | $VD_2$ | $R$ |
|---|---|---|---|---|
| 60~200A | CZJD<br>1~1.5μF<br>630V | 2CZ1A<br>100V | 2CZ1A<br>1000V | 15Ω<br>10W |
| 250~350A | CZJD<br>3~4μF<br>630V | 2CZ3A<br>600V | 2CZ3A<br>1000V | 27Ω<br>10W |
| 400~600A | CZJD<br>4~6μF<br>630V | 2CZ5A<br>600V | 2CZ5A<br>1000V | 5.1Ω<br>30W |

**（5）调试**

交流接触器改为无声运行，能否长期安全可靠运行，在于正确选用成熟的线路以及正确选择限流电阻 $R$ 和限压电容 $C$ 的数值。不同的交流接触器所配用的 $R$、$C$ 是不完全相同的。元件选择中有关 $R$、$C$ 的计算公式也是近似的，有可能在实际调试中适当调整。试验中要注意观察交流接触器及阻容元件有无异常响声及失控、冒烟、过热等现象。如有发生，应立即切断电源，查明原因。

试验及运行中有可能出现的一些故障及处理方法见表 7-116。

表 7-116 无声节电器的常见故障及处理方法

| 故障现象 | 可能原因 | 处理方法 |
|---|---|---|
| 1. 通电不吸合 | ①控制线路接线错误<br><br>②保险丝熔断<br>③接线松动或断线<br>④接触器常闭辅助触头或其他保护继电器、中间继电器的联锁触头接触不良<br>⑤无声节电器中的元件损坏或脱焊<br>⑥控制电路的连接导线太细、太长 | ①按无声节电器使用说明检查,并改正接线<br>②更换保险丝<br>③拧紧接头或更换断线<br>④修理触头,使接触良好<br><br>⑤更换元件或焊牢<br><br>⑥改用较粗的导线,对于额定电流大于 250A 的接触器,应采用截面积 1.5mm²、长度不超过 50m 的铜导线 |
| 2. 能吸动,但不能吸住 | ①常闭辅助触头过早断开<br><br>②电容器或变压器损坏或线头松脱<br>③电流互感器或变压器抽头接错<br>④电源电压太低 | ①严格按无声节电器使用说明书的要求进行调整<br>②更换电容器或变压器,重新接好线头<br>③按无声节电器使用说明书检查并纠正<br>④检查电源电压 |
| 3. 能吸持,但有交流噪声 | ①续流二极管损坏或脱焊<br>②无声节电器的转换开关处于交流操作位置上 | ①更换二极管或焊牢<br>②使无声节电器在无声节电器位置上运行 |
| 4. 断电后交流接触器不释放 | ①铁芯极面有油垢<br>②铁芯有剩磁<br><br>③邻近回路有碰线或有泄漏电流<br>④相邻载流导体产生感应或分布电容电流 | ①清洁铁芯极面<br>②将操作线圈的两接线端对调或更换铁芯<br>③检查线路或测量绝缘电阻<br>④将控制线路与相邻载流导体拉开,缩短连接导线,将断开触头尽量装接靠近无声节电器 |
| 5. 断电后交流接触器延时释放 | ①铁芯有剩磁<br>②断开按钮(触头)接在电源电路中 | ①同第 4 条②项<br>②将断开按钮(触头)接在操作线圈电路中 |

### 7.8.4 电子灭蝇（灭鼠）器

电路如图 7-124 所示。它能输出约 1500V 高压将蝇（老鼠）击死。图中，电容器旁的"＋"不表示电解电容，而是表示充电电位高。

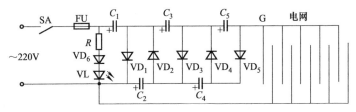

图 7-124　电子灭蝇（灭鼠）器电路

**(1) 控制目的和方法**

控制对象：高压电网。

控制目的：输出高电压，灭蝇、灭鼠。

控制方法：采用多级倍压整流升压。

保护元件：熔断器 FU（装置的短路保护）。

**(2) 电路组成**

① 多级倍压整流器。由电容 $C_1 \sim C_5$ 和二极管 $VD_1 \sim VD_5$ 组成 5 级倍压整流器。

② 电网。由两组相互挨近又相互绝缘的金属丝网组成。

③ 指示灯。发光二极管 VL。

**(3) 工作原理**

先分析一下 2 级倍压整流情况（即 $C_1$、$C_2$、$VD_1$、$VD_2$ 回路），了解它的工作原理后，就可以依次类推到多级倍压电路。

当交流电源为正半周时，二极管 $VD_1$ 导通，电容 $C_1$ 充电至 $\sqrt{2}\,U$（$U$ 为交流电压有效值，即 220V）；当电源为负半周时，$VD_2$ 截止，$C_1$ 上的电压与 $u$（$u$ 为交流电压瞬时值）叠加后经二极管 $VD_2$ 对电容 $C_2$ 充电，经过几个周期以后 $C_2$ 充电到 $2\sqrt{2}\,U$ 而达到稳定。同理，其他各个电容都按相似的充电过程，最后达到同样的稳定值 $\sqrt{2}\,U$。

由此可见，如图 7-124 所示的线路中输出两端的直流高电压等于 $C_1$、$C_2$ 和 $C_5$ 两端的电压之和，总共等于 5 倍的 $\sqrt{2}\,U$，即 $5\sqrt{2}\,U = 5\sqrt{2} \times 220 = 1556$（V）。

多级倍压整流电路的输出空载电压较高，但若加上负载后，实际输出电压没有这么高。

灭蝇或灭鼠时，在电网下放些诱饵。

**（4）元件选择**

电气元件参数见表 7-117。

表 7-117　电气元件参数

| 序号 | 名称 | 代号 | 型号规格 | 数量 |
|---|---|---|---|---|
| 1 | 开关 | SA | KN5-1 | 1 |
| 2 | 熔断器 | FU | 50T　1A | 1 |
| 3 | 二极管 | $VD_1 \sim VD_5$ | 1N4007 | 6 |
| 4 | 二极管 | $VD_6$ | 1N4004 | 1 |
| 5 | 电容器 | $C_1 \sim C_5$ | CBB22　0.47μF　630V | 5 |
| 6 | 发光二极管 | VL | LED702、2EF601、BT201 | 1 |
| 7 | 碳膜电阻 | $R$ | RT-10kΩ　2W | 1 |

**（5）计算与调试**

① 限流电阻 $R$ 的计算。$R$ 的阻值可按下式计算：

$$R = \frac{0.45U - U_F}{I_F}$$

式中　$R$——限流电阻阻值，kΩ；

$U$——交流电压有效值（V），即 220V；

$U_F$——发光二极管正向压降（V），一般为 1.2V；

$I_F$——发光二极管工作电流（mA），可取 10mA。

因此有

$$R = \frac{0.45 \times 220 - 1.2}{10} = \frac{97.8}{10} = 9.8 (\text{k}\Omega)$$

可取标称阻值为 10kΩ 的电阻。

这时流过发光二极管的电流为

$$I = \frac{97.8}{10} = 9.78(\text{mA})$$

电阻 $R$ 的功率为

$$P = I^2 R = 0.00978^2 \times 10 \times 10^3 = 0.96(\text{W})$$

可选用 2W 的电阻。若考虑电源电压波动，可取大于 2W 的电阻。

② 调试。仔细检查电网的绝缘，确认无误后接通电源，这时发光二极管 VL 点亮，其亮度可调节限流电阻 $R$ 的阻值加以改变，一般流过发光二极管的电流以 8mA 左右为宜，太大了会降低其寿命甚至烧坏。用感应式试电笔检验电网电压，若在较远处（可与测试 220V 市电作比较）氖泡就亮，说明有高压输出。也可用普通试电笔检验，当试电笔离电网 0.5cm 左右时氖泡能亮，说明高压正常。否则应检查电网绝缘是否良好，有无漏电情况。

然后用蝇进行实际试验。蝇一旦碰上电网应立即击死。如效果欠佳，可再增加一级整流电路。

由于装置元件都处在电网电压下，具有高压直流电压，因此在安装、调试、使用时必须注意安全，应设立栅栏，人接近时要先断开电源。

如果用于灭鼠时，宜再增加 1～2 级整流电路，并将电网间隙调至 2cm。

### 7.8.5　脚踏式点焊机控制装置

电路如图 7-125 所示。

**(1) 控制目的和方法**

控制对象：点焊机。

控制目的：使焊接通电时间恒定，以保证焊接同一种焊件时的质量。

控制方法：利用 CD4541 集成电路 A 的准确延时特性，对于不同的焊件，可方便地通过调节电位器 RP 来改变通电延时时间。

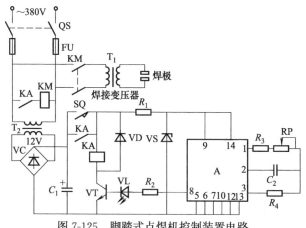

图 7-125 脚踏式点焊机控制装置电路

保护元件：熔断器 FU（主电路短路保护）；二极管 VD（保护三极管 VT 免受继电器 KA 反电势而损坏)。

(2) 电路组成

① 主电路。由开关 QS、熔断器 FU、接触器 KM 主触点、焊接变压器 $T_1$ 和焊极组成。

② 控制电路。由变压器 $T_2$、整流桥 VC、集成电路 A、三极管 VT、中间继电器 KA 和阻容元件组成。

(3) 工作原理

合上电源开关 QS，380V 交流电源经变压器 $T_2$ 降压、整流桥 VC 整流、电容 $C_1$ 滤波，给三极管 VT 和集成电路 A 提供约 12V 的直流电压。踏下脚踏开关使工件受压，当压力达到预定值时，限位开关 SQ 闭合，集成电路 A 的 8 脚输出高电平，发光二极管 VL 点亮，三极管 VT 得到足够的基极电流而导通，继电器 KA 得电吸合并自锁，其常开触点闭合，接触器 KM 得电吸合，焊接变压器 $T_1$ 得电，进行焊接。经过一段延时，焊接完毕，A 的 8 脚输出低电平，发光二极管 VL 熄灭，三极管 VT 截止，KA 失电释放，其常开触点断开，KM 失电释放。下一个焊件焊接时，再踏下脚踏开关。

(4) 元件选择

电气元件参数见表 7-118。

表 7-118　电气元件参数

| 序号 | 名称 | 代号 | 型号规格 | 数量 |
|---|---|---|---|---|
| 1 | 开关 | QS | HKZ-60A　380V | 1 |
| 2 | 熔断器 | FU | RL1-60/25A | 2 |
| 3 | 交流接触器 | KM | CJ20-40A　380V | 1 |
| 4 | 继电器 | KA | JRX-13F　DC12V | 1 |
| 5 | 变压器 | $T_2$ | 3V·A　380/12V | 1 |
| 6 | 集成电路 | A | CD4541 | 1 |
| 7 | 三极管 | VT | 3DG130　$\beta \geqslant 50$ | 1 |
| 8 | 整流桥、二极管 | VC、VD | 1N4001 | 5 |
| 9 | 稳压管 | VS | 2CW108　$U_z=9.2 \sim 10.5V$ | 1 |
| 10 | 发光二极管 | VL | LED702、2EF601、BT201 | 1 |
| 11 | 金属膜电阻 | $R_1$ | RJ-82Ω　1W | 1 |
| 12 | 金属膜电阻 | $R_2$ | RJ-2kΩ　1/2W | 1 |
| 13 | 金属膜电阻 | $R_3$ | RJ-130Ω　1/2W | 1 |
| 14 | 金属膜电阻 | $R_4$ | RJ-1MΩ　1/2W | 1 |
| 15 | 电位器 | RP | WX3-470Ω　3W | 1 |
| 16 | 电解电容器 | $C_1$ | CD11　100μF　50V | 1 |
| 17 | 电容器 | $C_2$ | CBB22　0.1μF　160V | 1 |
| 18 | 限位开关 | SQ | LA18-22J | 1 |

**(5) 调试**

暂不接焊接变压器 $T_1$。合上开关 QS，用万用表测量变压器 $T_2$ 次级电压，应约有 12V 交流电压。再测量电容 $C_1$ 两端的电压，应约有 16V 直流电压（因为此时为空载）。然后点动一下限位开关 SQ，继电器 KA 应吸合，如果不吸合，则应检查集成电路 A 的有关线路。用万用表测量稳压管 VS 两端的电压，应约有 10V 直流电压。测量 A 的 8 脚为高电平（约 10V）。若 8 脚为 0V，则说明集成电路 A 已损坏。A 的 8 脚为高电平时，发光二极管 VL 应点亮，三极管 VT 导通，KA 吸合。

经过一段延时，A 的 8 脚变为 0V，VL 熄灭，KA 失电释放。延时时间可通过调节电位器 RP 来改变。发光二极管 VL 的发光时间代表通电焊接时间。

上述试验正常后，再接通焊接变压器 $T_1$，用焊件进行实际焊接。

必须指出，没有稳压管 VS 时，线路也能工作，但随着交流电源电压的变化，直流工作电压也会变化，这样会影响集成电路 A 的延时时间的准确性，也就影响焊接质量。因此必须加此稳压管，以保证 A 的工作电压的恒定。当使用时，若发现延时不准，往往是该稳压管有问题，当然还有可能是 $R_3$ 阻值变化或电位器 RP 滑臂接触不良引起。

## 7.8.6 两台并列变压器自动投切控制器

为了使变压器经济运行，根据负荷的变化，经常要投入或切除并列运行的变压器，为此可采用如图 7-126 所示的控制电路。首先计算出两台变压器的经济运行点，再根据经济运行点处的容量换算成对应的负荷电流 $I_j$。当负荷电流小于 $I_j$ 时，退出一台变压器；当负荷电流大于 $I_j$ 时，两台变压器都运行。

（1）控制目的和方法

控制对象：变压器。

控制目的：根据负荷的变化，自动投切并列运行的变压器。

控制方法：利用电流互感器采集负荷电流，通过电子比较电路确定是否投切变压器。

保护元件：二极管 $VD_3$（保护三极管 $VT_2$ 免受继电器 KA 反电势而损坏）。

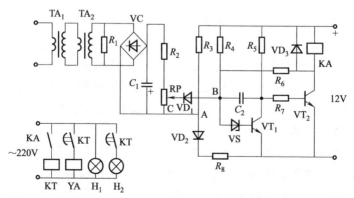

图 7-126 两台并列变压器自动投切控制器电路

**(2) 电路组成**

① 测量电路。由电流互感器 $TA_1$、$TA_2$ 及整流桥 VC、电容 $C_1$、电阻 $R_2$ 和电位器 RP 组成。

② 比较电路。由电阻 $R_3$、$R_4$、$R_8$ 和二极管 $VD_1$、$VD_2$ 等组成。

③ 控制执行电路。由稳压管 VS、三极管 $VT_1$、$VT_2$ 及继电器 KA、时间继电器 KT 和断路器合闸线圈 YA 等组成。

④ 指示灯。$H_1$——电源指示（红色）；$H_2$——并列运行指示（绿色）。

**(3) 工作原理**

电流互感器 $TA_1$ 装设于低压母线，用于两台变压器并联运行，可测到两台变压器共同的负载电流。由电流互感器 $TA_1$ 次级输出的电流信号，经电流互感器 $TA_2$ 在负载电阻 $R_1$ 上形成电压信号。然后经整流桥 VC 整流，电容 $C_1$ 滤波，分压器 $R_2$、RP 分压，从 RP 滑臂送出。要求当电流互感器 $TA_1$ 次级输出的电流为 5A 时，$C_1$ 上的电压约为 10V。

当电流信号未达到设定值时，输入信号电压 $U_{AC} < U_{AB}$，$U_{CB}$ 为正，二极管 $VD_1$ 截止，将信号电路与放大电路隔离；三极管 $VT_1$ 基极处于高电位，$VT_1$ 导通，而 $VT_2$ 截止，继电器 KA 不吸合，这时变压器为一台运行。当电流信号达到设定值时，$U_{AC} > U_{AB}$，$U_{CB}$ 为负，$VD_1$ 导通，$VT_1$ 基极电位下降，$VT_1$ 截止，而 $VT_2$ 导通，KA 吸合，其常开触点闭合，时间继电器 KT 线圈得电。经过一段延时后，KT 延时闭合常开触点闭合，接通断路器的合闸线圈 YA，断路器合闸，另一台变压器投入并联运行。同时绿色指示灯 $H_2$ 亮，表示并联运行。

图中，二极管 $VD_2$ 起温度补偿作用；$C_2$ 为抗干扰电容；$R_6$ 为正反馈电阻，当 $VT_2$ 截止时，加深 $VT_1$ 的饱和导通，使 $VT_2$ 可靠截止；时间继电器 KT 的作用是防止负荷电流短时间变化而引起误动作。

## （4）元件选择

电气元件参数见表 7-119。

**表 7-119 电气元件参数**

| 序号 | 名称 | 代号 | 型号规格 | 数量 |
|---|---|---|---|---|
| 1 | 电流互感器 | TA$_1$ | 见计算 | 1 |
| 2 | 电流互感器 | TA$_2$ | LQR-0.5 5/0.5A | 1 |
| 3 | 整流桥 | VC | QL1A/50V | 1 |
| 4 | 三极管 | VT$_1$ | 3DG8 $\beta \geqslant 50$ | 1 |
| 5 | 三极管 | VT$_2$ | 3DG130 $\beta \geqslant 50$ | 1 |
| 6 | 稳压管 | VS | 2CW55 $U_z$=6.2～7.5V | 1 |
| 7 | 二极管 | VD$_1$～VD$_3$ | 1N4001 | 3 |
| 8 | 继电器 | KA | JRX-13F DC12V | 1 |
| 9 | 时间继电器 | KT | JS7-2A 220V | 1 |
| 10 | 合闸线圈 | YA | 断路器自带 AC220V | 1 |
| 11 | 被釉电阻 | R$_1$ | ZG11-200Ω 25W | 1 |
| 12 | 金属膜电阻 | R$_2$ | RJ-200Ω 1/2W | 1 |
| 13 | 金属膜电阻 | R$_3$ | RJ-3.9kΩ 1/2W | 1 |
| 14 | 金属膜电阻 | R$_4$ | RJ-3kΩ 1/2W | 1 |
| 15 | 金属膜电阻 | R$_5$ | RJ-120Ω 1/2W | 1 |
| 16 | 金属膜电阻 | R$_6$ | RJ-10kΩ 1/2W | 1 |
| 17 | 金属膜电阻 | R$_7$ | RJ-100Ω 1/2W | 1 |
| 18 | 金属膜电阻 | R$_8$ | RJ-1.8kΩ 1/2W | 1 |
| 19 | 电位器 | RP | WX3-510Ω 3W 带锁扣 | 1 |
| 20 | 电解电容器 | C$_1$ | CD11 10μF 15V | 1 |
| 21 | 电容器 | C$_2$ | CBB22 0.047μF 63V | 1 |
| 22 | 指示灯 | H$_1$ | AD11-25/40 220V（红） | 1 |
| 23 | 指示灯 | H$_2$ | AD11-25/40 220V（绿） | 1 |

## （5）计算与调试

① 电流互感器 TA$_1$ 的选择。电流互感器 TA$_1$ 的二次电流选为 5A，而一次电流由两台变压器二次额定电流之和决定。设两台变压器容量均为 630kV·A，二次电压为 400V，则二次额定电流为

$$I_{2e} = \frac{S_e}{\sqrt{3}\,U_e} = \frac{630}{\sqrt{3} \times 0.4} = 909 \text{（A）}，两台共计 1818A，可选用$$

LMZ$_1$-0.66，2000/5A 的电流互感器。

② 调试。首先调试比较电路和控制执行电路：暂将二极管

VD₁ 负极断开，让它接在直流稳压电源的负极，图中，A 端接在直流稳压电源的正极。接通 12V 直流电源，调节直流稳压电源的电压，当 $U_{AC} < U_{AB}$（用万用表监测）时，继电器 KA 释放；而当 $U_{AC} > U_{AB}$ 时，KA 应吸合。如果没有上述现象，则应检查线路接线及电子元件是否良好。上述试验正常后，再接通时间继电器 KT 和断路器合闸线圈 YA 的交流 220V 电源进行试验。延时时间根据具体情况调整，一般可整定为数分钟至十余分钟。

然后进行现场整定：先计算出两台变压器的经济运行点（计算方法参见电工手册），设电流为 $I_j$。设 1 号变压器为常用，2 号变压器为备用。当负荷电流为 $I_j$ 时，调节电位器 RP，使继电器 KA 刚可靠吸合，2 号变压器的断路器的合闸线圈 YA 吸合，2 号变压器投入并列运行。

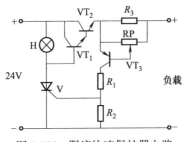

图 7-127　限流快速保护器电路

### 7.8.7　限流快速保护器

当电子设备或线路发生过流或短路时，熔断器熔断时间较长（一般需数十毫秒），容易造成集成电路、晶闸管、半导体元件等损坏，为此可采用如图 7-127 所示的限流快速保护器电路，其动作时间仅为 100μs 左右，能有效地起到保护作用。

（1）控制目的和方法

控制对象：电子设备及供电线路。

控制目的：过电流时快速保护，使电子设备免受损坏。

控制方法：利用晶闸管控制复合三极管无触点开关来实现。

（2）电路组成

① 采样电路。由三极管 VT₃、电阻 $R_3$、电位器 RP 及电阻 $R_1$、$R_2$ 组成。

② 无触点开关电路。由复合三极管 VT₁、VT₂ 组成。

③ 控制电路。由晶闸管 V 和指示灯 H 组成。

**（3）工作原理**

正常工作时，复合三极管（NPN 型）经指示灯 H 获得基极偏压而导通。因为正常工作电流在电阻 $R_3$ 上的压降很小，从电位器 RP 上取得的分压远小于 0.7V，即三极管 $VT_3$（PNP 型）的基极偏压远小于 0.7V，$VT_3$ 截止，电阻 $R_2$ 上无压降，所以晶闸管 V 关断，复合三极管从指示灯 H 获得基极偏压。

当线路负载过大或短路时，$R_3$ 上的电压降突然增大，三极管 $VT_3$ 得到足够大的基极偏压而导通，直流电源电压经 $VT_3$ 的集-射结、电阻 $R_1$ 和 $R_2$，在 $R_2$ 上建立 3～4V 的压降，晶闸管 V 被触发导通，从而使复合三极管基极电位接近 0V，$VT_1$、$VT_2$ 立即截止，切断电源，起到快速保护作用，同时指示灯 H 点亮。

$R_3$ 的阻值很小，因此其损耗很小，如在表 7-127 所列的参数下（设负载最大电流为 1A），则 $R_3$ 上的功耗仅 0.5W。

**（4）元件选择**

电气元件参数见表 7-120。

**表 7-120 电气元件参数**（设负载最大电流为 1A）

| 序号 | 名称 | 代号 | 型号规格 | 数量 |
|---|---|---|---|---|
| 1 | 三极管 | $VT_1$ | 3DG130 $\beta \geqslant 30$ | 1 |
| 2 | 三极管 | $VT_2$ | 3DD5、3DD6 $\beta \geqslant 60$ | 1 |
| 3 | 三极管 | $VT_3$ | 3CG130 $\beta \geqslant 80$ | 1 |
| 4 | 晶闸管 | V | KP1A 100V | 1 |
| 5 | 金属膜电阻 | $R_1$ | RJ-1kΩ 1/2W | 1 |
| 6 | 金属膜电阻 | $R_2$ | RJ-150Ω 1/2W | 1 |
| 7 | 金属膜电阻 | $R_3$ | RJ-0.5Ω 2W（可用几只并联） | 1 |
| 8 | 电位器 | RP | WS-0.5W 39Ω | 1 |
| 9 | 小型指示灯 | H | XZ24V 0.15A | 1 |

**（5）计算与调试**

要使装置起到满意的快速保护作用，关键是要合理选择 $R_1$～$R_3$、RP 和指示灯 H。

指示灯 H 的冷态电阻宜为 12～100Ω，XZ24V 0.15A 的热态电阻为 24/0.15＝160（Ω），冷态电阻约为 20Ω 左右，符合要求。

$R_2$ 的阻值选择，应在 $VT_3$ 导通时，在 $R_2$ 上的压降为 3～4V（即晶闸管 V 的控制极触发电压，不可大于 10V）。

$$U_{R_2} \approx \frac{(E_c - U_{ec})R_2}{R_1 + R_2} = \frac{(24 - 0.7) \times 150}{1150} = 3(V)$$

调节 RP，使负载电流达到限定值时，$VT_3$ 由截止变为导通（即 H 点亮）。若 H 不亮，可适当增大 $R_2$ 的阻值。

### 7.8.8 相序保护器之一

在某些场合，只允许电动机按一个指定的方向运转，可在控制电路中设置三相电源相序保护器，如图 7-128 所示。

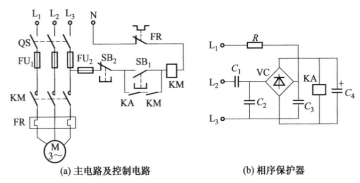

(a) 主电路及控制电路　　　　　　(b) 相序保护器

图 7-128　相序保护器电路之一

**(1) 控制目的和方法**（相序保护器部分）

控制对象：中间继电器 KA。

控制目的：三相电源正相序时，KA 吸合；反相序时，KA 释放。

控制方法：采用阻容分相技术。

**(2) 电路组成**

相序保护器由电阻 $R$、电容 $C_1$～$C_4$、整流桥 VC 和中间继电器 KA 组成。

### (3) 工作原理

当电源正相序时，经阻容分相所得的电压较大，该电压经整流桥 VC 整流后，加在中间继电器 KA 线圈上约 48V 直流电压，使 KA 吸合，其常开触点闭合。这时若按下启动按钮 $SB_1$，则接触器 KM 就能吸合并自锁，自动机可启动运行。图中，电容 $C_4$ 的作用是使加在 KA 上的电压变得平稳，有利于 KA 工作。

当电源反相序时，经阻容分相所得的电压很小，KA 不会吸合，其常开触点断开，这时即使按下启动按钮 $SB_1$，KM 也不会吸合，电动机不转，从而保证反相序电动机不转。

如果将相序保护器图中的 $L_1$、$L_2$ 端子改为 $L_2$、$L_1$，则就变成电源正相序时，KA 不吸合；电源反相序时，KA 吸合。

### (4) 元件选择

相序保护器电路元件参数见表 7-121。

**表 7-121 电气元件参数**

| 序号 | 名称 | 代号 | 型号规格 | 数量 |
|---|---|---|---|---|
| 1 | 中间继电器 | KA | JZC-22F DC48V | 1 |
| 2 | 线绕电阻 | R | RX1-51kΩ 5W | 1 |
| 3 | 电容器 | $C_1$ | CBB22 0.1μF 400V | 1 |
| 4 | 电容器 | $C_2$、$C_3$ | CBB22 0.1μF 300V | 2 |
| 5 | 电解电容器 | $C_4$ | CD11 10μF 63V | 1 |
| 6 | 整流桥 | VC | 1N40007 | 4 |

### (5) 调试

要使相序保护器动作正确可靠，关键是要合理选择电阻 R 及电容 $C_1$～$C_3$。另外，中间继电器 KA 的直流电阻不可太小，如图选用 JZC-22F，DC48V，6800Ω。

暂不接入 KA 线圈和电容 $C_4$（以免电压过高击穿电容），在 $L_1$、$L_2$、$L_3$ 端通入正相序三相 380V 电源，用万用表测量整流桥 VC 输出两端电压，希望得到 48V 左右的直流电压。若此电压偏离 48V 较大时，可适当调整电阻 R 的数值，必要时也可调整各电容的数值。然后接入 KA 和电容 $C_4$，如果 KA 上的电压超出 48V 不多，可在 VC 输出端串一降压电阻，也可在此降压电阻上并联 KA

的常闭触点，以增加启动时的吸力，正常工作时又能减小 KA 的线圈电流，有利于 KA 的散热。

然后将电源反相序通入，KA 应可靠释放，万用表指示的电压应低于 10V。否则还需适当修正 R、C 的数值，直到 KA 可靠动作为止。

### 7.8.9 相序保护器之二

线路如图 7-129 所示。

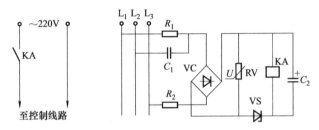

图 7-129  相序保护器电路之二

工作原理：当电源正相序时，经阻容分相所得的电压较大，该电压经整流桥 VC 整流后，加在中间继电器 KA 线圈和稳压管 VS 上约 48V 直流电压，稳压管 VS 被击穿稳压，将其两端电压稳定在约 24V，于是 KA 得到约 24V 直流电压而吸合。

当电源反相序时，整流桥 VC 输出电压很小，稳压管 VS 截止，中间继电器 KA 失电释放。

图中，压敏电阻 RV 在正常情况下是不导通的，当 VC 输出端出现过电压时，RV 击穿导通，吸收过电压，保护稳压管 VS、中间继电器 KA 和电容 $C_2$ 不损坏。

电气元件参数选择见表 7-122。

表 7-122  电气元件参数

| 序号 | 名称 | 代号 | 型号规格 | 数量 |
| --- | --- | --- | --- | --- |
| 1 | 中间继电器 | KA | JZC-22F  DC24V | 1 |
| 2 | 稳压管 | VS | 2CW144  $U_z$＝23～26V | 1 |

续表

| 序号 | 名称 | 代号 | 型号规格 | 数量 |
|---|---|---|---|---|
| 3 | 整流桥 | VC | 1N4007 | 4 |
| 4 | 压敏电阻 | RV | MY31-47/0.5 | 1 |
| 5 | 线绕电阻 | $R_1$ | RX1-82kΩ　5W | 1 |
| 6 | 线绕电阻 | $R_2$ | RX1-11kΩ　5W | 1 |
| 7 | 电容器 | $C_1$ | CBB22　0.039$\mu$F　630V | 1 |
| 8 | 电解电容器 | $C_2$ | CD11　22$\mu$F　50V | 1 |

调试：与图 7-128 类同。

## 7.8.10　逻辑电平测试器

电路如图 7-130 所示。

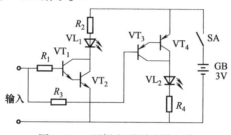

图 7-130　逻辑电平测试器电路

**(1) 控制目的和方法**

控制对象：红色和绿色发光二极管 VL$_1$ 和 VL$_2$。

控制目的：测试逻辑电平，正电平时，红色发光二极管亮；负电平时，绿色发光二极管亮。

控制方法：采用 NPN 型和 PNP 型两种不同类型的复合三极管检测。

**(2) 电路组成**

① 正电平测试电路。由三极管 VT$_1$、VT$_2$、红色发光二极管 VL$_1$ 和电阻 $R_1$、$R_2$ 组成。

② 负电平测试电路。由三极管 VT$_3$、VT$_4$、绿色发光二极管 VL$_2$ 和电阻 $R_3$、$R_4$ 组成。

直流电源为 3V。

### (3) 工作原理

接通电源，当输入信号为正电平时，NPN 型复合三极管 $VT_1$、$VT_2$ 得到正基极偏压而导通，红色发光二极管 $VL_1$ 点亮。而正基极偏压对于 PNP 型复合三极管 $VT_3$、$VT_4$ 起截止作用，绿色发光二极管 $VL_2$ 不会亮。当输入信号为负电平时，PNP 型复合三极管 $VT_3$、$VT_4$ 得到负基极偏压而导通，绿色发光二极管 $VL_2$ 点亮。而负基极偏压对 NPN 型复合三极管 $VT_1$、$VT_2$ 起截止作用，红色发光二极管 $VL_1$ 不会亮。

### (4) 元件选择

电气元件参数见表 7-123。

表 7-123　电气元件参数

| 序号 | 名称 | 代号 | 型号规格 | 数量 |
|------|------|------|----------|------|
| 1 | 开关 | SA | KN5-1 | 1 |
| 2 | 三极管 | $VT_1$、$VT_2$ | 3DG130　$\beta \geqslant 80$ | 2 |
| 3 | 三极管 | $VT_3$、$VT_4$ | 3CG130　$\beta \geqslant 80$ | 2 |
| 4 | 发光二极管 | $VL_1$、$VL_2$ | LED702、2EF601、BT201 | 2 |
| 5 | 金属膜电阻 | $R_1$、$R_3$ | RJ-220kΩ　1/2W | 2 |
| 6 | 碳膜电阻 | $R_2$、$R_4$ | RT-91Ω　1/2W | 2 |

### (5) 调试

① 电阻 $R_2$、$R_4$ 的选择。由于是测试仪器，不长期工作，因此发光二极管的工作电流可适当取大些。如取 15mA，则电阻阻值为 $(E_c - U_F)/I_F = (3 - 1.7)/0.015 = 87(\Omega)$。

② 电阻 $R_1$、$R_3$ 的选择。当逻辑电平电压较高时，阻值取大些；逻辑电平电压较低时，阻值取小些。实际调试时，以发光二极管亮度明显为准。

## 7.8.11　具有自启动功能的供电电路

有些场合，需要用电设备在电网停电后又来电时能立即投入运行，这时可采用如图 7-131 所示的电路。

### (1) 控制目的和方法

控制对象：供电线路（接触器 KM）。

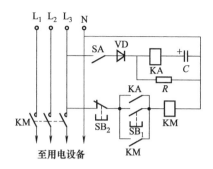

图 7-131  具有自启动功能的供电电路

控制目的：停电后又来电时 KM 自动吸合；不需自启动时，可
　　　　　用按钮控制 KM 的吸合和释放；需有延时保护功能。

控制方法：采用继电器并利用电容充电、放电特性来实现。

**(2) 电路组成**

① 接触器原控制线路。由启动按钮 SB₁、停止按钮 SB₂ 和接
触器 KM 组成。

② 增加自启动功能部分的电路。由钮子开关 SA、二极管 VD、
继电器 KA 和电容 $C$ 及电阻 $R$ 组成。

**(3) 工作原理**

不需自启动时，将钮子开关 SA 置于断开位置，继电器 KA 不
起作用，接触器的吸合和释放（即用电设备的供电线路通电和断
电）分别由启动按钮 SB₁ 和停止按钮 SB₂ 控制。

当需要自启动功能时，将 SA 置于闭合位置，当电网电源有电
时，电源经二极管 VD 半波整流，通过继电器 KA 线圈对电容 $C$ 充
电，由于 $C$ 两端电压开始为零，它不能突变，所以整流电压全部
加在 KA 线圈上，KA 吸合，其常开触点闭合，接触器 KM 得电吸合
并自锁，接通供电电源，用电设备启动运行。随着时间的延长，电
容 $C$ 的充电电流逐渐减小，KA 线圈两端电压降低，最终 KA 释放，
完成一次启动工作。图中，$R$ 为 $C$ 的放电电阻，以便电网停电再
来电时再次自动启动。

为了避免电网停电后瞬间来电（如间隔时间小于 1s)，用电设

备频繁开停而对电网、用电设备造成冲击，线路应具有延时功能。它是这样实现的：停电后电容 $C$ 通过 KA 线圈和 $R$ 放电，使 KA 能继续保持一段时间吸合，适当选择 $C$、$R$ 及 KA 的参数，能使 KA 吸合时间大于 1s。

### （4）元件选择

电气元件参数见表 7-124。

表 7-124　电气元件参数（自启动部分）

| 序号 | 名称 | 代号 | 型号规格 | 数量 |
|------|------|------|----------|------|
| 1 | 钮子开关 | SA | KN5-1 | 1 |
| 2 | 继电器 | KA | JQX-4F　DC110V | 1 |
| 3 | 二极管 | VD | 1N4007 | 1 |
| 4 | 金属膜电阻 | $R$ | RJ-22kΩ　1W | 1 |
| 5 | 电解电容器 | $C$ | CD11　33μF　300V | 1 |

### （5）调试

关键是选择电容 $C$、电阻 $R$ 的数值和正确选用继电器 KA。可实际试验确定。选定 KA 后，接通自启动电路的电源后又立即断开，看 KA 能保持吸合状态多久。一般能保持 1s 左右即可。注意，电解电容的质量必须要好，漏电电流要小。电阻 $R$ 的接线必须可靠，否则电容 $C$ 将无放电回路，会较长时间带电荷。

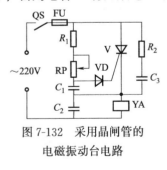

图 7-132　采用晶闸管的电磁振动台电路

动台电路如图 7-132 所示。

## 7.8.12　电磁振动台（给料机）

电磁振动台或给料机是利用一些小物体在一定的轨道或筒内受到强迫振动后，能够"自动排队"地沿轨道或筒内移动的现象做成的一种送料装置。振动源是一个无短路环的电磁铁。采用晶闸管的电磁振

### （1）控制目的和方法

控制对象：电磁振动台（振动器 YA 线圈）。

控制目的：使振动台产生振动，振幅可调。

控制方法：采用晶闸管，改变其导通角，可改变振荡频率。

保护元件：熔断器 FU（装置的短路保持）；$R_2$、$C_3$（阻容保护，保护晶闸管免受过电压而损坏）；$C_2$（给 YA 线圈提供一个电能释放回路，以防止失电后线圈反电势对晶闸管的损坏）。

**(2) 电路组成**

① 主电路。由开关 QS、熔断器 FU、晶闸管 V（兼作控制元件）和振动器 YA 线圈组成。

② 控制（触发）电路。由电阻 $R_1$、电位器 RP、电容 $C_1$ 和二极管 VD 组成。

**(3) 工作原理**

合上电源开关 QS，220V 交流电正半周时，电压经电阻 $R_1$、电位器 RP 向电容 $C_1$ 充电，当 $C_1$ 充电到使控制极得到足够触发电压时，晶闸管 V 导通，同时 $C_1$ 经二极管 VD 和控制极回路放电。在电源负半周时，晶闸管承受反向电压而关断。调节 RP 可控制 $C_1$ 的充电、放电速度，从而改变晶闸管的导通角，即改变振动台（给料机）的振幅。

图中，电阻 $R_1$ 的作用是防止电位器 RP 调到零而使控制极电流过大而损坏晶闸管。

**(4) 元件选择**

电气元件参数见表 7-125。

表 7-125 电气元件参数

| 序号 | 名称 | 代号 | 型号规格 | 数量 |
|---|---|---|---|---|
| 1 | 开关 | QS | DZ12-60/1 10A | 1 |
| 2 | 熔断器 | FU | RL1-15/5A | 1 |
| 3 | 晶闸管 | V | KP5A 500V | 1 |
| 4 | 二极管 | VD | 1N4001 | 1 |
| 5 | 金属膜电阻 | $R_1$ | RJ-1.5kΩ 1W | 1 |
| 6 | 金属膜电阻 | $R_2$ | RJ-51kΩ 2W | 1 |
| 7 | 多圈电位器 | RP | WXD4-23-4.7kΩ 3W | 1 |
| 8 | 电容器 | $C_1$ | CBB22 1.2μF 160V | 1 |
| 9 | 电容器 | $C_2$、$C_3$ | CBB22 0.47μF 400V | 2 |
| 10 | 线圈 | YA | 振动器自带 | 1 |

## (5) 调试

要使装置安全可靠地工作，首先必须保证元件质量的可靠，尤其是电容参数和耐压的要求。$R_1$、RP 和 $C_1$ 的选择由调压范围而定。$R_1$、$C_1$ 的数值减小，能使输出电压增大；反之，$R_1$、$C_1$ 的数值增大，能使输出电压减小。具体应根据实际需要确定。

由于装置元件都处在电网电压下，因此在安装、调试、使用时必须注意安全。

### 7.8.13 KZD-T 型直流电动机不可逆调速装置

该调速装置为笔者开发的一种性能优良的直流电动机调速控制产品，电路如图 7-133 所示。装置调速范围约 10∶1，所带电动机功率在 0.8～13kW 之间，适用于对精度要求不高、负载变化不大的场合。

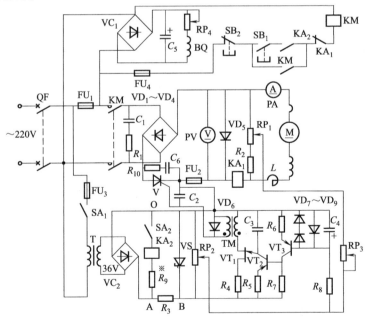

图 7-133　KZD-T 型直流电动机不可逆调速装置电路

(1) 控制目的和方法

控制对象：直流电动机 M。

控制目的：无级调速，调速范围约 10：1。

控制方法：采用晶闸管单相桥整流电路，控制晶闸管导通角，
　　　　　即可控制电动机的速度，采用电压负反馈使调速平
　　　　　滑稳定。

保护元件：快速熔断器 $FU_1$、$FU_2$（主电路短路保护）；熔断器
　　　　　$FU_3$、$FU_4$（控制电路短路保护）；$R_1$、$C_1$（交流
　　　　　侧阻容保护，保护晶闸管和整流元件）；过电流继
　　　　　电器 $KA_1$（电动机过载保护）；二极管 $VD_7 \sim VD_9$
　　　　　（钳位二极管，保护三极管 $VT_3$ 不被损坏）。

(2) 电路组成

① 主电路。由断路器 QF、快速熔断器 $FU_1$、$FU_2$、接触器 KM
主触点，单相整流桥（由二极管 $VD_1 \sim VD_4$ 和晶闸管 V 组成）、续
流二极管 $VD_5$、电抗器 L 和直流电动机 M 组成。

② 励磁绕组供电电路。由整流桥 $VC_1$、电容 $C_5$、电位器 $RP_4$
和励磁绕组 BQ 组成。

③ 控制电路。由熔断器 $FU_4$、启动按钮 $SB_1$、停止按钮 $SB_2$、
继电器 $KA_2$ 触点、过电流继电器 $KA_1$ 触点和接触器 KM 组成。

④ 触发电路（单结晶体管弛张振荡器）。由单结晶体管 $VT_1$、
三极管 $VT_2$ 和 $VT_3$、电阻 $R_4 \sim R_8$、电容 $C_2 \sim C_4$、二极管 $VD_6 \sim$
$VD_9$、脉冲变压器 TM 组成，另外，还有主令电位器 $RP_2$、电压负
反馈回路 $R_2$、$RP_1$ 和 $RP_3$。

⑤ 直流同步电源。由熔断器 $FU_3$、开关 $SA_1$、变压器 T、整流
桥 $VC_2$、电阻 $R_3$ 和稳压管 VS 组成。

⑥ 指示仪表。PA——指示电动机定子直流电流；PV——指示
电动机定子直流电压。

(3) 工作原理

接通电源，合上开关 $SA_1$，220V 交流电经整流桥 $VC_1$ 整流、
电容 $C_5$ 滤波、电位器 $RP_4$（调节它可改变励磁电流）降压后；将

直流电压加在电动机的励磁绕组 BQ 上。

220V 交流电又经变压器 T 降压、整流桥 $VC_2$ 整流、电阻 $R_3$ 降压、稳压管 VS 削波后，给触发电路提供约 24V 直流同步电压。

启动时，将主令电位器 $RP_2$ 调至 O 位（这时与 $RP_2$ 有机械联系的微动开关 $SA_2$ 闭合，继电器 $KA_2$ 吸合，其常开触点闭合），按下启动按钮 $SB_1$，接触器 KM 得电吸合并自锁，其主触点闭合，接通主电路电源。调节 $RP_2$（这时 $SA_2$ 即断开，$KA_2$ 即释放）即有主令电压送出，而负反馈电压从并联在电枢两端的电位器 $RP_1$ 上取得。这两个电压相比较所得的差值电压经电阻 $R_8$ 与电容 $C_4$ 滤波后，加到三极管 $VT_3$ 基极进行放大，并控制三极管 $VT_2$ 的导通程度，以改变弛张振荡器的频率，改变晶闸管 V 的导通角，从而改变电枢电压的大小，达到调节电动机转速的目的。

停机时，按下停止按钮 $SB_2$ 即可。

图中，电容 $C_4$ 是用来对输入脉动电压滤波及吸收输入信号的突变，可使调速过程比较平稳；二极管 $VD_6$ 起检波作用，只允许正脉冲信号送入控制极；$C_2$ 是防干扰电容，防止干扰信号混入控制极引起晶闸管误触发；续流二极管 $VD_5$ 防止晶闸管失控；电抗器 L 能使晶闸管的导通时间延长，降低电流峰值，并减小电流的脉动程度，改善直流电动机的运行条件。

当电动机过载时，过电流继电器 $KA_1$ 吸合，其常闭触点断开，接触器 KM 失电释放，切断主电路电源，达到保护的目的。

**（4）元件选择**

电气元件参数见表 7-126。

表 7-126  电气元件参数

| 序号 | 名称 | 代号 | 型号规格 | 数量 |
|---|---|---|---|---|
| 1 | 断路器 | QF | DZ10-100A | 1 |
| 2 | 快速熔断器 | $FU_1$、$FU_2$ | RS3  60A  500V | 2 |
| 3 | 熔断器 | $FU_3$、$FU_4$ | RL1-15/6A | 2 |
| 4 | 控制变压器 | T | KC-50V·A  220/36V、6.3V | 1 |
| 5 | 电抗器 | L | 5kV·A | 1 |
| 6 | 微动开关 | $SA_2$ | 改装在 $RP_1$ 上 | 1 |

续表

| 序号 | 名称 | 代号 | 型号规格 | 数量 |
|---|---|---|---|---|
| 7 | 拨动开关 | $SA_1$ | KN5-1 | 1 |
| 8 | 晶闸管 | V | KP50A　600V | 1 |
| 9 | 三极管 | $VT_2$ | 3CG130　$\beta \geqslant 30$ | 1 |
| 10 | 三极管 | $VT_3$ | 3DG6　$\beta \geqslant 50$ | 1 |
| 11 | 单结晶体管 | $VT_1$ | BT33　$\eta \geqslant 0.6$ | 1 |
| 12 | 稳压管 | VS | 2CW113　$U_z = 16 \sim 19V$ | 1 |
| 13 | 整流桥 | $VC_1$、$VC_2$ | 1N4007 | 8 |
| 14 | 二极管 | $VD_1 \sim VD_5$ | ZP30A　600V | 5 |
| 15 | 二极管 | $VD_6 \sim VD_9$ | 1N4001 | 4 |
| 16 | 接触器 | KM | CJ20-60A　380V | 1 |
| 17 | 继电器 | $KA_2$ | JQX-4F　DC36V | 1 |
| 18 | 直流过电流继电器 | $KA_1$ | JL3-11　50A | |
| 19 | 线绕电阻 | $R_1$ | RX1-10Ω　50W | 1 |
| 20 | 线绕电阻 | $R_2$ | RX1-2kΩ　15W | 1 |
| 21 | 金属膜电阻 | $R_3$ | RJ-1.1kΩ　2W | 1 |
| 22 | 金属膜电阻 | $R_4$ | RJ-360Ω　1/2W | 1 |
| 23 | 金属膜电阻 | $R_5$、$R_6$ | RJ-1kΩ　1/2W | 2 |
| 24 | 金属膜电阻 | $R_7$ | RJ-10kΩ　1W | 1 |
| 25 | 金属膜电阻 | $R_8$ | RJ-2kΩ　1W | 1 |
| 26 | 金属膜电阻 | $R_{10}$ | RJ-68Ω　2W | 1 |
| 27 | 可调式线绕电阻 | $RP_1$ | GF-1.5kΩ　30W | 1 |
| 28 | 电位器 | $RP_2$ | WX-2.7kΩ　2W | 1 |
| 29 | 可调式线绕电阻 | $RP_3$ | GF-1.5kΩ　10W | 1 |
| 30 | 电容器 | $C_1$ | CZJD-2　$10\mu F$　500V | 1 |
| 31 | 电容器 | $C_2$ | CBB22　$0.1\mu F$　400V | 1 |
| 32 | 电容器 | $C_3$ | CBB22　$0.47\mu F$　63V | 1 |
| 33 | 电解电容器 | $C_4$ | CD11　$100\mu F$　50V | 1 |
| 34 | 电解电容器 | $C_5$ | CD11　$220\mu F$　450V | 1 |
| 35 | 电容器 | $C_6$ | CBB22　$0.25\mu F$　1000V | 1 |
| 36 | 脉冲变压器 | TM | 用半导体输出变压器 | 1 |
| 37 | 直流电流表 | PA | $42C_3$-A　75A 带分流器 | 1 |
| 38 | 电流电压表 | PV | $42C_3$-V　300V | 1 |
| 39 | 按钮 | $SB_1$ | LA18-22(绿) | 1 |
| 40 | 按钮 | $SB_2$ | LA18-22(红) | 1 |

## (5) 调试

系统的调试步骤和方法如下。

① 暂不接直流电动机，在整流装置输出端接一假负载电阻(如 100W 220V 灯泡)。

② 接通控制电路电源（暂不接主电路），用示波器观察稳压管 VS 两端有无连续的梯形波。尚可用万用表测量，应约有 24V 的直流电压。

③ 然后用示波器观察电容 $C_3$ 两端有无锯齿波。调节主令电位器 RP₂，锯齿波的数目应均匀地变化。正常情况，应能调到最少只出半个锯齿波，最多可出 6~8 个锯齿波，且连续均匀地变化。如果调至最多个锯齿波后，继续调节 RP₂，锯齿波突然消失，则说明 $R_5$ 阻值太小，应增大其阻值，使 RP₂ 调到最大值时，锯齿波都不会消失。

④ 同时接通主电路和控制电路电源，观察有无输出电压和输出电流，并用示波器观察输出端的电压波形是否正常，调节主令电位器 RP₂，波形变化是否符合要求（见图 7-134），输出电压能否从零至最大值均匀地调节，有无振荡现象。

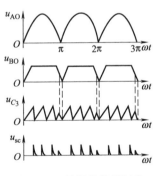

图 7-134　单结晶体管触发电路的各点波形

⑤ 调节电压负反馈电位器 RP₁，输出电压应能变化。

⑥ 调节电压反馈。以上试验正常后，撤掉假负载电阻，接入直流电动机，作正式调试。调试方法同前。当负反馈量过大时，输出电压可能会发生振荡，这时应适当减小负反馈量。另外，需改变电动机的励磁电压（调节瓷盘变阻器 RP₄），看电动机转速是否能相应地发生变化。同时要观察电动机运行状况，有无异常声响、过热或电刷火花过大等情况，以及检查整流装置柜内的晶闸管、整流二极管及其他电气电子元器件是否有过热或其他异常情况。

⑦ 输出电压最大值的确定：一般不应超过直流电动机额定电压的5%。逐渐增大主令电压（调节 RP₂），同时观察输出电压，并

适时调节负反馈量（调节 $RP_1$），使 $RP_2$ 达到极限时，输出电压符合规定要求。

⑧ 调试结束，装置已达到生产工艺的技术要求时，便可将各调节电位器锁定，以免运行时松动，而改变装置的技术性能。

⑨ 过电流继电器 $KA_1$ 动作值一般可按电动机额定电流的 1.1～1.2 倍来整定。

如果在调节主令电位器 $RP_2$ 时无直流电压输出，很可能是同步变压器 T 或脉冲变压器 TM 极性接反了，只要将其原边（或副边）二接线头对调一下便可。

如果在调节主令电位器 $RP_2$ 时直流电压输出突然增大及不稳定，很可能是在柜内接线时将电压负反馈接成正反馈，即将触发电路与主电路的一根短接导线（本应接在主电路负极）错接在主电路的正极上，改正即可。

## 7.8.14　JDK 型卷带机控制装置

卷带机是用来卷绕塑料绑扎带（如嫁接用绑扎带）的，将一定长度的塑料带卷绕在塑料卷盘上。由于塑料带强度低，电动机停机时因惯性作用往往会将塑料带拉断（因工艺需要有时在未圈至规定长度时也要停机检查或处理），因此电路采用电磁离合器加能耗制动，以迅速停机。另外，为测量卷绕在卷盘上的塑料带的盘数，还需采用光电计数器。JXK 型卷带机控制装置为作者开发的产品，其电路如图 7-135 所示。

**(1) 控制目的和方法**

控制对象：将塑料带卷绕在塑料卷盘上制成产品。

控制目的：①测量卷绕在卷盘上塑料带的长度；②电动机迅速制动，以防止塑料带被拉断。

控制方法：①采用光电计数器测量塑料带盘数；②电动机停止采用电磁离合器和能耗制动。

保护元件：熔断器 $FU_1$（电动机短路保护）；$FU_2$（控制电路短路保护）。

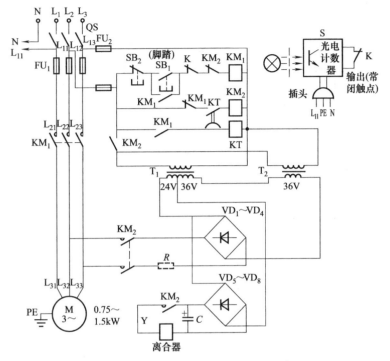

图 7-135　JDK 型卷带机控制装置电路

**(2) 电路组成**

① 主电路。由闸刀开关 QS、熔断器 FU$_1$、接触器 KM$_1$ 主触点和电动机 M 组成。

② 控制电路。由启动按钮 SB$_1$、停止按钮 SB$_2$、接触器 KM$_1$、KM$_2$ 和时间继电器 KT 等组成。

③ 制动电路。由变压器 T$_1$、T$_2$、电磁离合器 Y、限流电阻 R 和整流桥（VD$_1$～VD$_8$）及电解电容 C 组成。

④ 计数电路。由光电计数器 S（包括光电头、输出常闭触点）。

**(3) 工作原理**

当光电计数器 S 做好计数准备时，触点 K 闭合，按（踏）下按钮 SB$_1$，接触器 KM$_1$ 得电吸合并自锁，电动机 M 启动运转，光

电计数器 S 开始计数。同时 KM₁ 常开辅助触点闭合，时间继电器
KT 线圈得电，其延时断开常开触点闭合。由于 KM₁ 常闭辅助触点
已断开，所以接触器 KM₂ 处于释放状态，其常开触点断开，制动
回路不工作（能耗制动直流电源采用变压器降压、桥式整流器整流
获得）。

　　当按下停止按钮 SB₂ 时，或塑料带被拉断时，光线进入光电
继电器，其内的继电器 K 吸合，其常闭触点断开，接触器 KM₁ 失
电释放，切断电动机定子电源，KM₁ 常闭辅助触点闭合，接触器
KM₂ 得电吸合，其触点接通制动回路，电磁离合器 Y 和能耗制动
回路同时工作，电动机迅速制动停机。

　　在接触器 KM₁ 失电释放的同时，其常开辅助触点断开，时间
继电器 KT 线圈失电，经过一段时间延时（1～2s），其延时断开常
开触点断开，接触器 KM₂ 失电释放，切断制动回路。延时的目的
是确保有足够的制动时间。实际上电动机几乎瞬时即被制动停转。

### （4）元件选择

电气元件参数见表 7-127。

**表 7-127　电器元件参数表**（电动机功率为 1.5kW）

| 序号 | 名称 | 代号 | 型号规格 | 数量 |
|---|---|---|---|---|
| 1 | 闸刀开关 | QS | HK1-15/3 | 1 |
| 2 | 熔断器 | FU₁ | RL1-15/10A | 3 |
| 3 | 熔断器 | FU₂ | RL1-15/6A | 2 |
| 4 | 交流接触器 | KM₁、KM₂ | CJ20-16A　380V | 2 |
| 5 | 时间继电器 | KT | JS7-1A　AC380V | 1 |
| 6 | 被釉电阻 | R | RXY-100Ω　100W | 1 |
| 7 | 二极管 | VD₁～VD₈ | ZP5A　300V | 8 |
| 8 | 光电计数器 | S | JG-D型(光电继电器),GZ-6B(计数器) | 1 |
| 9 | 电解电容器 | C | CD11　100μF　600V | 1 |
| 10 | 变压器 | T₁ | 50V·A　380/36、24V | 1 |
| 11 | 变压器 | T₂ | 50V·A　380/36V | 1 |
| 12 | 按钮 | SB₁ | LA18-22(绿) | 1 |
| 13 | 按钮 | SB₂ | LA18-22(红) | 1 |

### （5）电气接线图

卷带机控制装置电气接线图如图 7-136 所示。

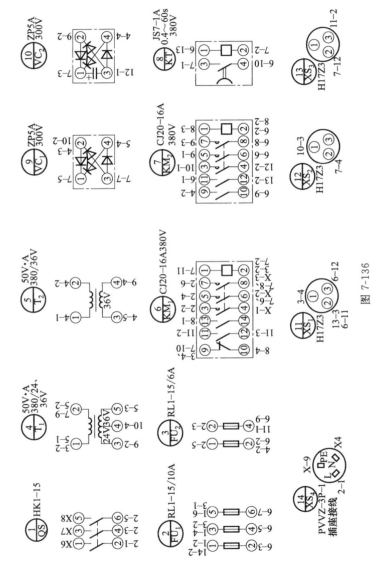

图 7-136

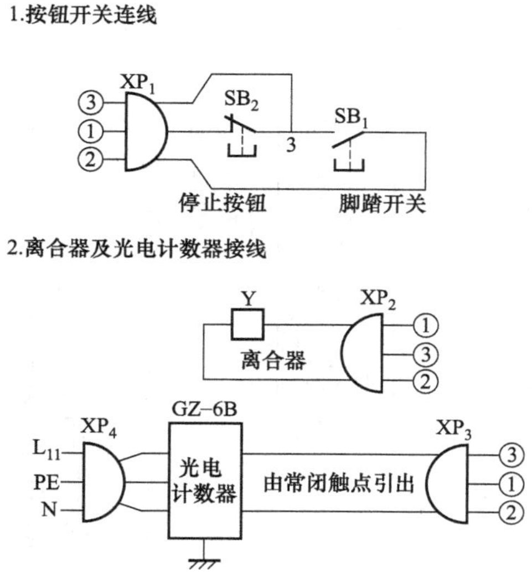

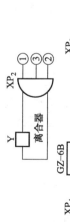

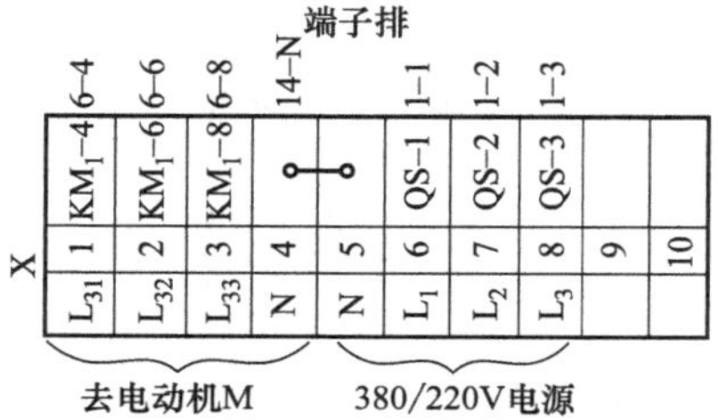

**1.按钮开关连线**

SB₂ 停止按钮  SB₁ 脚踏开关

**2.离合器及光电计数器接线**

Y 离合器

GZ-6B 光电计数器  由常闭触点引出

端子排

|  | 1 | 2 | 3 | 4 | 5 | 6 | 7 | 8 | 9 | 10 |
|---|---|---|---|---|---|---|---|---|---|---|
| X | $L_{31}$ | $L_{32}$ | $L_{33}$ | N | N | $L_1$ | $L_2$ | $L_3$ |  |  |
|  | $KM_1$-4 | $KM_1$-6 | $KM_1$-8 |  |  | $QS$-1 | $QS$-2 | $QS$-3 |  |  |
|  | 6-4 | 6-6 | 6-8 | 14-Z |  | 1-1 | 1-2 | 1-3 |  |  |

去电动机M 380/220V电源

注：
1. 柜内接线采用1.5mm²塑料铜芯硬线。
2. 离合器Y的引线采用1.5mm²塑料铜芯软线。
3. 光电计数器的引线采用1mm²铜芯屏蔽线，屏蔽线的一端反计数器外壳接地。
4. 电源引线、电动机引线采用1.5mm²铜芯电缆。
5. 配电箱外插座XP₄的PE极和电动机外壳采用保护接零、接零线采用2.5mm²塑料铜芯线。

图7-136　卷带机控制装置电气接线图

### (6) 电气走线图

卷带机控制装置电气走线图如图 7-137 所示。

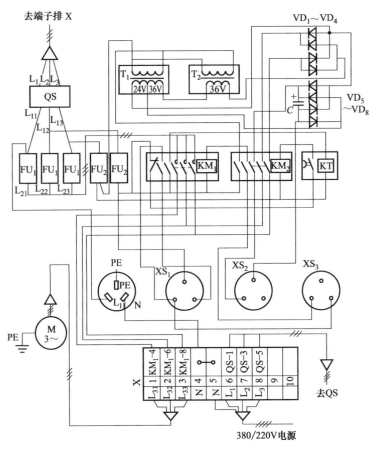

图 7-137　卷带机控制装置电气走线图

### (7) JG-D 型光电继电器简介

该光电继电器的使用环境温度范围：－10～＋40℃，空气相对湿度不高于80％，允许电压波动范围为220V（－15％～＋10％）。

JG-D 型光电继电器的原理电路如图7-138所示。图中，VT₁ 为光敏三极管；KA 为继电器，采用 DZ144 型 12V、185Ω；H 为 6～

8V 小电珠；由三极管 $VT_2$、$VT_3$ 组成单稳态触发电路。

① 工作原理　它是亮通式的，光头与接收头分别装在工件 (塑料带) 的两侧，当塑料带断裂时，光头发出的平行光正射入接收头内，光敏三极管 $VT_1$ 受光照，产生光电流，使 $VT_1$ 集电极电位上升，三极管 $VT_2$ 截止，$VT_3$ 导通，继电器 KA 得电吸合。反之，如果光线被塑料带遮断，则 KA 释放。

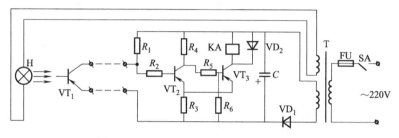

图 7-138　JG-D 型光电继电器原理电路图

② 光头结构　GT-D 型光头结构如图 7-139 所示。发光头内装有 6.3V 指示灯泡和焦距为 $f=50\text{mm}$ 的双凸透镜。光线经汇聚后成平行光。接收头内装光敏三极管和焦距为 $f=50\text{mm}$ 的双凸透镜，把接收到的平行光聚焦在光敏三极管发射极的侧面。发光头和接收头的结构相同，内部开槽，光敏三极管和灯泡的插件可插入不同槽内，以调节聚焦位置。

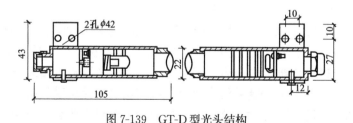

图 7-139　GT-D 型光头结构

**(8) JG-D 型光电继电器的安装与调试**

① GT-D 型光头的安装　光头与接收头分别装在被测工件 (塑料带) 的两侧 (距离在 2m 以内均可)，光头与接收头应尽可

能水平安装。如果必须倾斜安装时，则光头安装位置应低于接收头，光头与接收头的倾斜线与地平线的夹角应小于30°。接收头的安装要注意避免其他光线的干扰和振动的影响。如阳光、灯光等不应直射接收头。如果机架有振动，光头不能直接装在机架上，而要从地基上另起专门的固定架。光头应避免其他部件碰撞的可能。

② JG-D 型光电继电器的安装　JG-D 型光电继电器应安装在无振动的机架上，可以水平或垂直安装。

③ 调整　在连接 220V 电源时，应先将开关 SA 打开，调整时，把光头插头座"Z"端的连接电缆（可用普通橡胶绝缘电缆）松开，在其间串入一个 0～5mA 的直流毫安表，其负极与插头座"Z"端相接，正端与端子排"Z"端相接，同时将光头上盖打开，然后合上开关 SA，接通电源。移动、旋转光头，使平行光汇聚在光敏三极管发射极侧面，当毫安表指示大于 1.9mA 时，继电器应吸合。然后小心地将所有紧固螺钉拧紧，盖好上盖，拆除毫安表，恢复线路。

(9) 调试

① 控制电路调试。暂卸下熔断器 $FU_1$，断开图 7-135 中交流接触器 $KM_2$ 的常开辅助触点接线。合上电源开关 QS，按下按钮 $SB_1$，接触器 $KM_1$ 应吸合，时间继电器 KT 也得电吸合。按下停止按钮 $SB_2$，$KM_1$ 释放，而 $KM_2$ 吸合，经过 1～2s 后 $KM_2$ 释放。

② 制动电路调试。接着拉断开关 QS，将 $KM_2$ 的常开辅助触点接线恢复。合上 QS，按下按钮 $SB_1$ 后，接着按下停止按钮 $SB_2$，这时电磁离合器 Y 应吸合，经过 1～2s 后，Y 释放。如果无此动作，可将 $KM_2$ 常开辅助触点暂用导线短接（或用尖嘴钳碰连 $KM_2$ 辅助触点两端），接通电源后，Y 应吸合。若仍不吸合，应用万用表检测变压器 $T_1$ 和 $T_2$ 次级电压是否正常。若次级电压正常，则应检查整流桥 $VD_5$～$VD_8$ 接线是否正确，元件是否良好，以及电解电容器 C 极性有无接反，$KM_2$ 主触点连接是否牢靠。若上述试验正常，去掉短接导线后试验，Y 仍不吸合，则有可能是误接在 $KM_2$

的常闭辅助触点上了。

另外，试验能耗制动回路时，可用万用表检测整流桥 VD₁～VD₄ 的输出直流电压，正常时应有 86V 左右（空载电压）。

以上试验正常后，将电动机回路接入现场试验。试验主要看制动效果，将塑料带在盘绕时人为剪断或按下停止按钮 SB₂，电动机应迅速停机。停机后再启动，塑料带应不会被拉断。

制动效果决定于电磁离合器 Y 动作是否迅速（必要时可增大电容器 C 的容量）和限流电阻 R 阻值取得是否合适。R 的阻值一般可取 50～200Ω，功率 50～100W（因制动时间很短，功率不必太大），有时此限流电阻可以不用。

③ 光电计数器调试。光电继电器的调试已在（8）③项介绍。盘绕塑料带现场试验，看连续生产计数是否正确。若盘绕中途塑料带被拉断，由操作人员按动"删除"按钮（图中未画出），可删去计数器 1 盘数。

## 7.8.15　手动励磁调节器

小水电无刷励磁发电机的励磁常采用手动调节。下面举一例介绍手动励磁调节器的设计与制作。

已知有一台 500kW 无刷励磁发电机，额定励磁电压 $U_{le}$ 为 40V，额定励磁电流 $I_{le}$ 为 4.9A。

确定采用单相桥式整流电路，如图 7-140 所示。

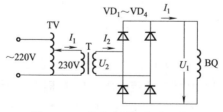

图 7-140　手动励磁调节器电路

图中，BQ 为发电机励磁绕组。由于采用二极管整流，不同于晶闸管整流，不存在续流问题，因此不需要续流二极管。

**(1) 计算**

① 变压器 T 的选择。并网运行的小机组，不必考虑强励，变压器二次侧电压和电流为

$$U_2 = 1.11U_{le} + ne = 1.11 \times 40 + 2 \times 0.5 = 45.4(V)$$

式中　$n$——每半波流过二极管的管数；

　　　$e$——二极管的电压降，V

$$I_2 = 1.11I_{le} = 1.11 \times 4.9 = 5.44(A)$$

变压器容量应不小于：

$$S = U_2 I_2 = 45.4 \times 5.44 = 247(V \cdot A)$$

考虑一定的裕量及变压器长期工作的散热情况，可选用容量为 500V·A、电压为 230/50V 单相控制变压器。

② 调压器 TV 的选择。流过调压器 TV 的最大电流即为变压器 T 的一次侧最大电流，即

$$I_{lm} = 1.11k\,I_{le} = 1.11\frac{50}{230} \times 4.9 = 1.18 \text{（A）} \text{（式中，} k \text{ 为变压}$$

器 T 的变比）

调压器最大容量应不小于

$$S = UI = 230 \times 1.18 = 272(V \cdot A)$$

可选用容量为 500V·A、电压为 230/(0~250)V 单相调压器。

③ 二极管 VD$_1$~VD$_4$ 的选择。流经每只二极管的最大电流为

$$I_a = 0.5I_{le} = 0.5 \times 4.9 = 2.45(A)$$

元件耐压不小于：$U_m = 1.41U_2 = 1.41 \times 45.4 = 64$ （V）

考虑电网过电压等因素，因此可选用 ZP10A/500V 二极管。

**(2) 调试**

暂用 110V、40W 以上的白炽灯代替励磁绕组 BQ 进行调试。用万用表监测灯泡两端的直流电压。将调压器 TV 调到零位，接通电源，慢慢旋动手轮，灯泡由熄灭慢慢变亮，电压由 0V 升至 50V 以上。正常后，再接到发电机励磁绕组上进行现场调试。将励磁调节器输出正、负端分别接到励磁绕组的正、负极，将调压器 TV 调到零位，将变压器 T 的初级接到 220V 系统电源（最好经一开关）；

开启导水叶，把水轮发电机组开到额定转速，然后缓慢地旋动调压器手轮，励磁电流和励磁电压也慢慢上升，发电机机端输出电压也随之升高（此 500V 交流电压表一般装在并网控制柜上），一直调到机端电压能达到 480V，接着马上将机端电压调到与电网电压相同，同时调节发电机转速，使其频率达到 50Hz。然后通过并网控制柜，手动或自动并网法将机组并入电网。接着一边开大导水叶，增加有功输出，一边调大励磁电流，增加无功输出，直到发电机满负荷运行，这时励磁电流为 4.9A，励磁电压为 40V，功率因数为 0.8。然后再调节调压器 TV，能使功率因数能调至滞后 0.6 以下，说明励磁调节器设计合理。接着马上将功率因数调回到 0.8。发电机满负荷运行数小时，注意观察调节器有无发热等异常情况。如果发热严重，说明容量欠小。如果情况正常，即可投入长期运行。

## 7.8.16　TLG1-33 型发电机晶闸管自动励磁装置

电路如图 7-141 中虚框部分所示。它适用于机端电压为 400V、容量为 500kW 及以下的同步发电机作自动调节励磁用。它的最大输出电压为 70V，最大输出电流为 16A。

(1) **控制目的和方法**

控制对象：小型同步发电机励磁绕组 $BQ_2$ 的电流（或电压）。

控制目的：自动励磁，维持机端电压稳定（单机）和无功分配（并联），有一定的强励能力。

控制方法：通过测量、放大、调差等电路控制单相半波整流电路中的晶闸管的导通角，实现自动调节励磁的目的。

保护元件：二极管 $VD_5$、$VD_6$（钳位作用，保护三极管 $VT_3$ 免受过电压损坏，并将同步电压转成矩形波）；过流继电器 KA（励磁过流时灭磁保护）。

(2) **电路组成**

1) **主电路（不属励磁调节器）**　采用一只晶闸管 V 的单相半波整流电路。它由晶闸管 V（兼作控制元件）、续流二极管 $VD_7$、

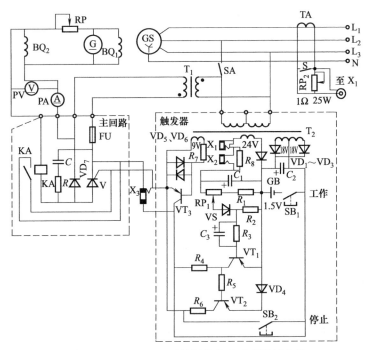

图 7-141　TLG1-33 型晶闸管自动励磁装置电路

整流变压器 T$_1$ 和熔断器 FU 组成。

　　VD$_7$ 的作用是当晶闸管 V 关断后，把励磁绕组 BQ 所储存的能量通过其形成回路，使励磁电流连续平滑，同时不使 V 失控；R、C 为晶闸管阻容保护，以抑制磁场回路的过电压；熔断器 FU 是过流保护元件，使励磁电流不超过晶闸管的允许电流。

　　2）移相触发电路　它由测量电路、相位调制电路和同步开关及直流工作电源组成。

　　① 电压测量电路：由测量及同步变压器 T$_2$ 的 24V 绕组、二极管 VD$_1$ 和锯齿波发生器（由电容 C$_1$、电阻 R$_1$ 和电位器 RP$_1$ 组成）组成。

　　② 相位调制电路：由三极管 VT$_1$ 和 VT$_2$ 组成。

　　③ 同步开关：由变压器 T$_2$ 的 9V 绕组、二极管 VD$_5$、VD$_6$ 和

三极管 VT$_3$ 组成。

④ 三极管直流工作电源：由变压器 T$_2$ 的 2 组 18V 绕组、二极管 VD$_2$、VD$_3$ 和电容 C$_2$ 组成。

3) 起励、灭磁电路　起励电路由干电池 GB 和起励按钮 SB$_1$ 组成；灭磁用灭磁按钮 SB$_2$。

4) 调差电路　由电流互感器 TA、电位器 RP$_2$ 和开关 S（S 闭合时为单机运行；S 打开时为并联运行，调差接入）组成。

5) 消振电路　由电阻 R$_3$ 和电容 C$_3$ 组成。

**(3) 工作原理**

发电机起励建压后，机端电压经变压器 T$_2$ 降压、二极管 VD$_1$ 整流后送至 C$_1$ 和 R$_1$、RP$_1$ 组成的充放电回路，并转换成一系列锯齿波电压，加在稳压管 VS 和电阻 R$_2$ 串联回路上。当锯齿波电压低于 VS 的击穿电压时，回路中没有电流，R$_2$ 上无压降；当锯齿波电压高于 VS 的击穿电压时，回路导通，R$_2$ 上有压降。

当 R$_2$ 上没有压降时，三极管 VT$_1$ 截止，VT$_2$ 得到基极偏压而导通；当 R$_2$ 上有压降时，VT$_1$ 导通，VT$_2$ 截止。于是在电阻 R$_6$ 上输出一系列矩形脉冲。该矩形脉冲加在同步开关 VT$_3$ 的集-射极上。另外，在发电机电压每周期内，二极管 VD$_5$、VD$_6$ 交替导通，利用二极管的正向压降将交流同步电压限幅，转换成矩形波，加在 VT$_3$ 基极上。只有当 VD$_5$ 导通的半周内 VT$_3$ 基极得到负偏压，并在 R$_6$ 上输出矩形脉冲时才导通，从而输出脉冲 i$_G$（即晶闸管 V 的控制极电流）去触发晶闸管 V。保证在晶闸管处于逆向电压时没有触发脉冲输出。

当发电机电压升高或降低时，锯齿波电压将向上或向下平移，相位调制器的输出脉冲将向后或向前移动，从而使晶闸管的导通角减小或增大，使励磁电流的平均值相应减小或增大，使发电机端电压维持到规定值。

电路中各部位波形如图 7-142 所示。图中，u$_1$ 为整流输出电压（即励磁电压）。

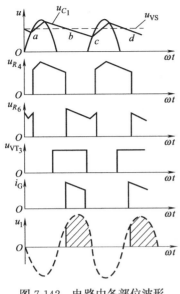

图 7-142　电路中各部位波形

**(4) 元件选择**

电气元件参数见表 7-128。

**(5) 调试**

调试方法有两种：一种用万用表，一种用示波器，但通常两种方法结合使用较好。

1) 用万用表测量各部分的电压并调整

① 首先在主回路中暂接一只 110～220V、100W 的白炽灯代替励磁绕组。将变压器 T₁ 和 T₂ 的 400V 的两端接入 380V 交流电源。测量二次各绕组的电压是否正常。如不正常，应检查接线有无松脱，变压器内部有无故障。

表 7-128　电气元件参数

| 序号 | 名称 | 代号 | 型号规格 | 数量 |
|---|---|---|---|---|
| 1 | 测量及同步变压器 | $T_2$ | 50V·A　400/9V、24V、18V、18V | 1 |
| 2 | 三极管 | $VT_1$ | 3CG130　$\beta \leqslant 30$ | 1 |
| 3 | 三极管 | $VT_2$、$VT_3$ | 3CG130　$\beta \geqslant 50$ | 2 |
| 4 | 稳压管 | VS | 2CW75　$U_z = 10 \sim 12V$ | 1 |
| 5 | 二极管 | $VD_1 \sim VD_6$ | 1N4001 | 6 |
| 6 | 金属膜电阻 | $R_1$ | RJ-1.5kΩ　2W | 1 |
| 7 | 金属膜电阻 | $R_2$ | RJ-390Ω　1/2W | 1 |
| 8 | 金属膜电阻 | $R_3$、$R_4$、$R_7$ | RJ-1.5kΩ　1/2W | 3 |
| 9 | 金属膜电阻 | $R_5$ | RJ-100Ω　1/2W | 1 |
| 10 | 金属膜电阻 | $R_6$ | RJ-62Ω　1W | 1 |
| 11 | 金属膜电阻 | $R_8$ | RJ-1kΩ　2W | 1 |

续表

| 序号 | 名称 | 代号 | 型号规格 | 数量 |
|------|------|------|----------|------|
| 12 | 多圈电位器 | $RP_1$ | WXD4-23-47kΩ　3W | 1 |
| 13 | 瓷盘变阻器 | $RP_2$ | CB-1Ω　25W | 1 |
| 14 | 电解电容器 | $C_1$ | CD11　100μF　50V | 1 |
| 15 | 电解电容器 | $C_2$ | CD11　100μF　25V | 1 |
| 16 | 电解电容器 | $C_3$ | CD11　4.7μF　16V | 1 |
| 17 | 按钮 | $SB_1$ | LA18-22(绿) | 1 |
| 18 | 按钮 | $SB_2$ | LA18-22(红) | 1 |

　　② 用万用表的 100mA 挡串接在触发脉冲输出端三极管 $VT_3$ 的集电极 c 回路内，再将电压调整电位器 $RP_1$ 顺时针旋到底。正常情况下，输出电流 55～85mA，且随 $RP_1$ 旋动连续可调。然后按表7-129所示的数值用万用表进行逐点测量，测到哪点异常，说明该部位有问题，应查明原因并加以消除。

　　③ 用万用表 100mA 挡串入三极管 $VT_3$ 的集电极 c 回路内，将电位器 $RP_1$ 逆时针旋转到底，电流指示应小于零。然后按表7-130所列的数值（正常时的数值）进行逐点测量，便可迅速找出故障部位。

表7-129　$RP_1$ 顺时针旋向，输出电流为 55mA 时测量数据

| 元件代号 | 测量值 | 测量部分 |
|----------|--------|----------|
| VS | 11V | 两端 |
|  | 0.5mA | 串入稳压管 |
| $VT_1$ | 2.9V | e 极、c 极 |
| $VT_2$ | 0.1V | e 极、c 极 |
| $VT_3$ | −12V | 地、c 极 |
|  | −20V | 地、e 极 |
|  | −20V | 地、b 极 |
| $R_2$ | 0.25V | 两端 |
| $R_3$ | 0.2V |  |
| $R_4$ | 20V |  |
| $R_5$ | 1.5V |  |

表 7-130 RP₁ 逆时针旋向，输出电流为零时测量数据

| 元件代号 | 测量值 | 测量部位 |
|---|---|---|
| VS | 11V | 两部 |
| | 10mA | 串入稳压管 |
| VT₁ | 0.1V | e 极、c 极 |
| VT₂ | 0.1V | e 极、c 极 |
| VT₃ | −0.1V | 地、c 极 |
| | −0.1V | 地、e 极 |
| | −0.1V | 地、b 极 |
| R₂ | 3.5V | |
| R₃ | 3.3V | 两端 |
| R₄ | 22V | |
| R₅ | 0V | |

调节电位器 RP₁ 时，灯泡应能从熄灭慢慢变为很亮。

2) 用示波器观察各部分波形并调整　电路中各部分波形如图 7-142 所示。当测试到哪部分波形不正常时，调试也无效，则说明该部分有问题，查明原因并排除故障后，继续进行调试，直到基本符合要求。

上述调试正常后，将励磁调节器按图示接线接到发电机上，进行正式试车。打开导水叶，将水轮发电机组升至额定转速，按下起励按钮 SB₁，发电机应起励建压。如果不能升压，应检查励磁回路有无问题，如接线有无松脱，电刷接触是否良好等，另外，电位器 RP₁ 置于 0 圈位置，也可能升不起电压，可将 RP₁ 旋至数圈后再起励试试。发电机起励升压后，调节 RP₁ 励磁电压上升，机端电压升高。若将 RP₁ 旋至 10 圈，机端电压应升至至少 480V；RP₁ 旋至 0 圈，机端电压应不大于 320V。如果调压范围不够或调不到上限或下限，则应调整 R₁、R₂ 的阻值。

如果发现励磁电流发生振荡，可调整 R₃ 及 C₃ 的数值。

按下灭磁按钮 SB₂，励磁电流逐渐减小至零，机端电压也降至

零。由于是续流灭磁，励磁电流不可能立刻降到零，因此应按 SB₂ 一段时间（4～5s）后再松开。

## 7.8.17 TWL-Ⅱ型无刷励磁调节装置

TWL-Ⅱ型无刷励磁调节装置是作者开发的一种性能优良的产品。它适用于机端电压为 400V、容量为 1000kW 及以下的无刷励磁同步发电机作为自动调节励磁用。该产品在全国各地经长期使用表明，性能稳定，运行可靠，操作方便。下面详细介绍该调节装置的制作。

**（1）本装置的正常使用环境条件**

① 周围环境温度为 $-15$～$+40$℃；

② 平均相对湿度不大于 85%（当温度为 20℃±5℃时）；

③ 海拔高度不超过 2000m；

④ 没有导电及易爆炸尘埃和无腐蚀性气体的场所；

⑤ 无剧烈振动和冲击的地方固定使用。

**（2）本装置的作用**

① 在发电机正常运行工况下，励磁调节器供给同步发电机的旋转整流器电机的励磁电流，同时能根据发电机负荷大小相应调整其励磁电流，以维持发电机机端电压一定水平。

② 当电力系统发生故障而使系统电压严重下降时，励磁调节器提供强励电流，以提高电力系统的稳定性及继电保护动作的准确性。

③ 当发电机机端电压过高时（手动调节时），能及时跳闸，避免发电机及负荷设备受到损害（利用并网屏过电压继电器）。

④ 在机组并联运行时，能使无功功率得到合理分配。

**（3）主要技术指标**

① 自动电压调节范围：（70%～130%）$U_{fe}$。

② 手动电压调节范围：（0%～130%）$U_{fe}$。

③ 调差率在±10%范围内可调。

④ 调节精度：对于机端负荷从空载到额定值（额定功率、额

定功率因数）变化，机端电压变化率不大于2%。

⑤ 频率特性：当频率变化±10%，空载机端电压变化率不大于2%。

⑥ 机端电压下降到80%额定值时，装置能提供1.6倍强励。

⑦ 强励至1.6倍励磁电流的反应时间不大于0.1s。

（4）本装置的特点

① 采用无刷励磁，简化了晶闸管励磁装置，整流元件小，余裕大，使运行更加可靠，故障率大为减低。同时励磁调节器占地面积很小。

② 具有自动、手动选择开关，能实现单机或并联运行，操作方便。

③ 采用机端残压起励，起励十分方便。

④ 装置设备、元件选择有很大余裕，电子元件均作老化处理，所以装置可靠性很高。

⑤ 装置具有以下保护：直流侧过压保护；元件换相过压保护；元件过流保护；转子过电压保护；定子过电压保护。

⑥ 插件板上设有相关的电位器和测试孔，以便于调整时整定、检测，也便于检修。

⑦ TWL-ⅡG为改进型产品，采用PDW-1型数字电位器，可与微机接口，以实现小水电少人值班。控制和稳定精度都在0.2%以内。

（5）本装置的外形和安装孔尺寸

装置的外形和安装孔尺寸（柜后面有门），如图7-143所示。也可根据用户要求设计。当用于三合一控制屏时，该调节器元件安装在BKSF水电柜内。

（6）装置的系统方框图和原理图

装置的系统方框图如图7-144所示。

装置的电气原理图如图7-145所示。

工作原理：励磁调节装置由主回路、移相触发器、检测比较器、校正环节、调差和起励、灭磁电路等组成。

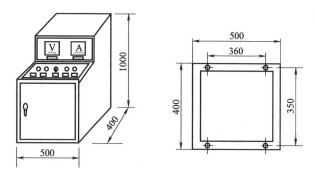

图 7-143　装置外形和安装孔尺寸

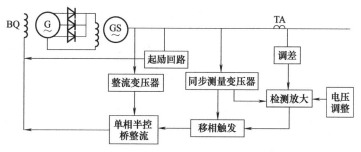

图 7-144　装置的系统方框图

① 主回路。由二极管 1VD、2VD 和晶闸管 1V、2V 等组成单相半控桥式整流电路。1V、2V 的导通角由移相触发器产生的触发脉冲控制。3VD 为续流二极管。阻容 1R、2R、1C、2C 及压敏电阻 RV 和电阻 RL 为元件的过压保护；快速熔断器 2FU 为元件的过流保护。

② 移相触发器。由三极管 $VT_1$（作电阻用）、$VT_3$ 和单结晶体管 $VT_2$ 等组成单结晶体管触发器。移相触发脉冲的前移或后移，主要由 $C_3$、$R_8$、电位器 3RP 和三极管 $VT_1$ 决定。改变控制信号（由检测比较器来）的大小，便可改变 $VT_1$ 的内阻，从而达到改变移相角的目的。

移相触发电路的有关电压波形如图 7-146 所示。图（a）为同步变压器 2T 的次级电压；图（b）为整流桥 $U_2$ 输出、稳压管 $VS_3$ 和电容 $C_3$ 的电压；图（c）为脉冲变压器 TM 次级输出脉冲

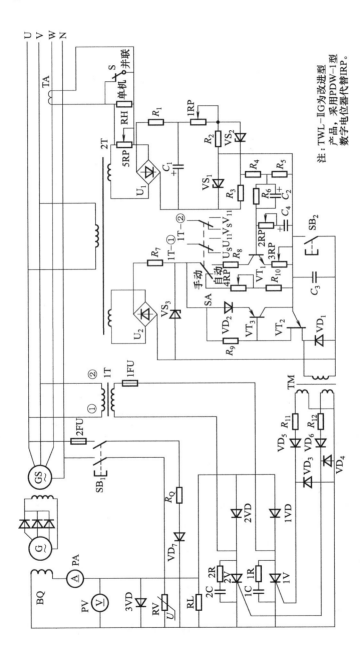

图 7-145 TWL-Ⅱ型无刷励磁调节装置电气原理图

注：TWL-ⅡG为改进型产品，采用PDW-1型数字电位器代替1RP。

电压（即晶闸管触发电压）；图(d) 为整流输出电压（即励磁电压）。

③ 检测比较器。由变压器2T 的一组绕组、整流器 $U_1$ 和滤波器 $R_1$、$C_1$ 三部分组成检测单元。经检测单元输出的直流电压与发电机机端电压成正变化。

比较单元采用由稳压管 $VS_1$、$VS_2$ 和电阻 $R_2$、$R_3$ 组成的双稳压管比较桥。

比较桥的输入输出特性如图 7-147 所示。

当比较桥的输入电压小于稳压管的击穿电压 $U_z$ 时，稳压管未击穿，所加电压几乎全

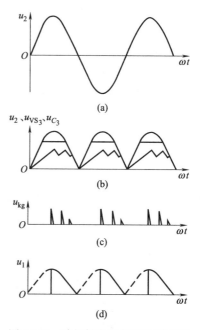

图 7-146 移相触发器各部位波形图

部降在稳压管上，如图 $OA$ 段；当输入电压大于或等于稳压管稳压值时，稳压管击穿，输出电压如图 $AC$ 段，即输出电压 $U_{sc} = U_{sr} - U_z$，$U_{sr}$ 正比于发电机机端电压。比较桥的输出工作段选择在 $AC$ 段。

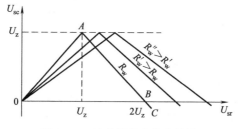

图 7-147 比较桥输出输入特性

④ 校正环节（即消振电路）。为防止系统产生振荡，采用由电

阻 $R_6$、电容 $C_2$ 组成的微分电路和由电位器 2RP、电容 $C_4$ 组成的积分电路。适当调节 2RP（必要时调整一下 $R_6$、$C_2$、$C_4$），就可抑制系统的振荡。

⑤ 调差。由电流互感器 TA（接 W 相）、电阻 RH 和电位器 5RP 等组成。调节 5RP 便可改变该机的调差系数，即调整无功调差电流信号的强弱，在一定范围内改变发电机无功负荷的大小。对于机端直接并联运行的发电机，通常采用正调差。单机运行时，只要将开关 S 置于"单机"位置即可。

⑥ 起励和灭磁电路。采用机端残压起励。按下起励按钮 SB$_1$，由剩磁引起的机端电压，经二极管 VD$_7$ 和电阻 $R_Q$ 起励。一般当机端电压升至 130V 时，松开起励按钮 SB$_7$，励磁调节装置就自动投入工作。

灭磁时，只要按下灭磁按钮 SB$_2$ 即可。由于采用续流灭磁，所以需按压数秒钟（当机端电压降至 0V 时）后方可松开 SB$_2$。

**(7) 元件选择**

电气元件参数见表 7-131。

表 7-131　电气元件参数

| 序号 | 名称 | 代号 | 型号规格 | 数量 |
|---|---|---|---|---|
| 1 | 晶闸管 | 1V、2V | KP20A　800V | 2 |
| 2 | 二极管 | 1VD～3VD | ZP20A　800V | 3 |
| 3 | 二极管 | VD$_7$ | ZP10A　600V | 1 |
| 4 | 被釉电阻 | RL | ZG11-510Ω　16W | 1 |
| 5 | 被釉电阻 | $R_Q$ | ZG11-30Ω　16W | 1 |
| 6 | 直流电流表 | PA | 44C$_2$-15A | 1 |
| 7 | 直流电压表 | PV | 44C$_2$-150V | 1 |
| 8 | 压敏电阻 | RV | MY31-330V　3kA | 1 |
| 9 | 快速熔断器 | 1FU | RLS　30A　500V | 1 |
| 10 | 熔断器 | 2FU | RT14-20/6A | 1 |
| 11 | 整流变压器 | 1T | 600V·A　400/100V | 1 |
| 12 | 脉冲变压器 | TM | MB-2 | 1 |
| 13 | 电流互感器 | TA | LQG-□/5A | 1 |
| 14 | 按钮 | SB$_1$、SB$_2$ | LA18-22 | 2 |

续表

| 序号 | 名称 | 代号 | 型号规格 | 数量 |
|---|---|---|---|---|
| 15 | 整流桥 | $U_1$、$U_2$ | QL1A/200V | 2 |
| 16 | 主令开关 | SA | LS2-2 | 1 |
| 17 | 拨动开关 | S | KN5-1 | 1 |
| 18 | 三极管 | $VT_1$ | 3DG6　$\beta \leqslant 40$ | 1 |
| 19 | 三极管 | $VT_2$ | 3CG22　$\beta \geqslant 50$ | 1 |
| 20 | 单结晶体管 | $VT_3$ | BT33　$\eta \geqslant 0.6$ | 1 |
| 21 | 稳压管 | $VS_1$、$VS_2$ | 1N4740A | 2 |
| 22 | 稳压管 | $VS_3$ | 2CW113 | 1 |
| 23 | 二极管 | $VD_1 \sim VD_6$ | 1N4001 | 6 |
| 24 | 多圈电位器 | 1RP | WXD4-23-3W　1kΩ | 1 |
| 25 | 多圈电位器 | 4RP | WXD4-23-3W　47kΩ | 1 |
| 26 | 电位器 | 3RP | J7-3.3kΩ | 1 |
| 27 | 电位器 | 2RP | WS-0.5W　5.6kΩ | 1 |
| 28 | 瓷盘变阻器 | 5RP | BC1-39Ω　5W | 1 |
| 29 | 线绕电阻 | RH | RX1-39Ω　10W | 1 |
| 30 | 金属膜电阻 | 1R、2R | RJ-100Ω　2W | 2 |
| 31 | 金属膜电阻 | $R_1$ | RJ-1kΩ　2W | 1 |
| 32 | 金属膜电阻 | $R_2$、$R_3$ | RJ-1kΩ　1/2W | 2 |
| 33 | 金属膜电阻 | $R_4$ | RJ-1.5kΩ　1/2W | 1 |
| 34 | 金属膜电阻 | $R_5$ | RJ-510Ω　1/2W | 1 |
| 35 | 金属膜电阻 | $R_6$、$R_8$ | RJ-5.1kΩ　1/2W | 2 |
| 36 | 金属膜电阻 | $R_7$ | RJ-1kΩ　2W | 1 |
| 37 | 金属膜电阻 | $R_9$ | RJ-360Ω　1/2W | 1 |
| 38 | 金属膜电阻 | $R_{10}$ | RJ-5.6kΩ　1/2W | 1 |
| 39 | 碳膜电阻 | $R_{11}$、$R_{12}$ | RT-51Ω　1/2W | 2 |
| 40 | 电容器 | 1C、2C | CBB22　0.1μF　630V | 2 |
| 41 | 电解电容器 | $C_1$ | CD11　100μF　50V | 1 |
| 42 | 电解电容器 | $C_2$ | CD11　4.7μF　16V | 1 |
| 43 | 电容器 | $C_3$ | CBB22　0.22μF　63V | 1 |
| 44 | 电解电容器 | $C_4$ | CD11　100μF　16V | 1 |

## (8) 电气接线图

TWL-Ⅱ型无刷励磁调节装置电气接线图如图7-148所示。印制电路板 ZB 图从略。

(9) 装置本身调试

暂不接发电机，在接励磁绕组 BQ 的端子排上（X16 和 X17）接一只 60～100W、220V 灯泡，将电网的 U 相、V 相和零线 N 分别接在端子排 X25、X26 和 X27 上，将开关 S 置于"单机"位置。接通电网电源，用万用表测量变压器 2T 的两二次电压，应分别为 32V 和 50V 交流电压；测量稳压管 $VS_3$ 两端电压，应约有 20V 直流电压；测量电容 $C_1$ 两端电压，应约有 20V 直流电压（此电压随电位器 1RP 的调节会有所变化）。测量整流变压器 1T 次级电压为 100V。

将转换开关 SA 置于"手动"位置，调节手动调压电位器 4RP，输出电压（PV）应由 0～130V 变化，灯泡也由熄灭到较亮变化。

然后将 SA 置于"自动"位置，调节自动调压电位器 1RP，输出电压应由 0～120V 变化，灯泡由熄灭至较亮变化。

按下灭磁按钮 $SB_2$，输出电压即变为 0V。将 1RP 或 4RP 调至使输出电压为零，按下起励按钮，输出电压马上升高。

用示波器观察各点的波形，应符合图 7-145 所示的形状。

(10) 开机前的检查、调整及使用方法

装置本身调试正常后，便可接入发电机进行现场调试。

1) 开机前的检查及调整

① 本装置投入运行前，首先要熟悉图纸和使用说明书。

② 一般不用 500V 兆欧表摇测。当认为需要检查带电部分对地绝缘（要求不小于 0.5MΩ）时，测试前必须拔去插板，并断开或短接所有晶闸管和整流二极管的引线。切不可用万用表阻挡（如 10kΩ 及以上挡）测量晶闸管的控制极电阻，否则会损坏晶闸管。

③ 检查接线是否正确、可靠；柜内各接线端子是否连接可靠，元部件有无损坏，各熔断器是否接好。

④ 按图纸认真连接外部接线。在并联运行时，整流变压器 1T

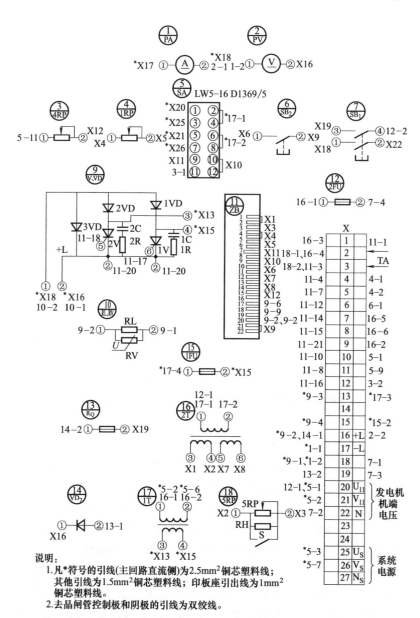

说明:
1. 凡*符号的引线(主回路直流侧)为2.5mm²铜芯塑料线;
   其他引线为1.5mm²铜芯塑料线;印板座引出线为1mm²
   铜芯塑料线。
2. 去晶闸管控制极和阴极的引线为双绞线。

图 7-148 TWL-Ⅱ型无刷励磁调节装置电气接线图

和同步变压器 2T 的一次接 U 相、V 相，电流互感器 TA 接 W 相；励磁绕组的极性必须正确接线。如果因接线错误而失磁，应纠正线路，并用干电池充磁。

2）试机

① 检查水轮发电机组、励磁调节器、并网柜、计量柜等，确实无问题，接线无误后，可进行试机。

② 开动水轮机使发电机升至额定转速附近，将电压调整电位器 1RP 旋至中间位置，将开关 SA 置于"自动"位置。

③ 按下起励按钮，发电机起励建压，励磁调节器自动投入工作。这时机端电压升至 1RP 所整定的电压值，调节 1RP 使机端达到与系统电网电压相同。同时，调节导水叶，使发电机频率达到规定值（50Hz）。

如果发现发电机指示有振荡，可调节电位器 2RP（必要时调节电容 $C_2$ 等），使振荡消失。

接着就可启动并网断路器（自动或手动准同期并网），将发电机并入电网。并网后，注意调节导水叶和电位器 1RP，使发电机的功率因数符合规定要求（一般为 0.8）。

④ 停机，再将开关 SA 置于"手动"位置，再开机，调节电位器 4RP（由最大值至零），机端电压应能在 0%～130% 额定电压范围变化。

⑤ 调差整定，调差极性判别方法如下。

先将调差电位器 5RP 置于"0"位置，将开关 S 置于"并联"位置，让发电机并联并带上适量的无功负荷（约为额定无功的1/4～1/3），尽量少带有功负荷，然后顺时针调节 5RP，若无功负荷相应减少，则为正调差；若无功负荷反而上升，则为负调差。负调差会使机组运行不稳定。这时应停机更改电流互感器 TA 的极性。

确认为正调差后，在发电机并联并带上无功负荷后，若该发电机的无功表、功率因数表、定子电流表比其他并联机组摆动幅度大，摆动频繁，应顺时针调节 5RP，以适当增大该发电机的正调差系数。

3）使用方法

① 起励完毕后，对于单机运行的机组，可逐渐加上负载，并注意观察机端电压、三相线电流等及励磁电压、电流等情况。对并联运行的机组，可按自动或手动准同期方法并联运行，并同样注意观察上述仪表的指示。由于并联运行时电压调整电位器 1RP 主要是调整功率因数 $\cos\varphi$，调整时，要细心，不可太猛。

运行中，随时观察发电机、水轮机等运行情况，并严格执行各项操作规程。

② 停机。

正常停机：

a. 逐渐减小负载，同时关小导水叶，使发电机电流为最小，调节励磁使 $\cos\varphi$ 接近 1，按并网柜上分闸按钮，使并网断路器跳闸，将发电机解列。

b. 按灭磁按钮 $SB_2$，使发电机灭磁。

c. 及时关上导水叶，使机组停机。

以上停机操作顺序绝不能相反。

紧急停机：

当水轮发电机组发生紧急事故或需要立即停机的人身事故时，应采取紧急停机措施。这时应迅速按并网断路器跳闸按钮（在并网屏上）和灭磁按钮 $SB_2$，将发电机从系统中解列并灭磁，及时关上导水叶，使机组停机（有自动调节导水叶装置时，能自动关闭导水叶）。

其他操作可在停机后补做。

紧急停机后，必须进行详细检查，查明事故原因并排除故障后，才允许开机试车。

**(11) 常见故障及处理**

在产品说明书中，要提供用户装置的常见故障及处理方法，以便用户在安装调试和使用中碰到具体问题时作参考。

TWL-Ⅱ型无刷励磁装置的常见故障及处理见表 7-132。

表 7-132  TWL-Ⅱ型无刷励磁装置的常见故障及处理

| 常见故障 | 可能原因 | 处理方法 |
|---|---|---|
| 1. 不能起励 | ①熔丝 2FU 熔断<br>②按钮 SB₁ 接触不良<br>③二极管 VD₇ 损坏<br>④限流电阻 $R_Q$ 烧断<br>⑤励磁失磁<br>⑥起励回路接线不良,有开路<br><br>⑦发电机转速过低 | ①更换熔芯<br>②检修或更换按钮<br>③更换二极管<br>④更换 $R_Q$<br>⑤用 3～6V 干电池充磁<br>⑥检查起励回路并连接牢靠<br>⑦将发电机转速升至额定转速后再起励 |
| 2. 起励后不能建压 | ①熔丝 1FU 熔断<br>②触发电路板故障<br>③变压器 2T 有故障<br><br>④主回路元件(二极管 1VD、2VD 或晶闸管 1V、2V)损坏或晶闸管控制极接线松脱<br><br>⑤触发电路板与插座接触不良<br>⑥插座引线有虚焊 | ①更换熔芯<br>②更换触发电路板试试<br>③检查 2T 的各接线桩头连接是否牢靠,绕组有无断线<br>④由于元件容量和耐压裕量较大,元件损坏的可能性较小。若曾受雷击,有可能损坏。重点检查接线是否牢靠<br>⑤将电路板与插座接触紧密<br>⑥检查并重新焊接 |
| 3. 电压调整不正常 | ①电压调整电位器 1RP(自动)或 4RP(手动)接触不良<br>②触发电路板故障<br>③同故障 2 中的⑤、⑥<br>④空载调压正常而并网后无功调不上去,很可能是 1VD、2VD 或 1V、2V 与母线连接螺母松<br><br>⑤晶闸管 1V、2V 有一只损坏或特性变坏<br><br>⑥二极管 1VD、2VD 有一只损坏 | ①更换 1RP 或 4RP<br><br>②更换触发电路板试试<br>③同故障 2 中的⑤、⑥<br>④拧紧主回路连接螺母<br><br>⑤拔去触发电路板,用万用表 $R×1$ 挡测量晶闸管阴-控极电阻,正常时 10～50Ω;测量阳-阴极电阻,应无穷大<br>⑥用万用表测量二极管正反向电阻,正常时正向电阻约数百欧,反向电阻无穷大 |

续表

| 常见故障 | 可能原因 | 处理方法 |
|---|---|---|
| 4. 发电机振荡 | ①消振回路元件未调好<br>②三极管 VT₁ 的放大倍数 $\beta$ 太大<br>③水道内有杂物,表现为仪表指针不规则或偶然摆动 | ①调节电路板上的消振电位器 2RP,直至无振荡<br>②调大电位器 3RP 试试,不行的话,更换 $\beta$ 值较小的管子<br>③检查水道,除去杂物 |
| 5. 电压失控 | ①触发电路板上的元件有故障<br>②调压电位器 1RP 或 4RP 内部接触不良<br>③续流二极管 3VD 正向压降太大或损坏 | ①更换触发电路板试试<br>②若调压电位器有问题,空载调压时会出现电压突然变化,应更换电位器<br>③3VD 的正向压降不大于 0.55V,否则起不到续流作用而造成失控 |
| 6. 调差失灵,自动跳闸解列 | ①单机运行时,电压正常;并联时,起负调差作用<br>②单机运行时,电压正常;并联时,调差紊乱<br>③调差电位器 5RP 失灵 | ①电流互感器 TA 极性接反,调换极性即可<br>②TA 不接在 W 相上,应将 TA 接在 W 相<br>③检查并更换 5RP |
| 7. 压敏电阻 RV 击穿损坏 | 励磁回路过电压(如非同期合闸,雷击等) | 更换压敏电阻 |
| 8. 整流元件 1V、 2V 或 1VD、2VD 有损坏 | ①元件质量差<br>②发电机强励时间过<br>③过压保护元件 1R、1C、2R、2C 有损坏<br>④快速熔断器 1FU 选得过大,起不到过流保护作用 | ①更换元件<br>②强励时间一般在 10～20s,切不可超过 50s<br>③更换损坏的过压保护元件<br>④选择合适的熔芯,熔芯额定电流可按最大励磁电流(一般为 1.6 倍额定励磁电流)选择 |

## (12) 工艺流程

TWL-Ⅱ型无刷励磁调节装置的制作工艺流程如图 7-149 所示。

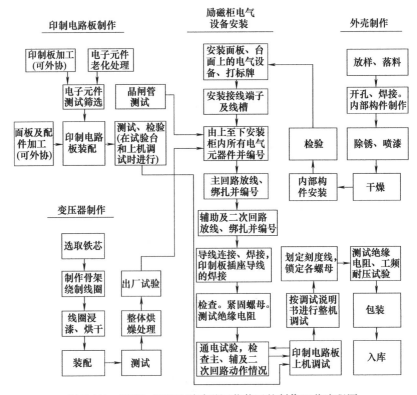

图 7-149 TWL-Ⅱ型无刷励磁调节装置的制作工艺流程图

# 参 考 文 献

[1] 方大千. 电子控制装置制作入门. 北京：国防工业出版社，2006.

[2] 方大千. 电子及电力电子器件实用技术问答. 北京：金盾出版社，2009.

[3] 方大千，郑鹏，方成. 实用电子控制电路详解. 北京：化学工业出版社，2011.

[4] 方大千，方亚敏，张正昌. 实用电源及报警电路详解. 北京：化学工业出版社，2010.

[5] 方大千，郑鹏，朱征涛. 晶闸管实用电路详解. 上海：上海科学技术出版社，2012.

[6] 方大千，诸葛建纲. 小水电实用控制电路详解. 北京：化学工业出版社，2012.

# 化学工业出版社电气类图书推荐

| 书号 | 书　　名 | 开本 | 装订 | 定价/元 |
|---|---|---|---|---|
| 19148 | 电气工程师手册(供配电) | 16 | 平装 | 198 |
| 06669 | 电气图形符号文字符号便查手册 | 大32 | 平装 | 45 |
| 10561 | 常用电机绕组检修手册 | 16 | 平装 | 98 |
| 10565 | 实用电工电子查算手册 | 大32 | 平装 | 59 |
| 16475 | 低压电气控制电路图册(第二版) | 16 | 平装 | 48 |
| 12759 | 电机绕组接线图册(第二版) | 横16 | 平装 | 68 |
| 13422 | 电机绕组图的绘制与识读 | 16 | 平装 | 38 |
| 15058 | 看图学电动机维修 | 大32 | 平装 | 28 |
| 15249 | 实用电工技术问答(第二版) | 大32 | 平装 | 49 |
| 12806 | 工厂电气控制电路实例详解(第二版) | 16 | 平装 | 38 |
| 08271 | 低压电动机控制电路与实际接线详解 | 16 | 平装 | 38 |
| 15342 | 图表细说常用电工器件及电路 | 16 | 平装 | 48 |
| 15827 | 图表细说物业电工应知应会 | 16 | 平装 | 49 |
| 15753 | 图表细说装修电工应知应会 | 16 | 平装 | 48 |
| 15712 | 图表细说企业电工应知应会 | 16 | 平装 | 49 |
| 16559 | 电力系统继电保护整定计算原理与算例(第二版) | B5 | 平装 | 38 |
| 09682 | 发电厂及变电站的二次回路与故障分析 | B5 | 平装 | 29 |
| 08596 | 实用小型发电设备的使用与维修 | 大32 | 平装 | 29 |
| 11454 | 蓄电池的使用与维护(第二版) | 大32 | 平装 | 28 |
| 11271 | 住宅装修电气安装要诀 | 大32 | 平装 | 29 |
| 11575 | 智能建筑综合布线设计及应用 | 16 | 平装 | 39 |
| 25098 | 电工操作技能一本通:精编版 | 16 | 平装 | 49 |
| 12759 | 电力电缆头制作与故障测寻(第二版) | 大32 | 平装 | 29.8 |
| 13862 | 电力电缆选型与敷设(第二版) | 大32 | 平装 | 29 |
| 09381 | 电焊机维修技术 | 16 | 平装 | 38 |
| 14184 | 手把手教你修电焊机 | 16 | 平装 | 39.8 |
| 13555 | 电机检修速查手册(第二版) | B5 | 平装 | 88 |
| 20023 | 电工安全要诀 | 大32 | 平装 | 23 |
| 20005 | 电工技能要诀 | 大32 | 平装 | 28 |
| 14807 | 农村电工速查速算手册 | 大32 | 平装 | 49 |

| 书号 | 书　　名 | 开本 | 装订 | 定价/元 |
|---|---|---|---|---|
| 13723 | 电气二次回路识图 | B5 | 平装 | 29 |
| 14725 | 电气设备倒闸操作与事故处理 700 问 | 大 32 | 平装 | 48 |
| 15374 | 柴油发电机组实用技术技能 | 16 | 平装 | 78 |
| 15431 | 中小型变压器使用与维护手册 | B5 | 精装 | 88 |
| 16590 | 常用电气控制电路 300 例(第二版) | 16 | 平装 | 48 |
| 15985 | 电力拖动自动控制系统 | 16 | 平装 | 39 |
| 15777 | 高低压电器维修技术手册 | 大 32 | 精装 | 98 |
| 18334 | 实用继电保护及二次回路速查速算手册 | 大 32 | 精装 | 98 |
| 15836 | 实用输配电速查速算手册 | 大 32 | 精装 | 58 |
| 16031 | 实用电动机速查速算手册 | 大 32 | 精装 | 78 |
| 16346 | 实用高低压电器速查速算手册 | 大 32 | 精装 | 68 |
| 16450 | 实用变压器速查速算手册 | 大 32 | 精装 | 58 |
| 25618 | 实用变频器、软启动器及 PLC 实用技术手册(简装版) | 大 32 | 平装 | 39 |
| 16883 | 实用电工材料速查手册 | 大 32 | 精装 | 78 |
| 17228 | 实用水泵、风机和起重机速查速算手册 | 大 32 | 精装 | 58 |
| 18545 | 图表轻松学电工丛书——电工基本技能 | 16 | 平装 | 49 |
| 18200 | 图表轻松学电工丛书——变压器使用与维修 | 16 | 平装 | 48 |
| 18052 | 图表轻松学电工丛书——电动机使用与维修 | 16 | 平装 | 48 |
| 18198 | 图表轻松学电工丛书——低压电器使用与维护 | 16 | 平装 | 48 |
| 18786 | 让单片机更好玩:零基础学用 51 单片机 | 16 | 平装 | 88 |
| 18943 | 电气安全技术及事故案例分析 | 大 32 | 平装 | 58 |
| 18450 | 电动机控制电路识图一看就懂 | 16 | 平装 | 59 |
| 16151 | 实用电工技术问答详解(上册) | 大 32 | 平装 | 58 |
| 16802 | 实用电工技术问答详解(下册) | 大 32 | 平装 | 48 |
| 17469 | 学会电工技术就这么容易 | 大 32 | 平装 | 29 |
| 17468 | 学会电工识图就这么容易 | 大 32 | 平装 | 29 |
| 15314 | 维修电工操作技能手册 | 大 32 | 平装 | 49 |
| 17706 | 维修电工技师手册 | 大 32 | 平装 | 58 |
| 16804 | 低压电器与电气控制技术问答 | 大 32 | 平装 | 39 |
| 20806 | 电机与变压器维修技术问答 | 大 32 | 平装 | 39 |
| 19801 | 图解家装电工技能 100 例 | 16 | 平装 | 39 |

| 书号 | 书　　　名 | 开本 | 装订 | 定价/元 |
|---|---|---|---|---|
| 19532 | 图解维修电工技能 100 例 | 16 | 平装 | 48 |
| 20463 | 图解电工安装技能 100 例 | 16 | 平装 | 48 |
| 20970 | 图解水电工技能 100 例 | 16 | 平装 | 48 |
| 20024 | 电机绕组布线接线彩色图册(第二版) | 大 32 | 平装 | 68 |
| 20239 | 电气设备选择与计算实例 | 16 | 平装 | 48 |
| 19710 | 电机修理计算与应用 | 大 32 | 平装 | 68 |
| 20628 | 电气设备故障诊断与维修手册 | 16 | 精装 | 88 |
| 21760 | 电气工程制图与识图 | 16 | 平装 | 49 |
| 21875 | 西门子 S7-300PLC 编程入门及工程实践 | 16 | 平装 | 58 |
| 22213 | 家电维修快捷入门 | 16 | 平装 | 49 |
| 20377 | 小家电维修快捷入门 | B5 | 平装 | 48 |
| 21527 | 实用电工速查速算手册 | 大 32 | 精装 | 178 |
| 21727 | 节约用电实用技术手册 | 大 32 | 精装 | 148 |
| 23328 | 电工必备数据大全 | 16 | 平装 | 78 |
| 23556 | 怎样看懂电气图 | 16 | 平装 | 39 |
| 23469 | 电工控制电路图集(精华本) | 16 | 平装 | 88 |
| 24169 | 电子电路图集(精华本) | 16 | 平装 | 88 |
| 24073 | 中小型电机修理手册 | 16 | 平装 | 148 |
| 25593 | 电工技能全图解 | 大 32 | 平装 | 28 |
| 25227 | 画说电工技能:彩图版 | 大 32 | 平装 | 36 |

以上图书由化学工业出版社 电气出版分社出版。如要以上图书的内容简介和详细目录,或者更多的专业图书信息,请登录 www.cip.com.cn。

地址:北京市东城区青年湖南街 13 号 (100011)

购书咨询:010-64518888

如要出版新著,请与编辑联系。

编辑电话:010-64519265

投稿邮箱:gmr9825@163.com